U0280577

蔬菜栽培
百科全书

[日] 板木利隆　著　　赵长民　译
（山东省昌乐县农业农村局）

机械工业出版社
CHINA MACHINE PRESS

序 言

大约 20 年前，我写了《家庭菜园百科全书》，作为月刊杂志《家之光》创刊 75 周年纪念策划出版。尽管这本书为大 16 开，页数多达 504 页，但深受大家喜爱，多年来吸引了大量的读者。

在这本书的前言中，我写下了这样的话：

"过去，栽培者就是食用者。现在则不同了，栽培者和食用者之间，还有包装者、运输者、销售者、加工者等，有很多相互不认识的人参与其中，彼此之间的信息也不能得到很好的传达。可以说这是现在包括食品领域在内的多个领域出现大的社会问题的主要根源之一。要怎样改变这种情况，是新世纪里的大课题。人工栽培的家庭菜园，虽然规模很小，但是作为改变这种现状的行动之一，对将来一定会有所帮助。"

在这里记述的"新世纪"，很快已近 20 年了。这期间，通信方式不断演变，人和人之间的联系方式也发生了很大的变化。但是，我在这里写的情况，到现在也还没有发生本质性的变化。如果这本

　　书能为贴近自然、追求人与自然和谐生活的人们增加幸福的喜悦起到一些作用，我将深感荣幸。

　　这次，作为纪念《家之光》创刊95周年的策划，在以《蔬菜栽培百科全书》之名再次成书之际，我听取了广大读者的意见，加进了许多自己在蔬菜栽培实践中探索积累的新知识和信息，使本书的内容变得更加丰富。另外，对插图也进行了更新，即使是初学者也容易看明白。介绍的蔬菜品种也有所增加，对主要蔬菜的种类和栽培中容易遇到的难题等以问答（Q&A）的形式进行了解答，还增添了可以灵活利用所收获蔬菜的食用或烹饪的技巧等内容。

　　本书在出版过程中承蒙很多人的大力帮助，在此深表谢意。

板木利隆

本书的特征和使用方法

本书以图解的形式浅显易懂地归纳总结了栽培蔬菜的步骤，适合在家庭菜园中栽培蔬菜的人们。蔬菜栽培，若严格按照流程去做，就不是很难。但令很多人烦恼失败的地方在于，对各种工作时期的判断，以及肥料、农药的使用量和使用时机等。因此，为了使大家不会因这些问题而失败，本书展示了各种蔬菜的栽培月历，对栽培步骤中的要点进行了解说。

在第2章中按照栽培的一般流程，对蔬菜栽培的基础知识进行了详细解说。对初次进行家庭菜园生产的人来说，应先把这些弄明白后再开始生产。另外，在本书末尾整理了术语解说、蔬菜名索引等，便于读者查阅。

蔬菜的资料
介绍科名、原产地和主要的特征等，以及在栽培前预先要掌握的基本知识等。

栽培月历
根据栽培方法和类型，对一般品种的工作流程分别展示。栽培时期是以日本关东、关西的平坦地区作为基准（气候类似中国长江流域）。

栽培方法
用插图的形式浅显易懂地介绍了具体的工作流程。关于肥料及用量的标准，请参照 P5 下方的内容。

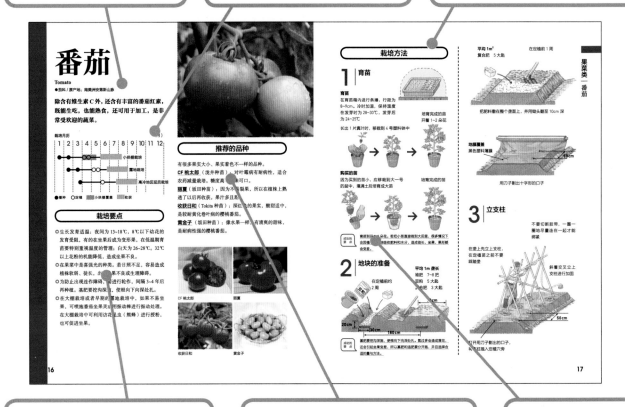

栽培要点
介绍了蔬菜生长发育适温、日照条件、连作障碍，以及在实际栽培中需要掌握的要点等。

推荐的品种
从推荐的品种当中，介绍的是初学者在家庭菜园中也很容易培育的品种。栽培时期有的与栽培月历稍有差异。

成功的要点
对在工作中容易导致失败的要点和需特别注意的问题进行了介绍。

这种情况下怎么办？
在地块中遇到的难题
Q&A

Q 如果想在 1 株上培育 2 根主枝，应该如何做？

A 使 2 个腋芽生长，可以把 1 株苗当成 2 株栽培。

通常，栽培番茄要把腋芽全部摘除，只让 1 根主枝伸展。但是，也可以在苗还小的时期将主枝摘心，使其从下面的节上长出腋芽，并将齐出的 2 根枝条分别像主枝一样培育。

这样做，在 1 个体中可得到 2 株苗，省去育苗的麻烦。另外，因为用 1 株的根系供给 2 根枝条营养，所以每根枝条可以顺畅地吸收肥料，茎叶和花序生长发育平稳。茎叶不徒长，各花序坐果也良好，能够取得稳定的收成。

开花和收获虽然会晚 5-7d，但是对往年营养生长和生殖生长没有把握好而白辛苦的人，建议采用这种栽培方法。

Q 果实的脐部变黑或腐烂是怎么回事？

A 落花的地方变黑，是得了由缺钙而引起的脐腐病。

番茄的果实膨大时，落花的部位（脐部）开始变黑，有的在收获时向内凹陷。这是由缺钙而引起的生理障碍。

在地块中施酒石灰，以保证根能充分地吸收钙，使根系在土壤中很好地伸展是很重要的。如果每年都发生脐腐病，通过叶片补充钙是一种方法，如在开花时向花及其附近的叶片上喷洒 0.5% 氯化钙溶液。

氮吸收过多，也会影响钙的吸收，所以应进行配方施肥，注意不能使氮吸收过量。

Q 番茄坐果不良怎么办？

A 控制肥料的施用量，有计划地进行生长发育管理。

经常听到这样的说法：樱桃番茄的坐果性好，但是大型番茄的坐果性差⋯⋯大型番茄对肥料的浓度（特别是氮）很敏感。如果施肥不当，植株营养生长（茎和叶的生长）和生殖生长（花和果实的生长）的平衡被打乱，会出现落花，果实的膨大变差且可能出现生理障碍（脐腐病、筋腐病），有的易出现发育障碍（茎裂孔等）。大型番茄，在营养生长方面的要求是非常高的，进行有计划的栽培管理很重要。使其良好地生长的要点如下：

生长过于繁茂，第 1 花序不坐果的情况
- 在第 1 花序开 1-2 朵花之前，培育成大苗后栽到地块中。
- 对肥沃的地块少施基肥，第 1 次追肥要等到第 1 穗果膨大之后。
- 第 1 花序开 2~3 朵花的时候，喷洒植物生长调节剂（番茄坐果灵 100 倍液等）。

虽然第 1、第 2 花序坐住果了，但是植株长势衰弱，第 4、第 5 花序坐果差的情况
- 施基肥时要施优质的堆肥和有机肥料，并且要深施，追肥不要过晚，应适时追肥。要想使第 4、第 5 花序坐住果，第 1 次追肥的时机很重要。

第 1 次追肥，在第 1 穗果的最大果直径达 5~6cm 之后

定植要在 1~2 朵花开放之后

喷洒植物生长调节剂

确实如此专栏

番茄不喜欢雨水

番茄的原产地为南美洲的安第斯山脉，是降雨很少的地域，所以番茄并不喜欢雨水。寒冷时期在温室或大棚中栽培的番茄就不用担心，近年来在夏季用塑料薄膜等进行遮雨栽培的农户也逐渐地多了起来。

安第斯山脉山谷间的村庄　　番茄的遮雨栽培

20　　　　　　　　　　　　　　　　　21

这种情况下怎么办？
在地块中遇到的难题 Q&A

对于在整个操作步骤中没有说到的事情和有疑问的事情，在一部分蔬菜介绍中用问答的形式呈现。特别是对即使按照操作步骤做了也还是发生的虫害、生理障碍等进行了讲解。另外，还在专栏中介绍了关于这种蔬菜的相关知识。

介绍了可口蔬菜的吃法

对于不常见的蔬菜或因采摘过多而吃不了的蔬菜，也推荐了日常食用的美味菜谱。

樱花虾炒小油菜　　　　苤蓝腌章鱼

主要肥料成分分量的标准

化学合成复合肥 1 大匙⊖ ≈ **12g**

石灰 1 大匙 ≈ **20g**

豆粕 1 大匙 ≈ **20g**

过磷酸钙 1 大匙 ≈ **20g**

有机肥料 1 大匙 ≈ **20g**

堆肥 1 把 = **100~130g**

⊖ 大匙是以吃咖喱饭用的匙子为标准，小匙要比大匙的一半略少。

目　录

第1章
127 种蔬菜的培育方法

果菜类

叶菜类

根菜类

第2章
蔬菜栽培的基础知识

栽培计划

栽培技术

生长发育不良、病虫害的防治对策

园艺工具和材料

用于防治病虫害的农药，有由于登记农药使用范围的变更而不能使用的情况。使用农药时，一定要按照农药的标签或使用说明书上说明的情况，在认真确认要使用的对象植物、病名、害虫名、使用方法等以后正确使用。

第 1 章

127种

蔬菜的培育方法

番茄

Tomato

●茄科 / 原产地：南美洲安第斯山脉

除含有维生素C外，还含有丰富的番茄红素，既能生吃，也能熟食，还可用于加工，是非常受欢迎的蔬菜。

栽培月历 （月）

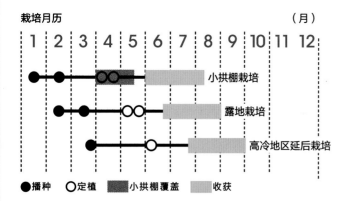

●播种　○定植　■小拱棚覆盖　■收获

栽培要点

◎生长发育适温：夜间为13~18℃，8℃以下幼花的发育受阻，有的在坐果后成为变形果，在低温期育苗要特别重视温度的管理；白天为26~28℃。32℃以上花粉的机能降低，造成坐果不良。

◎在果菜中是喜强光的种类。若日照不足，容易造成植株软弱、徒长，出现坐果不良或生理障碍。

◎为防止出现连作障碍，需进行轮作，间隔3~4年后再种植。基肥要挖沟深施，使根向下向深处扎。

◎在大棚栽培或者早期的露地栽培中，如果不易坐果，可喷施番茄坐果灵或用振动棒进行振动处理。在大棚栽培中可利用访花昆虫（熊蜂）进行授粉，也可促进坐果。

推荐的品种

有很多果实大小、果实着色不一样的品种。

CF 桃太郎（泷井种苗）：对叶霉病有耐病性，适合农药减量栽培。糖度高、美味可口。

丽夏（坂田种苗）：因为不易裂果，所以在植株上熟透了以后再收获。果汁多且甜。

收获日和（Tokita 种苗）：深红色的果实，酸甜适中，是较耐黄化卷叶病的樱桃番茄。

黄金子（坂田种苗）：像水果一样，有清爽的甜味，是耐病性强的樱桃番茄。

CF 桃太郎

丽夏

收获日和

黄金子

栽培方法

1 | 育苗

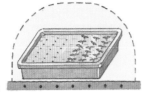

育苗

在育苗箱内进行条播,行距为 8~9cm。冷时加温,保持温度在发芽时为 28~30℃,发芽后为 24~25℃

长出 1 片真叶时,移栽到 4 号塑料钵中

培育完成的苗开着 1~2 朵花

购买的苗

因为买到的苗小,应移栽到大一号的盆中,填满土后培育成大苗

培育完成的苗

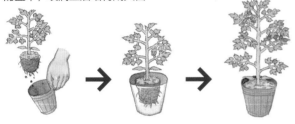

> **成功的要点**
> 育苗到开 1~2 朵花。若把小苗直接栽到大田里,很多情况下会因植株过早地吸收肥料和水分,造成徒长,坐果、果形都会变差。

2 | 地块的准备

在定植前约 2 周

平均 1m 垄长
堆肥　7~8 把
豆粕　5 大匙
复合肥　3 大匙

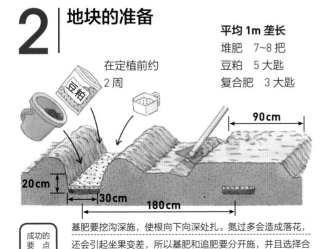

90cm

20cm

30cm

180cm

> **成功的要点**
> 基肥要挖沟深施,使根向下向深处扎。氮过多会造成落花,还会引起坐果变差,所以基肥和追肥要分开施,并且选择合适的量与方法。

平均 1m²
复合肥　5 大匙

在定植前 1 周

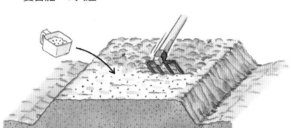

把肥料撒在整个垄面上,并用锄头翻至 10cm 深

地膜覆盖
黑色塑料薄膜

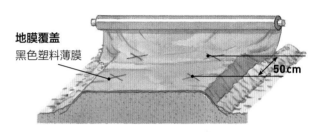

50cm

用刀子割出十字形的口子

3 | 立支柱

不要切断胶带,一圈一圈地尽量连在一起才能绑紧

在垄上先立上支柱,在定植苗之前不要踩踏垄

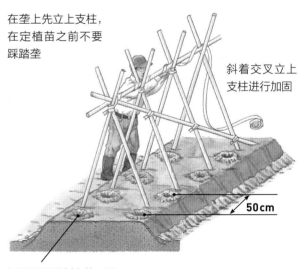

斜着交叉立上支柱进行加固

50cm

打开用刀子割出的口子,将支柱插入定植穴旁

4 | 定植

使花序朝向垄外定植。这样以后长出来的花序也朝向外边

地膜上的定植穴口要用土盖起来

5 | 引缚、摘芽

× ○

为使茎长粗后也不会太紧，松松地绑成 8 字形

因为花序的下边要承重，所以必须进行引缚

在腋芽小的时候就用手摘除。因为汁液会传播病毒，所以不能使用剪刀

> **成功的要点**
> 腋芽在各节上都有，要及早地摘除，只留下 1 根主枝向上伸展。如果腋芽摘晚了便会影响重要的主枝的生长。

6 | 坐果处理

因为大型番茄不易坐果，所以尽可能地进行处理使其坐果

在花序开出 2~3 朵花的时候，用植物生长调节剂对整个花序进行喷洒。只喷 1 次，不能重复喷

因为喷到嫩叶上会出现药害，所以用戴塑料手套的手掌挡住叶片进行喷洒

因为随温度的变化植物生长调节剂的使用浓度也要变化，所以应认真阅读说明书，正确使用

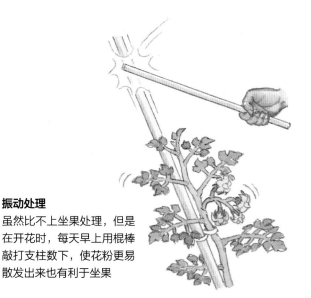

振动处理
虽然比不上坐果处理，但是在开花时，每天早上用棍棒敲打支柱数下，使花粉更易散发出来也有利于坐果

> **成功的要点**
> 对开花早、遇到低温的花喷洒植物生长调节剂，使其坐果，加快果实膨大。如果栽植的株数少，也可以在开花当天的早上或上午用振动处理的方法。

7 | 追肥

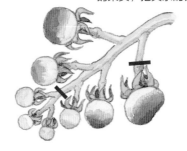

5~6cm

第 1 次

在第 1 穗果的最大果直径膨大到 5~6cm 时，在垄的两侧施肥

平均 1 m 垄长

豆粕　3 大匙
复合肥　2 大匙

第 2 次

当第 3 穗果的果实的直径膨大到 5cm 左右时，施和第 1 次相同的量

第 3 次及以后

根据生长发育的状态，每隔半个月施 2 大匙复合肥

豆粕

成功的要点 当看到第 1 穗果的最大果开始膨大后进行第 1 次追肥。过早地进行追肥易造成徒长。

8 | 摘心

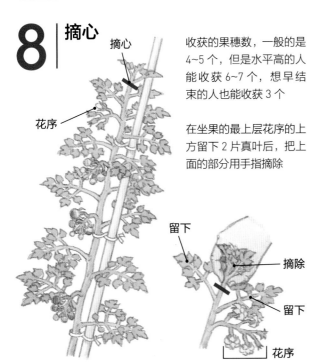

摘心

花序

留下

摘除

留下

花序

收获的果穗数，一般的是 4~5 个，但是水平高的人能收获 6~7 个，想早结束的人也能收获 3 个

在坐果的最上层花序的上方留下 2 片真叶后，把上面的部分用手指摘除

9 | 疏果

每个果穗留下 4~5 个果形好的果实，把其余的都摘除

摘除
脐腐病果　畸形果

10 | 喷洒药剂

主要病虫害有疫病、灰霉病、蚜虫、棉铃虫等，适时喷洒药剂进行防治

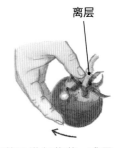

成功的要点 因为梅雨季节容易发生病虫害，所以要及时喷洒药剂进行防治。

11 | 收获

离层

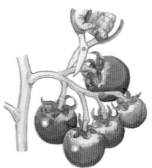

用剪刀进行收获，或用手指尖按住离层处向下轻压后一拽即可摘下

大型番茄在开花后 60d（盛夏时为 35d）左右就会上色。完全成熟后就可收获

当装入筐或箱中的时候，可用剪刀将果柄剪短，以免戳伤其他的果实

Q 如果想在 1 株上培育 2 根主枝，应该如何做？

A 使 2 个腋芽生长，可以把 1 株苗当成 2 株栽培。

通常，栽培番茄要把腋芽全部摘除，只让 1 根主枝伸展。但是，也可以在苗还小的时期将主枝摘心，使其从下面的节上长出腋芽，并将出齐的 2 根枝条分别像主枝一样培育。

这样做，在 1 个钵中可得到 2 株苗，省去育苗的麻烦。另外，因为用 1 株的根茎供给 2 根枝条营养，所以每根枝条可以顺畅地吸收肥料，茎叶和花序生长发育平稳。茎叶不徒长，各花序坐果也良好，能够取得稳定的收成。

开花和收获虽然会晚 5~7d，但是对因往年营养生长和生殖生长没有把握好而白辛苦的人，建议采用这种栽培方法。

Q 果实的脐部变黑或腐烂是怎么回事？

A 落花的地方变黑，是得了由缺钙而引起的脐腐病。

番茄的果实膨大时，落花的部位（脐部）开始变黑，有的在收获时向内凹陷。这是由缺钙而引起的生理障碍。

在地块中施熟石灰，为保证根能充分地吸收钙，使根系在土壤中很好地伸展是很重要的。如果每年都发生脐腐病，通过叶片补充钙是一种方法，如在开花时向花及其附近的叶片上喷洒 0.5% 氯化钙溶液。

氮吸收过多，也会影响钙的吸收，所以应进行配方施肥，注意不能使氮吸收过量。

Q ｜番茄坐果不良怎么办？

A 控制肥料的施用量，有计划地进行生长发育管理。

经常听到这样的说法：樱桃番茄的坐果性好，但是大型番茄的坐果性差……大型番茄对肥料的浓度（特别是氮）很敏感。如果施肥不当，植株营养生长（茎和叶的生长）和生殖生长（花和果实的生长）的平衡被打乱，会出现落花，果实的膨大变差且可能出现生理性障碍（脐腐病、筋腐病），有的易出现发育障碍（茎裂孔等）。大型番茄，在营养生长方面的要求是非常高的，进行有计划的栽培管理很重要。使其良好坐果的要点如下：

生长过于繁茂，第 1 花序不坐果的情况

- 在第 1 花序开 1~2 朵花之前，培育成大苗后栽到地块中。
- 对肥沃的地块少施基肥，第 1 次追肥要等到第 1 穗果膨大之后。
- 第 1 花序开 2~3 朵花的时候，喷洒植物生长调节剂（番茄坐果灵 100 倍液等）。

虽然第 1、第 2 花序坐住果了，但是植株长势衰弱，第 4、第 5 花序坐果差的情况

- 施基肥时要施优质的堆肥和有机肥料，并且要深施，追肥不要过晚，应适时追肥。要想使第 4、第 5 花序坐住果，第 1 次追肥的时机很重要。

第 1 次追肥，在第 1 穗果的最大果直径达 5~6cm 之后

定植要在 1~2 朵花开放之后

喷洒植物生长调节剂

 确实如此专栏

番茄不喜欢雨水

番茄的原产地为南美洲的安第斯山脉，是降雨很少的地域，所以番茄并不喜欢雨水。寒冷时期在温室或大棚中栽培的番茄就不用担心，近年来在夏季用塑料薄膜等进行遮雨栽培的农户也逐渐地多了起来。

安第斯山脉山谷间的村庄　　番茄的遮雨栽培

茄子

Eggplant

●茄科 / 原产地：印度东部地区

既能腌着吃，也能炒着吃，还适合煮着吃、用油炸着吃，有的也可生吃，有多种用途。日本本土的地方品种有很多，也有特色。

栽培月历 （月）

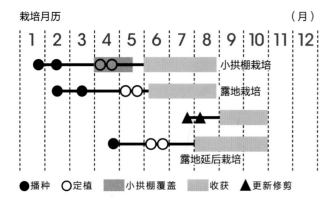

●播种 ○定植 ▬小拱棚覆盖 ▬收获 ▲更新修剪

小拱棚栽培
露地栽培
露地延后栽培

栽培要点

◎ 生长发育的适温，白天为 28~30 ℃，夜间为 15~18℃。10℃以下生长发育显著变差。

◎ 因为在果菜当中茄子是属于喜欢高温的类型，所以忌早移栽。在不用担心晚霜之后再定植。

◎ 为了防止出现连作障碍，若不使用嫁接苗，应间隔 3~4 年再种植茄科植物。

◎ 因为根系可以扎得很深，所以基肥要深施，使根向下向深处扎，使根系强大。

◎ 比较耐夏季的暑热，可收获到晚秋时期。

◎ 果实着色对光线很敏感，因为光线不足会导致着色不良，所以要摘除混杂拥挤的叶片，使果实充分地接受日光照射。

◎ 在天气炎热、果实生长告一段落的 7 月下旬，如果剪掉枝叶、切断根进行更新修剪，秋季可收获美味可口的秋茄。

推荐的品种

有各种果形和大小的品种。

千两二号（泷井种苗）：可腌、炖、煎等，好吃又万能。植株生长旺盛，到秋季还能有很好的产量。

黑福（坂田种苗）：果皮柔软、口感好、吃着香，是容易培育的中长茄子。

意大利烤茄（Tokita 种苗）：长 16cm、直径约为 14cm 的圆茄。烤着吃，果肉像化了一样非常好吃。

软长茄（丸种专业合作社）：长 35cm 左右的长茄。果肉柔软、有甜味，口感好过一般长茄。

千两二号

黑福

意大利烤茄

软长茄

栽培方法

1 育苗

育苗

在育苗箱进行条播，行距为 8~9cm，株距为 4~5cm

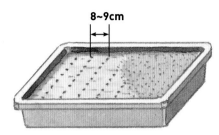

8~9cm

因为在果菜当中茄子最喜欢高温，所以要用农用电热线在地下加温，搭塑料小拱棚。夜间再覆盖保温材料，确保适宜的温度

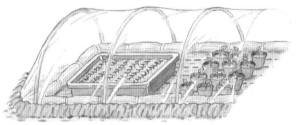

发芽：地温为 28~30℃

生长发育：地温为 22~25℃　气温为 15~30℃

在发齐芽的时候进行间苗，叶片不能重叠

长出 1 片真叶的时候，移栽到塑料钵中

好苗的条件

叶片厚并且颜色深

茎粗壮并且颜色深

开出第 1 朵花

还带着子叶

购买的苗

因为买到小钵苗的情况较多，所以应移植到大钵中进行育苗

在大钵中培育成健壮的苗

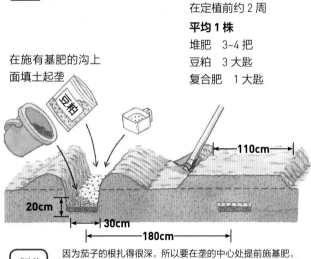

4~4.5 号钵

在缝隙间补上新土

2 地块的准备

在施有基肥的沟上面填土起垄

在定植前约 2 周

平均 1 株

堆肥　3~4 把

豆粕　3 大匙

复合肥　1 大匙

110cm

20cm

30cm

180cm

> 成功的要点
>
> 因为茄子的根扎得很深，所以要在垄的中心处提前施基肥，多施有机肥料（豆粕、有机复合肥等）。

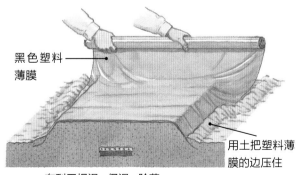

黑色塑料薄膜

用土把塑料薄膜的边压住

有利于提温、保温、除草，还可以防止肥料的流失

3 | 定植

选择暖和的晴天，在铺好的地膜上开孔并栽上苗。先在钵中浇足水，在取苗时不要使根坨散开

80cm

50cm

110cm

成功的要点 避免早定植。在过了五一（在日本是4月末~5月初的"黄金周"假期）之后，等足够暖和了再移栽到大田里。铺上塑料薄膜以提高地温，会培育得更好。

4 | 立支柱、引缚

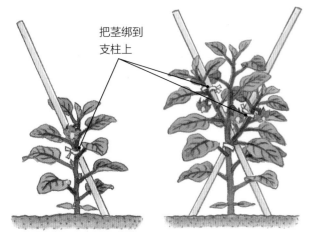

把茎绑到支柱上

斜着立上支柱，和茎交叉

植株长到高30~40cm时，交叉着再立上1根支柱

5 | 整枝

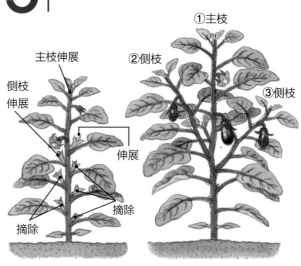

①主枝

②侧枝

③侧枝

主枝伸展

侧枝伸展

伸展

摘除

摘除

使紧挨着第1朵花的侧枝和下方长势好的1根侧枝伸展，把其余的侧枝全部摘除

整枝后的示意图
如果叶片混杂拥挤，要把老叶摘除，以便通风、透光，使果实能充分地接受日光照射

6 | 虫害防治

二十八星瓢虫的幼虫（左）和成虫（右）

易发生蚜虫、二十八星瓢虫、螨类等害虫，经常观察叶色，在虫害发生初期对叶片的正反面细致地喷洒药剂

7 | 追肥

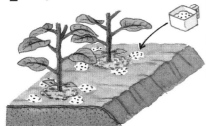

第 1 次追肥

在离植株基部约 10cm 处呈点状撒施。若铺有地膜，用手指开孔后施入肥料

平均 1 株
复合肥　1 大匙

第 2 次及以后

观察植株的营养生长状态，揭起地膜在垄的一侧施肥后再培土

平均 1 株
豆粕　2 大匙
复合肥　2 大匙

※ 图中省略了支柱。

> **成功的要点**　不能使植株缺肥，每隔 15~20d 追肥 1 次。对变硬的走道上的土要疏松一下，提高透气性也是很重要的。

------- 茄子健康诊断的标准 -------

生长发育良好
花的上方着生着 4~5 片叶

健康的花（长柱花）

花药（雄蕊）
花柱（雌蕊）

雌蕊比雄蕊长

营养不良
花着生在顶端

生长发育不良的花（短柱花）

颜色浅

长有被花药包围的短花柱，雌蕊比雄蕊短

8 | 收获

在开花后 15~20d，把长大的茄子用剪刀剪下来

若植株长势变差，就尽早摘果，以恢复植株长势。因为小的果实也能利用，一举两得

> **成功的要点**　要注意观察花的形状、颜色、着生的位置等健康指标，植株长势变差就趁果小时收获，以减轻植株的负担。这时再进行追肥，就可使植株尽快地恢复长势。

9 | 更新修剪

为了收获秋茄（在 7 月下旬左右进行）

对因结果而长势变差的植株，应修剪大枝，再施入肥料以恢复其长势，便可收获美味可口的秋茄

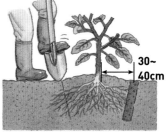

用铁铲或锄头在植株的周围深翻，施入肥料

30~40cm

平均 1 株
堆肥　3 把
复合肥　2 大匙

> **成功的要点**　到了秋季，白天和晚上的温差大的时候，茄子的味道会更加美味。7 月下旬，细致地进行更新修剪和施肥。

叶,使膨大的果实充分接受日光照射。到地块里看一看,若看不到被叶片遮挡的果实,果实就会着色不好。

做一个试验,把早上收获的茄子摆放到日照好的地方,颜色会逐渐变深。从这个现象也可以明白光对植物是多么重要。

相反,若用黑色的袋子把进入转色期的果实套住,让果实处于黑暗状态,不能接受日光照射,就会长成白色的果实。

Q 为什么果实着色不好?

A 是由于日照不足而引起的。应进行整枝和摘叶,使果实充分地接受日光照射。

茄子的皮呈深紫色是因为含有花青素。这种色素的生成与紫外线有很大的关系,经常接受日光的充分照射,是色素增加的条件。

为此,需要进行整枝,还要根据情况及时摘

如果用黑色的袋子套住就无法着色

白色的茄子

未套袋的茄子

Q 在生长盛期,从植株基部伸出异常的茎,应如何处理?

A 因为茎是从砧木上长出的,所以应趁其还小时摘除。

在叶片繁茂生长的时期,有时从植株基部长出有异常叶且长势强的茎,这是在定植嫁接苗的情况下,由耐病性强的砧木萌芽发育而来。

在茄子生长发育的旺盛期,易发生表现为突然萎蔫且不久就枯萎的凋萎性障碍(青枯病、枯萎病、黄萎病等)。为应对这种情况,可用红茄作为砧木进行嫁接,或直接买家庭菜园用的嫁接苗。

定植嫁接苗时,从砧木上长出的芽会很多,

所以趁芽还小时摘除是很重要的。如果芽长大了,茄子的生长发育会受到很大影响,叶片拥挤,结不出好的果实。因此,只要发现这种芽,就要尽快地从基部摘除。

从砧木上长出的茎和叶片

从砧木长出的叶片形状与茄子的不同,容易区分开

从砧木长出的茎上结的果实不能吃

腌茄子

材料（容易做的分量）

茄子…5~6 个

盐…茄子重量的 3%~8%

明矾…0.5 小匙

A ｜ 红辣椒…1 个

A ｜ 水…200~300mL

做法

1　切去茄子的萼片，然后纵向切几刀，把一半的盐和全部的明矾揉进去，放置 10min。

2　在锅里加入剩余的盐和 **A** 后混合，煮沸后冷却，然后把 **1** 倒入。放在冰箱中冷藏保存，茄子变软了就可食用。

备忘录：放在冰箱中冷藏能保存 3~4d。

煎茄子和咸猪肉

材料（容易做的分量）

茄子（参考上面的做法）…4 个

猪五花肉块…500g

盐…适量

做法

1　将猪肉撒上薄薄的一层盐后用保鲜膜包起来，在冰箱冷藏室中放一晚上。

2　把茄子纵向切成两半，再横着切成两半后沥干水分。

3　用纸巾等把 **1** 中猪肉的水分擦掉，切成 1cm 厚的片，放在圆形平底锅中用中火慢慢地煎。

4　待猪肉块中的油流出来时加入茄子，煎至金黄色即可。

甜椒

Green pepper, Pepper

●茄科 / 原产地：南美洲热带地区

辣椒的甜味品种，含有丰富的维生素 C、胡萝卜素。彩色品种香甜，吃法简单，很受欢迎。

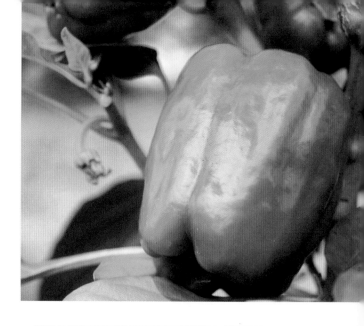

栽培月历 （月）

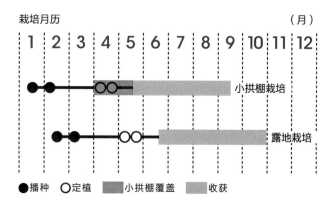

●播种　○定植　▨小拱棚覆盖　▨收获

栽培要点

◎是比茄子更喜高温（适宜的夜间温度为 18~20℃）的蔬菜，如果从育苗到定植遇到低温天气，其生长发育就差，所以要在很暖和之后再定植。

◎在刚定植之后的低温期，用塑料薄膜把小拱棚盖起来即可。用底部割开的肥料袋或垃圾袋等围起来像灯笼罩一样也很有效。

◎为防止出现连作障碍，应轮作，种植 3~4 年非茄科植物后再种植甜椒。

◎对炎热的夏季适应性强，对秋季逐渐变冷的天气也很适应，可继续生长到霜降之前。

◎每隔半个月追肥 1 次，以保持植株长势。

◎枝条较细，抗风能力弱，特别是在结了很多果实时，枝条更易折断，所以要立支柱。

◎若果实一次坐住很多，就干脆趁嫩时收获，使长势尽快恢复。

推荐的品种

根据果实的大小，可分为中果种、大果种（彩椒）。

甜椒太郎（泷井种苗）：苦味和青涩味少，汁多爽脆。果实下部开裂时就可收获。

小彩椒（Tokita 种苗）：像水果一样香甜，有红色、黄色、橙色等多个品种，绚丽多彩。

翠玉二号（坂田种苗）：耐高温干旱，结果多。1 个果实重 40g 左右，能收获很多果实。

秋野（日本园艺植物育种研究所）：对烟草花叶病毒的耐病性强，能稳定地收获至晚秋。

甜椒太郎

小彩椒

翠玉二号

秋野

栽培方法

1 育苗

育苗

在育苗箱中条播，行距为 8cm，株距为 4~5cm

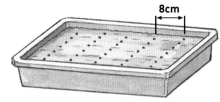

发芽前这一段时间保持地温为 28~30℃，以后的生长
发育地温为 22~25℃，气温为 15~30℃

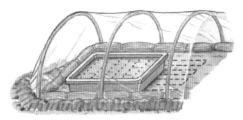

用小拱棚对苗床进行保温时，白天及时通风换
气，使温度保持在 35℃以下

发齐芽时

间苗，不能使叶片重叠，
在长出 1 片真叶时，移
植到 4 号钵内进行培育

有 1~2 朵花开始
开放

因为生长发育慢，尽
量地培育成大苗后再
定植到地块中

购买的苗

填上新土

因为购买的苗很小，
所以要移植到大一号
的钵内进行培育

2 地块的准备

定植前约 2 周

平均 **1m 沟长**
堆肥　3~4 把
豆粕　7 大匙
复合肥　5 大匙

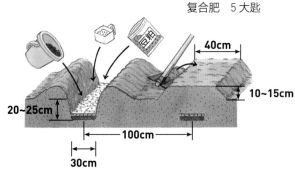

> **成功的要点**　基肥要挖深沟施入，使根系使劲向深处扎。如果施氮过多会造成落花，导致结果不好，所以基肥和追肥要以适当的量和方法施入。

3 定植

定植前 2~3d 在垄面上浇足水，
覆盖黑色塑料薄膜以提高地温

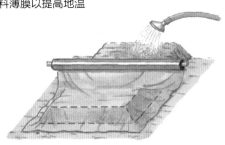

用小刀切成十字形

定植结束后浇
足水

> **成功的要点**　因为甜椒不耐低温，为了早收获，应覆盖塑料薄膜以提高地温。像 P32 那样做成灯笼状的罩也很有效。

4 | 立支柱、整枝

甜椒的枝条脆弱，易被风吹折或倒伏，所以应尽早立上支柱

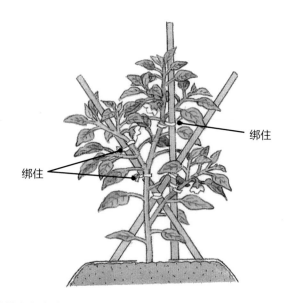

绑住

绑住

随着枝条长大伸展，要增加支柱的数量将枝条引缚固定

把从下面过早长出的腋芽摘除，留下"主枝＋侧枝＋侧枝"3根枝条进行培育

↑①主枝

②侧枝

③侧枝

5 | 追肥

平均1株
豆粕　3大匙
复合肥　3大匙

第1次
定植2周后

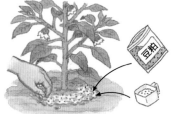

把植株基部铺有地膜的定植孔扒开后撒上肥料

或者在植株周围的地膜上，用手指抠出几个小孔，撒入肥料

第2次
开始结果实的时候

平均1株
豆粕　1大匙
复合肥　2大匙

揭起地膜，在垄的一侧施肥、培土，再把地膜恢复原样

第3次及以后
每隔半个月左右施1次

在与上次相对的垄的另一侧施肥，肥料种类和数量不变

6 | 浇水、铺稻草

若地块干了，就向植株基部浇水。出梅后，在地膜的上面铺稻草，既能防止地温升得太高，还可防止水分蒸发

7 | 虫害防治

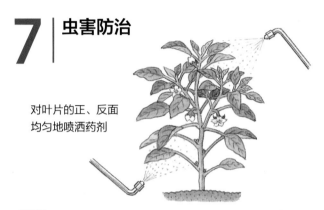

对叶片的正、反面均匀地喷洒药剂

成功的要点
易受甘蓝夜蛾、斜纹夜蛾、甜菜夜蛾、棉铃虫、蚜虫危害，所以应及早发现并喷洒药剂。

8 | 收获

甜椒
果实弹性强，色泽变好且着色均匀时就可收获

成功的要点
因为甜椒枝条易折断，收获时一定要用剪刀剪下。

坐果太多，植株长势就会变弱，落果增加，干脆趁嫩时采摘，可以维持或尽快地恢复其长势

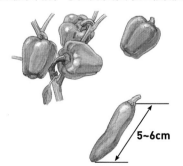

甜辣椒
在长得不太大时就进行收获

5~6cm

·········· 遮雨栽培 ··········

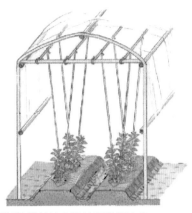

定植
可用支柱作为引缚材料或用细绳吊到上面的铁丝上

留下长势强壮的2根枝条进行培育

整枝、引缚、摘花

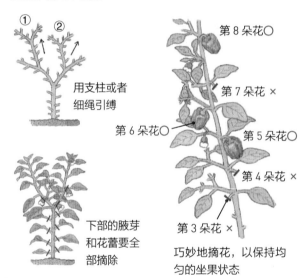

① ②

用支柱或者细绳引缚

下部的腋芽和花蕾要全部摘除

第8朵花〇

第7朵花 ×

第6朵花〇

第5朵花〇

第4朵花 ×

第3朵花 ×

巧妙地摘花，以保持均匀的坐果状态

黑色塑料薄膜　　聚乙烯塑料薄膜

在植株的四周立上支柱，把肥料袋等的底部剪开，罩在支柱上，用力张开成方形

这种情况下怎么办？
在地块中遇到的难题
Q&A

Q 定植后的植株生长发育不理想怎么办？

A 铺上地膜以提高地温，用灯笼状的罩围起来也可以保温。

这是常见的问题之一，定植时气温低，地温也没升上来是其发生的原因。甜椒不耐寒，要想顺利地生长发育，需要气温在15~30℃、地温在22~25℃。

订购的苗在定植适期前到达，可先放在日照好的暖和地方。购买的苗一般是用小钵育的，可移栽到大的塑料钵中培育成大苗，在外面很暖和了之后，再定植到地块中去。

首先要起垄，浇足水后不久就可铺设黑色塑料薄膜，待地温升高了之后再定植。受寒气侵袭或被风乱吹容易导致伤害，所以要用肥料袋等围成灯笼状的罩进行保温。灯笼状的罩对防止害虫的早期为害也可起到很大的作用。整枝后留下3根枝条，待侧枝开始伸展了，就及早地立上支柱进行引缚。

Q 甜椒和彩椒是相同种类的蔬菜吗？

A 这两种都是辣椒。以大小进行区分。

色泽、形状、味道不同的多种多样的品种

这些都是辣椒，但是从中选出了不辣的品种作为蔬菜进行栽培。甜椒是由美国改良成的，形态呈钟状。

荷兰对甜椒进行进一步改良，诞生了彩椒的标准品种"帕普力卡"。除绿色的之外，还改良出了红色或橙色等多彩的品种，并推广到了世界各国。1993年，荷兰产的帕普力卡的出口解禁之后才是其在日本普及的契机。它有单果重达100g以上的大果，果肉厚7~10mm，很甜，口感非常好。

帕普力卡这一叫法，在匈牙利等地概指各个种类的辣椒，但是在日本，为了让孩子或年轻人多吃蔬菜，使用该名以增强时尚感。

Q | 怎样收获彩椒果实?

A | 根据生长情况整枝或摘果，培育出成熟的果实。

因为彩椒从结果到成熟收获的天数很长，如果使所有的果实都生长，枝条的负担就会过大，植株的长势就会变弱，以后的生长就容易失败。只留 2~3 根主枝培育时，首先像图示这样把下部节上结的果实趁小时全部摘除。

使高处的果实膨大，但是并不是从开始就要收获着色的成熟果，只要到了能利用的大小时，就像采摘一般的甜椒那样，先收获绿色的未熟

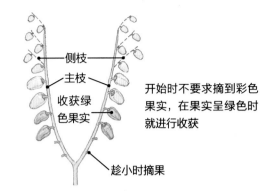

侧枝

主枝

收获绿色果实

开始时不要求摘到彩色果实，在果实呈绿色时就进行收获

趁小时摘果

果，再收获主枝上部成熟的果实。

从各节伸出的侧枝上也能坐果，但若留下这些果实，主枝的长势会变差，所以只留下主枝上的果实以维持植株的长势。

Q | 如何辨别彩椒的收获适期?

A | 颜色深浅一致并出现光泽，就可以收获了。

彩椒按照坐果的先后顺序依次开始着色。在高温时有一半左右着色就进行收获，如果放在 20℃ 左右且有日光照射的地方，4d 就能全部着色

在成熟果实呈红色的情况下，果实从绿色变成深褐色，随着绿色的色素逐渐消失，从暗红色就变成鲜艳的红色。这个着色进程不是均匀进行的，有部分的色斑，通常是受日光照射的阳面部分着色快，阴面的部分着色慢。最终整个果实都呈漂亮的红色。

如果在完全着色之前收获，即使是使其后熟也变不成鲜艳的红色。所以，应尽量在果实完全变成红色之后收获。

若成熟果实呈黄色或橙色，则会从绿色向各自的颜色直接变化。和红色果实同样，在着色过程中也会产生色泽不均匀的情况。

夏季高温时会出现裂果和日灼等生理性障碍，所以可提前收获进行后熟。

辣椒

Red pepper

●茄科 / 原产地：美洲热带地区

其含有的辛辣味可作为防暑御寒的活力来源，从古代就被大量用于防腐杀菌。据说是葡萄牙人经海路运输而来，因此也叫番椒。

栽培月历　　　　　　　　　　　　（月）

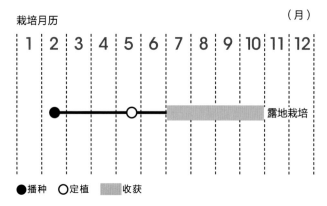

●播种　○定植　▨收获

栽培要点

◎ 与甜椒类似，喜高温，生长发育的适宜气温为25~30℃，夜间气温为15℃以上，地温为25℃左右。

◎ 因为根比甜椒的还纤细，对过湿的土壤不适应，所以要选择在排水性好的土壤里栽培。

◎ 在非常暖和时覆盖地膜，提高地温后定植。

◎ 对生长发育后期的低温耐受性强，可一直收获至晚秋。

◎ 收获了成熟的果实后，将其挂在雨淋不着、通风好的屋檐下等处晾干。

◎ 未成熟的果实是青辣椒，也可食用。爽口的辛辣味很好吃。

◎ 用叶片和幼果可做成佃煮或炖菜，用干辣椒做成的调味料用途广泛。

推荐的品种

有稍有辣味的未成熟果和作为调味料使用的辣味强的品种。

柿椒美人（泷井种苗）：不辣，果实肉质柔嫩。植株长势强，容易培育，产量高。

伏见甘长（坂田种苗）：辣味适中，有清爽的风味。果实长达 10cm 左右时就可收获。

牛角大王（Tokita 种苗）：有像甜椒一样的口感，又有麻辣的味道。海绵筋状部分的辣味强。

鹰爪椒（泷井种苗）：在日本是有代表性的辣椒。很多小的果实呈簇状生长。晾干后可作为香辛调味料。

柿椒美人

伏见甘长

牛角大王

鹰爪椒

栽培方法

1 育苗

白天气温为 20~30℃，夜间为 15℃以上。
地温为 25℃左右

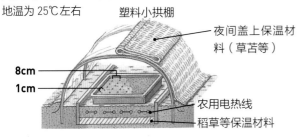

塑料小拱棚
夜间盖上保温材料（草苫等）
8cm
1cm
农用电热线
稻草等保温材料

长出 1 片真叶时　移植到 4 号塑料钵内　**培育完成的苗**

将近开花时真叶达到 8~9 片

2 地块的准备

定植前约 2 周

平均 1m 垄长
堆肥　3~4 把
豆粕　5 大匙
复合肥　3 大匙

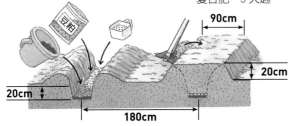

90cm
20cm
20cm
180cm

成功的要点｜因为根很纤细且不耐低温，在施基肥时多施好的堆肥，铺上地膜以提高地温，可促进初期的生长发育。

3 定植

在铺的地膜上抠孔，把苗移栽至此处

黑色塑料薄膜
60cm
45cm
90cm

4 立支柱

及早地立上支柱

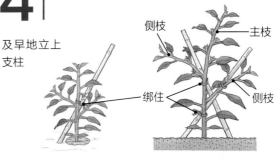

侧枝
主枝
绑住
侧枝

5 追肥

平均 1 株
豆粕　3 大匙
复合肥　2 大匙

第 1 次
定植后半个月，在植株的周围撒上肥料，轻锄一下并和土混匀

第 2 次及以后
在第 1 次追肥后，每隔 15~20d 施 1 次，在垄的两侧撒等量的肥料，和土混合后再培土

豆粕

※ 本来是铺了地膜的，但是为了更容易看明白，图中就省略了。

6 收获

叶辣椒
果实长达 4~5cm 时，连株拔出收获，摘叶，做成佃煮、腌菜等

成熟果
开花后 50~60d，果实都变成红色时，连株拔出收获

挂在屋檐下等处晾干，作为干辣椒调料可随时使用

狮头椒

Pepper

●茄科／原产地：美洲热带地区

和甜椒、彩椒等一样，都是辣椒中的甜味品
种。因为果实的尖端看上去像狮子的头部，
因此，诞生了这个名字。

栽培月历 （月）

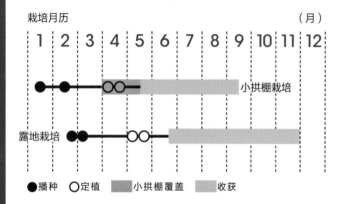

●播种　○定植　■小拱棚覆盖　■收获

栽培要点

◎因为在生长发育的初期不耐低温，所以育苗时需要
保温。

◎购买苗时，选择茎叶健壮且植株较大的苗。

◎因为分枝会结大量的果实，随着枝条生长要增加新
支柱，引缚也是很重要的。

◎植株的枝条变拥挤时，就及时用剪刀整枝，改善通
风、透光环境。

◎如果营养和水分不足，会结出辣味更强的果实。
为了长时间持续收获好的果实，要施足基肥，每隔
20d 左右追肥 1 次，不要使其缺肥。

◎出梅后，不要使土壤干旱，适时进行浇水。

推荐的品种

小果种植株的负担小，易培育的品种有很多。

狮子椒（坂田种苗）：比一般的狮头椒稍大。耐病性
和耐热性强，产量高。

狮头辣椒（泷井种苗）：果实呈鲜绿色，有光泽、柔软。
烤着吃、做成天妇罗（一种油炸食品）吃都很香。

葵狮头椒（Nanto 种苗）：利用雄性不育培育出来的
一代杂交种，生长发育旺盛。坐果性好，持续结果性好。

超大狮头椒（日本 delmonte 农业股份有限公司）：长
约 10cm 的大型果。口感好，有嚼头。

狮子椒

狮头辣椒

葵狮头椒

超大狮头椒

36

栽培方法

1 育苗

塑料小拱棚

8cm

白天气温为 20~30℃，夜间气温为 15℃
以上。地温为 25℃左右

在育苗箱内条播，行距为 8cm。发芽后间苗，株距为 1~1.5 cm

真叶长出 2 片时，移植到 4 号塑料钵内

培育成将近开花的大苗后定植。育苗时间需 80~90d

2 地块的准备

定植前约 2 周

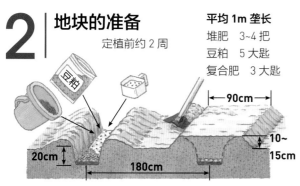

平均 1m 垄长
堆肥　3~4 把
豆粕　5 大匙
复合肥　3 大匙

90cm

20cm

180cm

10~15cm

把施入基肥的沟填土后再起垄

3 定植

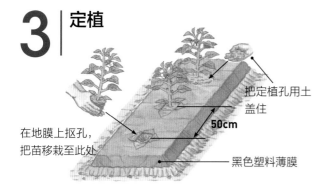

把定植孔用土盖住

50cm

在地膜上抠孔，把苗移栽至此处

黑色塑料薄膜

成功的要点　因为苗小的时候不耐低温，在定植前的 2~3d 浇足水，铺上地膜，以提高地温。

4 立支柱、整枝

支柱

因为不抗风吹，定植后立即立上支柱，对茎进行引缚

主枝

使侧枝伸展

第 1 朵花开放时，把下部的叶和腋芽全部摘除。使主枝和 2 根侧枝伸展，采用三干整枝法进行培育

摘除

成功的要点　因为枝条容易折断，所以随着植株的生长发育要增加支柱，对多根枝条进行引缚、固定。

5 追肥

平均 1 株
豆粕　1 小匙
复合肥　1 小匙

第 1 次
定植后 10d 施肥。在植株基部周围 10cm 的地方均匀地把地膜抠出几个孔，施入肥料后再填土覆盖

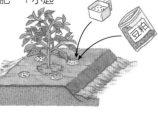

豆粕

第 2 次
在第 1 次追肥后再过 20d 施肥。施和第 1 次同样的量。在植株基部周围 15cm 的地方均匀地抠出几个孔，施入肥料再填土覆盖

第 3 次
在第 2 次追肥后再过 20d 施肥。施和第 1 次同样的量。揭起地膜，把肥料撒到垄侧，培土，然后盖好地膜。此后，当植株长势变弱可随时进行施肥

6 收获

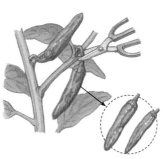

用剪刀从果柄的中间剪断进行收获。若一次收获很多，就捏住果柄把果实向上提，果实就会从离层处断开，可快速收获

成功的要点　通常在果实长达 6~7cm 时收获，但是当植株负担太重时，就适时收获嫩椒。

黄瓜

Cucumber

●葫芦科 / 原产地：印度

新鲜的绿色和清爽的香味是其魅力所在。如果自己栽培，从幼果到大果什么时候摘都可以，并且用途广泛。

栽培月历 （月）

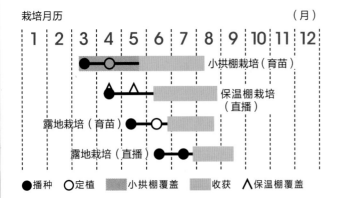

●播种　○定植　▧小拱棚覆盖　▨收获　∧保温棚覆盖

栽培要点

◎黄瓜对温度和水分敏感，特别是幼苗期要确保夜间温度在18℃以上进行育苗。

◎也可使用对土壤病害抵抗力强的嫁接苗。

◎因为地块中的土壤水分不足，容易造成生长发育不良，所以铺上塑料薄膜保湿。土壤干了就及时浇水。

◎因为黄瓜根的需氧量在蔬菜当中是最大的，所以要选择土壤孔隙度大的地块。

◎因为茎叶的组织很脆弱，容易被风吹断，所以要立上支柱，认真地进行引缚。如果是在经常刮大风的地块，要加上防风设施。

◎为了提高坐果率，抑制植株生长过于繁茂，在子蔓、孙蔓上留下2片真叶，进行摘心。

◎每隔2~3周追肥1次，防止缺肥。

推荐的品种

有果实形状和性状不同的很多品种。

VR 夏斯子蜜（泷井种苗）：较耐病毒病，植株生长旺盛，能长时间地持续收获。口感好，清香爽口。

味珊瑚（坂田种苗）：吃起来爽脆可口，是很有魅力的四叶系。腌着吃也很好吃。

弗力得姆（坂田种苗）：果皮上无刺，平滑光亮。口感好，汁多新鲜。

迷你 Q 黄瓜（Tokita 种苗）：长约10cm，单瓜重40g左右。即使是用1根主蔓栽培，各节上也能结数个果。

VR 夏斯子蜜　　　　　　　味珊瑚

弗力得姆　　　　　　　迷你 Q 黄瓜

栽培方法

1 | 育苗

在 3 号塑料钵内播 3 粒种子

在长出 1 片真叶时留下 1 株进行培育

培育成长有 4~5 片真叶的苗

小的时候在塑料小拱棚内进行培育。
夜温为 15℃以上，幼苗期为 18℃以上

白天

对苗床用塑料小拱棚保温时，白天要及时进行换气，中午温度不要超过 30℃

夜间

夜间时盖上草苫等。在寒冷地区用农用电热线加温

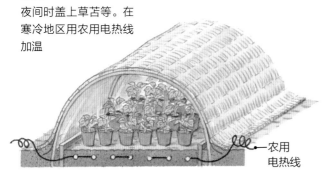

农用电热线

购买的苗

如果想用耐病又健壮的苗，可以购买市售的嫁接苗（砧木为南瓜，参照 P43）

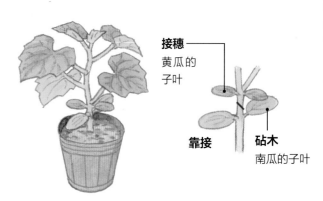

接穗
黄瓜的子叶

靠接　**砧木**
南瓜的子叶

2 | 地块的准备

在定植前约 2 周施入基肥

平均 1m²
复合肥　5 大匙
堆肥　7~8 把
豆粕　5 大匙

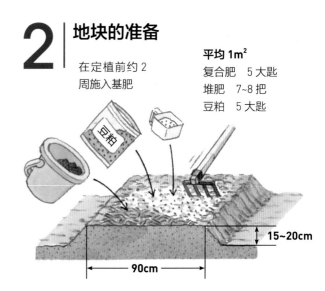

15~20cm

90cm

成功的要点

因为黄瓜扎根较浅且分布广泛，所以基肥也要施在浅层，施后要全面混合。

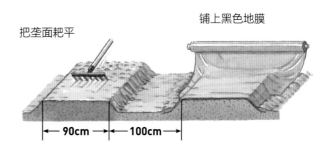

把垄面耙平

铺上黑色地膜

90cm　100cm

果菜类—黄瓜

39

3 | 立支柱

普通的支柱
有利于长时间地收获好的果实

低支柱
省时省工的栽培方式。抗风和耐旱性强

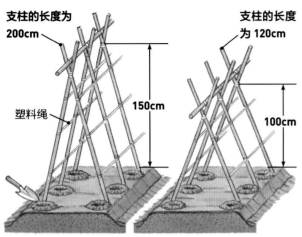

支柱的长度为 200cm

塑料绳

150cm

支柱的长度为 120cm

100cm

立上支柱后，把地膜抠开并挖好定植穴

4 | 定植

提前浇水，小心地从钵中连根坨取出苗，不要把根坨弄碎，然后定植到地块中

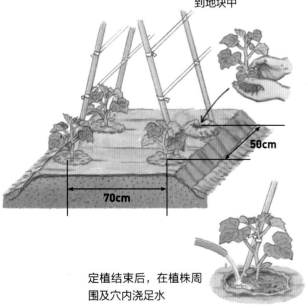

50cm

70cm

定植结束后，在植株周围及穴内浇足水

5 | 引缚、摘心、摘叶

普通的支柱
随着蔓的伸长，每隔 3~4 片叶就把茎绑到支柱上，使其向上伸展

低支柱
蔓爬到支柱上部时，就使其交叉向下垂，不要摘心，叶多拥挤时就适当摘叶

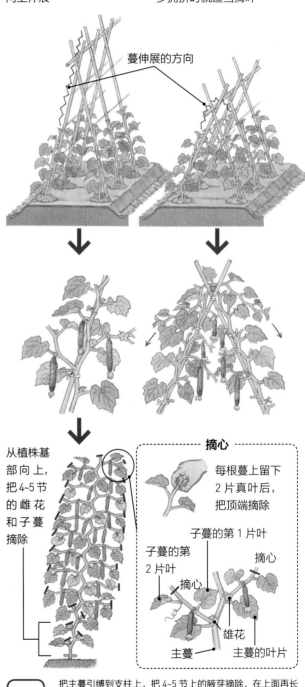

蔓伸展的方向

从植株基部向上，把 4~5 节的雌花和子蔓摘除

摘心

每根蔓上留下 2 片真叶后，把顶端摘除

子蔓的第 1 片叶

子蔓的第 2 片叶

摘心

摘心

主蔓

雄花

主蔓的叶片

成功的要点　把主蔓引缚到支柱上，把 4~5 节上的腋芽摘除，在上面再长出来的子蔓、孙蔓上留下 2 片真叶后，对其顶部进行摘心。

6 | 铺稻草、浇水　没有铺地膜的情况

如果太干了就在垄面上浇足水

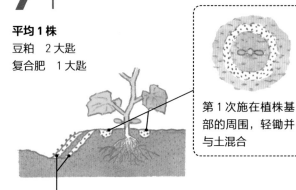

铺上稻草，把植株的基部都盖好

7 | 追肥

平均 1 株
豆粕　2 大匙
复合肥　1 大匙

第 1 次施在植株基部的周围，轻锄并与土混合

第 2、第 3 次在垄的两侧轻轻挖沟，施肥后再把土培到垄上

第 4 次在垄的两侧施肥后再培土

成功的要点　每隔 15~20d 追肥 1 次，不要使植株缺肥。肥料施到根的伸展范围内，使根能充分地吸收到养分是关键。

8 | 病害防治

在叶上发生的霜霉病是黄瓜重要的病害，为害叶片造成叶片失绿、干枯和减产。生长发育差、不健壮的叶片上发生严重

摘除发病严重叶片

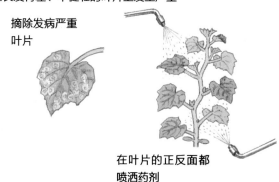

在叶片的正反面都喷洒药剂

9 | 收获

从幼果到大果都能食用。根据喜好和植株长势，来收获各种大小的果实更有乐趣

通常的大小
长 20~21cm、重 90~110g。
再大的用醋、蒜拌着吃或炒着吃都很好

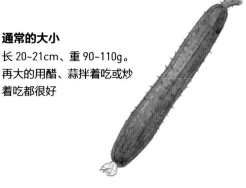

嫩黄瓜
长 10~12cm，用味噌（一种豆酱）拌着吃作为酒肴

花开到最大时
花开到最大时，连果一块做菜等

雄花
炒菜时作为配菜

成功的要点　各个大小、阶段的黄瓜都能利用，所以当植株长势弱的时候趁嫩时摘下，可以尽快恢复长势。

41

Q 只有周末才能到地里去，果实长得过大怎么办？

A 在庭院或阳台上培育，无论什么时候都能摘到合适大小的黄瓜。

黄瓜生长快，1d 就能长 3cm，开花后 7~10d 就可收获。种植黄瓜的农户，为了收获合适大小的黄瓜，在气温高的夏季 1d 可收获 2 次。若隔几天或者是只有周末才到地里去，果实长得太大了也是没有办法的。

因此，推荐在庭院里或阳台上栽培黄瓜。只要打开窗户或门，就能摘到新鲜的黄瓜，每天早上是收获最美味可口黄瓜的时机。栽培方法和整枝方法虽然与大田相同，但是要仔细地摘心。在阳台上栽培时不要忘了浇水。追几次肥，一直到 8 月中旬可收获大量黄瓜。

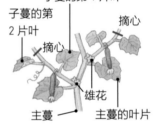

子蔓的第 1 片叶
子蔓的第 2 片叶
摘心
摘心
雄花
主蔓
主蔓的叶片

果实坐住后，在果实的上面留下 2 片叶后摘心。子蔓和孙蔓用同样的方法进行整枝

Q 叶上附着着的白色粉状的病斑是什么？

A 是白粉病，可在发病初期喷洒药剂防治。

出梅后，在植株下部叶的表面零星地分布着圆形、薄粉状的病斑，这就是白粉病的初期症状。

病害进一步发展，整个叶片布满白色粉状的霉菌（分生孢子和菌丝），逐渐地茎和花上也会附着，就像撒了厚厚的面粉一样。这时候孢子也变成灰色，再进一步发展就形成黑色的小粒点（子囊壳）。

如果只是轻度发病，对植株的生长发育及产量没有太大影响。但是若植株整体被白色粉状的霉菌覆盖，光合作用会被严重抑制，产量和果实品质就会受到很大影响。

如果在发病初期喷洒药剂，可防止病害的蔓延，但是如果防治晚了就成为很难控制的病害。

因为在中午高温时喷洒药剂很容易出现药害，所以夏季在傍晚喷洒药剂是最安全有效的。一次喷洒的量，也要比防治其他病害时稍多，并且如果不把霉菌冲掉就难以奏效。

另外，因为这是多从子叶开始发生的病害，所以定植缓苗以后就及早地把子叶摘除也很有效。

病害特别严重时要终止黄瓜的栽培。若还来得及，重新播种是上策。在日本关东地区，最迟的播种时间为 7 月中旬前后。

叶片白得就像撒了面粉一样

Q 弯曲或者下部隆起形状的果实增多，怎么解决？

A 用速效性的复合肥等，尽快使植株恢复长势。

弯曲的果实

黄瓜，在开始采摘的一段时间内可摘到很多色泽和果形正常的果实。但是，弯曲的果实和尾部膨大的果实、尾部细瘦的果实会逐渐增多。

弯曲的果实只是外观不好看，食用是没有问题的。在收获最盛期（6月前后），开花后7~10d 就能长到 100~120g 的果实是正常的，但是尾部膨大的果实长成一般需 2 周以上，很多是因为果实尾部发育才造成的膨大，因而果实品质也会降低。

解决的对策就是尽快恢复植株的长势。把尾部开始或正在膨大的果实全部摘除以减轻植株负担，施速效性的复合肥，干旱时要及时浇足水。若走道的部分被踩硬了，用锄头浅刨进行疏松。

这时，把被病害侵染的叶片摘除是很重要的，使从侧枝长出的新叶来代替被摘除叶片进行光合作用。不管怎样，摘除果实，使植株得到暂时休整，待植株恢复长势后再使其结果吧。因为钾不足时也容易出现这种症状。所以追肥时配合施入含有多种成分的肥料是很重要的。

Q 要想自己嫁接苗，该怎么做？

A 用即使是初学者也容易做的"靠接"。

嫁接，即播种后把培育的苗的根切掉作为接穗，然后选用生长健壮、抗病性强的近缘种或其他品种的苗作为砧木，用与接穗对应的角度切好并使其接合好。黄瓜一般选用南瓜作为砧木。南瓜对致命的葫芦科枯萎病的抗病性强，对养分的吸收也很旺盛。因为比黄瓜在低温期时的生长发育还好，还能使黄瓜初期的生长发育变好，提高收获量。

要想培育嫁接苗有多种多样的方法，但是即使是初学者也容易掌握易做的是使用刮胡刀刀片也能操作的靠接法，按右边的顺序操作就行。需

① 把砧木上的芽切掉，从子叶下面斜向下向茎内切入一半。

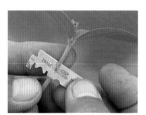

② 在接穗子叶的基部下方约 1cm 处从下向上向茎内斜切一半。

③ 把砧木和接穗的切口完全对齐，接合为 1 株。

④ 用嫁接用的夹子固定好，待缓苗后把接穗的根切断。

要准备的就是预先培育好的接穗和砧木。另外，需用清洁无菌的器具，操作也要迅速。

越瓜（白瓜）

Oriental pickling melon

●葫芦科 / 原产地：亚洲东部地区

把刚摘下的果实腌成咸菜，可品尝到独特的香气和爽口的风味。成熟的果实，不用加糖，只放三料调和醋（日本调和醋的一种）就很好吃。

栽培月历 （月）

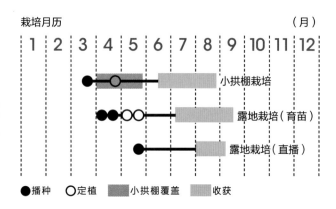

●播种　○定植　▨小拱棚覆盖　▨收获

栽培要点

◎喜高温，耐夏季的炎热，喜强光，较耐旱。不耐低温，如果温度降到 15℃ 以下会造成生长发育不良。

◎对土质的适应范围广，从砂壤土到黏土，在各种土质中都能很好地生长发育。只要排水好，在地下水位高的地块中也能栽培。

◎为防止出现连作障碍，与非葫芦科植物进行轮作 3~4 年后再种植。

◎露地栽培时，为了延长收获时间，可用小拱棚保温。

◎因为温度不足，在寒冷地区或高冷地区露地栽培困难。

◎因为雌花多长在孙蔓上，所以为了促使长势好的孙蔓生长，对主蔓、子蔓适时进行摘心。雌花坐住以后，对其蔓的顶端仔细地进行摘心。

◎为使果形更好，防止泥土飞溅，要在植株基部铺上稻草。

推荐的品种

地域不同，种植的品种也不一样。另外，还有用于制作奈良腌菜、暴腌咸菜（即少盐腌菜）等食物的各种品种。

赞岐越瓜（泷井种苗）：植株健壮，能陆续地收获长约 23cm 的果实。适合制作暴腌咸菜。

青大长高瓜（泷井种苗）：耐热、耐寒，容易培育。果肉柔软，口感好，适合制作暴腌咸菜。

白羽仓瓜（坂田种苗）：虽然是甜瓜的同类，但甜味小，适合腌咸菜用。

青羽仓瓜（Tokita 种苗）：肉厚并且柔软，腌咸菜很好吃。适合露地栽培。

赞岐越瓜

青大长高瓜

白羽仓瓜

青羽仓瓜

栽培方法

1 育苗

在 3 号塑料钵中播 3~4 粒种子

4~5 月育苗时要撑上小拱棚保温

报纸
塑料薄膜

注意及时换气，中午温度不要超过 30℃

换气

夜间盖上草苫等进行保温，保持温度在 15℃ 以上

在长出 1 片真叶时间苗，留下 1 株进行培育

待培育到长出 4~5 片真叶时，就可向地块中移栽了

2 地块的准备

在定植前约 2 周

平均 1m 沟长
堆肥　5~6 把
豆粕　6 大匙
复合肥　4 大匙

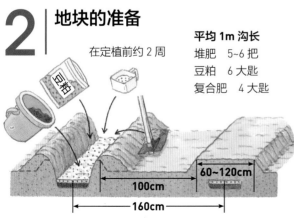

100cm

160cm

60~120cm

成功的
要 点 为了促使长势好的子蔓、孙蔓长出，施基肥时充分施用优质的堆肥。

3 定植

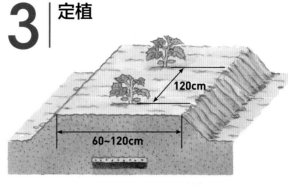

120cm

60~120cm

用小拱棚栽培时，要及时换气，不要使温度升到 30℃ 以上

成功的
要 点 因为越瓜不耐低温，在寒冷地区或高冷地区要使用小拱棚栽培，以加快其生长发育。

4 摘心（主蔓）

若在定植后生长旺盛，就留下 5~6 片真叶，把主蔓的顶端摘去

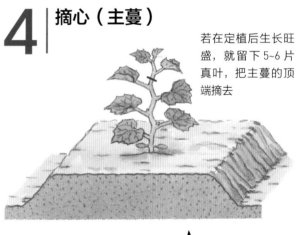

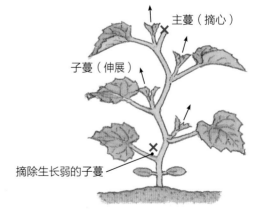

主蔓（摘心）

子蔓（伸展）

摘除生长弱的子蔓

5 | 追肥、铺稻草

第1次
在蔓旺盛生长的时候，在垄的一侧进行追肥并培土，之后铺上稻草

平均 1m 垄长

复合肥　4 大匙

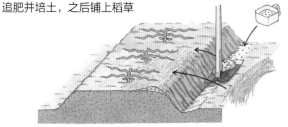

第2次
在子蔓向垄外伸展的时候，在与第1次追肥相对的另一侧施和上次同量的肥料后再铺上稻草

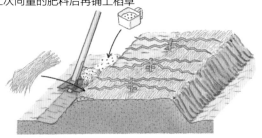

6 | 整枝、摘心（子蔓、孙蔓）

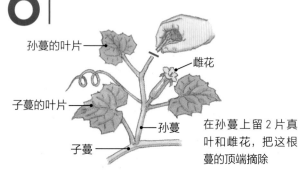

孙蔓的叶片

雌花

子蔓的叶片

孙蔓

子蔓

在孙蔓上留2片真叶和雌花，把这根蔓的顶端摘除

完成摘心以后的样子

从植株基部摘除
2~3 节的孙蔓

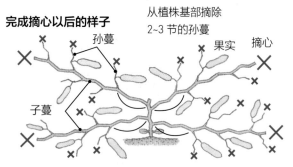

孙蔓

果实　摘心

子蔓

成功的
要点　雌花（之后长成果实）是着生在孙蔓上的，因此要仔细地摘心，进行引缚、使蔓均匀配置，防止混杂拥挤。

7 | 收获

开花后 15~20d，长到能利用的大小时，可依次收获。尽量在早上果实温度还没有上升时采摘

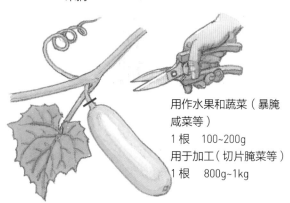

用作水果和蔬菜（暴腌咸菜等）
1 根　100~200g
用于加工（切片腌菜等）
1 根　800g~1kg

8 | 利用

腌菜
从中间纵向切成两半，用匙子等把瓤挖出来

用盐预腌，放在阴凉处晾干后用酒糟或味噌再次腌制

加三料调和醋拌凉菜
等到果实变软，收获熟果，加入三料调和醋拌匀就可以吃了

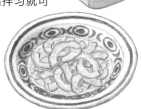

因为市场上很少有卖幼苗的，所以就要购买好品种的种子进行育苗。4月上旬前后，在3号塑料钵中播种，用塑料小拱棚覆盖进行保温。培育到有4~5片真叶时向地块中定植。

定植时，垄间宽最小为160cm。因为要使4根子蔓向两侧分开生长，株距为120cm左右。因为越瓜是在孙蔓上坐果，所以要认真地进行整枝。

施基肥时尽量多施优质的堆肥、豆粕和复合肥，根据情况再施干牛粪或鸡粪。

要使多根孙蔓一齐生长，因为是在孙蔓上坐果，果实坐齐后还要使其膨大，所以到收获时确保肥料供应是很关键的。追肥时在垄的两侧开沟施入后再培土。植株长势弱的时候，还有在孙蔓摘心的盛期，在植株之间点状施入复合肥，以防止缺肥料。

Q 初次培育越瓜，培育时的基本操作有哪些？

A 育苗、整枝、适时施肥等

Q 只长蔓，果实结得很少，怎么办？

A 认真地整枝，促使其发出多根好的孙蔓。

越瓜和其他的瓜类相同，都是雌雄异花，为了让雌花长得更好，就需要认真细致地整枝。越瓜在孙蔓的第1~2节上着生雌花，所以孙蔓成为结果枝。促使多根孙蔓齐发是很重要的。

为了实现上述目标，先对主蔓留5~6片真叶摘心，留下4根长势好的子蔓，把其余的子蔓从基部摘除。在子蔓长到10节左右时进行摘心，把从植株基部2~3节长出来的孙蔓摘除。留下的孙蔓留2片真叶后对其顶端及早摘心，促进留在孙蔓上的雌花发育。经过这样细致地整枝，同时加强肥水管理，从1株上可收获十几个果实。

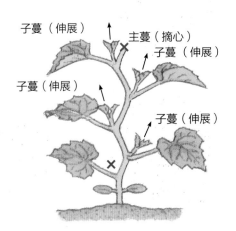

子蔓（伸展）　主蔓（摘心）　子蔓（伸展）　子蔓（伸展）　子蔓（伸展）

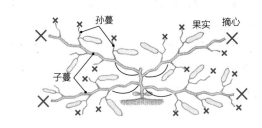

孙蔓　果实　摘心　子蔓

苦瓜

Balsam pear

●葫芦科 / 原产地：东亚、亚洲热带地区

具有特有的苦味和爽脆口感。富含维生素 C、胡萝卜素、矿物营养、各种膳食纤维，对防苦夏、增进食欲有很好的效果。

栽培月历　　　　　　　　　　　　（月）

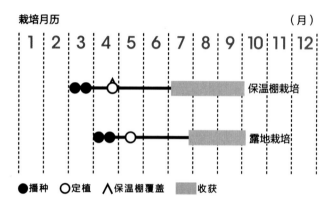

●播种　○定植　∧保温棚覆盖　■收获

栽培要点

◎喜高温，露地栽培待其自然发芽，过了盛夏就可以收获。所以要想在盛夏收获，可加温育苗以提早栽培时期。

◎因为种皮很硬，所以用钳子等使种子裂口后用温水浸泡一昼夜，使其吸水之后再播种，发芽情况会更好。

◎定植后，撑上保温棚进行保温，初期的生长发育会更好。

◎初期的生长发育虽然缓慢，但是一进入夏季其生长发育就加快，可持续收获至秋季，病害也少，很容易栽培。

◎立支柱，对蔓进行引缚固定。因为苦瓜的茎细且蔓生，其卷须等很容易缠到其他物体上，所以在初期用细绳进行引缚即可。

推荐的品种

根据果实的大小、果色等的不同，有各种各样的品种

色拉苦瓜（双叶种苗批发部）：肉厚多汁，适合用于拌凉菜等生吃方法。

白苦君（Tokita种苗）：进入收获期后果色鲜艳。苦味小，能生吃。

寿限无（泷井种苗）：长 25~30cm 的大果种，能结很多深绿色的果实。

小苦瓜（神田育种农场）：长 5~6cm 时收获，是手掌大小的小型苦瓜。

色拉苦瓜

白苦君

寿限无

小苦瓜

栽培方法

1 育苗

因为种皮很硬，所以要用钳子等夹一下，使其裂口

在水中浸泡一昼夜，更容易发芽

在 3 号塑料钵中一粒一粒地放 3~4 粒种子，覆土厚度为 1.5cm 左右

在低温期，用塑料小拱棚进行保温

长出 2 片真叶时间苗，留下 1 株进行培育

培育到真叶长出 3~4 片时就可定植

成功的要点
种子难以发芽，可用钳子等把种皮夹开裂口，使其吸水后再播种。幼苗不耐低温，对苗床进行加温、保温可培育成好苗。

2 地块的准备

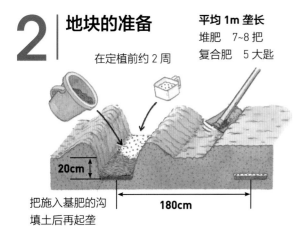

在定植前约 2 周

平均 1m 垄长
堆肥 7~8 把
复合肥 5 大匙

20cm

180cm

把施入基肥的沟填土后再起垄

3 定植

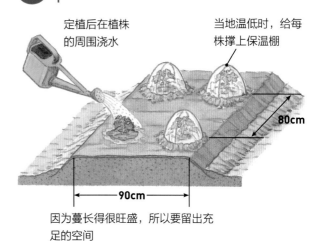

定植后在植株的周围浇水

当地温低时，给每株撑上保温棚

80cm

90cm

因为蔓长得很旺盛，所以要留出充足的空间

4 整枝和引缚

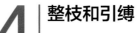
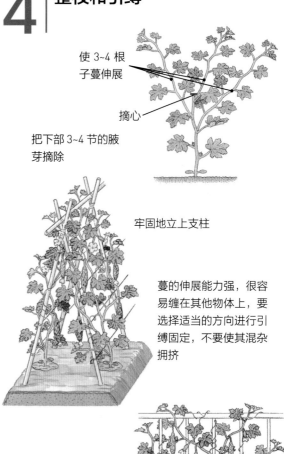

使 3~4 根子蔓伸展

摘心

把下部 3~4 节的腋芽摘除

牢固地立上支柱

蔓的伸展能力强，很容易缠在其他物体上，要选择适当的方向进行引缚固定，不要使其混杂拥挤

将蔓缠在栅栏上或在窗外引缚到高处，还可作为绿色的屏障

5 | 追肥

第 1 次

在主蔓伸长到 50cm 以上时，在植株基部周围施入复合肥

平均 1 株

复合肥 1 大匙

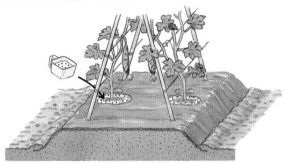

第 2 次及以后

进入收获盛期后，在垄的一侧开沟，施肥量和第 1 次相同，下一次再在垄的另一侧施肥，这样共施 2~3 次肥以后再培土

6 | 收获

绿色品种当果实色泽深绿时，白色品种在果实表面的小瘤都鼓起来之后就可收获

因为果柄很硬，所以要用剪刀剪下来

苦瓜佃煮

材料（容易做的分量）

苦瓜…大的 1 根（360g）

A
酱油… 3 大匙
砂糖… 1.5 大匙
甜料酒… 1.5 大匙
酒… 1.5 大匙

香油… 2 大匙

做法

1 把苦瓜纵向切成两半，挖除种子和白色棉絮状的东西后再横切成薄片。

2 在锅中放入香油，用大火烧热，把切好的苦瓜片炒至色泽变鲜艳。然后加入 **A**，持续地混合翻炒，改为中火煮至汤汁没有了。

备忘录： 放在冰箱中冷藏可保存 4~5d。吃时可加入适量的白芝麻拌匀。

左边的 4 根苦瓜摘得太晚了，果实变黄，红色的种子露出来了

Q 什么时候收获合适？

A 根据各品种的色泽，在果皮还有光泽的时候尽早收获。

苦瓜的雌花比黄瓜等的雌花小得多，如果不注意就很容易错过开花的时机。

但是，从开花算起，经过15~20d，果实成形后，随时可以收获。因为果实即使很嫩也能食用，所以根据各品种的色泽不同，在果色还鲜亮时尽早收获。因为有的果实藏在茂盛的蔓或叶片的下面，所以要扒开叶片仔细地寻找。

如果摘晚了，果实会变成黄色至橙色并且变软，就不能吃了。成熟时，果皮破裂，露出红色的成熟种子。种子周围果冻状的部分有甜味，可以吃。

 确实如此专栏

最适合做成绿色屏障

用攀缘性的苦瓜做成绿色屏障，不仅可以品尝收获的果实，还有其他的优点。

在朝南、朝西的窗边或阳台等处拉上园艺网让苦瓜的蔓爬满，可遮挡夏季的强光照射。苦瓜的叶片较小而且柔软，看上去也很舒心。

想培育成漂亮的屏障，要在长出 3~4 片真叶时对主蔓进行摘心，把伸展的子蔓均匀地分开，只用在最初时用细绳进行引缚，以后苦瓜的蔓就能自己向上伸展。屏障如果出现空隙，可以把附近的蔓和叶片引缚过来，使其卷须缠绕住即可。

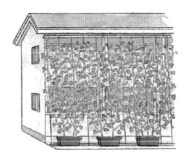

甜瓜

Melon

●葫芦科 / 原产地：东非

因汁多甘甜的味道很受欢迎，是夏季果蔬的王者。富含维生素 A，有各种各样的品种。

栽培月历 （月）

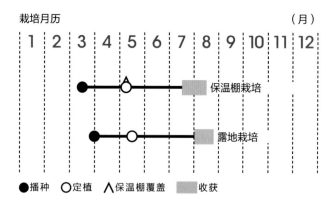

| 1 | 2 | 3 | 4 | 5 | 6 | 7 | 8 | 9 | 10 | 11 | 12 |

保温棚栽培

露地栽培

●播种　○定植　∧保温棚覆盖　▨收获

栽培要点

◎在蔬菜中是最喜欢高温的。生长发育适温：白天为28~30℃，夜间为18~20℃，15℃以下时生长发育就很困难。

◎育苗和定植到大田中时都要用塑料薄膜保温，这样产量会比较稳定。

◎为了防止出现连作障碍，可使用嫁接苗。如果不使用嫁接苗，需间隔 3~4 年，与其他非葫芦科植物轮作。

◎定植后，为了保温和防虫，可用保温棚罩起来。

◎因为喜欢日光照射，日照不好的场所很难栽培。

◎因为雌花着生在孙蔓上，所以要细致地整枝，对主蔓、子蔓进行摘心。

◎开花时需要进行人工授粉，以确保坐果。

◎要想提高糖度，不要忘记在收获结束之前要保证叶片是健全的。

推荐的品种

从香瓜到网纹甜瓜有多个类型，但是最适合大众栽培的还是经过改良的杂交甜瓜品种。

高见红（日本园艺植物育种研究所）：糖度高、红肉的网纹甜瓜。较耐枯萎病和白粉病。

潘纳 TF 甜瓜（泷井种苗）：较耐枯萎病、白粉病，最适合小拱棚栽培。果实汁多味甜。

王子PF甜瓜（坂田种苗）：对白粉病和枯萎病耐性强，容易培育，结的果实比王子甜瓜大。

科罗丹甜瓜（坂田种苗）：在露地或栽培箱内能培育的网纹甜瓜。果肉汁多味甜。

高见红

潘纳 TF 甜瓜

王子 PF 甜瓜

科罗丹甜瓜

栽培方法

1 育苗

白天气温为 20~30℃，夜间为 18℃ 以上为适宜温度。地温宜为 25℃ 左右

塑料小拱棚

夜间盖上保温材料（草苫等）

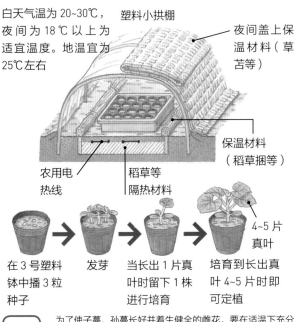

农用电热线

稻草等隔热材料

保温材料（稻草捆等）

在 3 号塑料钵中播 3 粒种子 → 发芽 → 当长出 1 片真叶时留下 1 株进行培育 → 培育到长出真叶 4~5 片时即可定植

4~5 片真叶

> **成功的要点** 为了使子蔓、孙蔓长好并着生健全的雌花，要在适温下充分地接受日照，培育健壮幼苗。

2 地块的准备

前茬结束后，尽早撒上石灰，对土壤深翻至深 20cm 左右

在定植前约 2 周施基肥

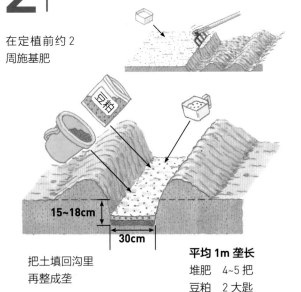

15~18cm

30cm

把土填回沟里再整成垄

平均 1m 垄长
堆肥　4~5 把
豆粕　2 大匙
复合肥　2 大匙

3 定植

在整个垄上铺上黑色塑料薄膜，以提高地温

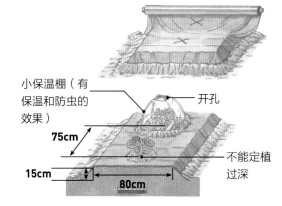

小保温棚（有保温和防虫的效果）

开孔

75cm

15cm

80cm

不能定植过深

4 摘心、整枝

立支柱栽培的方法参照 P54

在地上爬蔓栽培

当主蔓长到 5~6 片真叶时进行摘心，以促使子蔓的生长。有 × 标记的是摘心的位置（圆圈内的数字表示生长的顺序）

③子蔓生长
②子蔓生长
①子蔓生长
主蔓

当子蔓长到真叶 10~12 片时进行摘心，以促使孙蔓（结果枝）的生长

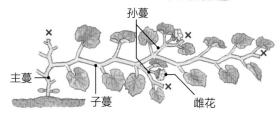

孙蔓
主蔓
子蔓
雌花

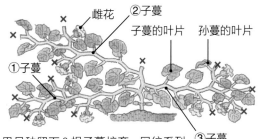

雌花
②子蔓
子蔓的叶片
孙蔓的叶片
①子蔓
③子蔓

小果品种留下 3 根子蔓培育。网纹系列的品种或大果品种留下 2 根蔓培育

> **成功的要点** 因为结果的雌花着生在孙蔓上，所以要细致地对主蔓、子蔓摘心，有计划地使生长好的孙蔓伸展。

立支柱栽培

栽植成 2 行，株距为 45cm。使在子蔓的第 10~15 节长出的孙蔓的第 1 节的雌花坐果。果实长到鸡蛋大小时，留下果形好的，把其余的摘除

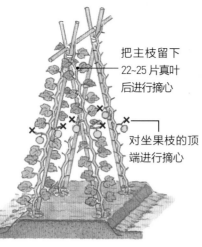

把主枝留下 22~25 片真叶后进行摘心

对坐果枝的顶端进行摘心

5 | 人工授粉、摘果

人工授粉

雄花

把花瓣摘掉，露出花粉，便于授粉作业

雌花

在柱头上轻轻地涂抹上花粉，用标签标注好授粉的日期

摘果

在坐果后 10~14d，按预定数量留下形状好的果实，把其他的果实摘除

坐果数量

小果品种 1 株留 7~8 个果实，大果品种 1 株留 4~5 个果实

6 | 病虫害防治

易发生枯萎病、霜霉病、白粉病、蚜虫类等。及早喷洒药剂进行防治。叶片的正、反面都要细致地喷药

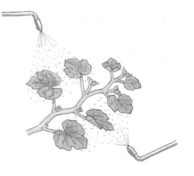

7 | 追肥、铺稻草

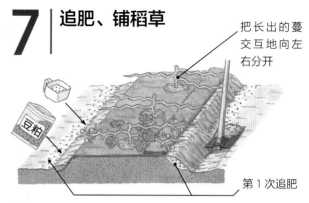

把长出的蔓交互地向左右分开

第 1 次追肥

当第 1 个果膨大到鸡蛋大小时，揭开地膜，在垄两侧的底部进行追肥，然后培土。培土后再把地膜盖好

平均 1 株

豆粕　4 大匙

复合肥　2 大匙

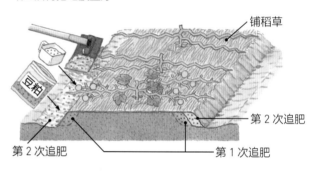

铺稻草

第 2 次追肥

第 2 次追肥　第 1 次追肥

在第 1 次追肥后 15~20d，施和第 1 次追肥相同的量，施到蔓尖端部分的土壤内后再培土，然后在垄上铺稻草

8 | 收获

根据状态判断（栽培品种为"高见红"）

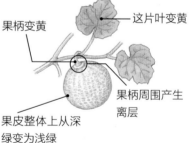

果柄变黄

这片叶变黄

授粉后再经过一定的天数，试着摘下 1 个果实后以决定是否收获

果柄周围产生离层

果皮整体上从深绿变为浅绿

成功的要点 糖度高到能够收获的天数，由于品种和栽培时期不同而有所差异。预先调查好收获时间，适时收获。

在地块中遇到的难题
Q&A

摘除球形、过长和有伤的果实

Q 网纹甜瓜摘（疏）果时应注意什么？

A 人工授粉后 10~14d，把匀称的果实留下，其余的摘除。

因为甜瓜的栽培时期温度较高，所以果实的膨大速度很快，在人工授粉后 10~14d，就会长到鸡蛋大小。一到这个时候迅速膨大的果实中，就很容易地区分开形状匀称的果实和果形不好的果实了，所以只留下匀称的果实，把其余的摘除。

留下的果实，要选稍微有点纵长、整体匀称、花落的部分（脐部）小的。很圆的果，在幼果时形状虽好，但是膨大后差，长不大，所以要摘除。

如果把果实都留下不摘，果实之间就会互相争夺营养，长不好。

Q 收获适期掌握不准怎么办才好？

A 标记好授粉日期，试着摘下少量进行确认更可靠。

即使甜瓜的果实从外观上看长得很大，好像成熟了，但是若糖度很低也不能收获。反之，若成熟了还不收获也会因熟过了，发酵产生酒精，造成果肉劣变，花费的心血化为泡影。如果是在庭园及附近地块，趁早上、晚上的时间去观察一下就可判断出收获适期，但是如果地块离家较远，只有周末才能去，错过1周就会耽误大事。

对于"王子"或"金将"等品种，5月开花的在开花后40~45d，6月中旬开花的在开花后30~35d就是收获适期。对于"王子"，果面的细毛变得不再那么明显且变成白色、果柄基部开始出现小裂缝的离层时，就可收获。"金将"和"伊丽莎白"等黄色品种，黄色变得足够深的时候，就成为从外观上判断成熟的标准；轻按一下脐部，若感到稍软则是另一个收获的标准。

最准确的方法是，挂上标签注明授粉日期，算一下天数，加上外观观察（如颜色、细毛等），再摘下一个果实尝一尝，由此判断收获适期。

另外，收获以后糖度也会上升。特别是网纹甜瓜，收获后再稍微进行后熟，糖度变高后更好吃。市售的高级甜瓜标明的最佳食用时间，就是指这个糖度变高的时候。

西瓜

Watermelon

●葫芦科 / 原产地：南非

富含果糖和葡萄糖，在炎热的夏季吃西瓜可使疲惫的身体感到清爽。西瓜在日本被称为"日本夏季的风物诗"。也被称为"夏季水果之王"。

栽培月历 （月）

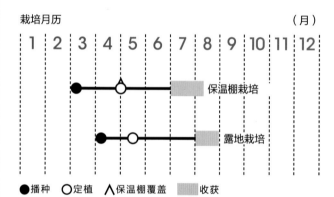

| 1 | 2 | 3 | 4 | 5 | 6 | 7 | 8 | 9 | 10 | 11 | 12 |

保温棚栽培

露地栽培

●播种　○定植　∧保温棚覆盖　▨收获

栽培要点

◎在蔬菜当中最喜欢强光，生长发育的适温：夜间为15℃以上，白天为28~30℃，因为需要的温度较高，所以要选择日照好的地块。

◎从砂壤土到黏土，对土壤的适应范围很广。

◎连作容易出现枯萎病，所以要与非葫芦科植物轮作。

◎如果用瓠子或南瓜等作为砧木嫁接，能提高耐病性，可连作。

◎用嫁接苗时，有时会从植株基部的砧木上长出芽，所以要注意定植时不要把接合部埋住。当砧木长芽时，只要一看到就要立即摘除。

◎长出真叶 5~6 片时，对主蔓进行摘心，留下 3 根子蔓且不要让它们互相缠绕。

推荐的品种

有果皮、果肉的色泽、大小等不同的很多品种。

塔希提（坂田种苗）：黑皮、红肉，单果重 7~8kg 的大型西瓜。肉质紧实，糖度高。

红玉（泷井种苗）：即使是在低温下坐果也很稳定，裂果少。沙瓤的小型品种。

黄冠（Nanto 种苗）：口感很好的黄皮小型西瓜。在低温期生长发育也很好，能较早地收获。

银蛋（Tokita 种苗）：果皮呈黑绿色、花纹深、椭圆形的小型西瓜。单瓜重 2.5~3.0kg。

塔希提

红玉

黄冠

银蛋

栽培方法

1 育苗

在育苗箱中播种，保持 25~30℃ 的温度使其发芽

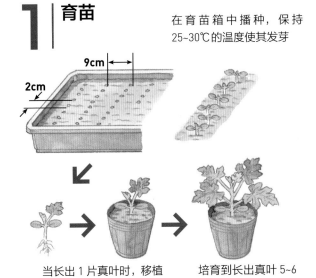

2cm
9cm

当长出 1 片真叶时，移植到 3 号塑料钵内培育

培育到长出真叶 5~6 片时，就可定植了

保温方法

因不耐低温，幼苗的生长发育很慢，所以要对苗床进行加温，有效地进行保温

塑料小拱棚

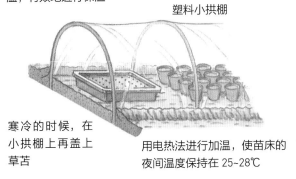

寒冷的时候，在小拱棚上再盖上草苫

用电热法进行加温，使苗床的夜间温度保持在 25~28℃

嫁接苗

因为市售的嫁接苗对连作障碍的耐性强，每年可以在同一块地连续栽培。如果掌握了嫁接技术，自己也可以进行嫁接（参照P59）

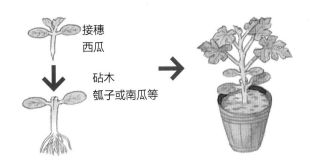

接穗
西瓜

砧木
瓠子或南瓜等

2 地块的准备

平均 1m 沟长
堆肥　3~4 把
豆粕　4 大匙
复合肥　2 大匙

定植前约 2 周

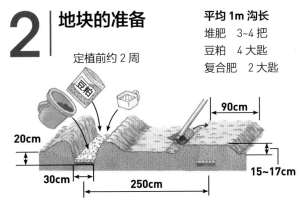

20cm
30cm
250cm
90cm
15~17cm

如果是排水不好的地块或黏土，就干脆起高垄

> **成功的要点**　基肥，特别是氮肥施得过多，坐果就不好，所以尽量使用缓效性肥料，并且要控制施用量。

3 定植

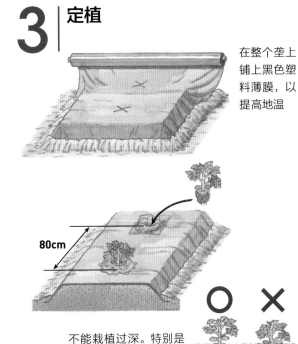

在整个垄上铺上黑色塑料薄膜，以提高地温

80cm

○　×

不能栽植过深。特别是嫁接苗，不要把嫁接的部分埋住

保温　使用保温材料进行保温。可以促进生长发育和防止虫害

灯笼状的罩

塑料薄膜

保温棚

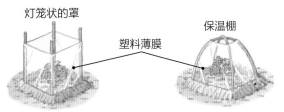

也可以把塑料袋的底部剪开用。顶部开着就行

把顶部剪开做成换气孔，结合生长发育情况再逐渐扩大

4 | 摘心、引缚

在第 5~6 节处摘心，使长势好的 3 根子蔓伸展

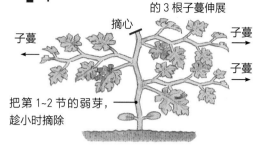

子蔓

摘心

子蔓

子蔓

把第 1~2 节的弱芽，趁小时摘除

把蔓向左右地分开并进行引缚固定，防止混杂拥挤

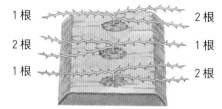

1 根　　　　　　　　2 根

2 根　　　　　　　　1 根

1 根　　　　　　　　2 根

尽早摘除坐果节以下的孙蔓，防止长得过于繁茂

5 | 铺稻草

随着蔓的伸长，分 2~3 次在走道上铺稻草。如果没有稻草，也可铺上黑色塑料薄膜

6 | 人工授粉

在开花当天上午 8:00~9:00，把雄花的花瓣摘除，露出花药，然后在雌花的柱头上轻轻涂抹

在蜜蜂等不活跃的时候，人工授粉使其坐果是很重要的。把早期长在子蔓低节上的雌花摘掉。之后，对摘花后的第 5~10 节（主蔓是第 13~15 节）上的雌花进行人工授粉

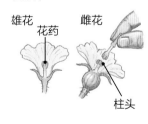

雄花

花药

雌花

柱头

在标签上标注好授粉日期

> **成功的要点**　最迟在上午 8:00~9:00 进行人工授粉。先确认是否有花粉，要注意授粉时不要伤到雌蕊的柱头。

7 | 追肥

用指尖把地膜抠孔并施入肥料

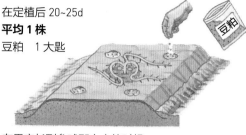

第 1 次　在定植后 20~25d

平均 1 株

豆粕　1 大匙

第 2 次　在果实长到垒球那么大的时候

平均 1 株　复合肥　2 大匙

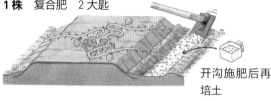

开沟施肥后再培土

8 | 喷洒药剂

主要的病虫害有炭疽病、蚜虫等。病害在雨多湿度大时易发生。对叶片的正、反面都要细致地喷药。在混杂拥挤的地方要特别细致地进行喷药

9 | 转果

为了使上下果形好和果实着色均匀

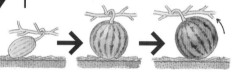

开始膨大时　　使瓜坐正　　把瓜横着转动

10 | 收获

开花后 50~55d，摘一个尝一下，如果成熟了，同一天授粉的就都成熟了

成熟果的辨别方法

果形　肩部鼓起来，脐部凹进去，周边的部分鼓起来

色泽　浅绿色消失，光泽不明显

触感　用手指按压脐部，能感觉到有弹力

拍打　用手腹拍打，发出"嘣嘣"的声音

卷须　从坐果的节上长出的卷须干枯

插接

用刀片斜着切

接穗（喜欢的西瓜品种）

砧木（瓠子、南瓜等）

砧木和接穗的子叶呈十字形地交叉着进行嫁接，将接穗以顶端稍微露着的高度插进去

用竹签等斜着向下插，开孔

把砧木的幼芽切除

Q 想自己嫁接，该如何做？

A 先购买砧木用和接穗用的种子，先从播种开始。

先把用作砧木的瓠子或南瓜的种子播下去长出苗后，再将后面播种长出来的接穗苗嫁接上去，所以要间隔 10~12d 进行二次播种（先播砧木种子，后播接穗的种子）。当砧木发齐芽时再播接穗的种子，当接穗的子叶展开的时候（播种后 7~10d）进行嫁接。

在嫁接西瓜时，一般用的方法为插接或靠接（参照 P43）。用的工具有清洁的小刀（或刮胡刀的备用刀片等）和竹签。

嫁接好的苗，要放到盖有塑料薄膜的温室内并遮光，进行保温保湿管理。花几天时间使其逐渐地适应日照，培育 10d 左右就可缓苗成活。从此以后就像一般的育苗管理一样，到真叶长出 4~5 片时就可出售或定植。

育成的嫁接苗

砧木的子叶

嫁接部位　　接穗的子叶

Q 坐住果以后如何管理？

A 选择果形好的幼果留下，把其余的摘除。

转动果实使全果着色均匀，要想培育出好的果实，要使坐果数与茎叶生长发育相适应，另外还要使之膨大，长成有好色泽和好果形的果实。

在 1 株上结果的数量，若留 3 根子蔓培育，大型品种结 3~4 个，小型品种结 7~8 个。把在各蔓的第 15~20 节坐住的、纵径比横径长的果、果柄粗的果实留下，把其余的果实在比鸡蛋稍大的时候就摘除。

当果实长到中等大小时，把横向的果实竖起来使其坐正。

果实进一步地膨大，在收获前 10d 左右，把果实再横着放倒，使下面发白的部分接受日照，使果实整体着色一致（转果）。另外，除铺稻草外，如果铺上泡沫塑料专用垫，既可除掉湿气，着色也会更好。

南瓜

Pumpkin, Squash

●葫芦科 / 原产地：美洲大陆地区

在室温下可长期保存，含有可使黏膜变坚韧的胡萝卜素和增加抵抗力的维生素，富含能抵御感冒的营养成分。

栽培月历   （月）

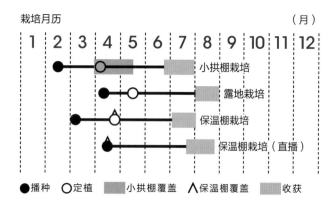

●播种　○定植　▦小拱棚覆盖　∧保温棚覆盖　▦收获

栽培要点

◎在果菜当中最耐低温，夜间温度为 7~8℃就能生长发育，也耐高温。

◎对土壤病害的耐性强，可进行连作，根系健壮，容易培育。但是茎叶上容易发生疫病和炭疽病，因为在湿度大的地块多发，所以要选择排水好的地块进行栽培。

◎定植后，为了保温和预防害虫入侵，盖上保温棚或罩上塑料薄膜、塑料袋（肥料袋）等做成灯笼状的罩。

◎蔓生长旺盛，因此要精心做好前期的整枝、引缚工作。

◎因为单性结实（即使是不经过授粉也能结果的现象）很少，所以要对早开的花进行人工授粉。

◎快要到收获期时要进行转果，使果实整体均匀地接受日照，使着色一致。

推荐的品种

在日本，将南瓜大致分为日本种、西洋种、特型种 3 种类型，现在的主要品种都是从西洋种改良而来的。

红栗（日本园艺植物育种研究所）：红皮，单果重 2kg 左右，肉质松软、很甜。即使烹调后果肉也是鲜艳的橙色。

雪妆（坂田种苗）：粉质类型，肉质松软、很甜，开花后约 50d 就可收获。

橄榄球南瓜（泷井种苗）：橄榄球形，单果重 1.8~2kg 的大型品种。很甜，并且口感很好。

栗将军（Tokita 种苗）：单果重 2kg 左右，粉质，口感很好，植株长势好，坐果稳定。

红栗

雪妆

橄榄球南瓜

栗将军

栽培方法

1 育苗

如果横向播种，子叶就横向地生长。使种子的方向整齐一致，长出的子叶也不会拥挤混杂

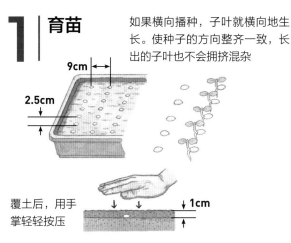

9cm
2.5cm

覆土后，用手掌轻轻按压
↓1cm

如果覆土过浅，或用手掌按压的力量不足，发芽时种皮连带着长出来，这种情况下，要用手剥掉种皮

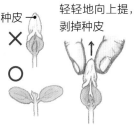

种皮
× 轻轻地向上提，剥掉种皮
○

若种的株数少
在3号塑料钵内播3粒

当长出1片真叶时移栽到3号塑料钵内

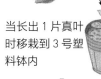

当长出1片真叶时，选择长势好的1株留下，把其余的拔除

培育到长出真叶4~5片时，就可以定植了

气温低的时期，建造塑料小拱棚，夜间盖上草苫等进行保温。发芽适温为28℃。幼苗的生长发育适温为白天28℃、夜间15℃

2 地块的准备

如果是肥沃的地块或者是前茬还留有肥料，基肥就可少施

在定植前约2周

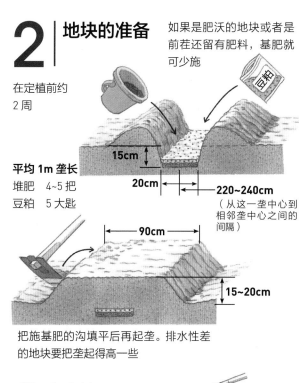

15cm
20cm
220~240cm
（从这一垄中心到相邻垄中心之间的间隔）

平均1m垄长
堆肥 4~5把
豆粕 5大匙

90cm
15~20cm

把施基肥的沟填平后再起垄。排水性差的地块要把垄起得高一些

3 定植

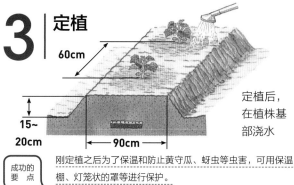

60cm
15~20cm
90cm

定植后，在植株基部浇水

> 成功的要点　刚定植之后为了保温和防止黄守瓜、蚜虫等虫害，可用保温棚、灯笼状的罩等进行保护。

4 摘心、引缚

当长出4~5片真叶时摘心，选择长势好的2根子蔓使其伸展，其余的摘除

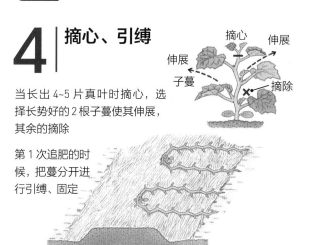

摘心　伸展　子蔓　摘除

第1次追肥的时候，把蔓分开进行引缚、固定

> 成功的要点　把蔓分开，不要和相邻的植株交叉拥挤。为了防止风刮乱蔓，可用带叉的竹签或U形的铁丝等固定。

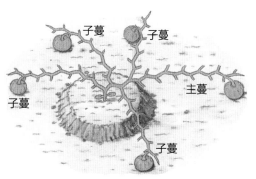

子蔓　子蔓　子蔓　主蔓　子蔓　子蔓

如果是在宽敞的地块中，可使株距达 1m 以上，留下主蔓和 3~4 根子蔓，这样可以向四方扩展

5 ｜ 人工授粉

在开花当天早上 8:00 左右时进行人工授粉

摘除花瓣，只留下雄蕊

雄花

雌花

用雄蕊在指甲上轻轻涂抹一下，确认有花粉以后再进行人工授粉会更可靠

用雄蕊向雌花的柱头（雌蕊）上轻轻涂抹上花粉。1 朵雄花可给 2~3 朵雌花授粉

雄花的雄蕊

成功的要点

为了确保人工授粉成功，最重要的是选择授粉的时间。雄花花粉在清晨活性最高，日出时几乎就没有了。所以在早上露水消失后应尽早授粉，最迟也争取在 8:00 左右完成。

6 ｜ 追肥、铺稻草

第 1 次
蔓长 50~60cm 时，在垄的两侧施复合肥并培土

平均 1 株
复合肥　2 大匙

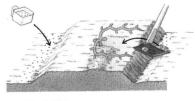

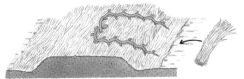

随着蔓的伸长，应铺 2 次稻草

第 2 次
果实直径达到 7~8cm 的时候，在植株间点撒复合肥

7 ｜ 转果

在收获前 10~15d，在果实下垫上泡沫塑料板等，使其着色均匀

8 ｜ 收获

开花后 45d 左右果实就成熟了，果皮硬到用手指甲掐不动时收获。如果摘得太晚，果实品质就会下降

用手指甲试着掐一下

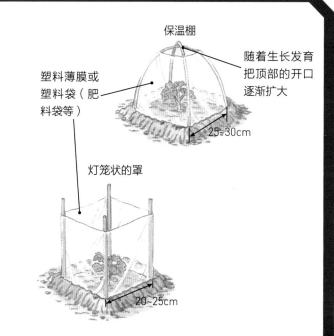

保温棚

塑料薄膜或塑料袋（肥料袋等）

随着生长发育把顶部的开口逐渐扩大

25~30cm

灯笼状的罩

20~25cm

这种情况下怎么办？
在地块中遇到的难题
Q&A

Q | 定植后长得不好怎么办？

A | 用保温棚或灯笼状的罩进行保温以促进生长和防虫。

南瓜的生长发育适温为15~28℃，在果菜类当中是最耐低温的。但是，它也是在家庭菜园中容易出现问题的蔬菜。其中一个问题是易被寒风吹乱。另一个就是被黄守瓜或蚜虫等害虫为害。

定植后如果立即用保温棚或灯笼状的罩遮挡，就能躲避这些危害，并能顺利地生长发育。用保温棚时，若苗长大了就把棚的顶部割开换气。灯笼状的罩从开始时顶部就是开放的。这两种都要在内部的茎叶长满了、达到极限时再一齐撤除。用这种简易的设施能取得很大的效果，很划算。

Q | 立体栽培有什么优点，具体如何做？

A | 能有效地利用土地，收获品质好的果实。

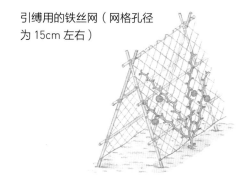

引缚用的铁丝网（网格孔径为15cm左右）

向高处引缚成立体的形状，能有效地利用有限的土地。通风和日照都变好，收获果形和着色好的南瓜，病虫害的发生也会减少。

可搭建斜立合掌式或直立式的支柱，侧面搭园艺网或斜拉塑料绳，把蔓分配好使其容易支撑。

株距为100~120cm时，在主枝等5~6节处摘心，使其长出4根子蔓，并进行引缚。如果部分叶片有重叠，就适当摘叶。

当果实膨大到直径为7~8cm时，用绳将其吊起来，防止把蔓折断。

西葫芦

Zucchini

●葫芦科 / 原产地：美国南部、墨西哥北部地区

棒状的南瓜品种。虽像黄瓜，却是特型南瓜的一种，食用的是未成熟果。富含维生素 A、C，比南瓜含的热量少。

栽培月历 （月）

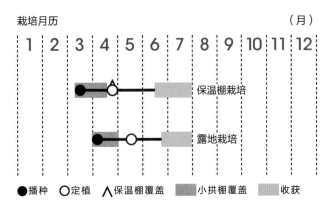

●播种　○定植　∧保温棚覆盖　▨小拱棚覆盖　▨收获

保温棚栽培

露地栽培

栽培要点

◎也叫美洲南瓜，节间很短，茎不长。栽培时不怎么占地方，适合家庭菜园。也可用箱式花盆栽培。

◎为了改盖植株基部的通风，起高垄并覆盖地膜，不能栽得太密。

◎定植后，用带有换气孔的保温棚保温。

◎雌花在各节上都可生长，因为主要收获幼果，所以大部分雌花变为果实膨大。虽然它和黄瓜一样也有单性结果的特性，但是为了收获好的果实需要进行人工授粉（如果有蜜蜂传粉就不需要了）。

◎因为叶柄是中空的，风吹后容易折断。插上 2 根短的支柱把蔓夹住固定。

推荐的品种

在分类上属于特型的南瓜，根据植株长势、叶形、果形、果色等的不同分为很多品种。

达衣娜（泷井种苗）：深绿色的果皮有霜状的斑点。容易培育、产量高。

黄金棒（神田育种农场）：果实为鲜艳的黄金色。植株为紧凑型，生长发育旺盛。

帕里诺·橄榄西葫芦（Tokita 种苗）：圆形的深绿色果实是其特征。直径为 7~8cm 时就可收获。

绿船 1 号（Kaneko 种苗）：植株长势强，即使是在低温时也能很好地生长发育，对病毒病等耐性强。

达衣娜

黄金棒

帕里诺·橄榄西葫芦

绿船 1 号

栽培方法

1 育苗

待天气暖和了之后，在 3 号塑料钵内播 2 粒种子

在真叶开始长出的时候间苗，留下 1 株

真叶长出 4~5 片时，幼苗培育完成

> **成功的要点**
> 按照南瓜的培育方法（参照 P60），在适温下育苗是很重要的。在 4 月下旬前后用塑料小拱棚，夜间在小拱棚上再盖上保温材料（毛毯等）进行保温。若为直播，用保温棚保温即可。

2 地块的准备

平均 1m 垄长
堆肥　4~5 把
豆粕　3 大匙
复合肥　2 大匙

定植前约 2 周

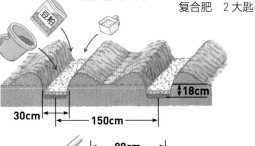

18cm
30cm
150cm

90cm
15cm

把施基肥的沟填平后，再起垄。如果是湿度大的地块要把垄起得高一些

3 定植

先用小刀在地膜上割口，开定植穴

选择晴暖的天气栽到地块中

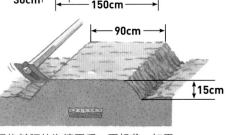

70cm

在植株基部浇足水

4 追肥

第 1 次　定植后半个月，在植株附近用手指零星地开孔施肥

平均 1 株
复合肥　1 大匙

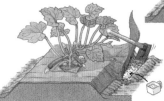

第 2 次
在收获开始的时候，把两侧地膜揭开一点进行追肥，施和第 1 次相同的量

第 3 次及以后
第 3 次及以后，每隔半个月施 1 次肥，施肥量同第 1 次，在植株周围或株间撒施后和土掺混一下

5 立支柱

茎和叶生长迅速，要尽早立上支柱

> **成功的要点**
> 植株容易被风吹乱，若茎被吹断，病害易从伤口处侵入，所以用短支柱交叉着插上并固定住。

6 人工授粉

雄花
雌花

温度低时，为了确保坐果要进行人工授粉

天气变暖和了，蜜蜂开始活动，就不需要人工授粉了

7 收获

带花的西葫芦幼果
在开花前后进行收获，连花做成汤菜、炖菜

西葫芦果实
因为果实长得很快，开花后 5~7d 就可收获。用刀收获对植株的损伤小

Q 如何选择适合栽培西葫芦的场所？

A 湿度过大是大敌，要选择排水和通风性好的地块进行栽培。

把垄起得高一些，铺上地膜防止地面过于潮湿

在日本西葫芦也被称为无蔓南瓜，它的茎的节间短、叶密生、株形大。如果湿度太大，叶间的通风性变差，花蕾就会凋萎，也易发生病害。

要选择排水性好的地块，细致整地，以便降雨时能及时地排出水去。另外，要选择日照好、通风好的地块。

栽培时，把垄起得高一些，为了防止植株基部附近湿度过大，建议铺上地膜。

西葫芦茎叶繁茂、叶片大，叶柄是中空的。因为，茎叶很容易被风吹断，所以要用短的支柱交叉着插在地中夹住茎，以保护植株。

另外，叶片混杂拥挤时应适当摘叶，加强通风，及时喷洒药剂防治病虫害。湿度过大时，幼果和花瓣易发病腐烂，要适时摘除，防止病害向周围扩散蔓延。

 确实如此专栏

与西葫芦同类的特型南瓜

南瓜，在日本被分为日本南瓜、西洋南瓜、特型南瓜3类，西葫芦是特型南瓜的一种。

除利用幼果的西葫芦外，特型南瓜还包括手掌大小的"墩王后"、独特的"玩具南瓜"、煮熟后果肉成面条状的"面条南瓜"（金丝搅瓜）等，有各种各样的品种。

它们的共同点是，叶片深裂，呈掌状。茎的横切面呈五棱形，果柄的基部不粗。果肉纤维多且粗。

墩王后

玩具南瓜

面条南瓜

用西葫芦做的
西式泡菜

材料（4 人份）

西葫芦…2 个

A
黑胡椒粒…5 粒
月桂叶…1 片
红辣椒…1 个
醋…0.5 杯（1 杯 ≈ 200mL）
砂糖…1.5 大匙
盐…0.5 小匙

做法

1 把 **A** 放入平盘或保鲜袋中混合。

2 把西葫芦切成 5cm 长的段后再纵向切成 4 块，用开水在焯一下。

3 把西葫芦上的水控干，趁热时加入 **1**，搅拌后放置 2h 以上就可品尝了。

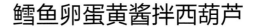

鳕鱼卵蛋黄酱拌西葫芦

材料（4 人份）

西葫芦…2 个

鳕鱼卵…半块

A
蛋黄酱…2 大匙
柠檬汁…1 小匙

盐…少量

做法

1 把西葫芦切成滚刀块，用加入盐的开水焯一下，然后把水控干。

2 把鳕鱼卵从鱼体中捋出来，和 **A** 混合。

3 把 **1** 中的西葫芦和 **2** 混合，搅拌均匀即可。

玉米

Sweet corn

●禾本科 / 原产地：墨西哥至美国北部地区

刚掰下的玉米味道最好，是夏季家庭菜园的主角。富含维生素B₁、维生素B₂、亚油酸，作为主食而被喜爱。

栽培月历 （月）

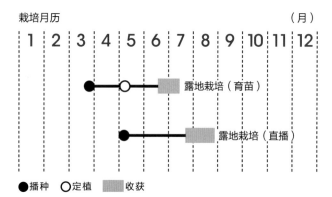

|1|2|3|4|5|6|7|8|9|10|11|12|

● 露地栽培（育苗）

露地栽培（直播）

●播种　○定植　▨收获

栽培要点

◎喜高温和日照。要使其正常授粉的适宜温度为 12℃ 以上、35℃以下。

◎因为玉米的根耐病虫害能力强，作为菜地的轮作植物非常合适。

◎吸肥能力在蔬菜当中是最强的，通常在肥沃的地块里靠前茬残存的肥料就能很好地生长，但是味道好的品种的植株长势不是很强，所以在生长的前半期需要追肥。

◎为了使授粉顺利地进行，应把同一品种集中起来栽培。

◎如果有不同的品种在附近栽植，就会因杂交影响品种本来的特性。如果栽植其他品种，为了错开开花期，需要调整播种时间，或者间隔一定的距离进行栽培。

推荐的品种

经过品种改良，出现了追求甜味的品种（甜玉米）。

理想玉米（坂田种苗）：种皮很柔软，并且很甜。因为甜度的下降很慢，所以收获适期长。

太阳 7 号（泷井种苗）：种皮柔软、口感好。植株紧凑，容易培育。

超大玉米（Nanto 种苗）：1 个果穗重 500g 的大型玉米，到顶端粒长得满满的，糖度可达 20°。

糖果玉米（Tokita 种苗）：有水果一样的爽口甜味。虽然果穗小，但可收获 2 个果穗。

理想玉米

太阳 7 号

超大玉米

糖果玉米

68

栽培方法

1 育苗

若自己育苗，以在定植前 20d 时播种为宜

在穴盘或者塑料钵中单粒单粒地播种。覆土的厚度约为 1cm

气温低时，用塑料小拱棚进行保温

在长出 3~4 片真叶时定植，从塑料钵内拔出苗时，要注意不要把根拔断了

2 地块的准备

在定植或播种前的 1 个月在地块中撒石灰粉，细致地进行深翻

平均 1m²
石灰　3~5 大匙

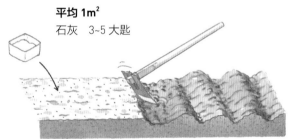

平均 1m 垄长
复合肥　3 大匙

在定植前约 2 周施基肥，耕翻后起垄

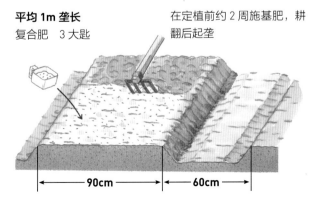

90cm　60cm

3 定植

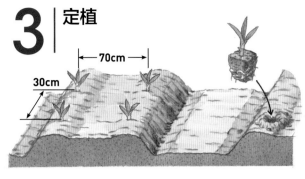

70cm
30cm

成功的要点　为了使雄穗的花粉能顺利地传到雌穗上，要栽成 2 行，在一块地里要栽到一定株数以上为宜。

------- 直播 -------

播种
把整个垄都铺上塑料薄膜，抠孔直播。铺地膜可使生育期提早约半个月

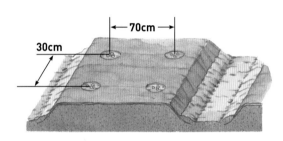

70cm
30cm

2~3cm

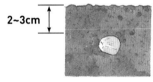

在 1 个穴内播 3 粒种子，覆土厚度为 2~3cm

间苗
当植株高 10~15cm 时间苗，留下 1 株进行培育

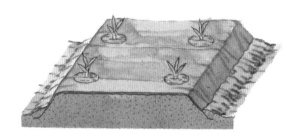

4 | 追肥、铺稻草

为了收获顶端缺粒少的大穗，防止缺肥是很重要的

第 1 次
平均 1m 垄长
豆粕　3 大匙
复合肥　2 大匙

铺稻草

豆粕

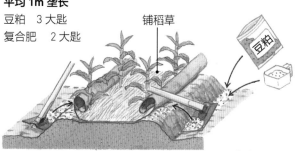

当植株高 40~50cm 时，掀起地膜，施入肥料后再培土，然后再盖好地膜。在植株基部铺上稻草

第 2 次　雄穗刚抽出的时候，施和第 1 次等量的肥料

平均 1m 垄长
复合肥　2 大匙

第 3 次　雌穗的授粉将要结束时，施和第 2 次等量的肥料

平均 1m 垄长
复合肥　2 大匙

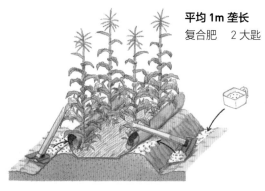

> **成功的要点**　根扎得较浅，容易被风刮倒，所以在生长发育前期分 2 次追肥，施肥后在植株基部培一下土。

5 | 整理雌穗

只留下最大的雌穗

把下部小的雌穗摘除

从植株基部长出来的芽不要摘除，使其生长出叶片，可利用其进行光合作用

了解玉米的特性

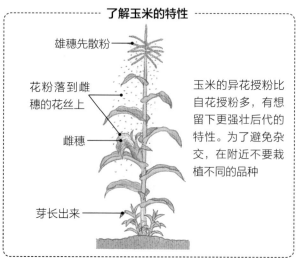

雄穗先散粉

花粉落到雌穗的花丝上

雌穗

芽长出来

玉米的异花授粉比自花授粉多，有想留下更强壮后代的特性。为了避免杂交，在附近不要栽植不同的品种

---

6 | 收获

授粉后，经过 3 周左右，玉米须变成褐色并干缩时就可收获

用手抓有饱满感　　用手抓住，从基部掰下

在地块中遇到的难题
Q&A

玉米的种子和刚发芽的幼苗是鸟非常喜欢的食物，这个时期极易受到鸟的伤害。

为防止鸟害，在庭院或鸟飞不进来的温室等地方，或在用网罩起来的场所中先进行育苗，然后再栽到地块中去。待其叶变绿之后，鸟就不会吃了。

若在地块中直播，在播种之后，用无纺布把播种的地方全盖起来进行预防。待发齐芽且叶变绿了，再撤掉覆盖的材料。

Q 如何防止鸟为害玉米幼芽或玉米种？

A 育苗后定植，若为直播，在垄上铺上覆盖材料进行预防。

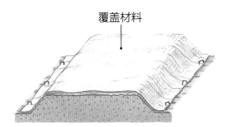

覆盖材料

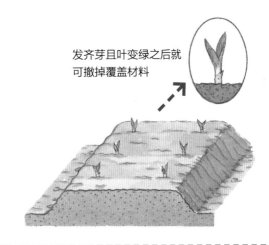

发齐芽且叶变绿之后就可撤掉覆盖材料

Q 结粒零散、穗上有缺粒怎么办？

A 至少培育几行，增加授粉的机会。

玉米是雄穗先抽出开花，几天之后，雌穗的花丝（须）才吐出来，接受从上面雄穗落下来的花粉后才结果。

虽然雌穗的花丝的受精能力能保持10d以上，但是因为雄穗的花粉24h后就会失活，所以因低温或干旱造成生长发育停止就会影响授粉，不育粒就增加。

另外，当栽培的株数少时，不但产生的花粉少，而且还因为刮风把花粉刮到田外，未受精的卵子增多造成不育性，形成缺粒。如左图所示，把一定数量的植株分成几行栽植，就会增加授粉的机会。

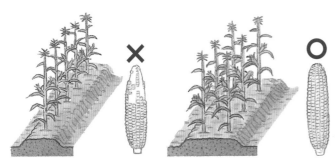

比起栽植很长的1行，还是栽植几行更容易使花粉落到雌穗上，结果会变好

丝瓜

Loofah

●葫芦科 / 原产地：印度热带地区

在炎热的夏季，丝瓜幼果作为有独特风味的蔬菜食用。因为蔓和叶片生长旺盛，所以搭架栽培还可以用于遮阴。

栽培月历 （月）

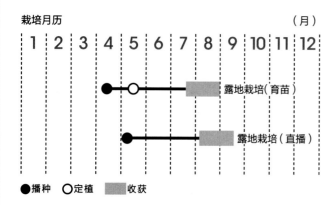

●播种　○定植　▨收获

栽培要点

◎ 生长发育的适温为 20~30℃。可耐夏季的高温，在强日光照射下能正常进行生长发育。

◎ 虽然在土壤水分丰富的地块能很好地进行生长发育，但是湿度过大对其生长不利，所以要起高垄。

◎ 蔓的生长很旺盛，能伸展到 5~8m，分枝性也很强，需搭成坚固的棚架栽培并进行引缚。

◎ 从开花后约14d，盛夏时约7d就能收获食用的丝瓜。如果收获晚了果实就会变硬，所以要留心及时早摘。

◎ 如果想做洗碗用的丝瓜络，从开花算起，经过40~45d后，在果实膨大到最大时进行收获，加工成洗碗用具。

◎ 果实开始膨大时，大约每隔3周追1次肥，防止缺肥。

推荐的品种

虽然作为收获丝瓜络或观赏用的品种有很多，但是幼果都能食用。

粗丝瓜（泷井种苗）：果实呈浅绿色，膨大得快。生长发育旺盛，也推荐用作绿色的屏障。

味枕（双叶种苗批发部）：在长 22cm、直径为 8cm 时收获的丝瓜。能长时间、稳定地坐果。

棱角丝瓜：具有明显的棱角，名字由此而来。无苦涩味、柔软，炒着吃有柔滑的感觉。

粗丝瓜　　　　　　　　　味枕

各种各样的用法

熟果的纤维（丝瓜络）可用作洗碗用具，汁液还有化痰止咳的功效，还可用作天然材料的化妆水。

栽培方法

1 育苗

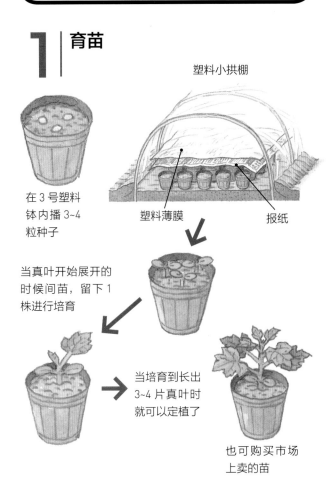

塑料小拱棚

塑料薄膜

报纸

在 3 号塑料钵内播 3~4 粒种子

当真叶开始展开的时候间苗，留下 1 株进行培育

当培育到长出 3~4 片真叶时就可以定植了

也可购买市场上卖的苗

2 地块的准备

平均 1 株

堆肥　4~5 把
豆粕　3 大匙
复合肥　2 大匙

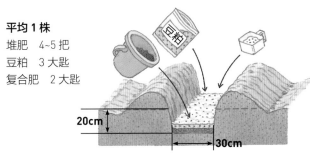

20cm

30cm

在定植前约 1 个月，挖定植沟，施入基肥后填平再起垄

> 成功的要点
> 以摘取作为食物的幼果为目的时，要多施优质堆肥，可收获产量高、味道好的果实。

3 定植

以根坨的上面能盖少量土的深度栽植。注意不能栽得过深

4 追肥

平均 1 株

豆粕　5~7 大匙
复合肥　3~5 大匙

在整个生育期中，每隔 3 周左右施 1 次肥，共施 3~4 次，撒在植株的周围，然后和土掺混一下

豆粕

5 立支柱

搭成棚架就好

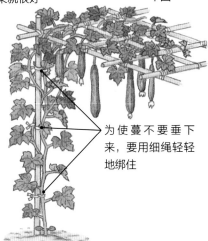

蔓可伸展到 5~8m，因为分枝生长也很旺盛，所以立支柱时要牢固

为使蔓不要垂下来，要用细绳轻轻地绑住

6 收获

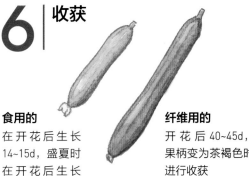

食用的

在开花后生长 14~15d，盛夏时在开花后生长 7~8d，收获幼果

纤维用的

开花后 40~45d，果柄变为茶褐色时进行收获

佛手瓜

Chayote

●葫芦科 / 原产地：美洲热带地区

适合做成各种腌菜。炒着吃也很香。1 个果中有 1 粒大种子，烤着吃也很好吃。是来自阿兹特克人的馈赠。

栽培月历 （月）

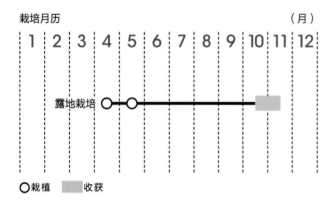

○栽植　■收获

栽培要点

◎属高温性植物，如果达不到 22~25℃的温度，就不能顺利地生长发育。

◎单果重 300~500g，又大又硬，每个果实在底部只含有 1 粒大种子。因为果实中贮存着发芽等初期生长发育所必需的养分，所以需要把整个果实种下去。

◎由于生长发育期长达 6~8 个月，且属于短日照植物，不到初秋就不会开花结果。因此，若不在温暖地区栽培就很难生长。在日本，西南部的温暖地区是最合适的栽培地区。

◎因为 1 株可收获 50~100 个果实，所以要立上坚固的支柱，让蔓攀爬。在植株基部铺上稻草等以防止干旱。

◎若在温暖地区的冬季没有枯死，可分株繁殖。

推荐的品种

虽然果色从暗绿色到白色，但是作为品种的分化还没有见到，大致可分为白色种和绿色种。

白色种：个头比绿色种稍小，涩味小，利用范围很广。

绿色种：比白色种健壮并且产量高，能长成大型的果实。

食用方法

烹饪法有很多，用味噌腌着吃，切碎做成腌菜，切下的皮也能腌成咸菜或暴腌咸菜等，除此之外，还可炒着吃，做成汤、加黄油烤着吃等，有各种各样的调理法。另外，因为没有涩味，所以刮掉皮、去掉种子，切成薄片，用热水焯一下可做成凉拌菜。

栽培方法

1 种果的准备

要想在第 2 年栽培，第 1 年的秋季就需要开始准备。在 10~11 月收获后，把成熟的果实作为种果

每个果实中含有 1 粒大种子。连果实一块贮存

种子

贮藏方法

用报纸包起来，放在冷暗的场所贮存。贮藏性很高，不用担心腐烂

土、河砂

3 月前后，种植在陶盆中，待芽长出来后，就可移植到地块中，不需要浇水

2 地块的准备

在栽植前约 2 周

平均 1 株
堆肥　4~5 把
豆粕　5 大匙

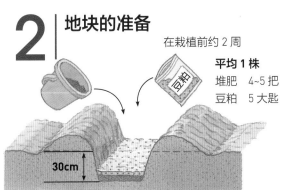

30cm

3 栽植

芽长到 7~10cm 高且晚霜结束后，把果实露出地面一半进行栽培

7~10cm

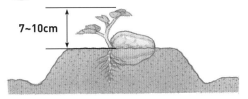

因为 1 株的蔓能伸展的范围很大，所以把栽植的间隔定为（4~5）m×（4~5）m。如果是自家用，那种 1 株就够用了

成功的要点：先准备充实的种果，细心地进行贮存，冒出芽的果实不要埋深了。因为花是着生在孙蔓上，所以要摘心，使其多长孙蔓。

4 追肥、摘心

追肥时把肥料撒到植株的周围，浅锄并和土掺混一下。在蔓都伸展出的时候施 1 次肥就行

平均 1 株
豆粕　10 把
复合肥　10 大匙

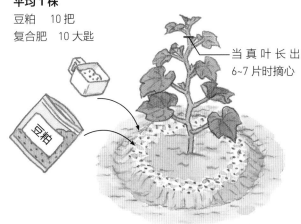

当真叶长出 6~7 片时摘心

豆粕

5 立支柱

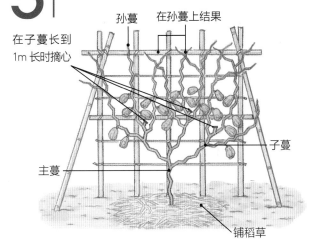

孙蔓　　在孙蔓上结果

在子蔓长到 1m 长时摘心

子蔓

主蔓

铺稻草

6 收获

秋季，当果实长大到不再膨大了时就可依次收获。平均 1 株可收获 50~100 个果实

冬瓜

White gourd

●葫芦科 / 原产地：东南亚

虽然是在夏季收获，但是因为能贮存到冬季，甚至到早春，所以被称为冬瓜。味道清淡，可做成各种菜肴。

栽培月历

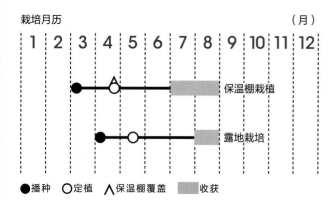

●播种　○定植　∧保温棚覆盖　▨收获

栽培要点

◎是喜高温的蔬菜，生长发育的适温为 25~30℃，因为在葫芦科蔬菜中算生长发育期长的，所以温暖的日本南关东以西地区为适宜的栽培地域。

◎耐热、耐寒性强。对土质的适应范围广，强健，易栽培。

◎因为种皮很硬，所以在播种之前将种子浸在水中使其充分吸水。

◎铺上地膜使地温升高之后再定植，用保温棚进行保温，把初期的生长发育调整好了以后就顺利了。

◎易长得过于繁茂，要仔细整枝。

◎因为雌花少，所以要适当地进行整枝，使茎叶不会过于繁茂。

◎进行人工授粉，确保能坐住果。

推荐的品种

有早熟、晚熟和果型等不同的品种。

早熟冬瓜（爱知县种苗合作社）：单瓜重可达 1.5~3kg，果皮的表面附有白色粉状物，是日本爱知县的传统蔬菜。

冲绳冬瓜（双叶种苗批发部）：耐热性强，容易培育。果实呈深绿色，有光泽，果皮表面没有白色粉状物。

长冬瓜（泷井种苗）：圆筒形、果皮表面附有白色粉状物的大型品种。

迷你圆冬瓜（Tohokuseed）：约 1kg 的迷你品种。即使是在盛夏的高温下也能旺盛生长，结果多。

早熟冬瓜

长冬瓜

冲绳冬瓜

迷你圆冬瓜

栽培方法

1 育苗

因为种皮很硬，所以先在水中浸泡 10~12h 再播种

在 3 号塑料钵中播 3 粒种子。当长出 1 片真叶时间苗，留下 1 株进行培育

当长出 4~5 片真叶时苗培育完成

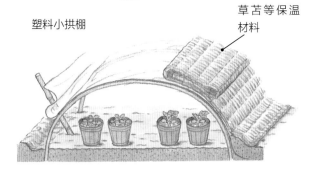

塑料小拱棚

草苫等保温材料

注意保温，使夜间的温度也不要降到 18℃以下。白天即使在中午也不要使温度超过 30℃，要及时换气

2 地块的准备

定植前约 2 周

在整个垄上撒施肥料，然后耕翻至 15cm 深

平均 1m 垄长
堆肥　4~5 把
豆粕　3 大匙

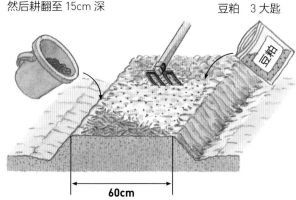

豆粕

60cm

3 定植

在整个垄上铺黑色塑料地膜，以提高地温

在定植植株的地方用小刀割成十字形，便于移栽

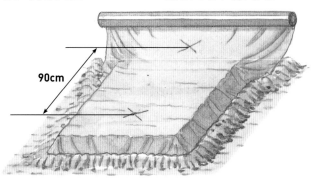

90cm

移栽植株后，把有十字形开口的地膜复位后并再在上面盖土

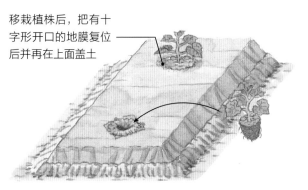

成功的要点　冬瓜不耐低温，定植后要铺上地膜。

4 | 保温

定植后，用保温棚等进行保温，以加快初期的生长发育

骨架（竹片、细钢丝等）

塑料薄膜

边角用土压住

茎伸长了，在顶部用剪刀剪孔进行换气

随着生长发育的进展，把孔再剪得大一点，棚内长满了就可把棚撤掉

5 | 整枝

对主蔓在4~5节处进行摘心，留下4根长势好的子蔓

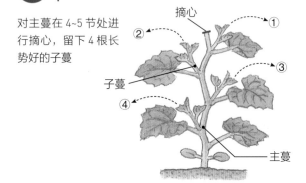

摘心

②

①

③

④

子蔓

主蔓

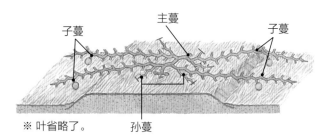

子蔓

主蔓

子蔓

※ 叶省略了。

孙蔓

使4根子蔓向四周伸展，不要使其缠在一起。把植株基部附近混杂拥挤的孙蔓摘除

6 | 追肥

当果实膨大到乒乓球大小时，掀起地膜，在垄的两侧挖沟施肥，再培土。观察生长发育情况，如果肥料不足，半个月后再追施1次肥，施肥量同上一次一样

平均1株
复合肥　2大匙

> 成功的要点　在坐住果前，要及时地摘除孙蔓，控制施肥量，防止发生徒长。等坐住果并开始膨大时再进行追肥。

7 | 铺稻草

因为收获时间长，所以在蔓伸展开之前先铺上稻草，防止土壤干旱。另外，如果在果实膨大盛期时干旱，就及时浇水

8 | 收获

摘嫩瓜　开花后25~30d
摘成熟的瓜　开花后45~50d

如果是果皮表面有细茸毛的品种，待细茸毛脱落、果实长到一定重量时，即可收获。也有品种没有茸毛

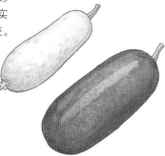

这种情况下怎么办?
在地块中遇到的难题
Q&A

Q | 如何掌握收获适期?

A | 果实膨大结束，果实表面的细茸毛脱落的时候就是收获适期。

根据各自的喜好和烹饪方法，冬瓜是收获期间很长的蔬菜。开花后25~30d就可摘嫩果。还有更早的，收获长到7~8cm的幼果，也可生吃。

一般多食用成熟的果实，这是需要在开花后45~50d果实膨大结束、果实表面覆盖的细茸毛脱落了的时候收获。这时果皮已经变硬，做成各种菜肴均能发挥其独特的风味。

清淡的味道是其优点，做成葛汁、葛汤、酱煮等是典型的日式做法。还有一道很受欢迎的中国菜——冬瓜鸡盅，把冬瓜顶部雕刻成盖状，挖出里面的种子和海绵状组织，然后填进各种调料、鸡肉块、高汤等，再盖上雕刻好的盖后用锅蒸，可以连冬瓜一起吃。

成熟果实耐贮藏，只要放在10℃左右的阴凉处，能贮藏到冬季，甚至到春季。

美味可口的蔬菜做法!
典型菜谱

汤汁腌冬瓜

材料（容易做的分量）

冬瓜…600g

A | 汤汁…2.5杯
| 盐…1小匙
| 红辣椒…1个

做法

1 把冬瓜去皮，切成大块，然后焯一下。把 **A** 放入锅中一起煮开，再冷却降温。

2 把 **1** 倒入保存容器中，放到冰箱中冷藏。放一晚上就可以吃了。

备忘录：放在冰箱中冷藏能保存4~5d。

草莓

Strawberry

●蔷薇科 / 原产地：南美洲、北美洲

在各个年龄段都很受欢迎，日本鲜食草莓的消费量在世界上位于前列。富含维生素 C，兼具香味、甜味、酸味 3 种味道。

栽培月历　　　　　　　　　　　　（月）

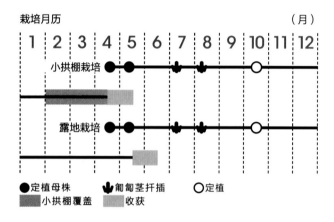

●定植母株　　⚓葡匐茎扦插　　○定植
■小拱棚覆盖　　■收获

栽培要点

◎多年生草本植物，栽培时间长，如果从育苗开始到收获需 1 年以上，即使是从幼苗开始栽培也需要 8 个月以上。

◎花芽在弱低温、短日照条件的秋季时进行分化。冬季进行休眠，经过一定的低温期间后就可从休眠中苏醒，开始生长。

◎市售的苗多数带着匐匐茎剪下的痕迹。以此作为记号，确定栽植的方向。定植时要浅栽，不要埋住有生长点的部分。

◎耐寒性强，但若在开花时遇到 0℃ 的低温也会因受寒而枯死。

◎因为根容易受到肥害，所以施肥时要充分注意。

推荐的品种

品种改良盛行，根据果实的形状、生长发育特性等的不同有很多的品种。

红颜（泷井种苗）：香味浓郁，在甜中有适度的酸味。单果重 15~20g。

桃薫（泷井种苗）：有草莓牛奶那样甘甜、浓郁的香味，浅浅的桃色是其特征。耐寒性强，丰产性好。

宝交早生（泷井种苗）：初学者也容易培育的适合露地栽培的品种。酸甜适中。

超甜草莓（日本 delmonte 农业股份有限公司）：收获期间长、四季都有结果的品种。容易培育、甜味强。

红颜

桃薫

宝交早生

超甜草莓

栽培方法

1 | 地块的准备

平均 1m²
堆肥　4~5 把
豆粕　2 大匙
复合肥　1 大匙

在定植前约 2 周

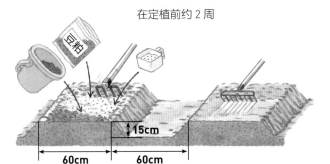

15cm

60cm　60cm

把肥料浅锄一下，做成平坦整齐的垄

> **成功的要点** 因为草莓的根易受肥害，所以基肥必须在定植前的半个月施入，耕翻至 15cm 深左右。

2 | 定植

开始时还是用市售的幼苗更容易培育。从钵中取出苗就可定植。定植后浇足水

好苗的鉴别方法

叶片上没有病斑、虫口等

叶片厚并且绿色深

根的伸展性好

> **成功的要点** 栽培草莓是否成功的关键在于是不是有好的幼苗。要购买叶片厚且绿色深、根伸展性好的幼苗。

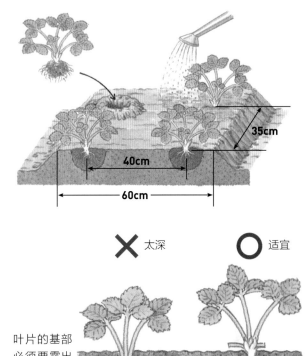

35cm

40cm

60cm

✕ 太深　　○ 适宜

叶片的基部必须要露出地面，不要栽得太深

辨别花序生长方向的方法

在垄上栽植 2 行草莓时，必须使花序的方向朝向外侧，即朝向走道方向。因此，认清将来花序生长的方向是很关键的。

这个方向，就是正对母株侧的葡匐茎的对侧。市售幼苗多数会将母株一侧的葡匐茎留得长一些，所以要把葡匐茎朝向内侧栽植。若自己采集子株，也要把母株侧的葡匐茎留得长一些，作为栽植时的记号。

在难以辨别的情况下，使花序的方向向下，把整株苗倾斜着栽植也是一种方法。

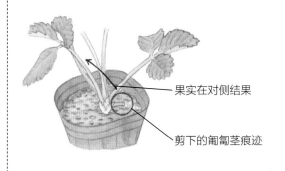

果实在对侧结果

剪下的葡匐茎痕迹

3 | 追肥

第 1 次

11 月上、中旬缓苗后开始进入旺盛生长期，在离植株基部 10~15cm 的地方施肥，然后轻锄一下，和土混合

平均 1 株
复合肥　1 小匙
豆粕　　1 大匙

> **成功的要点**
> 在根伸展的尖端处施入适当的肥料，以备春季的快速生长。

第 2 次

在越冬后的 2 月上、中旬铺地膜之前，在垄肩上撒与第 1 次追肥等量的肥料，把走道的土刨起来盖上

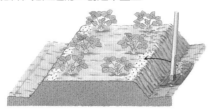

4 | 保温覆盖

从 2 月上旬开始

铺上地膜

用土把边压住

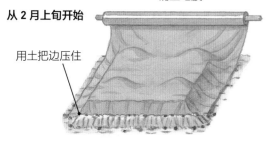

用黑色塑料薄膜把垄全部盖起来，用土把四周的边压结实。

在种有草莓的地方用小刀割出十字形的开口，然后把草莓从地膜下掏出来

> **成功的要点**
> 用黑色塑料薄膜覆盖垄面，以提高地温，抑制杂草生长，保持土壤水分，防止泥土向植株上飞溅污染果实。

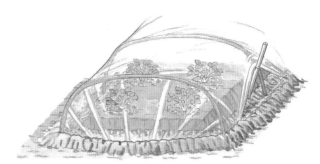

撑上塑料小拱棚，密闭半个月左右。待新叶长出来后，把侧面的边提起来进行通风换气，傍晚时放下

5 | 病虫害防治

用没有受病毒侵染的健全苗进行栽培

3 片小叶整齐伸展的是健全的叶片。自己育苗选母株时要注意

健全的叶片	被病毒浸染了的叶片

在叶片上有病斑，在叶片的反面有蚜虫或叶螨，导致植株长势不好时要及时喷洒药剂进行防治

6 | 管理

把下面的叶片摘除

在越冬后新叶开始生长的时候，把下面的老化叶片摘除

摘除匍匐茎

在果实膨大时发生的匍匐茎，要及早地摘除

在小的时候从基部能掐掉，但是伸展长了就用剪刀剪除

> **成功的要点**
> 把不需要的下部叶片、匍匐茎摘除，把植株基部附近整理得干干净净，促进草莓健康地生长发育。

人工授粉

如果花开得早，没有访花昆虫时，在开花过程中进行人工授粉，使其结出形状好的果实

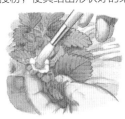

用笔尖柔软的绘画笔，轻轻地蘸取花粉，然后再涂抹雌蕊的柱头

7 | 收获

及早地摘除畸形果

充分着色后便可收获，可用手指尖捏着果柄摘取，或者用剪刀剪下

如果结了很多果实，暂时吃不了就制成果酱

自己育苗的方法

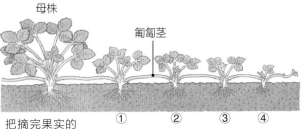

母株　　匍匐茎

把摘完果实的健全植株作为母株

① ② ③ ④

因为①的子苗有可能带有从母株传过来的病害，所以不采用，主要采用②和③的子苗

母株侧留下 2cm，其他的切短

6~7 月
在苗床上栽植

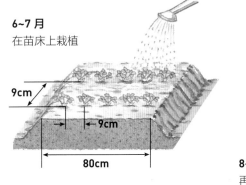

9cm　　9cm　　80cm

8~9 月
再移植，扩大株距

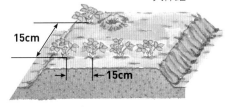

15cm　　15cm

如果天气晴朗，每天都要浇水。因为根很容易受肥害，所以肥料要选用堆肥和豆粕等，并且定植前 2 周施上并用锄浅锄一下。根据生长发育情况，分 1~2 次在植株间撒施少量的豆粕

在适合定植的 10 月时，把培育好的苗栽到地块中（参照 P81）

Q | 铺地膜时选用什么颜色的为好？

A | 把垄表面整平，铺上黑色塑料薄膜。

虽然塑料薄膜有各种各样的颜色，但是草莓选用黑色的最合适。选黑色的理由是：在很长的生长发育期内，除可抑制让人非常头痛的杂草外，黑色对于冬季日光的吸收效率高，更能提高地温。

只是，若土表面凹凸不平，黑色塑料地膜好不容易吸收的热量就不能充分地传到地面，所以要尽可能地使土表面平整，密切接触铺上的地膜。

在铺地膜之前，把草莓的枯叶和病叶摘除。再在垄的两侧施上肥料并浅锄一下并和土壤混合。

- -

Q | 老叶是不是最好摘除呢？

A | 老叶易引发病害，所以要摘除。

草莓叶的增加，比其他的蔬菜要慢得多，在生长发育的前半期（3 月前后），展开的叶片数至多也就是 15 片左右。

再看一下叶片，下部的老叶逐渐地变小，叶色也变得不再新鲜，一看就能看出老化的样子。它们长在以后出来的新鲜的叶片下面，看上去就是使命已经结束了。这些叶片光合作用的机能降低，如果放任不管，会成为病虫害的发生场所。并且，摘除旧叶后新长出来叶片的功能也会随之提高。

摘叶在苗床上要进行 2 次，分别在地块中越冬前和越冬后的生长发育进入盛期之前，在铺地膜之前进行，摘除有病害或老化的枯叶。

只是，光合作用还很高的嫩叶如果摘得太多了也会起反作用，所以要注意。摘除的病叶要在晾干后烧埋，注意不要使其成为第 2 年病害的传染源。

新叶长成了，就把老叶依次地从叶的基部摘除

可连基部的短缩茎一起摘除

美味可口的蔬菜做法!
典型菜谱

草莓糖浆

材料（容易做的分量）

草莓…500g
细砂糖…800g
水…2L

做法

1 把草莓的蒂部摘除、洗净。

2 把 **1** 和细砂糖放入锅中，放置 10min 左右，等到草莓的果汁出来，细砂糖湿润。

3 加入水，用中火煮，煮开后小心地除沫。

4 再用小火煮 15min，煮至草莓变白。

5 把火关掉，把煮好的汁和草莓分开。因为果肉的甜味和香味都被煮出来了，所以只把汁留下即可。待凉透了，就可放入保存容器内。

备忘录：冷藏能保存 1 个月，冷冻能保存 6 个月。作为饮料就不用说了，还可在制作饭后的甜食或拌凉菜时用。

草莓汁

材料（1 人份）**和做法**

做法

在杯子中加入草莓糖浆（上面做的）2 大匙和冰块适量，加入水（或者苏打水）175mL 后搅拌均匀。

葫芦

Bottle gourd

●葫芦科 / 原产地：北非、印度、泰国等热带地区

虽然主要是因其独特的形状用于观赏，但是也适合作为夏季的遮阴篷以遮挡强光照射。成熟果实还可做成酒器、花器、药品等的容器。

栽培月历 （月）

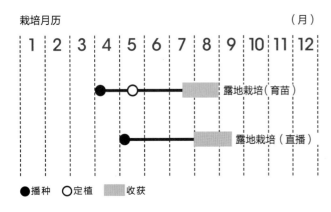

1	2	3	4	5	6	7	8	9	10	11	12	

●播种　○定植　▨收获

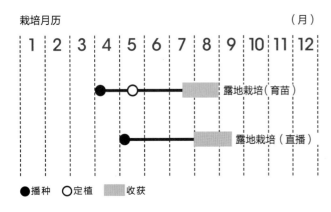

栽培要点

◎是瓠子的变种。因为果实有苦味，有的还含有有毒物质，所以不适合食用，主要是用于观赏和加工。

◎属高温性植物，蔓的伸展能力强，生长发育旺盛。因为不耐湿，所以要在排水好的地块栽培。

◎搭上架子使其向上爬，果实垂下时，看上去也很舒心。

◎没有特别要注意的管理要点，可轻松栽培。

◎收获的适期，是等果实表面的细茸毛脱落了，用手指弹时能发出响亮的声音时就可收获。为使切口尽量小，要把果柄剪掉。

推荐的品种

大体分为加工成器具的大葫芦和用作为观赏的小葫芦。

千成兵丹（泷井种苗）：在1根蔓上，能结出成串的小果实，适合做成夏季的遮阴篷。

百成葫芦（福井种苗）：果实为长15~25cm、腰围为25~30cm的正统的大型果。

鹤首葫芦（福井种苗）：果实高30cm左右。上部弯曲，如果再进行加工就成为独特的形状。

长柄葫芦（福井种苗）：高可达2m的大型品种，棚架栽培时，要充分考虑宽敞的面积、高度和防风的对策，适合高手栽培。

千成兵丹

百成葫芦

鹤首葫芦（加工后）

长柄葫芦

栽培方法

1 | 育苗

在 3 号塑料钵内播 3~4
粒种子

撑上塑料小拱棚进行保温

当真叶开始展开的时候间
苗，留下 1 株进行培育

当培育到真叶长出 3~4 片时就可
以定植了。也可购买市场上的苗

2 | 地块的准备

定植前约 2 周

挖直径为 30cm、深 20cm 左
右的定植穴施入基肥，填埋
后再起垄

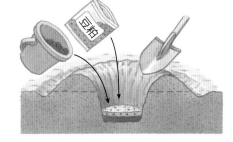

平均 1 株
堆肥　3~4 把
豆粕　3 大匙

成功的
要 点

如果只培育1株，在植株的正下方施基肥，建议做成"鞍形
垄"。肥料集中施入非常有效。

3 | 定植

在垄的中央
栽上苗

4 | 立支柱、引缚

在蔓开始伸展时，搭建
牢固的棚架进行引缚

把下部的侧枝摘除，
把主枝引缚到支柱上，
使其向棚架上攀爬

---------- **箱式花盆栽培** ----------

果实小的"千成兵丹"，也可用于
箱式花盆栽培。栽植在稍大的箱式
花盆中，也可整成灯笼状栽培

5 | 收获、加工

果实表面的细茸毛完全脱落后，用
手指弹发出响亮的声音时就为收获
适期

切果柄时尽量留
得口小一些且平
滑整洁

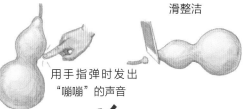

用手指弹时发出
"嘣嘣"的声音

在水中浸泡 10d 左右，
使果肉腐烂

用竹签、铁丝等，小心地把
葫芦内腐烂的部分掏出来，
冲洗干净后晾干

涂上油，使其出现光泽。
经过一段时间后，逐渐地
变成红褐色并出现光泽

秋葵

Okra

●锦葵科 / 原产地：非洲东北部地区

含纤维质、无机质物、维生素 A、B$_1$、B$_2$、C 的量很多，很有营养价值。在埃及、印度等国从古代至今都是重要的蔬菜。用途也很广泛。

栽培月历 （月）

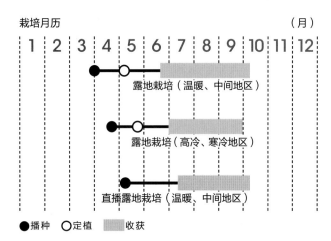

露地栽培（温暖、中间地区）

露地栽培（高冷、寒冷地区）

直播露地栽培（温暖、中间地区）

●播种 ○定植 ▨收获

栽培要点

◎ 属高温性植物，喜欢日照。在盛夏也能很好地生长发育。花能一直开到降霜时，作为观赏用植物也很漂亮。

◎ 耐寒性弱，尤其是在 10℃以下完全不能生长。

◎ 耐旱性强、对土壤的耐湿性也很强，生长健壮。

◎ 在地温升高后，不用担心晚霜了再进行定植。建议铺地膜以提高地温。

◎ 气温到 15℃以上时，就可直播。因为秋葵是直根性植物，所以很适合直播。

◎ 五角秋葵，在开花后 7~10d、肉质柔软时收获。

◎ 在果实的表面有粗毛，如果收获晚了纤维会很发达，就显著地影响口感。

推荐的品种

有断面呈五角形、多角形、圆形的果实。

五角秋葵（坂田种苗）：叶片很小，可进行密植。生长发育旺盛，从低层就能摘到很多果实。

绿箭秋葵（泷井种苗）：深绿色、柔软的五角秋葵。耐热性强，基本没有疣状果。

红圆秋葵（泷井种苗）：从生长发育初期就很高产的红圆秋葵，因为其不易生筋，果实柔软，可生吃。

贵人指秋葵（Tokita 种苗）：圆葵，即使摘得稍晚也不易变硬。

五角秋葵

绿箭秋葵

红圆秋葵

贵人指秋葵

栽培方法

1 | 育苗

用布过滤并晾干

因为种皮很硬，种子难以发芽，所以在播种前先用水浸泡一晚上

在 3 号塑料钵内播 3~4 粒种子

当长出 3 片真叶时再次间苗，留下 1 株进行培育

当长出 2 片真叶时间苗，留下 2 株进行培育

当长出 4~5 片真叶时，就可以定植了

把钵放入篮中，便于移动或搬运

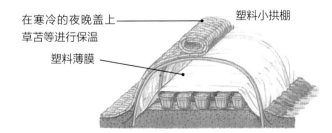

在寒冷的夜晚盖上草苫等进行保温　塑料小拱棚

塑料薄膜

因为不耐低温，在幼苗期要严格地保温

2 | 地块的准备

平均 1 株
堆肥　4~5 把
豆粕　3 大匙
复合肥　5 大匙

在定植前 2 周

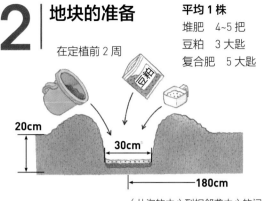

20cm　30cm　180cm

（从沟的中心到相邻垄中心的间隔）

3 | 定植

黑色塑料薄膜　60cm　50cm　90cm

在 1 个穴中栽 2 株

把定植穴扩大

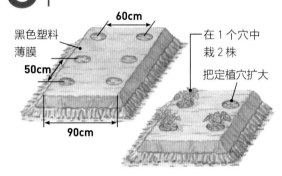

> 成功的要点：和其他的果菜类相比，叶片少。因为 1 株上收获的果数也少，所以在 1 个穴内可栽 2 株。

4 | 追肥

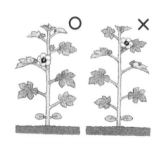

在定植后 20d，每 15~20d 追肥 1 次

在近顶部处开花，是由于营养不足而引起的。干脆摘除，进行追肥

平均 1 株
复合肥　1 大匙

在从垄肩到走道撒上复合肥，浅耕松土，再向垄上培土

5 | 铺稻草、浇水

日照强、土壤干燥时就铺上稻草。若干旱就浇水

6 | 整枝、摘叶

坐果节

坐果节

下部的叶片拥挤时，就在坐果节以下留下 1~2 片叶，把其余的叶片摘除

7 | 收获

五角秋葵

开花后 3~7d 就可收获

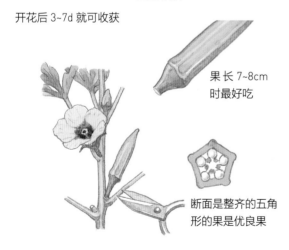

果长 7~8cm 时最好吃

断面是整齐的五角形的果是优良果

成功的要点｜幼果的生长发育很快，而且呈绿色，如果被叶片遮住，采摘时很容易漏下，所以要注意不能错过了收获适期。

这种情况下怎么办？
在地块中遇到的难题
Q&A

Q | 果实上长出了疣状的突起，还能吃吗？

A | 吃是没有问题的，但是这就是生长发育变差的信号，所以要进行追肥和中耕，尽快恢复植株长势。

迎来收获盛期时，在果实上有时就会出现从芝麻粒到米粒大小的突起物，这些果实叫作"疣状果"。因为这是一种生理障碍，并不是病害，吃是没有任何问题的。

疣状果不仅出现于植株的营养状态差、生长发育差时，在叶片过于繁茂时也会产生。日照不足或气温低时也会产生。

如果出现这种症状就及时追肥，把植株周围的土，在不切断根的范围内进行中耕，供给根部氧气。在开花之前，有 3~4 片叶的状态为正常。如果叶片数再少就可判断为营养不良。

如果叶片重叠造成光照不足，就在坐果节之下留下 1~2 片叶，把其余的叶片摘除，或者把坐果节下面的叶片全部摘除。

秋葵的疣状果

把坐果节下面的叶片摘除

进行追肥和中耕，供给根部氧气

当生长发育特别旺盛时，可把坐果节下面的叶片全部摘除

Q | 虫害多，如何防治？

A | 虫害多是秋葵的特征，特别要注意及时防治犁纹黄夜蛾。

从秋葵旺盛生长发育开始时，害虫也开始为害。蚜虫、紫苏野螟、椿象、三叶斑潜蝇、犁纹黄夜蛾等害虫发生，比其他的蔬菜格外多。

特别是近几年，在卷叶中产卵，幼虫大量取食为害叶片的犁纹黄夜蛾显著增加。一旦发现有它们寄生，就及早地连叶摘除，把小的幼虫连叶一起捏碎。然后，用对应的药剂对整个植株细致地进行喷药。

三叶斑潜蝇为害

犁纹黄夜蛾为害

因为通风不良时易发生虫害，所以需要把多余的侧枝或叶片摘除，以加强通风、透光。

Q | 如何利用食花秋葵？

A | 把花萼和雌蕊去掉，把花瓣切碎，生着吃或者用热水焯一下，用三料调和醋拌着吃。

食花秋葵是专门吃花的品种，能开直径约为20cm的大花。作为可享受到口感和鲜艳色彩的可食用花，很受人们的欢迎。

花非常娇嫩、不耐热，在收获当天的夜里就会变成褐色。为此在商店里基本没有卖的，正是因为这个它才是家庭菜园中有培育价值的蔬菜之一。在开花的当天进行收获，立即做菜。

收获后，把花萼切掉，把花蕊去除，只把花瓣用心细致地洗干净、控干水。因为花萼部分有细刺，所以在切除时要注意。

切碎后和纳豆等混合搅拌，或用作凉拌菜中的调色品，可品尝到秋葵特有的黏性和香味。另外，用热水焯过的秋葵花，加入三料调和醋拌着吃也很香甜可口。

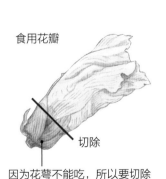

食用花瓣

切除

因为花萼不能吃，所以要切除

食花秋葵的花是普通秋葵花的2倍大

豌豆

Garden Pea，Pea

●豆科 / 原产地：中亚、中近东

绿色，非常新鲜，在日本菜中经常使用食荚豌豆。在豆粒还不明显时就收获，品尝柔软的荚。

栽培月历　　　　　　　　　　　　　（月）

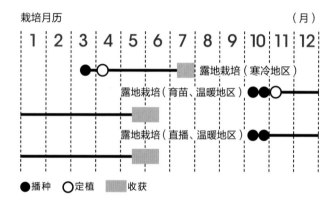

●播种　○定植　■收获

栽培要点

◎因为是不耐连作的典型植物，所以至少要选择 4~5 年没有栽培过豌豆的地块。如果连作，生长发育会变差，出现大幅度减产的忌地现象。

◎因为不耐酸性土壤，所以在酸性强的土壤中必须施石灰。在种植的 2 周前施入石灰并翻耕，充分中和之后再栽培。

◎如果过早地播种，在长得过大的状态下越冬易受寒害，所以要根据当地的播种适期进行栽培。

◎在严寒期，在植株的周围插上小竹竿等以防御寒害、霜害。

◎早春开始生长后，立上牢固的支柱，对蔓进行引缚。

推荐的品种

虽然也有无蔓的品种，但是主要是栽植蔓生品种。

成驹三十日（泷井种苗）：植株长势旺盛，因为侧根发生量大，所以能结很多柔软的荚。

圆研大荚（日本园艺植物育种研究所）：耐寒性强，容易越冬。长 14~16cm 的大荚品种，产量高。

丰成（坂田种苗）：耐寒性强，比一般品种的荚大，产量高。

无筋豌豆（Tokita 种苗）：它是日本第一个不用除筋的品种。有甜味，做天妇罗时不用摘除蒂部。

成驹三十日

园研大荚

丰成

无筋豌豆

栽培方法

1 育苗

成功的要点 不要间苗，把育成的 2 株直接栽到地块中。

在穴盘（96~128 穴）中，每穴播 2 粒种子，用指尖播种。覆上厚 1cm 左右的土，用手腹轻轻压一下

发芽后 2 周左右，就可培育成长出 2~3 真叶的幼苗

在发齐芽前，盖上折了 2 次的报纸，上面再盖上塑料薄膜进行保温、保湿。发芽适温为 25~30℃

2 地块的准备

因为容易出现连作障碍，所以至少要选择 4~5 年未栽培过豆科植物的地块进行栽培。在播种前 1 个月，先整地。因为不耐土壤酸性，所以撒施石灰后进行耕翻

平均 1m²

石灰　2~3 大匙
（酸性强的地块再适当增加一些）
堆肥　5~6 把

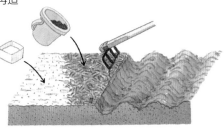

为使排水通畅，如果是地势低的地块要起高 20cm 左右的高垄

平均 1m 垄长

复合肥　3 大匙

在定植前约 2 周

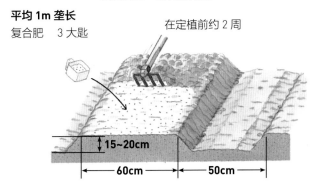

15~20cm
60cm　　50cm

3 定植

在整个垄上铺地膜。若地块干旱，在铺地膜之前要给整个垄浇水

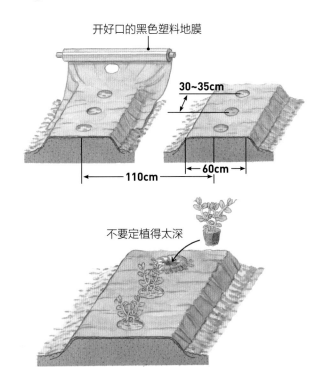

开好口的黑色塑料地膜

30~35cm

110cm　　60cm

不要定植得太深

---------- **直播** ----------

在 1 个穴内播 4~5 粒种子。如果播种太深，容易造成发芽不良或生长发育初期的根腐病

30~35cm

要注意覆土不能过厚

厚 1.5~2cm

发齐芽后间苗，留下 2 株培育

如果用的是不带孔的黑色塑料地膜，发芽后用手指尖抠孔，用大拇指和食指扩孔。不要用小刀开孔，因为很容易伤到芽

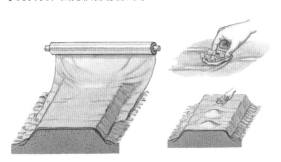

4 进行防鸟、防风、防寒覆盖

发生鸟害很多，幼苗易被风吹乱，也易受到寒害，所以把整个垄全部用无纺布盖起来进行保温

5 立支柱

蔓开始伸展时，立上小的支柱，防止被风吹乱的同时，也使其沿着支柱或铁丝网向上生长

立上果菜类用的支柱，使其交叉成锐角，用胶带横着拉上3层

蔓是中空的，易折断

把木棍或竹竿等聚集起来

拉上网目粗的网

竹竿

木棍

稻草

牢固地立上支柱，横着绑上竹竿，在多处挂上稻草

成功的要点　因为蔓是中空的易折断受伤，所以在幼苗期为防止被风吹断，不使其下垂，要及时地进行引缚、立支柱。

6 虫害防治

（参照P95）

播种时撒施土壤处理剂

喷洒杀虫剂防治

潜叶蝇的幼虫

被取食为害的豌豆叶片

7 追肥

第1次

在早春蔓生长顺利的时候，掀起地膜在垄的一侧施肥，和土掺混后再向垄培土

平均1株
复合肥　1大匙

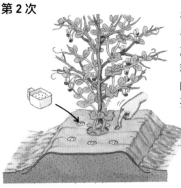

第2次

在旺盛生长并开花时，在上一次施肥的对侧，施和上次一样等量的肥料。也可以在植株周围的地膜上用手指抠几个孔，在孔内施肥

平均1株
复合肥　1大匙

成功的要点　因为荚是陆续收获的，所以氮肥的吸收量变多。如果缺肥，荚的颜色会变差，产量也会降低。为了防止缺肥，就要及时进行追肥。

8 收获

用手摘荚，或者用剪刀剪下来

有筋的品种
在荚内的豆粒刚开始鼓时，趁嫩时采摘

大荚果品种
在荚上开始出现波纹，荚内的豆粒明显鼓起来时采摘

在地块中遇到的难题
Q&A

Q 为什么在同一场所连续栽培时，不能顺利地生长？

A 因为豌豆忌连作，在同一场所栽培要在轮作 3~4 年之后。

豌豆如果连作，就不能正常发芽，或者即使是发了芽，根也会逐渐地褐变并腐烂，地表附近的茎也褐变并很快干枯。这种现象被称为忌地现象。土壤中残留病原菌，从根上分泌出的毒素是影响正常生长发育的原因。

即使是进行土壤消毒也不能彻底杀死从豌豆根部分泌出的毒素。另外，因为根的扩展范围很广，所以不进行连作是基本的预防对策。在同一场所如果和非豆科植物轮作 4~5 年后再种植就没有问题了。

如果进行轮作供不上吃时，可利用箱式花盆或泡沫塑料箱等，用没有培育过豆科植物的土壤进行栽培。如果是用有深度的箱子，1 箱内能培育 3 株左右。

Q 叶片像被乱涂乱写一样是怎么回事？

A 这是由潜叶蝇为害造成的。在播种时加入药剂进行预防。

潜叶蝇的幼虫

在茎叶开始旺盛生长的早春，有的叶片上有像是被乱画的白线图案。

这是潜叶蝇的幼虫（虫体长 2~3mm），在叶片表皮下钻潜取食里边的叶肉，为害成隧道状的痕迹。

因为叶片上没有被咬出孔洞，所以没有致命的危害，但是严重时由于取食为害使叶片的大部分失绿，不能正常地进行光合作用，会使植株失去生机，收获不到好的豆荚。

在播种时，把对症的药剂施入土壤中，有预防效果。挖好播种穴后施入药剂，再覆上厚 2~3cm 的土后播种。

在温暖地区，3 月前后就会出现潜叶蝇为害，5 月前后就可达为害盛期，所以早春一旦发现有被为害的叶片，就立即对整个植株喷洒药剂进行防治。虽然病状在一部分的叶片上出现，但是可能在其他的叶片上也已经产卵，所以要全面地喷洒药剂进行防治。

甜豌豆

Snap pea, Pea

●豆科 / 原产地：中亚至中近东地区

是美国改良的豌豆品种，即使是豆成熟了，荚也不会变硬，所以可连荚一起食用是其最大的特点。

栽培月历 　　　　　　　　　　　　　　（月）

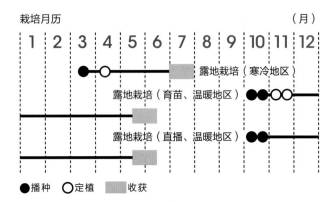

| 1 | 2 | 3 | 4 | 5 | 6 | 7 | 8 | 9 | 10 | 11 | 12 |

露地栽培（寒冷地区）

露地栽培（育苗、温暖地区）

露地栽培（直播、温暖地区）

●播种　○定植　■收获

栽培要点

◎栽培特性可按照豌豆的进行。因为特别不耐连作，所以需选择在 3~4 年没有栽培过豆科植物的地块进行栽培。

◎因为不喜欢酸性土壤，如果是酸性强的土壤，在定植前 2 周撒施石灰，以充分中和土壤酸性。

◎遵守播种定植的适期。如果播种过早，大苗很容易受寒害不能越冬。如果播种太晚，到寒冷来临之前可能还没有长好，甚至会枯死。

◎定植后，在植株的旁边立上牢固的支柱，横着再用支柱绑住，挂上稻草使蔓缠绕着向上爬。稻草可减弱强风，还有保护植株不受寒冷和霜冻的功能。

推荐的品种

出现在日本国内市场上是在 1970 年以后，虽然是比较新的蔬菜品种，但是由于美味可口和做法简单，所以很受人们的欢迎。可同时品尝到食荚豌豆的口感和青豌豆的香甜。

按扣豌豆（坂田种苗）：豆荚吃起来脆甜可口，长大的豆很甜。

二斑色拉按扣豌豆（Mikado 合作社）：从低的位置就可结豆荚的极早熟品种，豆荚柔软、甜味强。

美食家豌豆（泷井种苗）：肉厚的豆荚很脆，口感好、甜味特别强。豆荚长 9~10cm 时就要收获。

按扣豌豆

二斑色拉按扣豌豆

美食家豌豆

栽培方法

1 育苗

成功的要点 不要间苗,把育好苗的2株直接栽到地块中。

 →

在96~128穴的穴盘中,1个穴内播2粒种子

发芽后2周左右,长出2-3片真叶时育苗就完成了

2 地块的准备

像栽培豌豆那样施入石灰,耕翻后再起垄(参照P93)

在定植前约2周

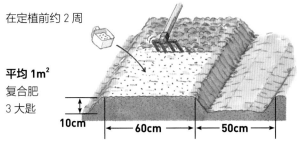

平均1m²
复合肥 3大匙

10cm ← 60cm → ← 50cm →

3 定植

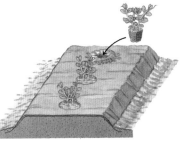

按照豌豆的定植方法(参照P93),铺上黑色塑料薄膜后进行移栽,若为直播也和豌豆一样

4 立支柱

按照豌豆立支柱的方法(参照P94),当蔓伸展时就立上支柱

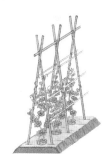 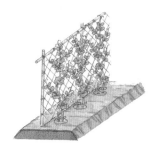

5 追肥

第1次 当株高30cm时
平均1株
复合肥 1大匙

掀起地膜,在垄的一侧施肥,用锄头培土至垄肩上

把植株周围的地膜上抠孔,施到植株基部附近

第2次 当株高长到50~60cm时
平均1株
复合肥 1大匙

6 虫害防治

按照豌豆的防治方法进行(参照P94)

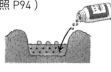 

潜叶蝇为害

在播种时,撒入土壤处理剂

在生长期喷洒药剂

7 收获

豆荚鼓起来就可收获

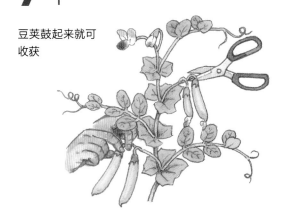

果菜类 — 甜豌豆

97

菜豆

Green bean

●豆科 / 原产地：中美洲、南美洲

据说是由隐元禅师从中国引到日本的，所以在日本又叫隐元豆，也被称为四季豆，它的生长期短，1 年可种 3 茬以上。营养丰富，彩色鲜艳。

栽培月历 （月）

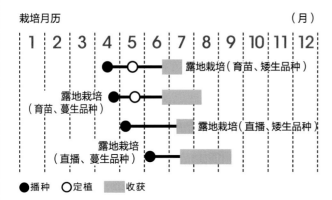

露地栽培（育苗、矮生品种）

露地栽培（育苗、蔓生品种）

露地栽培（直播、矮生品种）

露地栽培（直播、蔓生品种）

●播种　○定植　收获

栽培要点

◎在豆类植物中属喜高温型的，生长发育适温为 20℃左右。到 25℃以上的高温，花粉的能育性就降低，就会难以坐果。

◎因为很不耐霜冻，春季要在晚霜过去之后再种植。

◎在塑料钵内播种后放在暖和的地方育苗，比直播可提前收获。

◎因为生长发育期短，可分多次播种种植，也适合和其他蔬菜间作。

◎因为对土壤水分的反应很敏感，所以要注意排水和干旱的问题。

◎对于蔓生品种，要在伸蔓之前立上支柱使其向上爬。如果支柱立晚了，蔓互相缠绕就解不开了。无蔓品种可任其生长。

推荐的品种

有蔓生品种和矮生品种，扁荚品种和圆荚品种。

摩洛哥（泷井种苗）：肉厚口感好的扁荚品种，即使是摘得晚了风味也不会变差，很柔软。

王湖（坂田种苗）：春季和晚夏时都可播种的极早熟品种。从低的位置就可结很多豆荚。

松脆王子（坂田种苗）：笔直的豆荚口感很好，在口中有松脆的感觉。无蔓品种。

法角里尼·米斯蒂（Tokita 种苗）：豆荚呈黄色和紫色 2 种颜色。做出来的菜颜色很鲜艳。

摩洛哥

王湖

松脆王子

法角里尼·米斯蒂

栽培方法

1 | 育苗

在3号塑料钵内播3粒种子，
覆土厚1.5~2cm

塑料小拱棚

发芽时温度在20℃以上，以后的生长发育需要10℃以上的气温和地温，所以要想早期育苗，进行保温、加温是不可缺少的

长出真叶时间苗，留下2株

间苗的时候，子叶和真叶扭曲的幼苗有可能感染了病毒，所以要摘除

第1片真叶展开时间苗，留下1株培育

第2片真叶长出的时候

育苗完成

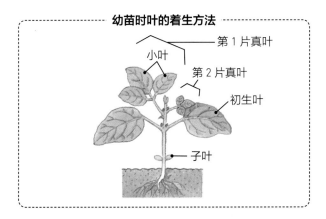

------ 幼苗时叶的着生方法 ------

第1片真叶
小叶
第2片真叶
初生叶
子叶

2 | 地块的准备

在播种、定植前的1个月，把地耕翻并整好

平均1m²
石灰　3~4大匙

因为菜豆有点不耐土壤酸性，所以一定要撒上石灰。适宜的土壤pH为6.0~6.5

挖宽15cm、深10cm的沟，施入肥料，填回土，再整成高15cm、宽80cm的垄

在播种、定植前约2周，施基肥

平均1m垄长
堆肥　5~6把
豆粕　3大匙
复合肥　2大匙

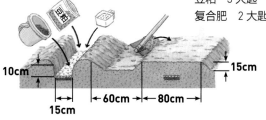

10cm　15cm　15cm
15cm　60cm　80cm

3 | 定植

在塑料钵内浇足水，取苗时注意不要拔断根

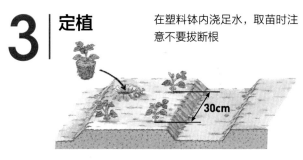

30cm

> 成功的要点
> 结合品种的特性确定垄的宽度和株距。因为根不耐湿，所以要起高垄以确保排水良好。

------ 直播 ------

在垄上种植2行，株距为30cm
在1个穴内播3粒种子，覆2cm厚的土

用手指轻轻压一下

2cm

30cm

80cm　60cm

4 | 立支柱

蔓生品种
（无蔓品种可任其生长）

蔓生品种的蔓开始伸展时，就及早地立上支柱，使蔓缠绕着向上爬

如果支柱立晚了，蔓和相邻的蔓缠绕在一起，就分不开了

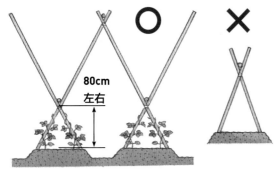

因为蔓能伸展得很长，所以在比番茄、黄瓜更低的位置就要交叉立上支柱

80cm
左右

支柱的长度在 2.2m 以上

成功的要点
对要长期收获的蔓生品种就要立上长的支柱，在较低的位置进行交叉，使上方张开，这样做用手就很容易够到顶部。

5 | 追肥

第 1 次
植株长到高 20cm 左右，蔓开始缠绕到支柱时，在两侧垄肩撒上肥料，并培土

平均 1 株
复合肥   1 大匙

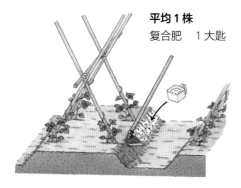

第 2 次
在第 1 次追肥后 20d，当蔓长到支柱的交叉处时，在两侧垄肩撒施肥料，并培土

平均 1 株
复合肥   1 小匙

第 3 次及以后
进入收获盛期，每半个月施 1 次肥

平均 1 株
复合肥   1 大匙

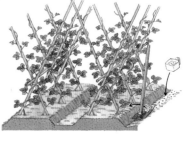

6 | 病虫害防治

易发生蚜虫、蓟马、叶螨等

要及早发现，及早喷洒药剂进行防治

7 | 收获

如果豆粒明显地鼓起来了，就尽早地进行收获。收获盛期时可在早上、傍晚分 2 次收获

生长发育不良的例子
干旱和肥料不足，容易引起受精不良，易坐不住果或出现较多的弯曲果

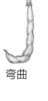

正常   弯曲   不完全受精   未受精   （落掉）

Q 作为豆科蔬菜的菜豆，不用肥料能栽培吗？

A 要想收获更多的嫩豆荚，就需要施少量的肥料。

豆科植物，由于其根部的根瘤菌能固定空气中的氮，可以作为营养源利用以维持其生命力。因此，作为栽培一般蔬菜时施用最多的氮，没有必要施很多。

但是，菜豆生长发育得快，容易缺肥。另外，若促进其初期的生长发育，可以从早期就开始提高产量，并且因为要利用嫩荚，所以比别的豆类需要多施肥。为了促进初期的生长发育，所以要在前期施肥并使其发挥肥效。

对普通地块，施用少量的堆肥和豆粕、复合肥。也可在播种之前，在播种穴内施入少量的肥料，覆上 2~3cm 的土后再播种。

追肥要早，在株高为 20cm 时，平均每株施复合肥 1 大匙。20d 后，根据生长发育的状态再施 1 次肥，施用量为 1 小匙，进入收获盛期后，每半个月施 1 次肥，施用量为 1 大匙。

 确实如此专栏

挑战一下蔓生品种的 3 茬栽培

菜豆，因为 1 年可以收获 3 茬，所以在日本关西地区也被称为"三茬豆"。不仅是无蔓品种，而且栽培期比较长的蔓生品种也能栽培 3 茬。在 1 条垄上，于 4~8 月分 3 次播种，就能充分享受美味可口的新鲜味道。

第 1 次播种在 4 月上旬，第 2 次播种在 5 月中旬，第 3 次播种在 8 月上旬。第 1 次播种在垄的一侧，第 2 次播种在垄的另一侧，第 3 次播种在垄上空着的地方。

支柱开始时立成合掌式，之后能继续使用。管理上，就只是在蔓开始伸展时做几次引缚。因为在盛期时能收获很多豆荚，夏季时要在早上、傍晚分 2 次收获。

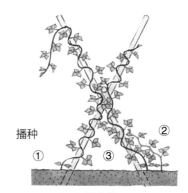

播种 ① ③ ②

7~10 月收获

毛豆

Green soya bean

●豆科 / 原产地：中国

未成熟的大豆嫩荚。富含蛋白质、维生素 A。氨基酸和糖分的含量均衡，口感好，色泽也漂亮。

栽培月历　　　　　　　　　　　（月）

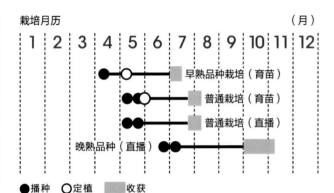

| 1 | 2 | 3 | 4 | 5 | 6 | 7 | 8 | 9 | 10 | 11 | 12 |

早熟品种栽培（育苗）
普通栽培（育苗）
普通栽培（直播）
晚熟品种（直播）

●播种　○定植　▨收获

栽培要点

◎虽然对土质的适应性很广，但是早熟栽培的在砂壤土上地温容易上升，夏季收获的在土壤稍微呈黏质的并且水分多的地块能生产出好的毛豆。

◎根据早熟品种、中熟品种、晚熟品种的不同来调整株距。

◎因为在盆里播种和地块直播都很容易受鸟的为害，所以播种后要用无纺布全部盖起来。待子叶展开了就可以撤掉无纺布。

◎因为出梅后易受椿象的为害，所以要及早检查、及时进行防治，用防虫网罩起来也很有效。

◎因为夏季的持续干旱容易造成空荚，所以要适时浇水。

◎其生长发育、开花的适温为 20~30℃。白天、夜间的温差大能收获更多更好的毛豆。

推荐的品种

在日本，将大豆分为夏大豆型、中间型、秋大豆型，毛豆则多为夏大豆型。

浴女毛豆（Kaneko 种苗）：有茶豆特有的香味，因为蔗糖含量高，所以可享受到爽口的甜味。

极早熟毛豆（坂田种苗）：播种后 80d 左右就能收获的早熟品种，可一直采收到秋季，3 粒的荚很多。

江户绿（泷井种苗）：结荚性好，茎粗不易倒伏。温度稍低时，甜度会增加。

夏枝豆（Tokita 种苗）：有爽口的甜味和柔滑的口感，非常美味。根粗、耐旱和耐低温。

浴女毛豆

极早熟毛豆

江户绿

夏枝豆

栽培方法

1 育苗

用穴盘可简单地育苗，定植时也不容易受伤

用 128 穴的穴盘育苗，每个穴播 1 粒种子，用手指压入基质（或土）中

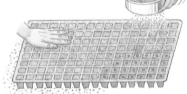

覆土 1cm 厚，再用手轻轻地压一下

塑料小拱棚

发芽适温为 28~30℃，生长发育适温为 20~30℃。在发齐芽前，用报纸和透明塑料薄膜覆盖进行保温和保湿。因为低温时发芽和幼苗早期的生长发育不良，所以再用塑料小拱棚进行保温

在穴盘中根伸展很快，如果能连土一起拔出来时就可定植

浇足 2 次水后可拔出幼苗

不要让育成的幼苗根坨散落

如果幼苗难以拔出，压住穴盘的底部会更容易取出

2 地块的准备

在播种、定植前的 1 个月，在地块中撒上一层薄薄的石灰，然后耕翻至 20cm 左右的深度

平均 1m²

石灰　3 大匙

在播种、定植前 2 周施入基肥

平均 1m²

堆肥　4~5 把
复合肥　1 大匙

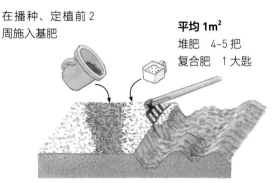

> **成功的要点**　在保水力好的土壤中易生产出好毛豆。所以，如果是易干旱、肥力低的地块，在施基肥时要多施充分腐熟的堆肥。

---------- 直播 ----------

在 1 个穴内播 3~4 粒种子，发齐芽后进行间苗，留下 2 株进行培育。当长出 2~3 片真叶时，再进行间苗，留下 1 株培育

早熟品种密植，中熟、晚熟品种稀植

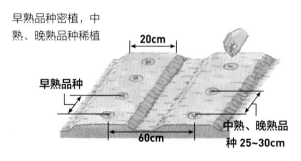

20cm

早熟品种

60cm

中熟、晚熟品种 25~30cm

因为种子或其刚发芽之后变绿时很容易受鸟的为害，所以要用覆盖材料全部盖起来，子叶展开后，可撤掉覆盖材料

压上土块，防止覆盖材料被风吹走

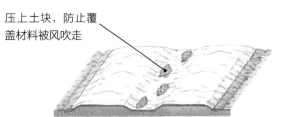

3 | 定植

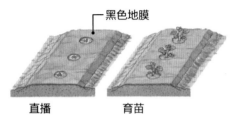

早熟品种
20cm

中熟、晚熟品种
25~30cm

60cm

-------- **早熟品种栽培** --------

在早熟品种栽培中，在整个垄上铺上地膜，以提高地温，防止干旱；若用黑色地膜，除草效果也很好

黑色地膜

直播　　　育苗

4 | 培土

定植后 15~20d 培土，在 10~15d 后再培土 1 次，共培土 2 次

若为直播，在真叶展开时和株高为 20cm 时培土，共 2 次

> **成功的要点** 培土可提高幼苗期的生根能力，为了防止倒伏一定要进行培土。在火山灰土壤的地块里，培土至子叶基部。最后一次培土在开花之前结束。

5 | 追肥

当株高 17~18cm 时，如果叶色浅、生长缓慢，就在垄肩上撒上少量的复合肥并培土。不能施肥太多，以免造成植株过于繁茂，要根据地块的肥沃程度增减肥料的用量

平均 1 株
复合肥　0.5 小匙

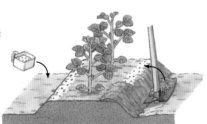

6 | 摘心

如果土壤肥沃，茎叶易生长过于旺盛，就进行摘心

真叶长出 5~6 片时摘心　　促进腋芽的生长

7 | 病虫害防治

豆荚螟
卷叶

椿象
为害后，刚开始结荚时就脱落。除喷药防治外，还可用防虫网防止椿象侵入，也很有效果

细菌性斑点病
在叶片上形成水浸状的病斑

喷洒药剂进行防治

8 | 收获

豆粒明显鼓起，用手指捏豆荚，豆粒弹出时就是收获适期

×　○

太嫩

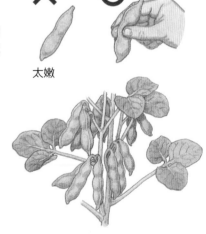

如果收获晚了，豆粒就会变硬，所以临近收获时，每天捏一下豆荚，判断收获的时机，从植株基部割取收获。新鲜度是很重要的，所以在做菜前摘荚

> **成功的要点** 因为收获适期很短，所以在整体认真判断之后进行收获。豆荚开始变黄时豆粒就会变硬，风味就显著地降低了。

Q | 结荚不好是怎么回事?

A | 土壤过于干旱,茎叶混杂拥挤是主要原因,也要注意害虫的为害。

椿象吸食豆粒的汁液,豆荚就鼓不起来。有好几种椿象会为害毛豆

从以前用水田的畦生产毛豆可以总结出:保水力强的黏土,容易坐荚,产量也高,毛豆对土壤的适应性很广,在各种土壤中都能很好地生长发育。

但是,在像火山灰土这样的轻质土壤中,茎叶虽然生长很繁茂,但过于繁茂容易造成坐果不好,特别是土壤干旱的时候,不利的影响更大,毛豆的品质也大大降低,所以如果土壤干旱就立即浇水,并且要进行保湿。

另外,因为毛豆生长需要强光,在日光照射不好的场所就不能结出好的豆荚。同样地,如果过于密植,茎叶混杂拥挤,因为叶片互相遮挡,坐荚也会变差。尽量选日照好的场所,避免密植。用轻质土壤栽培或栽培中熟品种、晚熟品种时,把株距留得大一些是很重要的。在生长发育的初期摘心,促进腋芽快速长出,结荚也会增多。

即使已经坐住了豆荚,但是豆荚和豆粒不膨大,就可能是被椿象为害了。在豆荚开始形成时,椿象用刺吸式口器插入豆粒中吸食汁液,影响豆粒的膨大。在开花前后要及时喷洒药剂进行防治。

美味可口的蔬菜做法!
典型菜谱

汤汁腌毛豆

材料(容易做的分量)

毛豆(带荚)…400g(净重 200g)
盐…少量

A
汤汁…1 杯
盐…0.5 小匙
甜料酒…1 大匙
酒…0.5 大匙

做法

1 将毛豆放入加盐的热水中煮,放在塑料篓中放凉后,取出豆粒,剥掉薄皮。

2 将 A 混合,煮开后冷却,和 1 一块放入保存容器,放在冰箱中冷藏保存。2d 后就可以吃了。

备忘录:放在冰箱中可冷藏保存 1 周左右。

蚕豆

Broad bean

●豆科 / 原产地：非洲北部

收获期在 5~6 月，时间很短，是最有季节感的蔬菜，也是富含蛋白质、钙元素的营养蔬菜。

栽培月历 （月）

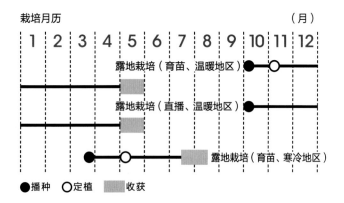

●播种　○定植　▨收获

栽培要点

◎因为大荚品种发芽差，所以最好是育苗后选好苗进行定植。

◎生长发育适温为15~20℃，幼苗期耐寒，5℃以上就能生长发育，即使是0℃也不会受寒害。但是坐住的豆荚不耐低温，0℃就会落荚或是有发育障碍。所以适时播种是很重要的。

◎为了防止出现连作障碍，和非豆科植物轮作3~4年。

◎种子很大，发芽时需要很多的氧气和水分。不能播深了，把种脐斜着向下播下去就行。

◎因为很容易感染病毒病，所以要细心地防治蚜虫。

◎茎叶伸展开了就很容易倒伏，所以植株高 60~70cm 时就摘心，这样做不会影响产量。

推荐的品种

根据豆的大小分不同的品种群，但是最受欢迎的是 1 寸（约 3cm）的大粒品种。

仁德一寸（泷井种苗）：荚和豆都呈鲜艳而有光泽的绿色，豆粒大，松软易碎并且很香。

打越一寸（坂田种苗）：豆为长 3cm 的大粒，煮后也不褪色。耐寒性强，植株长势旺盛。

青龙（Tokita 种苗）：可以密植，容易培育、产量高。荚呈深绿色并且有光泽。

初姬（Mikado 合作社）：绿色的荚中有红褐色的豆。耐寒性强，容易越冬并且易培育。

仁德一寸

打越一寸

青龙

初姬

栽培方法

1 育苗

→种脐

把种脐斜着向下播，1个穴1粒

叶

根

从种脐处长出叶和根，所以插入的方向不能搞错了

因为种子很大，所以使用土（或基质）容量大的 72 穴的穴盘

当长到 2 片真叶时，就可定植到地块中

2 地块的准备

在定植前约 2 周在垄面上撒肥料，并耕翻深 15cm 左右

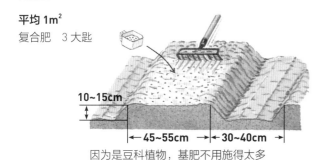

平均 1m²
复合肥　3 大匙

10～15cm

←45～55cm→　←30～40cm→

因为是豆科植物，基肥不用施得太多

3 定植

在垄上铺地膜，有防治害虫、鸟害，抑制杂草生长，提高地温，保湿的效果

要想防蚜虫，铺设反光性强的银光地膜效果更好

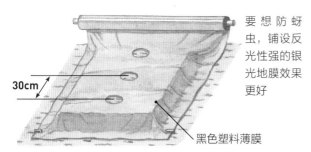

30cm

黑色塑料薄膜

如果幼苗长得太大，定植时注意防止损伤幼苗

4 摘芽、培土、追肥

3 月中旬前后，把早长出的健壮枝条留下 5~7 根，把其余的摘除

如果放任不管，分枝部分从地面冒出，易造成倒伏，所以要培土。根据生长发育的状况，及时进行追肥

平均 1 株
复合肥　1 小匙

掀起地膜的边，向植株基部培土，作业完成后，再把地膜恢复原状

> **成功的要点**
> 追肥要根据蚕豆的生长发育的状况来确定施用的量和次数。因为蚕豆易倒伏，所以要进行 2 次培土。

-------------- 直播 --------------

1 个穴中播 1 粒种子，把种脐斜向下播种，覆盖一层薄薄的土后再用手掌轻轻地压一下

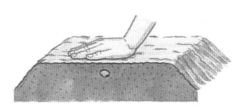

107

5 | 虫害防治

因为易受蚜虫为害，所以要尽早发现，及时喷药

顶端附近

下部的叶片背面也要喷药

> **成功的要点**
> 因为蚜虫会传播病毒，所以平时就要认真观察，尽早发现，及时地喷洒杀虫剂进行防治。

6 | 立支柱

因为易倒伏，所以要及时立上支柱，并用胶带或细绳横着拉起来以防止倒伏

7 | 剪叶

春季，若茎叶生长旺盛，易被强风吹倒伏。可以把上部的叶片剪去进行预防

60~70cm

剪叶的高度因生长情况而异，要仔细观察豆荚的生长情况，从而确定剪叶的高度

> **成功的要点**
> 因为上部开花晚，也没有收获的希望，就是剪掉了也不影响产量。

8 | 收获

荚背面的筋变成黑褐色，并且豆荚有光泽、垂下来就是收获适期

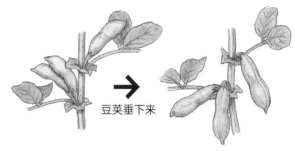

豆荚垂下来

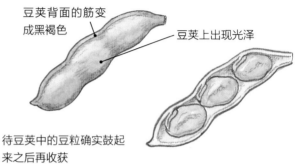

豆荚背面的筋变成黑褐色

豆荚上出现光泽

待豆荚中的豆粒确实鼓起来之后再收获

能赏花和品尝果实的箱式花盆栽培

推荐用箱式花盆栽培蚕豆。在长方形的箱式花盆中按株距为 30cm 栽 3 个穴，每个穴中播 2 粒种子，发芽伸展开了之后就留下 1 株培育。

如果放在日照好的场所，从 3 月就开始开花。如果放到室内，开得花很漂亮，还可享受到花的香味。

在地块中遇到的难题
Q&A

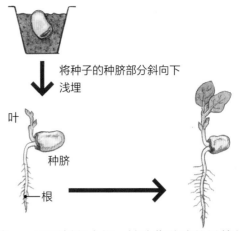

Q 如何才能使蚕豆顺利地发芽?

A 把种脐斜着向下种下去就可以了。

将种子的种脐部分斜向下浅埋

叶

种脐

根

蚕豆的种子很大,要想发芽就需要充足的氧气和水分。种子虽然很大,但是发芽失败的情况出乎意料地多,这是因为没有掌握蚕豆的发芽习性的缘故。

第一,不要播得太深。被称作种脐的黑筋的部分要斜向下,竖着浅埋下去。种子的尾部露出地面1~2mm最适宜。

如果用穴盘播种,像这样浅的容器容易干燥,所以要及时浇水。因为特别是穴盘边上的格子内很容易干,所以更要格外地留意浇水。如果种子露出地面太多,处于浮着的状态,就用手指适当地向土内压一下。

Q 早春时,在顶端聚集的黑色虫子是什么害虫?

A 是蚜虫,平时要注意观察,尽早发现并及时进行防治。

蚜虫

植株嫩的时候易发生,要及时地喷洒药剂进行防治

对聚集为害的部分进行摘心、剪叶

聚集为害的黑色害虫是蚜虫。特别是过了3月中旬,就开始聚集在顶端的叶片背面,在柔嫩的茎上也成群地聚集,呈黑色。这样就会影响植株的生长发育,荚的膨大也会停止。所以要尽早发现,及时喷药,以顶端部位为中心进行防治。

如果豆荚已经膨大了,顶端就不需要了,所以干脆进行摘心,之后再用药剂防治即可。

蚜虫也会在秋季生长发育的初期出现在叶片背面。因为蚜虫可传播病毒病,所以在初期发生时,要及时喷洒药剂进行防治。铺上反光性强的地膜可有效地防蚜虫。

扁豆

Hyacinth bean

●豆科 / 原产地：亚洲、非洲的热带地区

由于花的形状、颜色像紫藤，所以也叫藤豆。在日本关西地区也叫作芸豆。

栽培月历　　　　　　　　　　　　（月）

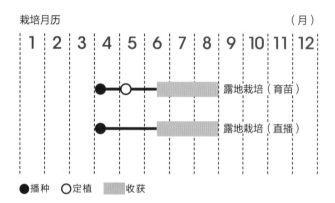

露地栽培（育苗）

露地栽培（直播）

●播种　○定植　▨收获

栽培要点

◎栽培方法同蔓生菜豆的栽培方法。

◎属高温性植物，栽培适温为 23~25℃。因为在低温下比菜豆难栽培，所以在天气很暖和了之后再进行栽培。

◎在高温时和夏季干旱时，比菜豆更强健，更易生长，豆荚也长得更好。

◎在蔓生长之前立上支柱，使蔓向上爬。因为它会自己缠绕着向上爬，所以不必用细绳引缚。

◎豆荚长 8~10cm 时就要收获。因为收获晚了豆荚就会变硬，所以要注意适时收获。

◎蔓的生长旺盛，可达 3~5m，但是也有只高 30~50cm 的无蔓品种。

◎如果在生长发育的初期施了肥，以后就可任其生长。天气一热就陆续地结荚。

推荐的品种

在日本主要是在关西地区栽培，地方品种也有很多。

千石豆（Tohokuseed）：因为豆荚像千石船，所以被命名为千石豆。有独特的风味，嫩的荚和豆都可以吃，也可适用于制作绿色屏障。

白花千石（爱知县种苗合作社）：在豆荚长 6~7cm 时收获就很柔嫩，煮后用芝麻或酱油等做成凉拌菜、煮着吃都很香，是爱知县的传统蔬菜。

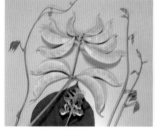

千石豆　　　　　　　　　白花千石

栽培方法

1 | 育苗

在 3 号塑料钵内播 4~5 粒种子

覆上 3cm 厚的土（或基质），用手掌轻轻地压一下

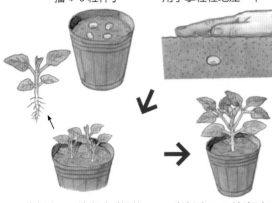

当长出 1~2 片真叶时间苗，留下 1 株进行培育

当长出 6~7 片真叶时育苗完成，即可定植

2 | 地块的准备

平均 1m²
石灰　5 大匙
堆肥　4~5 把

在定植前约 2 周施石灰和堆肥，在垄面上撒施后进行耕翻

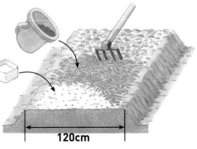

120cm

3 | 定植

按株距为 50cm、行距为 60cm 进行移栽

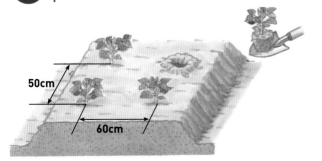

50cm
60cm

直播

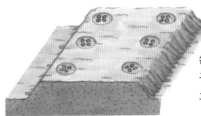

每个穴撒 4~5 粒种子，覆上 3cm 厚的土，用手掌压一下

4 | 立支柱、追肥

蔓开始生长了，就立上支柱使其向上爬

为了促进幼苗初期的生长发育，蔓长到 20~30cm 时施适量的复合肥。不需要其他特殊的管理

> **成功的要点** 因为蔓生长旺盛，所以要及时地立上支柱，使蔓缠绕并向上爬。

5 | 收获、利用

当豆荚长到 8~10cm 长时就可收获，收获晚了就会变硬

扁豆的花向上开（菜豆的花向下开）

加盐煮熟后，可以用芝麻拌着吃、用味噌拌着吃、用油炒着吃，或炖菜时加上作为点缀，也适合腌着吃

花生

Peanut

●豆科 / 原产地：南美洲安第斯山脉东麓

在日本，完全成熟的荚果虽然不被认为是蔬菜，但是在未完全成熟时煮着吃的花生就算蔬菜。子房柄钻入土中的独特结果方法很值得一看。

栽培月历 （月）

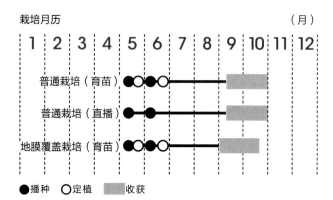

●播种　○定植　▨收获

栽培要点

◎在日照多、高温条件下能很好地生长发育，不适合在寒冷地区栽培。

◎因为钙质不足易出现空荚果，所以必须施石灰。

◎因为有子房柄（果针）下扎到地中结果的特性，种在黏重多湿的土壤中会影响产量，在普通地块中能轻松地栽培。

◎用地膜覆盖栽培时，开花后除去地膜。若不清除，雨水就无法渗到地下，会造成减产。

◎向植株基部的培土，在子房柄开始下扎之前就要完成。在子房柄开始下扎时不要培土、中耕，因为有可能弄断子房柄。

◎在出梅后，如果持续干旱，从8月上旬开始，每10d浇1次水，可浇2~3次。

推荐的品种

根据植株长势、成熟期和豆粒的大小分为不同的品种。

大胜（泷井种苗）：荚果、豆都是一般品种的2倍大，有很好的香味。适合煮着吃。

千叶半立（渡边农事）：被称为"花生王"的晚熟品种。味道很香，适合炒着吃。

乡之香（渡边农事）：开花后70~75d就能收获的极早熟品种。种皮薄，适合煮着吃。

黑花生（双叶种苗批发部）：花生种皮呈近乎黑色的深紫色。适合炒着吃，口感好。

大胜

干叶半立

乡之香

黑花生

栽培方法

1 育苗

作为种子用的连荚一起保存，用时从荚果中取出花生粒

用手指捏尖的一端，就能轻松地剥开

用手指把种子播入土（或基质）中，深1cm左右

当长出2片真叶时，育苗就完成了

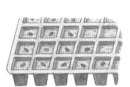

用72穴的穴盘，每个穴内播1粒种子

2 地块的准备

在播种、定植前1个月在地块中撒石灰，然后耕翻

平均1m²
石灰　3~5大匙

> **成功的要点**
> 因为花生粒的膨大离不开钙元素，所以施基肥时就要多施含钙的肥料。后茬蔬菜即使是不再施别的肥料也能很好地生长发育。

3 定植

把整个垄铺上地膜，在地膜上抠孔定植

移栽后，在植株的周围进行浇水

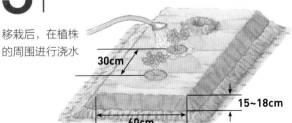

30cm
60cm
15~18cm

地膜覆盖栽培时，若在最初时起高垄，就不需要再培土

············ **直播** ············

在1个穴内播2~3粒种子，长到4~5cm高时间苗，留下1株培育

没有地膜时
用指尖把种子播入土中1cm深

用地膜覆盖栽培时
抠开地膜，把种子播入土中1cm深

黑色塑料地膜

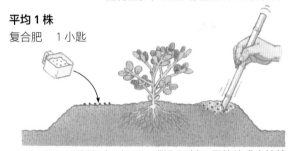

30cm
12~15cm
垄间距70~80cm
把垄起得稍高一些

4 追肥

在侧枝开始生长时，施一定数量的复合肥。尽可能地施含钾量稍高的复合肥（氮：磷：钾=5：15：12）。如果氮肥施得过多，会造成蔓徒长、坐果不良

平均1株
复合肥　1小匙

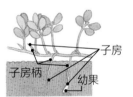

用地膜覆盖栽培时，抠开地膜施肥

撒入肥料，用竹片或木棒掺混一下

花生从开花到结果的状态

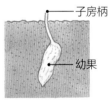

子房
子房柄
幼果

①开花后，子房基部的部分（子房柄）伸展，把子房向前推出，不久就插入地面下

子房柄
幼果

②插入地下3~5cm的地方，子房柄的尖端（子房）膨大形成荚，种子在荚内生长

荚果

③在土壤中形成的种子被厚的外果皮保护着，里面有种子2粒左右

5 | 培土

直立性品种

从植株基部向外15cm 的范围内进行培土

植株长到高30~40cm，形成分枝时培土

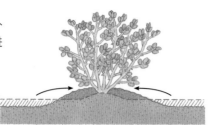

爬蔓品种

在分枝的周边，及稍向外的地方培土

> **成功的要点**
> 开花后，因为子房柄向土壤伸展并下扎，为了使其顺利扎入土中要注意培土。另外，使用地膜覆盖时，开花后要把地膜撤掉。

子房柄的伸展方法

开花后，经过几天后子房柄就朝地面伸展，下扎到土壤中。之后再经 4~5d 子房就开始膨大

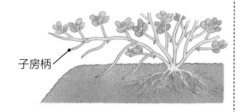

子房柄

如果用薄的地膜（厚 0.02mm 的薄膜），子房柄就能穿透地膜扎入土中

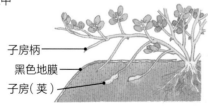

子房柄

黑色地膜

子房（荚）

---

6 | 收获、利用

在植株周围用锄头刨出荚果，看一下荚果的膨大状态，以确定收获的日期。用作煮花生时，在 8 月下旬 ~9 月用手插入植株基部，只收获大的荚果即可

未熟荚果的收获

荚大致膨大了就可收获。荚果在完全成熟的 20d 之前就可开始收获

把幼果连荚放入海水那样咸的盐水中煮 1h 左右。停火焖 30~40min，然后取出花生粒就可以吃了

成熟荚果的收获

荚上的网纹明显，花生粒膨大停止时，下部的叶片黄化时就可收获

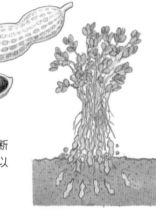

如果收获晚了，子房柄就断了，荚果会被留在土中，以后再想刨出来就很费事

连植株一起刨出来，在地块中摆开晾晒几天

在坚固结实的塑料筐上固定木棍，握住茎叶向木棍上甩打，就能很快地摘下荚果

这种情况下怎么办？
在地块中遇到的难题
Q&A

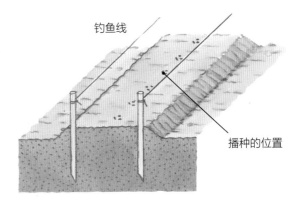

花生的防鸟害对策

钓鱼线

播种的位置

Q 播到地里的种子容易被鸟吃掉，怎么预防？

A 用网或无纺布把垄盖起来或拉上钓鱼线。

"播上花生种后，很容易被鸟吃了"，经常听到这样的叹息。在豆类当中，花生是特别易被鸟盯上的植物。

在地块中播种后，就立即用防虫网或无纺布把整个垄盖起来是最好的解决办法。发芽后等叶片变为深绿色再撤掉就可以了。

也可以在播种地块之上30cm处拉上钓鱼线。乌鸦等鸟类，因为很讨厌羽毛与线接触，所以拉上钓鱼线很有效。

如果株数不是很多时，建议先育苗再进行移栽。在住家附近育苗，鸟类就很少接近了。如果担心鸟害，就同大田中一样铺上网或无纺布进行保护。

Q 收获后如何吃更可口？

A 煮食要摘后立即做，炒食要在充分晾干了之后。

到了晚秋，当叶片稍微变黄的时候，选择在晴天时用锄头细心地刨花生。

煮食时，立即摘下荚果用水洗净，用充足的水加上盐煮，一直煮到花生粒变得柔软为止。

若炒食，要注意不要摘下荚果，连植株一起在地块中摆开，晾晒5~6d后再摘荚果。再在太阳

晾晒时，把根部朝上，叶片朝下摆在地面上

下晒2~3d后就可贮存。需要炒着吃时剥开荚，取出花生粒便可。

四棱豆

Winged bean

●豆科 / 原产地：亚洲热带地区

荚的断面呈四角形，有 4 条翼状褶皱的豆类。营养价值很高，地下的块根也能吃，用途很广。

栽培月历 （月）

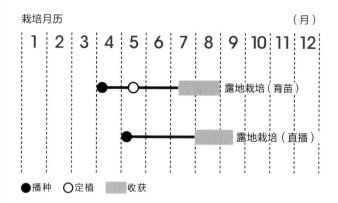

| 1 | 2 | 3 | 4 | 5 | 6 | 7 | 8 | 9 | 10 | 11 | 12 |

露地栽培（育苗）

露地栽培（直播）

●播种　○定植　■收获

栽培要点

◎属高温性植物，因为不耐霜冻，所以在天气很暖和了之后再栽培。

◎和菜豆一样，直播、育苗都能栽培，但是由于它是长日照植物，开花期滞后，若播得太晚会造成不易坐花。

◎因为蔓和叶长势很强，易伸展，所以要立上支柱，使蔓向上爬。

◎如果收获晚了，荚和四条褶皱会受损变黑，所以要适时收获。

◎不仅是嫩荚，柔嫩的蔓尖、花也能吃，不过如果摘取过多，植株的生长发育就会变差，所以摘取的量要适当。完全成熟的豆的吃法和大豆一样。

◎在温暖地区，根也能膨大，可以食用。

推荐的品种

在亚洲热带地区广泛栽培，传入日本还是近几年的事。

四角豆（泷井种苗）：生长发育旺盛，坐荚性好。荚长 10~12cm 时就可收获。

和子四棱豆（Nanto 种苗）：因为开花、结果和日照时间长短无关，所以可以很早收获。皮柔嫩，即使是长到 14~18cm 长时也好吃。

五里曾四棱豆（双叶种苗批发部）：在四棱豆中对日照时间的长短反应不敏感，即使是长日照时也能开花，对早上市有利。

四角豆

和子四棱豆

五里曾四棱豆

栽培方法

1 育苗

在 3 号塑料钵内播 3 粒种子

塑料小拱棚

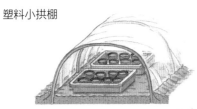

用塑料薄膜覆盖进行保温

发芽后，随着生长发育进行间苗，留下 1~2 株培育，当长出 4~5 片叶时苗的培育完成

2 地块的准备

在定植前约 2 周

平均 1m 垄长
堆肥　4~5 把
复合肥　2 大匙

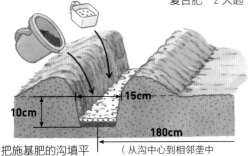

10cm

15cm

180cm

把施基肥的沟填平后再起垄

（从沟中心到相邻垄中心的距离）

3 定植

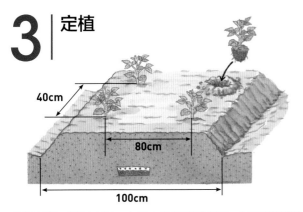

40cm

80cm

100cm

若为直播，则开小沟，在沟内留出适当间距，每组播3粒种子。发芽后留下1~2株培育

4 立支柱、追肥

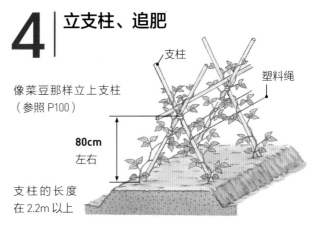

支柱

塑料绳

像菜豆那样立上支柱
（参照 P100）

80cm
左右

支柱的长度
在 2.2m 以上

在开花初期和收获初期进行 2 次追肥、培土

平均 1 株
复合肥　1 大匙

5 收获

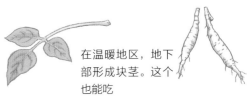

开花后 14~20d，荚长 10cm 左右时就可收获

豆荚还嫩时，叶片也能吃

完全成熟的豆粒吃法和大豆粒一样

在温暖地区，地下部形成块茎。这个也能吃

6 利用

凉拌菜

色拉

加入少量盐，稍微煮一下，恰到火候时就完成了

成功的要点　巧妙地利用嫩茎稍带的苦味和鲜艳的绿色，精心烹调，可做出华丽的菜肴。块茎、豆粒都能吃，没有无用之物。

长豇豆

Asparagus bean

●豆科 / 原产地：亚洲、非洲的热带地区

在嫩荚时，豆荚朝向上方。植株健壮，容易培育，和菜豆一样是食用嫩荚的。

栽培月历　　　　　　　　　　　　　　　（月）

1	2	3	4	5	6	7	8	9	10	11	12

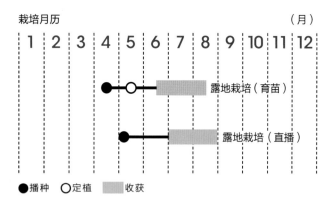

露地栽培（育苗）

露地栽培（直播）

●播种　○定植　　收获

栽培要点

◎参照蔓生菜豆的栽培方法。

◎在豆类中最耐高温、干旱，即使是盛夏时坐果也很好，容易培育。根粗且下扎得深，较耐土壤干旱。

◎通常在地块中直播，但是如果想提前收获，也可以在育苗之后再定植到大田。

◎蔓能伸展到3m以上，蔓伸展开后植株的负担很重，所以立上能承重的坚固支柱。立上1根长2~2.5m的支柱，横着也绑上支柱进行固定，对蔓进行引缚。

◎在豆荚长 40~60cm 时，趁豆荚还柔嫩时进行收获。如果收获晚了，豆荚就会变硬，口感就下降了。

推荐的品种

根据豆荚的长度、色泽等不同，分成很多品种。

华严泷（坂田种苗、园研育成）：豆荚长 40~60cm，颜色深，1 个花序可结 2~4 个豆荚，是高产品种，耐病性强、容易培育。

纪之川（八江农艺）：耐热性强，在盛夏也能健康地生长发育。开花后 15d 左右，豆荚长到 30cm 时就可收获。

蔓生紫种长豇豆（双叶种苗批发部）：紫色的长豆荚格外显眼。很耐热，生长发育旺盛，容易培育。蔓能伸展到 4m 左右。

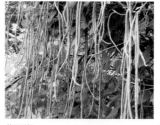

华严泷

纪之川

蔓生紫种长豇豆

栽培方法

1 育苗

在 3 号塑料钵内播 3~4 粒种子

播种后，为防止干燥盖上报纸，再盖上塑料薄膜进行保温

塑料小拱棚
塑料薄膜
报纸

当长出 2 片真叶时留下 1 株培育

当长出 3~4 片真叶时，育苗完成

2 地块的准备

在定植前约 2 周在垄上全面地撒施堆肥和少量的复合肥，耕翻至 15cm 深左右

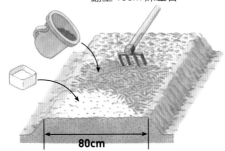

80cm

3 定植

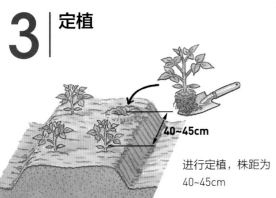

40~45cm

进行定植，株距为 40~45cm

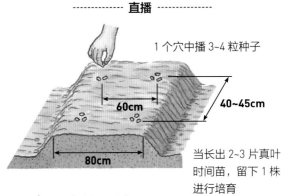

------ 直播 ------

1 个穴中播 3~4 粒种子

60cm

40~45cm

80cm

当长出 2~3 片真叶时间苗，留下 1 株进行培育

4 立支柱、追肥

因为蔓能伸长到 3m 左右，所以支柱尽量选用长的（2~2.5m）

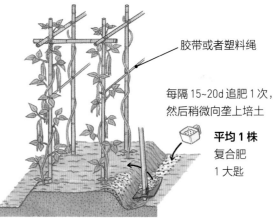

胶带或者塑料绳

每隔 15~20d 追肥 1 次，然后稍微向垄上培土

平均 1 株
复合肥
1 大匙

成功的要点　从播种到收获需 2 个月，因为蔓能伸展很长，追肥 3~4 次可收获更多柔嫩的豆荚。

5 收获

1 个果柄上能结 2~4 个豆荚

开花后 10d 左右长到 40~60cm 长时，用剪刀剪下

豌豆苗

Garden pea, Pea

●豆科 / 原产地：中亚、中近东

摘取豌豆的嫩芽尖便可。作为食材用起源于中国，有特有的香味，适合做各种菜。

栽培月历 （月）

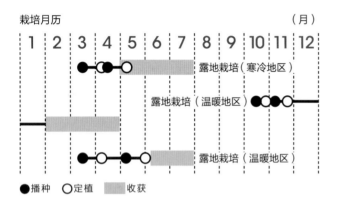

1	2	3	4	5	6	7	8	9	10	11	12

●━○━○━○ 露地栽培（寒冷地区）

露地栽培（温暖地区） ●━●━○

露地栽培（温暖地区）

● 播种　○ 定植　▨ 收获

栽培要点

◎因为忌连作，所以必须至少选 4~5 年没有种过豆类植物的地块进行种植。

◎耐湿能力差，对酸性土壤不适应，所以要注意地块的选定和土壤酸碱度调整。

◎虽然比较耐低温，但是如果播种太早会长得过大，容易受寒害，所以还是要适时播种。

◎因为是摘取嫩蔓的尖端，所以可缩小株距进行密植。

◎虽然是豆类，但也是利用叶片的叶菜类。要及时追肥，不要缺了肥料。

◎蔓长 20~25cm 时，就可摘取蔓尖端柔嫩的部分。留下的节上又长出腋芽，会更加繁茂。

推荐的品种

在中国有专门的菜用品种，但是在日本不方便购买，所以选用食荚豌豆中分枝多的品种即可。因为大荚品种的叶片的品质低劣，芽的数量也少，所以最好不要选择。

食用方法

推荐炒着吃或凉拌，也可以加入打好的鸡蛋同煮，做成菜汁鸡蛋羹。另外，也可以切碎后加入少量用于调味。

凉拌菜

炒着吃

菜汁鸡蛋羹

栽培方法

1 | 育苗

用 96~128 穴的穴盘苗，1 个穴内播 2 粒种子

不用间苗，在发芽后 3 周左右，长出 2~3 片真叶时育苗完成

2 | 地块的准备

平均 1m²
石灰　　5 大匙
堆肥　　4~5 把
复合肥　5 大匙

按照豌豆的地块整理方法（参照 P93）

> **成功的要点**
> 因为容易出现连作障碍，所以必须选择至少 4~5 年没有种植豆类植物的地块种植。因为不适应酸性土壤，所以如果是酸性土壤就必须施石灰以调整土壤的酸碱度。

3 | 定植

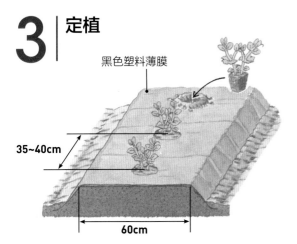

黑色塑料薄膜

35~40cm

60cm

铺上地膜，按株距为 15~40cm 进行定植

如果为直播，在 1 个穴内播 4~5 粒种子，发芽后间苗，留下 2 株进行培育

> **成功的要点**
> 因为要反复摘取蔓的尖端，所以增加追肥的次数，增加分枝数量，使其长出更多柔嫩的好芽。

4 | 追肥

平均 1 株
复合肥　2 大匙

当蔓长 15~20cm 时，施比结荚豌豆更多的肥料

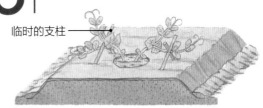

5 | 立支柱

蔓开始伸展时，根据生长情况立上支柱，防止被风吹断

临时的支柱

除竖着立上主支柱外，横着再绑上竹竿加固。在下面拉上 2 根塑料绳，使蔓缠绕着向上爬

主支柱

塑料绳

6 | 收获

当蔓长 20~25cm 时把芽尖端柔嫩的部分掐掉 10cm 左右即可收获

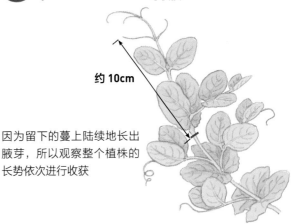

约 10cm

因为留下的蔓上陆续地长出腋芽，所以观察整个植株的长势依次进行收获

芝麻

Sesame

●胡麻科 / 原产地：非洲

在埃及、印度等地的栽培从公元前就有记载。传到日本据说是在 6 世纪前后，是有悠久栽培历史的植物之一。在荚还没有弹裂开时进行收获，以免种子掉落。

栽培月历 （月）

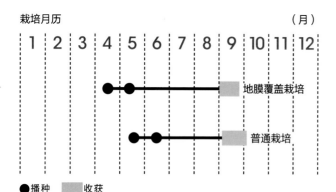

●播种 ▨收获

地膜覆盖栽培

普通栽培

栽培要点

◎因为发芽需要20℃以上的温度，所以不要急着播种，待天气很暖和了之后再播种。

◎选择排水好、日照好的地块进行栽培。

◎氮多了会造成倒伏，所以在多肥的地块中要控制施肥量。

◎要想使发芽整齐，开沟深度、播种后覆土的厚度等均匀一致是关键。

◎因为植株可高达 1m 以上，所以为了防止倒伏，在植株旁边立上支柱，用细绳固定住。

◎下部的叶片开始变黄，下部的荚有 2~3 个开始裂时就是收获适期。如果收获晚了，荚就会裂开，种子飞散脱落。

推荐的品种

根据种子的颜色分成不同的品种。根据个人的用途和爱好，可选择在本地容易购买到的品种。

金芝麻：风味好，生长期短，3~4 个月就能收获。

黑芝麻：香味好，产量高。铁和钙的含量高。

白芝麻：含油量高。味道醇正，做菜时使用较多。

金芝麻

黑芝麻

白芝麻

栽培方法

1 | 地块的准备

在播种前约 20d，在地块里全面地撒施石灰、复合肥，然后耕翻至 20cm 深

平均 1m²
石灰　5 大匙
复合肥　3 大匙

2 | 播种

沟播

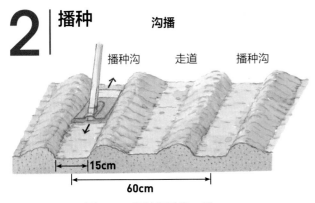

播种沟　　走道　　播种沟

|←15cm→|
|←　　60cm　　→|

开 5~6cm 深的播种沟，用锄头把沟底整平

以 1~2cm 的间隔在沟底均匀地播种

在种子上覆 7~8mm 厚的土，用锄头背面轻轻地压一下

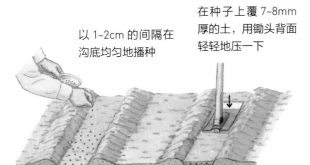

> **成功的要点**　因为种子很小，要细致地把播种沟的沟底整平，种子要播得均匀。

3 | 间苗、除草

当株高 5~6cm 时间苗，使株距为 8~10cm，每处留 1 株，最终间苗至株距为 15cm

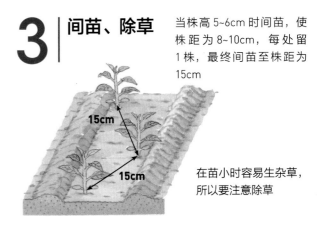

15cm
15cm

在苗小时容易生杂草，所以要注意除草

> **成功的要点**　如果过度密植，茎叶会变得软弱，容易倒伏，坐的花也不健壮，所以要细致地进行间苗，使株距适宜。

-------- **地膜覆盖栽培** --------

用切开的空罐挖播种穴

1 个穴内播 6~7 粒种子

黑色塑料薄膜

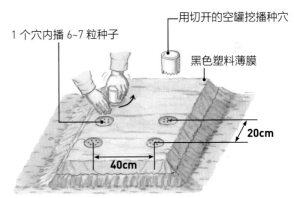

20cm
40cm

间苗的时间同沟播，最后每个穴留 1 株进行培育

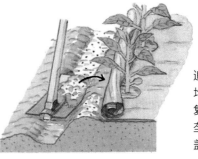

追肥时掀起地膜，平均每米垄长施 2 大匙复合肥，连土一起向垄上培土后再把地膜盖好

4 | 追肥、培土

沿着垄撒上肥料，用锄头稍掺混一下后再向植株基部培土

当株高 20~30cm 时

平均 1m 垄长
复合肥　2 大匙

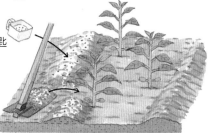

> **成功的要点** 叶如果生长得很健壮，不追肥也可以。

5 | 收获

收割后把上部开花的部分和各节的叶片都去掉

下部叶片开始变黄且下部的荚有 2~3 个开裂的时候

株高 1m 左右时，从植株基部割断收获

壳变黄，荚开始裂开

> **成功的要点** 因为茎上果实的成熟度不一致，所以要正确地判断收获的适期。

6 | 后熟、调制

大部分的壳裂开时，使种子都集中落在铺好的垫子上，剔除杂物后晾干

把 5~6 根茎捆成束后交叉着立起来，使其后熟 7~10d

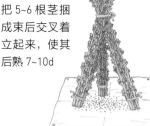

放入罐头瓶中，进行防潮保存

因为种粒易散落，所以要铺上垫子集中收集

煎芝麻秋刀鱼

材料（4 人份）

秋刀鱼（用三片法切成 3 片）…4 条

A
大蒜（制成蒜泥）…小蒜瓣 1 瓣
生姜（制成姜泥）…1 小块
酱油…3 大匙
酒…1.5 大匙

外裹芝麻
面粉、打好的鸡蛋液、白芝麻…各适量
狮头椒…8 个
盐、胡椒…各少量
色拉油…适量
柠檬（切成半月形）…适量

做法

1　把秋刀鱼除去鱼骨，切成 5~6cm 长的段，放入平盘中加入 **A** 混合均匀，反复翻动并放置 15min 左右。

2　擦去 **1** 的汁，再按面粉、打好的鸡蛋液、芝麻的顺序使鱼块挂上芝麻糊外衣。

3　在平底锅内放少许色拉油，加热，把狮头椒翻炒一下，撒上盐、胡椒后取出。

4　在 **3** 的平底锅中再加上 1 大匙色拉油，把 **2** 放进去。用中火煎至两面发黄有香味后关火，和 **3** 一块盛到容器中，再放上柠檬。

煮牛蒡蘸芝麻

材料（4 人份）

牛蒡…1 根
磨碎的黑芝麻…4 大匙

A
| 甜料酒…2 大匙
| 淡酱油…1 大匙
| 水…0.5 杯

色拉油…2 小匙

做法

1 将牛蒡用钢丝球刷擦洗干净后，斜切成稍大的薄片，放入水中，捞出，把水控干。

2 在锅中放色拉油，加热，把 **1** 放入翻炒，油开锅后，加入 **A**，然后盖上盖子，用中火煮 10min 左右，将汁收干。

3 关火，撒上芝麻。

黑芝麻拌青菜

材料（4 人份）

菠菜…1 把

A
| 磨碎的黑芝麻…0.5 大匙
| 香油…1 大匙
| 大蒜（制成蒜泥）…适量
| 酱油…0.25 小匙
| 盐…0.33 小匙

做法

1 把菠菜用开水焯一下，在颜色鲜绿时快速捞出，放凉后把水沥干，切成 4cm 长的小段。

2 在盘中把 **A** 掺和一下，再加入 **1** 搅拌均匀即可。

甘蓝

Cabbage

●十字花科 / 原产地：地中海和大西洋沿岸地区

生着吃、炒着吃、腌咸菜吃都很好！用途广泛，是深受人们欢迎的结球蔬菜，富含对人体胃肠好的维生素 U。

栽培月历　　　　　　　　　　　　（月）

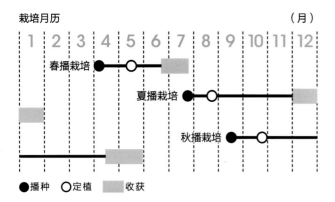

●播种　○定植　▨收获

栽培要点

◎虽然喜欢冷凉的气候，但是栽培适温为 15~20℃。较耐寒和耐热，在从北到南的广泛区域都能露地栽培。

◎因为有很多品种，选适合自己所在地区和栽培茬口的品种是很关键的。

◎秋播春收时，因为春季会出现茎伸长、开花的问题，所以要注意不能选错了品种和搞错了播种时期。

◎由于不耐高温，要想在盛夏时收获品质好的甘蓝，就需要在高冷地区栽培。

◎夏播栽培时，培育好的幼苗很重要。选择凉爽的场所，还要利用遮光材料。

◎很容易受菜粉蝶和甘蓝夜蛾等幼虫的为害。防治害虫时使用的药剂，要在害虫的低龄阶段喷洒，这样做的防治效果好并且用药的次数也少。

推荐的品种

夏播年内收获的品种最多，可选择冬至春收获或春播初夏时收获的品种。

金系 201 号（坂田种苗）：秋播春收的代表品种。极早熟的品种，柔软好吃。单球重 1.5kg 左右。

凛（山阳种苗）：有甜味并且很好吃的寒冷系甘蓝，是夏播秋收、容易培育的品种。单球重 1.5~1.7kg。

尖头形甘蓝（Tokita 种苗）：顶端尖的笋形甘蓝。新鲜、柔嫩、吃起来爽口。单球重 0.8~1.6kg。

红宝石球 SP（泷井种苗）：红甘蓝的代表品种。鲜艳的红紫色叶片，可作为拌凉菜的点缀。

金系 201 号　　　　　　　凛

尖头形甘蓝　　　　　　　红宝石球 SP

栽培方法

1 育苗

穴盘育苗

用 128 穴的穴盘，在 1 个穴中播 4~5 粒种子

在发芽之前盖好报纸

间苗

真叶长出时间苗，留下 2~3 株培育

真叶长出 2 片时间苗，留下 1 株培育

培育成有 4 片真叶的幼苗

成功的要点　进行 3 次间苗，留出适当的株距使叶片不互相重叠。

塑料钵育苗

如果株数少，可在塑料钵内直接播种

把塑料钵放入塑料筐中，便于挪动管理

1 个钵中播 4~5 粒种子

发齐芽后间苗，留下 3 株培育

当长出 1~2 片真叶时间苗，留下 1 株进行培育

根据叶色情况适当施液肥，培育成有 5~6 片真叶的幼苗

2 地块的准备

平均 1m²
石灰　3~5 大匙

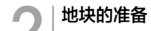

前茬收获一结束，就尽快施石灰，然后耕翻至 20cm 深

在定植前约 2 周

平均 1m 垄长
堆肥　5~6 把
豆粕　2 大匙
复合肥　2 大匙

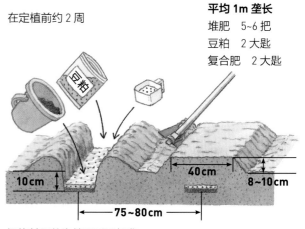

10cm　75~80cm　40cm　8~10cm

把施基肥的沟填平后再起垄

甘蓝虽然是生长比较强健的蔬菜，但是苗期的生长发育是比较缓慢的。

尤其是想初夏就收获甘蓝，就必须在早春低温时进行育苗，这种情况下就需要在小拱棚内保温育苗。如果很冷，再在育苗穴盘下面铺上稻草，晚上在小拱棚上再覆盖草苫等。

夏播的育苗，可利用树荫下凉爽的场所，或在苗床上面覆盖苇帘或遮阴网，因为遮阴可抑制气温的上升。

用苇帘时，要在苗床上90cm的高度覆盖，下面进行通风。另外，为了避开早上、傍晚的日晒，把两端垂下来即可。

保温育苗
在小拱棚内进行
保温育苗

夏季遮阴降温
在苗床的上面盖
上苇帘或寒冷纱
进行遮阴

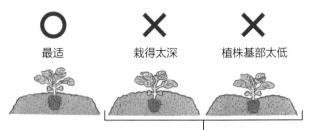

| 最适 | 栽得太深 | 植株基部太低 |

当降雨时，植株基部湿度过大，
容易发生病害

3 | 定植

极早熟品种
株距为30~40cm

中熟、晚熟品种
株距为40~45cm

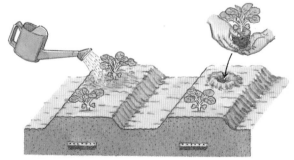

向穴盘或塑料钵中浇足水，取苗时要小心，不要弄碎了根坨，然后移栽到地块中

4 | 追肥

第1次　平均1m垄长
复合肥　2大匙

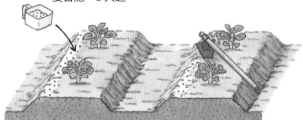

株高15~20cm时，将肥料施到一侧的垄肩上，再向垄上培土

第2次

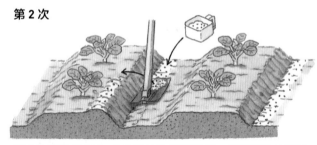

第1次施肥后20d，在和第1次相对的另一侧的垄肩处施同量的肥料，然后再向垄肩上培土

第3次

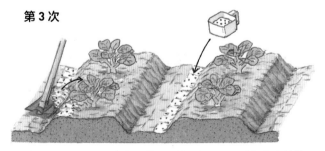

第2次施肥后20d，在和第2次相对的另一侧的垄肩处施同量的肥料，然后再向垄肩上培土

 成功的要点　春季收获时，如果在年内长得过大，在早春时就很容易抽薹开花，这种情况下就要控制追肥的次数和施肥量。

5 | 病虫害防治

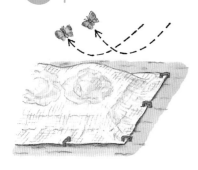

生长发育初期
直接全部盖起来。把周边压好，不要让风吹走

生长发育初期以后
平时就要留心观察，及早发现、及时防治，防治时叶片的正、反面都要细心地喷药

6 | 防寒覆盖

在夏播栽培中，结球之后有时会遇到寒害。在结球期间用塑料薄膜覆盖进行保温

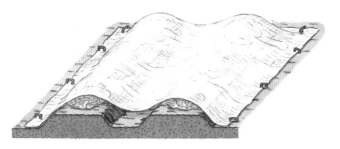

把四边压住，防止被风吹走

7 | 收获

用手按一下球的头部，如果变硬实了，就是收获的适期

用手按倒，用刀割植株基部进行收获

没结好的球
这是普通的品种，如果头部凸起，里面花茎伸展，呈将近抽薹的状态

正常球
用手按压球的头部，里面很硬

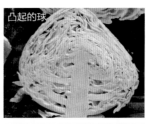
凸起的球

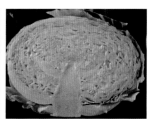

抽薹

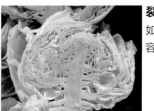

裂球
如果收获晚了或被雨淋了，就容易出现裂球，所以要注意

成功的要点

春播栽培时，及时收获是很重要的。为减少下茬病虫害的基数，收获后要把病株残体等带出田外并进行深埋。

在地块中遇到的难题
Q&A

盛夏期的育苗虽然比较难，但是只要巧妙地育好了苗，以后的管理就比较容易了。育苗场所通风要好，在树荫下育苗是很好的，但是如果没有这样的条件，就用遮阴网或苇帘进行遮阴。为了改善通风环境，下方要留出足够的空间。为了遮挡西晒，再把两侧的遮阴网垂下来。高温易干旱的时候，早上、中午、傍晚时如果土表干了就及时浇水。傍晚的浇水要适当控制，要控制在日落时土的表面近干的程度。

Q 夏播的幼苗生长发育不好怎么办？

A 用遮阴网等进行遮阴，改善通风环境。

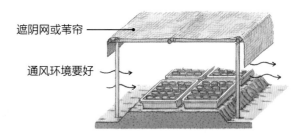

遮阴网或苇帘 ——

通风环境要好

Q 幼苗从植株基部处倒伏是什么原因？

A 是由于发生了苗立枯病或是由于地下害虫的为害造成的。

入土中，夜间出来啃食地表的茎。如果发现有倒伏的植株，就在植株周围查找害虫并进行消灭。

如果害虫多，就用颗粒杀虫剂撒到植株周围杀灭害虫。如果被为害的这一株没有虫，就在相邻的植株下寻找，一定要找到害虫并消灭。

在苗床上，有3~4片真叶展开时，植株在地表处变细缢缩而倒伏。这是由于感染了苗立枯病而引起的。要从苗床用土或钵的用土来考虑感染源。这种病，以十字花科为主，在多种蔬菜上都会发生，所以要选择无病的用土或经杀菌消毒的土。

在地块中定植后，植株近地表处被咬断、倒伏，是由于地下害虫的为害造成的。虽然地下害虫有很多种类，但多数是鳞翅目夜蛾科的幼虫。开始时为害茎叶，以后害虫的生活规律是白天钻

日落后被害虫为害

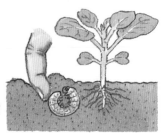

白天钻到土中，用手指或工具挖出

Q 叶片被害虫咬出孔洞、缺刻等，怎么办？

A 趁害虫在低龄阶段，及时喷洒药剂进行防治。

严重受害叶片的害虫有小菜蛾、甘蓝夜蛾、菜粉蝶等。受害特别严重的时期,是秋播中熟品种、晚熟品种的9~10月,春播的4~6月。

对各种害虫,都是在其低龄阶段喷洒药剂的防治效果好。在生长发育初期时,用防虫网撑成小拱棚状或罩上无纺布等防止成虫入侵。但是一旦害虫长大了就很难防治了。选用氯氰菊酯、高效氯氟氰菊酯等适用的杀虫剂,及早进行防治。

因为叶上有蜡质层，多数的药剂难以附着，所以一定要使用农药展着剂。

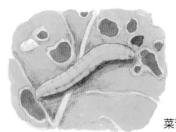

菜青虫

成虫
（菜粉蝶）、幼虫为害蔬菜的茎叶

Q 早春时的抽薹、开花，是什么原因引起的，怎么应对？

A 首先要严格进行适期播种。

这是秋播栽培的在早春时很容易发生的现象。虽然选用了适宜的品种,但是在入冬前如果长得过大,因低温感受性在内部进行花芽分化,就不能确保长出形成完整球的叶数。另外,花也在发育,并且吸收养分,造成抽薹、开花。

播种过早、施肥过多、暖冬生长发育进度过快时容易发生,所以必须要注意。

确认原因是生长发育明显过快时,可以在进入寒冬之前,用移植铲插入植株的根部处切断部分根,使生长发育停止。

早春时如果开始抽薹开花，在大田中没有什么好办法补救，所以只能趁柔嫩时收获。

正常结球

抽薹开花

抱子甘蓝

Brussels sprouts

●十字花科 / 原产地：欧洲

在茎的周围结了很多小球。维生素 C 的含量是甘蓝的 3 倍，营养丰富。

栽培月历 （月）

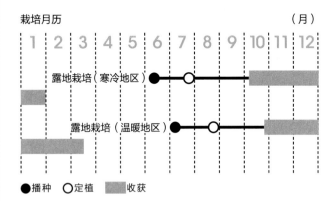

| | 1 | 2 | 3 | 4 | 5 | 6 | 7 | 8 | 9 | 10 | 11 | 12 |

露地栽培（寒冷地区）

露地栽培（温暖地区）

●播种　○定植　▨收获

栽培要点

◎比甘蓝耐寒性强，但耐热性弱。

◎在 13~15℃的条件下能很好地生长发育，结好球。气温高时，结球不好。

◎在茎上着生 40 片以上的叶，茎粗在 4~5cm 以下就结不出好球。

◎施足够好的堆肥，在结球之前培育健壮的植株很重要。

◎耐湿性弱，要选择排水好的地块栽培。

◎生长发育期较长，要适时追肥，及时补充养分。

◎如果结成球状了，就可以把下部弱的老叶依次摘除，使结球部分充分接受日光。

◎上部要始终保持有 10 片叶左右。

推荐的品种

品种分化很少，和其他的蔬菜相比，品种数量有限。

宗亲塞布（坂田种苗）：能早熟的抱子甘蓝。因为不易倒伏，所以在家庭菜园中很容易栽培。从茎下部开始，结出很多整齐的圆球。

早生子持（泷井种苗）：容易培育的代表品种。生长发育旺盛，能结很多直径为 2.5cm 的球。1 株上可收获 90 个左右的子球。

宗亲塞布

早生子持

132

栽培方法

1 育苗

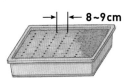

育苗箱育苗

8~9cm

在育苗箱内进行条播

遮阴网或苇帘

12cm

晴天时日照过强，进行遮阴使光照变柔和

发齐芽时进行 1~2 次间苗，使叶片不互相重叠，长出 2 片真叶时，定植到苗床

塑料钵育苗

如果栽植株数少，可在塑料钵内直接播种

  →

在 3 号塑料钵内播 5~6 粒种子

随着生长发育间苗，当长出 2 片真叶时，留下 1 株培育

当长出 5~6 片真叶时，育苗完成

2 地块的准备

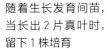

平均 1m 垄长
堆肥　5~6 把
豆粕　5 大匙
复合肥　2 大匙

在定植前约 2 周

20cm
15cm
80cm

把施过肥的沟填平后再起垄

40cm

3 定植

栽上苗后，用手把植株基部轻轻地压一下，防止倒伏

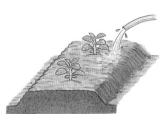

定植完后，在植株周围浇足水

4 追肥、立支柱

腋芽

第 1 次追肥

下部的腋芽开始结球时，在垄的一侧开浅沟，施入肥料，再填平

平均 1m 垄长
复合肥　3 大匙

斜着立上支柱并进行引缚

第 2 次追肥

在第 1 次追肥后 20~25d，在和第 1 次相对的另一侧施等量的肥。之后，根据生长发育情况再追肥 2 次，不要缺肥

> **成功的要点**　进入高温干旱期后，在整个垄上铺上稻草等防止干旱，以促进球的膨大。

5 摘叶、腋芽处理

随着结球的进展，把下部长势弱的叶片依次摘除

上部到最后也要留下 10 片叶左右

生长发育差的腋芽要及早地摘除

把下部老化的叶片摘除 4~5 片

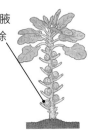

> **成功的要点**　把下部不需要的叶片摘除，使下部日照变好，以促进结球。

6 收获

不良

良

把直径长到 2~3cm 的球，从下部依次摘取收获。如果有结球缓慢、结不好的球，就干脆及早摘除

非结球芽甘蓝

Petit Vert

●十字花科 / 原产地：日本

是由羽衣甘蓝和抱子甘蓝杂交育成的，是世界上最早的不结球的抱子甘蓝。从秋季到冬季能收获很多的腋芽。

栽培月历 （月）

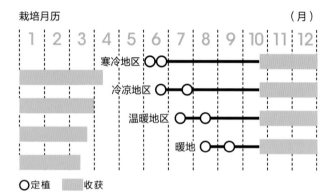

○定植　▨收获

栽培要点

◎因为购买不到种子，所以要预先到育苗单位订购幼苗，从幼苗开始培育。

◎要想长时间、持续地收获品质好的腋芽，施基肥时就要多施腐熟好的堆肥和豆粕等有机肥料。

◎为了促进腋芽的生长，当下部的腋芽膨大到直径为2~3cm时，从下部摘除1/4~1/3的叶片。

◎上部不要摘叶，要留下8~10片叶。

◎如果出现蚜虫，把发生虫害的叶片摘除，防止虫害向周围扩散蔓延。

◎因为容易出现菜螟、甘蓝夜蛾、小菜蛾等害虫，所以用防虫网等罩起来，防止成虫产卵。

推荐的品种

1990年，在日本用羽衣甘蓝和抱子甘蓝杂交而成的品种。育成的只有非结球芽甘蓝，有绿色、白色、红紫色品种。

非结球芽甘蓝·小绿（增田育种场）：除一般的绿色品种"小绿"外，还有白色、红紫色的品种。虽然开始时是绿色，随着生长和经过低温等，颜色也有所变化。

◆小绿·胭脂

◆小绿·白

非结球芽甘蓝·小绿

小绿·胭脂

小绿·白

栽培方法

1 幼苗的准备

提前从育苗公司订购幼苗

把穴盘苗移植到 3 号塑料钵内，长到真叶 6~7 片时育苗完成

2 地块的准备

前茬一结束，就把地块全面地撒施石灰，并耕翻至 20~30cm 深

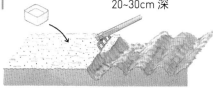

平均 1m 沟长
堆肥　7~8 把　　豆粕　5 大匙
复合肥　3 大匙

在定植前约 2 周施基肥，把土填回后再起垄

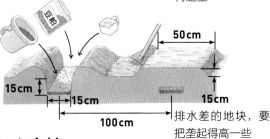

50cm
15cm
15cm
15cm
100cm

排水差的地块，要把垄起得高一些

3 定植

如果土干了就浇水，取苗时要细心，不要把根坨弄碎了，取出后定植。定植后浇水

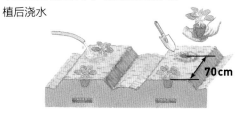

70cm

4 病虫害防治

为害的害虫主要有菜螟、小菜蛾、甘蓝夜蛾、蚜虫等，病害主要有软腐病、菌核病等。及早发现，及时用药剂进行防治

用防虫网等罩起来，防止成虫产卵

5 追肥

在进入夏季高温干旱期之前铺上稻草

在易被大风吹的地方，要斜着立上支柱，防止倒伏

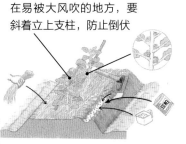

第 1 次追肥
腋芽开始生长的时候，在植株周围施肥并培土。第 2 次及以后也同样

平均 1m 垄长
豆粕　2 大匙
复合肥　1 大匙

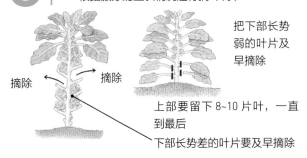

第 2 次追肥
收获了 30%~40% 的时候

第 3 次追肥
收获了 50%~60% 的时候

6 摘叶

根据腋芽的生长情况进行摘叶调节

把下部长势弱的叶片及早摘除

摘除　　摘除

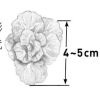

上部要留下 8~10 片叶，一直到最后

下部长势差的叶片要及早摘除

> **成功的要点**　如果局部发生蚜虫等，可以将其附近的叶片摘除，保持通风良好，可以防止其蔓延。

7 收获

当腋芽的直径膨大到 4~5cm 时就是收获适期

4~5cm

根据需要的量，依次摘取

> **成功的要点**　把手指伸入芽和芽之间向斜下方摘取是收获的技巧。

西蓝花

Broccoli

●十字花科 / 原产地：地中海东部沿岸地区

富含胡萝卜素和维生素的绿黄色蔬菜。含有丰富的对预防生活方式病很有效果的有效成分的蔬菜。

栽培月历 （月）

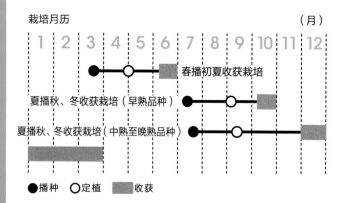

春播初夏收获栽培

夏播秋、冬收获栽培（早熟品种）

夏播秋、冬收获栽培（中熟至晚熟品种）

●播种　○定植　■收获

栽培要点

◎虽然耐热性、耐寒性都很强，但是在 25℃ 以上生长发育就变差，5℃ 以下生长发育停止。

◎虽然在含有机质丰富、保水性能好的土壤中生长很好，但是因为不耐湿，易发生根腐和枯死，所以必须在排水性好的地块栽培。特别是从生长发育初期到中期易受湿害。

◎虽然夏播秋、冬收获的茬口容易栽培，但是育苗时正是盛夏，所以需要用遮阴网或转移到树荫下、通风好的场所育苗。

◎要想收获大的花蕾，就要多施基肥改良土壤，使茎叶长大。

◎因为易发生害虫，所以要用防虫网罩住。

推荐的品种

有播种后 75~80d 就能收获的极早熟品种，90~95d 收获的中熟品种、晚熟品种。

哈依兹 SP（泷井种苗）：比较耐热，生长健壮，是容易培育的中早熟品种，在顶花蕾收获后，侧花蕾也能收获。

皮克赛尔（坂田种苗）：春播、夏播都能稳定栽培的早熟品种。能收获大的圆顶形花蕾。

大圆丘（Kaneko 种苗）：耐热性强，即使在高温期也能收获形状好的花蕾。侧花蕾也能收获。

超大圆丘（泷井种苗）：专门收获顶花蕾的晚熟品种。在严寒期时膨大也很好，收获期很长是其特点。

哈依兹 SP

皮克赛尔

大圆丘

超大圆丘

栽培方法

1 育苗

育苗箱育苗

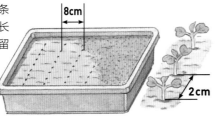

在育苗箱内进行条播，当真叶开始长出的时候间苗，留下 2cm 的间隔

8cm

2cm

真叶长出 2 片时，以15cm的间距，移植到苗床上

在苗床上育好的苗，极早熟品种、早熟品种长出 5~6 片真叶，中熟品种、晚熟品种长出 6~7 片真叶时定植到地块中。在苗床上要浇足水，取苗时尽量多带根和土

穴盘育苗

在 128 穴的穴盘上用穴盘苗专用的基质，在 1 个穴内播 2~3 粒种子

发齐芽时间苗，留下 1 株长势好的苗

当长出 3 片真叶时定植到地块中。如果培育得过大，根会很密集，以后的生长发育会变差

夏季育苗

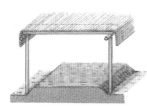

盖上苇帘或黑色的寒冷纱，以遮挡夏季的强日光照射，改善通风环境

日照强的晴天就挪到树荫下等凉爽的场所

2 地块的准备

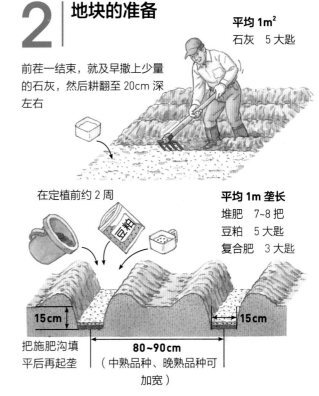

前茬一结束，就及早撒上少量的石灰，然后耕翻至 20cm 深左右

平均 1m²
石灰　5 大匙

在定植前约 2 周

平均 1m 垄长
堆肥　7~8 把
豆粕　5 大匙
复合肥　3 大匙

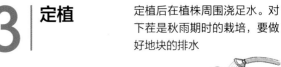

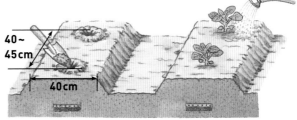

15cm　　**15cm**

把施肥沟填平后再起垄

80~90cm
（中熟品种、晚熟品种可加宽）

> 成功的要点　要想收获又大又充实的花蕾，首先要培育健壮的茎叶。为此，在施基肥时要施足腐熟的堆肥、复合肥料。

3 定植

定植后在植株周围浇足水。对下茬是秋雨期时的栽培，要做好地块的排水

40~45cm

40cm

定植位置的标准

○　最适宜　植株基部稍高一些为宜

×　定植太深

×　植株基部太低

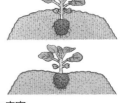

降雨时，植株基部积水，易发生病害

4 | 虫害防治

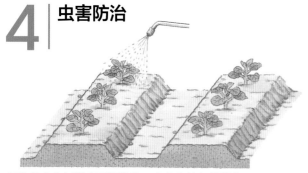

因为若在生长发育后期发生，害虫会钻入花蕾中，所以及早发现并防治是很重要的。小菜蛾、甘蓝夜蛾、菜青虫等害虫易发生

> **成功的要点** 在生长发育前期叶嫩时易受害虫为害，要及早发现，及时进行捕杀或喷洒药剂进行防治。

5 | 立支柱

植株长高了易被风吹倒，所以要立上支柱

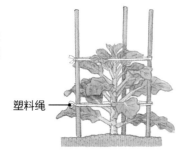

塑料绳

6 | 追肥

在垄的一侧开浅沟施入肥料。连土培到垄肩上

第1次
定植后 20d

平均1株
豆粕　1大匙
复合肥　0.5大匙

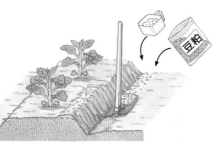

第2次
在第1次施肥后15~20d，在和第1次相对的另一侧用同样地方法施肥

平均1株
复合肥　1大匙

※ 图中省略了支柱。

7 | 收获

专采顶花蕾品种
花蕾的直径达 12~15cm 时为收获适期。留茎 15cm，带 2~3 片叶切下

采顶、侧花蕾用品种
稍早一点时把顶花蕾及茎短切，以促使侧枝的发生。在收获期，每 20~30d 在植株周围追 1 次肥，促使侧花蕾发出

平均 1m 行长
复合肥　2 大匙

虽然侧花蕾较小，但味道不差。当直径达 3~5cm 时用手或剪刀摘下

侧花蕾依次陆续膨大

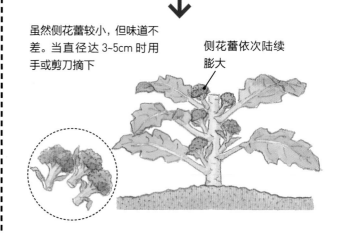

在地块中遇到的难题
Q&A

Q 春播生长出的花蕾很小
是什么原因？

A 感受了低温，形成了花芽。

西蓝花的生长发育适温为 13~25℃。如果播种太晚，在生长发育的后半期进入夏季的高温期，病害发生多，花蕾不能充分膨大，就收获不到品质好的蔬菜。

另一方面，如果播种太早，还在低温的 3~4 月时，比前面说的生长发育的适温低，造成植株生长缓慢，在其小的时候感受低温形成花芽，但只能形成小的花蕾。虽然比较麻烦，但是撑上大棚或小拱棚进行保温是很有效的预防措施。

在日照好的地方撑上小拱棚，遵循果菜类的栽培要领，在箱内条播种子，盖上报纸和塑料薄膜后放到小拱棚内。在日本关东南部以西的地区，在暖和的3月下旬就是播种适期。发芽后适时间苗，当长出2片真叶时以15cm的间距定植，再用塑料薄膜进行保温。极早熟品种、早熟品种当长出5~6片真叶，中熟品种、晚熟品种长出6~7片真叶时，趁着还未变软时定植到地块中。初夏时气温高，很容易黄化，所以要注意不能收获晚了。

Q 如何做能长时间地收获
侧花蕾？

A 选择适宜的品种，并及时进行追肥。

要想长时间地持续收获侧花蕾，首先要选用这样的品种。选"顶花蕾、侧花蕾兼用的品种"。先认真阅读种袋上的说明后再购买。

栽培时，要想长时间地使植株健壮地生长发育，施基肥时必须要施用大量的优质堆肥和有机肥料。

在收获顶花蕾时，尽量把下部的茎切得短一些，尽量多地把节位留在植株上。收获后不要忘记追肥，把植株周围耕翻一下，疏松土壤。下部

如果有病叶或枯叶，就及时摘除，为防治病虫害还需要及时喷药。

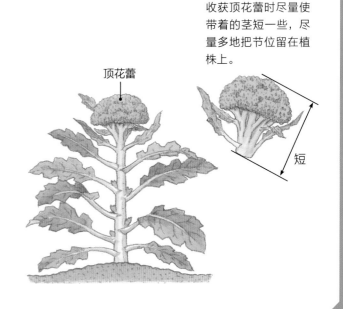

收获顶花蕾时尽量使带着的茎短一些，尽量多地把节位留在植株上。

顶花蕾

短

西蓝薹

Broccolini

● 十字花科 / 原产地：地中海东部沿岸地区

是吃小花蕾和长而柔嫩的嫩茎的西蓝花。因为腋芽陆续地长出，所以很有成就感。

栽培月历 （月）

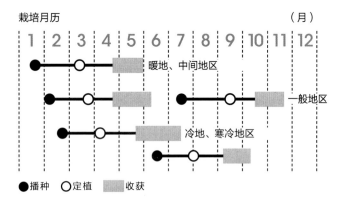

● 播种　○ 定植　▨ 收获

栽培要点

◎ 是收获长花茎的西蓝花，也叫青花笋。

◎ 茎柔嫩、很香甜，所以无论是日式菜肴还是西式菜肴、中式菜肴都能利用。

◎ 比较耐热，容易培育。因为能长时间地收获，所以适合家庭菜园种植。

◎ 要想收获又粗又好的花茎，在施基肥时就要多施优质堆肥和有机肥料。

◎ 顶花蕾要提早收获，以促进侧花蕾的生长。

◎ 进入收获期，就要定期追肥，以补充养分，促进侧花蕾生长，可以持续收获。

◎ 植株上方很重，所以要立上支柱防止倒伏。

推荐的品种

用中国蔬菜芥蓝和西蓝花杂交育成。以"西蓝薹"的名称流通着。

西蓝薹（坂田种苗）：生长发育旺盛，容易培育。单株能收获 15 根左右长约 20cm 的花茎。

鲜绿西蓝薹（泷井种苗）：能收获柔嫩、香味强的花茎。因为香味强，适合做成各种菜肴。

长茎西蓝薹（Tokita 种苗）：长得很长的茎，纤维少、柔嫩、香甜。就是用水稍微煮一下也很好吃。

紫蕾西蓝薹（丸种专业合作社）：紫色的花蕾和绿色的茎呈鲜明对比的漂亮品种。其特点是味道浓郁。

西蓝薹

长茎西蓝薹

紫蕾西蓝薹

鲜绿西蓝薹

栽培方法

1 | 育苗

5~6 粒

用筛子筛上
细土覆盖

随着生长发育间苗，留
下1株培育

培育成长有 4~5 片真叶的幼苗

2 | 地块的准备

平均 1m 沟长
堆肥　5~6 把
豆粕　5 大匙
复合肥　3 大匙

在定植前约2周

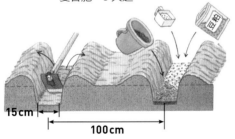

15cm

100cm

3 | 定植

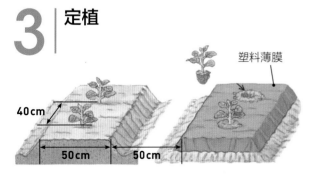

塑料薄膜

40cm

50cm　50cm

要想在春季低温期定植，铺
上地膜是很有效的

4 | 追肥

第1次

平均 1m 行长
复合肥　2 大匙
（以后的施用量相同）

当植株长到高 15~20cm 时，施到植株附近

第 2 次及以后
每隔 15d 左右，在垄的两侧
交替施肥。用锄头松土，然
后向垄上培土

5 | 立支柱、管理

因为茎容易倒伏，所以
要立上支柱

夏季要想收获很多好的花
蕾，就要及时浇水并铺上
稻草等进行保湿

6 | 收获

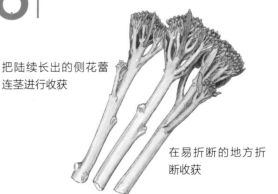

把陆续长出的侧花蕾
连茎进行收获

在易折断的地方折
断收获

花椰菜

Cauliflower

●十字花科 / 原产地：地中海东部沿岸地区

有橙色和紫色等绚丽多彩的品种。凝缩着香味的花蕾松软易碎，可以煮着吃、炒着吃，都很好吃。

栽培月历 （月）

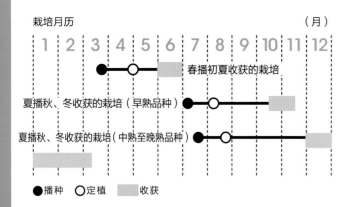

春播初夏收获的栽培

夏播秋、冬收获的栽培（早熟品种）

夏播秋、冬收获的栽培（中熟至晚熟品种）

●播种　○定植　收获

栽培要点

◎花蕾的生长发育适温为 10~15℃。如果温度过高，花蕾生长不整齐，所以要进行适期栽培。

◎因为由于品种不同，早熟、晚熟有很大的差异，所以根据季节选择适宜的品种是很重要的。

◎为防止出现连作障碍，至少要与非十字花科植物轮作 3~4 年。

◎容易培育的是夏播秋、冬收获的茬口。中熟至晚熟品种在冬季收获，春播的保温育苗在初夏收获也能享受到美味。

◎虽然喜欢有机质多、保水性好的土壤，但是因为耐湿性差，所以要选择排水性好的地块栽培。

◎想培育又大又漂亮的花蕾，定期追肥是很重要的。

◎对花蕾为白色的品种，若将其外叶捆在一起遮光，就会变得洁白，色泽很好。

推荐的品种

有极早熟、早熟、中熟、晚熟等的品种。除花蕾为白色的品种外，还有橙色、紫色、绿色等的品种。

雪冠（泷井种苗）：大型，纯白的花蕾，是白色花椰菜的代表品种。即使是春季种植也能稳定地栽培。

橙色美星（坂田种苗）：也能生着吃，像手掌那么大的早熟品种。日照越好，色泽越深。

早熟紫花椰菜（泷井种苗）：生长发育旺盛，容易培育的紫色早熟品种。煮时会变成鲜艳的绿色。

罗马花椰菜（Tokita 种苗）：像珊瑚一样的独特形状。香味强，有与西蓝花相似的风味。

雪冠

橙色美星

早熟紫花椰菜

罗马花椰菜

栽培方法

1 育苗

穴盘育苗

播种
1 个穴中播 4~5 粒种子，覆 2~3mm 厚的细土

用 128 穴的穴盘，容易培育

随着生长发育依次间苗，当长出 2 片叶时留下 1 株培育

育成的苗
有真叶 4~5 片

塑料钵育苗

播种

如果栽植株数少时，在塑料钵内播 5~6 粒种子

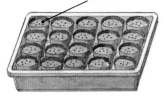

因为种子很小，所以要小心地覆盖厚 2~3mm 的土

依次间苗，当长出 3 片真叶时，留下 1 株培育

当长出 5~6 片真叶时，育苗完成

夏季育苗
盛夏时要避开强日光照射进行育苗

两头稍微垂下，防止横向的日光照射

苇帘或者是寒冷纱

木桩

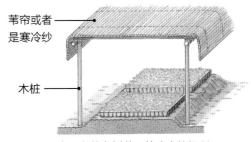

也可以放在树荫下等凉爽的场所

早春育苗

用塑料小拱棚进行保温

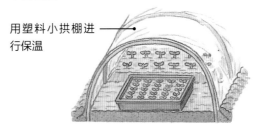

2 地块的准备

在定植前 1 个月，全面撒施石灰，然后耕翻至 20~30cm 深

平均 1m²
石灰　3~5 大匙

平均 1m 垄长
堆肥　7~8 把
豆粕　5 大匙
复合肥　3 大匙

在定植前 2 周施基肥，填平后再起垄

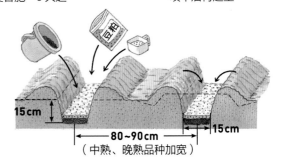

15cm

80~90cm（中熟、晚熟品种加宽）

15cm

143

3 | 定植

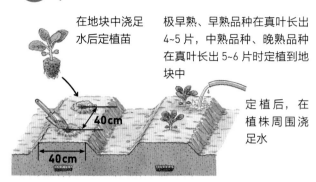

在地块中浇足水后定植苗

极早熟、早熟品种在真叶长出4~5片，中熟品种、晚熟品种在真叶长出5~6片时定植到地块中

定植后，在植株周围浇足水

40cm

40cm

成功的要点 因为在甘蓝类中植株长势是比较弱的，夏季定植时如果干旱了就及时浇水，细心地铺上稻草，促进初期至中期的生长发育。

4 | 追肥

在垄的一侧掀起地膜，施入肥料后用锄头轻翻后向垄上培土

第1次
在定植后15~20d

平均1株
复合肥
2大匙

若夏季高温干旱严重，就铺上稻草以保湿

第2次
在第1次施肥后15~20d

在和第1次相对的一侧掀起地膜边入肥料，用锄头轻翻后向垄上培土

平均1株
复合肥　2大匙

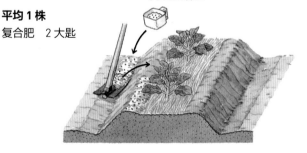

成功的要点 在栽培过程中防止缺肥是很关键的。特别是从开始见到小花蕾时到花蕾膨大期，要及时追肥促进膨大。

5 | 花蕾的培育管理

气温低了，花蕾长到拳头大小时，要做好防寒和花蕾的防污工作。以确保收获白色的花蕾

需要防寒时，把外叶捆扎起来，用稻草绳（塑料绳或橡皮圈）等捆扎即可

用3~4片叶覆盖

若是不太寒冷的地区，也可以把外叶摘下像帽子一样盖上

成功的要点 因为以培育成纯白色的肉质细嫩、结果的花蕾为目标，所以就要加上防护设施防止强光暴晒，防止风刮上垃圾、尘土等以保护花蕾。

6 | 收获

当花蕾的直径膨大到15cm时就是收获适期

早熟紫花系

橙色系

色彩鲜艳的品种，在未褪色时进行收获

花球夹叶,就是从花蕾的表面长出小叶的现象。这是因为在花蕾开始形成的初期,遇到了超过花蕾发育适温的高温,导致很多分枝的花的基部的叶长出来了,这样的异常球作为花椰菜就可以说是失格了。如果在栽培适期栽培合适的品种,就不会发生这种情况。

另外,由于低温花蕾表面变得粗糙,有的变成茶褐色,有的变成粉红色,或由于高温花蕾变得像长了鸟的羽毛一样等问题,主要是由于湿度的影响而形成的异常球,在栽培要求高的花椰菜中容易发生,所以要注意。

Q | 花蕾中长出叶片,是什么原因?

A | 是因为在苗的初期遇到了高温。

确实如此专栏

有很多独特的品种出现

除了大家熟悉的白色花蕾的品种外,还有橙色、紫色、珊瑚礁状的罗马花椰菜等多个品种的花椰菜。近年来又有花茎部分伸长的棒状品种,还有介于西蓝花和花椰菜中间的口感松脆的品种。这些品种都很好吃、口感也好,只要稍微煮一下就能品尝到独特的口感。因为培育方法都相同,也建议几个品种一起栽培。

介于西蓝花和花椰菜中间的卡里考里(三得利菜花)。顶花蕾收获后,侧花蕾也能利用

长茎部分吃起来也很香的长梗分枝花椰菜(Tokita 种苗)。着生着长花茎的顶花蕾可一次全部收获

白菜

Chinese cabbage

●十字花科 / 原产地：中国北部地区

营养丰富、低热量的白菜是冬季蔬菜的主角。纤维丰富、柔嫩、清淡的味道是做火锅和腌菜等不可缺少的。

栽培月历 （月）

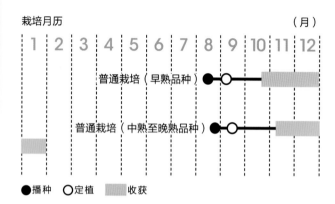

●播种　○定植　▨收获

栽培要点

◎ 喜欢冷凉的气候，生长发育适温为 15~20℃，生长适宜的温度范围较窄，和甘蓝等相比，其播种时期被限定了。

◎ 因为容易发生软腐病和根肿病等土壤病害，所以要与非十字花科蔬菜轮作 3~4 年，改善地块的排水环境是很重要的。

◎ 因为根能扩展范围很广，所以施基肥时要全面撒施，促进生长发育。

◎ 大型的中晚熟品种由 80~100 片叶组成，小型品种也由 60~70 片叶包卷成球。在进入低温之前要确保达到这些叶数。

◎ 易发生蚜虫和小菜蛾等的虫害，可以活用防虫网等材料进行防治。

推荐的品种

根据到收获的天数有早熟、中熟、晚熟等的品种，还有黄色、橙色的品种，小型白菜等品种。

秋之庆典（渡边育种场）：膨大好的中早熟品种。肉质稍硬，有嚼头，最适合做成朝鲜辣白菜。

黄心 65（泷井种苗）：黄心系早熟白菜的代表品种。抗生理障碍强，品质良好、容易培育。

小秀秀（坂田种苗）：单个重 1.2kg 左右的小型白菜。通过调整栽植密度来选择收获株的大小。

紫奏子（Nanto 种苗）：含有花青素的拌凉菜用的紫色白菜。单个重 1.5kg 左右或再稍小一些。

秋之庆典

黄心 65

小秀秀

紫奏子

栽培方法

1 育苗

用穴盘（128 穴）育苗方便。用土为育苗专用的基质

1 个穴内播 3~4 粒种子。覆盖 2mm 厚的土或基质，浇足水

发齐芽时间苗，留下 2 株培育

当长出 2~3 片真叶时间苗，留下 1 株培育

当长出 4~5 片真叶时，定植到地块中

细致地浇水，因穴盘外缘易干，所以稍微多浇一点

2 地块的准备

平均 1m²
堆肥　5~6 把
石灰　3 大匙

在定植前 1 个月左右，在地块中撒施石灰和堆肥，把地块耕翻好

在定植前几天，在垄上全面撒施基肥，耕翻至 15~18cm 深

平均 1m²
豆粕　5 大匙
复合肥　3 大匙

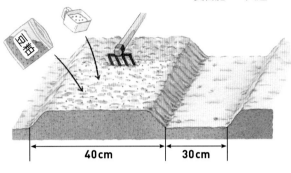

40cm　30cm

> **成功的要点**　因为白菜的根在浅层扩展范围很广，所以要全面地撒施基肥，然后耕翻。

3 定植

排水差的地块，就干脆起高垄

15~25cm

把垄面整平

刨出定植穴，在 1 个穴内栽 2 株

移栽后，在植株周围浇足水

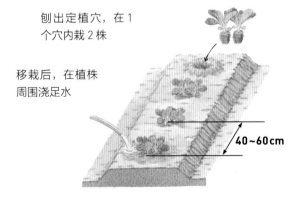

40~60cm

4 覆盖保护

为了防止由强光、炎热引起的萎蔫和大风乱吹，直接盖上覆盖材料进行保护

覆盖材料

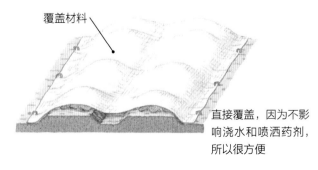

直接覆盖，因为不影响浇水和喷洒药剂，所以很方便

5 | 间苗（定棵）

当长出 6~7 片真叶时间苗，留下 1 株培育。拔除生长发育缓慢的苗和叶形差、色泽不好的苗

留下 1 株后，为了不使植株摇晃摆动，稍微进行培土

 成功的要点 因为瘦弱的白菜在生长发育初期易受风雨和害虫的为害，所以在 1 处定植 2 株，到成活旺盛生长时间苗，留下 1 株进行培育。

6 | 追肥

第 1 次
在定植后 20d，在植株周围撒施肥料，轻轻和土掺混一下

平均 1 株
复合肥　1 大匙

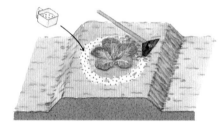

第 2 次
在第 1 次施肥后 20d，在垄的两侧施肥，然后培土

平均 1 株
豆粕　2 大匙
复合肥　2 大匙

第 3 次
在叶覆盖垄之前，在植株间零星地撒施肥料，注意不要伤到叶片

平均 1 株
复合肥　2 大匙

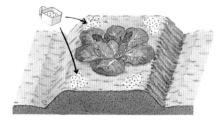

7 | 虫害防治

把苗床和地块用防虫网罩起来，防止害虫入侵

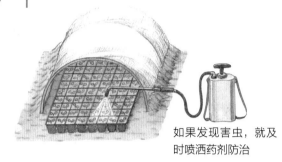

如果发现害虫，就及时喷洒药剂防治

在垄上铺上反光性强的地膜，防范蚜虫等害虫

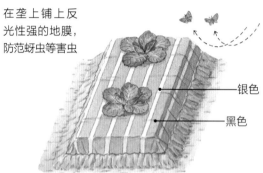

银色

黑色

8 | 收获

用手掌按压结球的头部，如果结球硬、结实，就可以收获了

用手按住白菜使其倾斜，在植株基部用刀切割下来

外侧的叶片是新鲜的绿色，整个较重，切口处发白、水灵新鲜的就为优等品

收获的白菜，用报纸包起来，只要放在暗冷的场所就能长时间保存

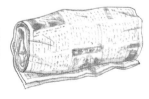

大型白菜的叶球，是由 80~100 片叶构成的。秋播后，在从 9 月中旬开始的适温下长出的这些叶片进一步变厚，要及时追肥，促进植株生长发育。在叶片全部覆盖垄之前，在植株之间零星地撒施肥料，不要伤到叶片。10 月下旬结球开始，叶片全面覆盖了垄，就说明生长发育顺利。

进入结球期之后，如果追肥就会因伤到叶片而引起发病，所以就不要再追肥了。

Q 如何才能栽培出结球结实而且好的大球？

A 要及时追肥，促进植株生长发育。

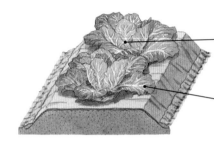

内部的嫩叶开始竖直生长，进入结球状态

叶片在垄面上扩展，覆盖了地膜

Q 进入收获期后，如何防寒？

A 用外叶覆盖球的顶部，或把竖着的外叶捆起来。

因为白菜很耐寒，所以降霜后也能以结球的状态在地块中短期存放。

如果开始下霜了，把已收获植株的稍微萎蔫的 2~3 片外叶重叠起来盖在结球的顶部，也能防霜，保证结球的品质。

在严寒到来之前，要想在地里存放，可以把下部向外面张开的外叶拢到结球的顶部，用塑料绳等捆住以包住结球进行防寒。

如果栽培株数很多时，带着塑料绳搬运，效率更高更方便。

用 2~3 片无纺布等覆盖材料叠起来盖上也可以，但是因为很轻要想办法不要被风吹跑了。

用已收获白菜的 2~3 片外叶叠起来盖在结球顶部

用外叶把结球部包住，用塑料绳捆拢住

直筒形白菜

Chinese cabbage

●十字花科 原产地：欧洲

因为形状为细长的直筒形，所以叫直筒形白菜。加热后虽然也变柔软，但是不易煮烂，食用起来很方便。

栽培月历 （月）

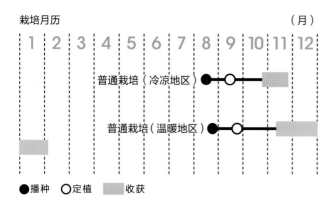

普通栽培（冷凉地区）

普通栽培（温暖地区）

●播种 ○定植 ▨收获

栽培要点

◎植株为直立性。结球的直径为 15cm 左右，细长，呈高 45cm 的长圆筒形。

◎想结球好，就要适时播种，注意保证初期的生长发育顺利进行。

◎生长发育初期耐热，生长发育后期耐寒。较耐各种病害，容易培育。

◎因为植株长得高，所以在风大的地方，就需要拉上防风网等。

◎施基肥、追肥等的管理作业，可参照普通白菜的进行。

◎用手按一下球顶部，长得又硬又结实时就是收获的适期。如果是自己吃，也可以提早收获。

推荐的品种

品种改良进展很快，虽然育成了很多的品种，但是对属于北方型的直筒形白菜还没有大面积推广开，品种很少。

小型直筒形白菜（泷井种苗）：肉质稍硬、口感好、不易煮烂。很好吃，很适合做成中国的炒菜、火锅等。对霜霉病和软腐病等病害的耐性强，初学者也容易培育。

长筒形白菜（坂田种苗）：结球为长筒形，重 2~3kg，内部的叶片是黄色的。叶片新鲜、味甜、风味好，最适合加热做菜。适合秋播年内收获的茬口。

小型直筒形白菜　　　　　　　长筒形白菜

栽培方法

1 育苗

1个穴中播3~4粒种子。覆土（或基质），然后浇足水

用穴盘（128穴）育苗很方便。用土为育苗专用的基质

发齐芽时间苗，留下2株培育

当长出2~3片真叶时间苗，留下1株培育

当长出4~5片真叶时，移栽到地块中

细心地浇水，因为穴盘的外缘容易干，所以要多浇

成功的要点 夏季育苗时，把穴盘挪到明亮的树荫下等处，防止因高温和直射日光的照射而损伤叶片。

2 地块的准备

平均1m²
石灰　5大匙
堆肥　4~5把

在定植前1个月撒上石灰和堆肥，细致地耕翻

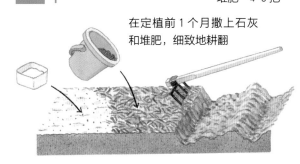

在定植前约2周，在垄上全面地撒施基肥，全部耕翻至15~18cm深

平均1m²
豆粕　10大匙
复合肥　5大匙

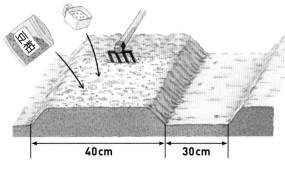

40cm　　30cm

3 定植

挖好定植穴，在1个穴内栽2株苗

定植后，在植株周围浇足水

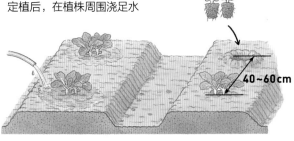

40~60cm

4 覆盖保护

为了避免强光、炎热造成的萎蔫和大风乱吹，可覆盖保护材料

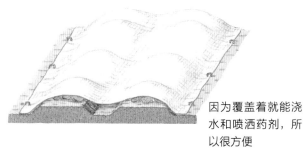

因为覆盖着就能浇水和喷洒药剂，所以很方便

5 间苗（定棵）

当长出6~7片真叶时间苗，留下1株进行培育。把生长发育缓慢的苗和叶形差、色泽不好的苗拔除

留下1株后，为防止植株基部摇晃，向植株基部稍微培土

6 | 追肥

平均 1 株
复合肥　1 大匙

第 1 次　当长出 5~6 片真叶时，在垄的一侧施肥，然后培土

第 2 次　在第 1 次施肥后，在与第 1 次相对的另一侧施等量的肥料，然后培土

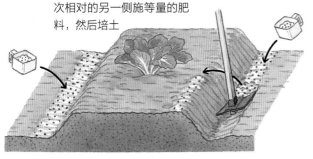

第 3 次　在叶片覆盖垄之前，在植株之间零星地撒施肥料，然后培土

平均 1 株
复合肥　1 大匙

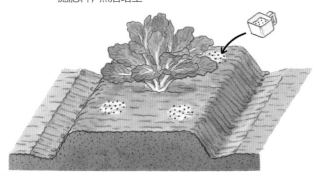

7 | 病虫害防治

用防虫网罩住苗床或地块，防止害虫入侵

如果发现有害虫，喷洒药剂进行防治

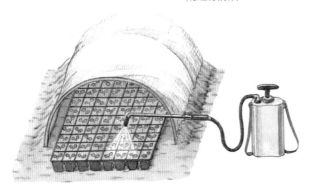

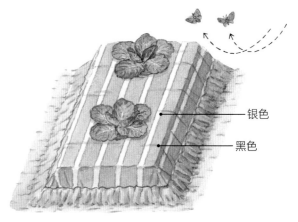

银色

黑色

在整个垄的表面上铺上带有反光的银色条纹的地膜，这样可以防止蚜虫和甘蓝夜蛾飞来，避免病毒病等危害

> **成功的要点**　因为直筒形白菜结球后会纵向生长，所以为了防止倒伏，要采用防风网等防风措施。

8 | 收获

用手按压球的顶部，如果感到卷得硬、结实，就是收获适期。如果是自用，在此之前收获也可以

把球稍微倾斜，用刀从贴地处割下收获

在进入寒冷的 12 月前后，把球的顶端捆扎一下，放在屋檐等处贮存即可

用报纸包起来也能长时间保存

Q 直筒形白菜的特征和用途是怎样的？

A 特征是呈直筒形，适用于炒菜和腌菜。

在中国北方吃得较多的蔬菜，多用于腌菜。听说腌的时间越长菜叶就越好吃。

另外，叶片含的水分比普通的白菜叶少，吃起来咯吱咯吱地，很适合用于炒菜。即便是加热后含水量也少，吃起来特别有嚼劲。

还有，它也像普通白菜那样结球，但卷得不那么紧，所以易一片一片地剥下来。另外，叶片还很长，卷上其他食物（如肉类）或者摞起来蒸着吃非常方便。又因为不易煮烂，制成火锅或炖菜等能充分地享受到其美味。

Q 开始结球时，有的植株发出一股恶臭味是什么原因？

A 是得了软腐病。需要提前防治。

长势很好的直筒形白菜在开始结球时，有的植株下部叶片的叶柄或地表面等处开始变黑腐烂，逐渐地结球歪倒，最后球的内部也会腐烂，发出一股恶臭味。

这是对白菜类来说最可怕的软腐病。因为一旦发病，就无法挽回了，所以必须要提前预防。

预防对策有：①避免连作。②不能播种过早。③尽量起高垄，提高排水能力。④一旦发现最初的发病株，就要立即除去，以防止向周围传染。⑤因为一旦受害虫为害，就易被感染发病，所以要彻底防治害虫。⑥选择早熟、耐软腐病的品种栽培等。

感染了软腐病的直筒形白菜

菠菜

Spinach

●苋科 / 原产地：西亚

含多种多样的矿物质、维生素，是具有超群的营养价值的绿黄色蔬菜。用热水焯一下拌凉菜很适合。

栽培月历　　　　　　　　　　　　　（月）

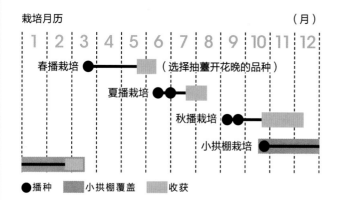

●播种　　■小拱棚覆盖　　■收获

栽培要点

◎ 耐寒性强，即使是 0℃也能进行生长发育，能耐 –10℃的低温。

◎ 不耐高温，20℃以上生长发育就会变差，夏季难以培育。

◎ 对土质的适应性广，从冲积地到火山灰土壤都能很好地生长发育，虽然对土壤水分不敏感，但是在蔬菜中是最不适应酸性土壤的，pH5.2 以下就几乎不能生长发育。

◎ 对长日照反应敏感，如果遇到长日照条件，就抽薹开花。要选择在长日照下不抽薹开花的品种栽培。

◎ 播种时，把播种沟的底部弄平，发芽会更齐。

◎ 市售品种的植株高度多为 25cm 左右，但是因为植株稍大的更香，所以如果是自家栽培的建议栽培植株稍大的品种。

推荐的品种

除当地的东洋品种外，还有西洋种、东洋与西洋杂交的品种，还有叶形、耐病性不同的品种。

强力壮（泷井种苗）：容易栽培，是植株扩张性好的秋冬收获的品种。叶大且肉厚、品质好。

所罗门（坂田种苗）：容易培育的受欢迎的品种。叶面的褶皱少，株形紧凑。

日本菠菜（坂田种苗）：耐寒、耐热性好，容易培育。根呈鲜红色，好吃。

早熟红柄菠菜（泷井种苗）：适合秋冬收获的红柄品种。涩味小，用热水焯一下适合用于拌凉菜，色彩鲜艳。

强力壮

所罗门

日本菠菜　　　　　早熟红柄菠菜

栽培方法

1 | 地块的准备

平均 1m²
堆肥 7~8 把

在地块上全面地撒施适量堆肥和石灰（参照 P158），然后耕翻至 20~30cm 深

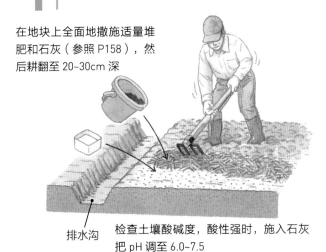

排水沟

检查土壤酸碱度，酸性强时，施入石灰把 pH 调至 6.0~7.5

> **成功的要点**
> 酸性土壤和排水不良是栽培菠菜的大敌。通过施入石灰调整土壤的酸碱度，在地块周围挖上排水沟，最大限度地搞好地块的排水。

沟播

在播种前 2 周施入肥料，肥料上面再覆上土，用锄头把沟底整平

平均 1m 沟长
复合肥　5 大匙

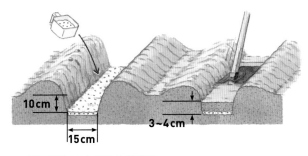

10cm
15cm
3~4cm

把播种沟的底部细心地整平

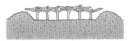

把播种沟的底部荡平并且确保覆土厚度均匀，发芽和生长发育就整齐

如果播种沟底部凹凸不平，覆土厚度不均匀，发芽和生长发育就不整齐

条播

在播种前约 2 周

平均 1m²
豆粕　5 大匙
复合肥　3 大匙

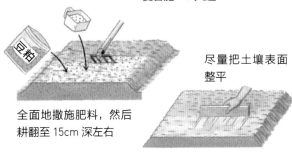

豆粕

全面地撒施肥料，然后耕翻至 15cm 深左右

尽量把土壤表面整平

2 | 播种

在播种前把整个沟洒一遍水

沟播

在边长为 2cm 的四方形内播 1 粒种子

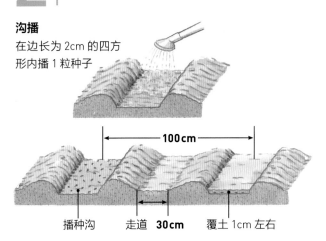

100cm

播种沟　　走道 **30cm**　　覆土 1cm 左右

条播

每隔 15cm，开宽 2cm、深 1cm 的播种沟，以 1.5~2cm 的间距播种

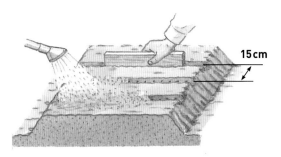

15cm

覆土 1cm 左右，然后浇足水

3 | 间苗、追肥

沟播

第 1 次
当长出 1~2 片真叶时，在拥挤的地方间苗，使间距为 3~4cm

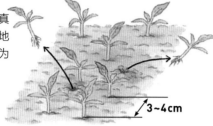

平均 1m 垄长
复合肥　5 大匙

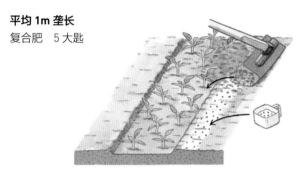

间苗后及时进行追肥。在垄的一侧撒施肥料，和土掺混均匀后，再向植株基部培土

第 2 次　当长出 3~4 片真叶时间苗，使间距为 5~6cm

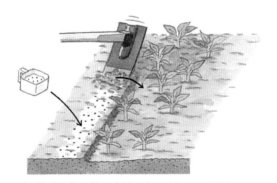

间苗后，在和第 1 次追肥相反的另一侧撒施等量的肥料，掺混后向植株基部培土

条播

按照沟播的生长情况进行 2 次间苗，并适时追肥

平均 1m²
复合肥　5 大匙

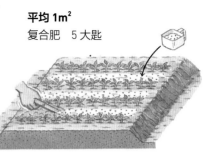

间苗后，在垄间追肥，并进行浅耕

4 | 防暑、防寒对策

防暑
用遮阴网覆盖

因为如果用网直接覆盖植株，害虫还能在叶上产卵，所以要撑成小拱棚式覆盖。条播时也同样

防寒
对策①
盖上网状覆盖材料

网状覆盖材料

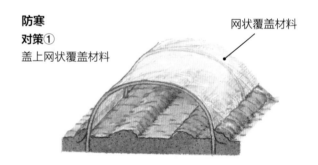

对策②
盖上带孔的塑料薄膜。各种覆盖材料都要把边用土压严实，防止被风吹跑

带孔的塑料薄膜

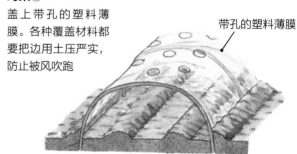

因为密封会造成徒长，所以需要适当通风换气

成功的
要点

因为菠菜耐寒性强，所以只需保温覆盖，即使是在严寒期也能生产出柔嫩优质的菠菜。

5 病虫害防治

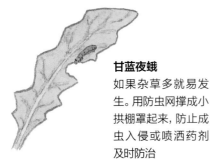

甘蓝夜蛾
如果杂草多就易发生。用防虫网撑成小拱棚罩起来，防止成虫入侵或喷洒药剂及时防治

霜霉病
栽植过密时容易发生。及时喷洒药剂进行防治

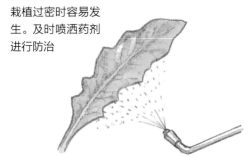

6 收获

当植株长到25cm时就是收获的适期，不过长到比这稍大时收获也可以

东洋种
从很早以前就已栽培，叶片上有深的缺刻，近地面的根为红色

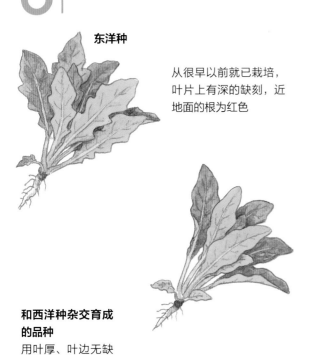

和西洋种杂交育成的品种
用叶厚、叶边无缺刻的西洋种杂交育成的品种

用遮雨棚栽培

发芽需要数天，初期的生长发育缓慢，所以要想提高当年的产量，可在大棚内育苗。

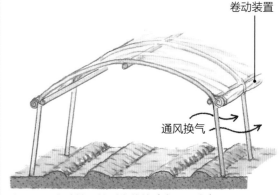

卷动装置

通风换气

也可用于寒冷地区的耐寒栽培（参照下文）

冬季的保温覆盖

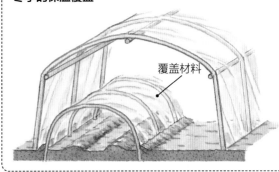

覆盖材料

菠菜的耐寒锻炼栽培

在冬季寒冷时，菠菜的维生素类和糖分增加，更好吃。另外，遇到强烈的寒冷时叶片皱缩，形成莲座叶丛状。

近年来的品种虽然不能简单地皱缩，但是一部分品种可形成有特点的形状。

另外，在日本东北地区，对大棚栽培的菠菜，在栽培过程中会有意放进温度低的空气进行耐寒锻炼栽培，也有的已进行产地化。

植株皱缩的菠菜

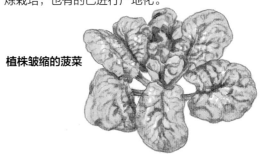

Q 如何使夏播栽培顺利进行？

A 首先要选择适宜的品种。

在一年中最难栽培的是夏播栽培。菠菜的生长发育适温为15~20℃，盛夏时太热，由于品种不同有的会过早开花。另外，高温之后的降雨也使病害增多。

品种选择的要点：6月播种时选和春播一样的开花晚的品种；7月播种时，要选择虽然开花但是耐热性强，到开花前容易生长发育的品种。

作为土壤的排水性、持水性的对策，要多施优质堆肥。要想顺利栽培，重要的是精心整理地块。另外，因为夏季土壤易干，要细心浇水（中午时不要浇水）。防止降雨的对策是撑高塑料小拱棚，预防病害的发生。

Q 发芽后，叶片变黄，不能正常生长的原因是什么？

A 土壤酸化是主要原因。

子叶展开，长出2~3片真叶时，生长发育停止、叶片变黄，大多数都是因为土壤酸化。

其他的蔬菜虽然多喜欢pH为5.5~6.5的酸性土壤，但是菠菜喜欢pH为6.0~7.5的中性土壤。如果出现这方面的障碍，就干脆中止栽培，在地块上撒施石灰，调整土壤的酸碱度，再重新播种。

施入苦土石灰时，平均1 m²用200g（对于弱酸性土壤）。因为如果是在将近播种之前施入，依然会发生这种情况，所以必须在半个月以前就施入，然后细致地耕翻。如果担心问荆蔓延地块等的土壤酸性问题，可用市售的酸度计等进行检测之后再采取对应措施。

酸度矫正，除用苦土石灰外，还可用熟石灰、生石灰等。总之要根据地块的状态，先测定土壤的酸碱度后再进行调整

Q 在叶片上形成角形病斑，然后叶片干枯是为什么？

A 是菠菜霜霉病，首先要选择耐病性的品种，再就是在发病时及时进行防治。

菠菜，因为容易发生霜霉病，所以栽培时要注意。感染霜霉病的初期，在植株下部的叶片上出现轮廓不明显的浅黄色或青白色的小斑点。这些叶片的背面，一定生有深紫灰色的霉。

症状进一步发展，会形成大的角形病斑，逐渐地整个植株皱缩，失去生机。

春季和秋季的气温在 10℃左右时，特别是湿度大、通风不良的地块易发生病害。

平时就要留心地块中的植株，及早发现、及时用对症的药剂进行防治，喷药时叶片的正、反面都要喷到。因为尤其是下雨后该病蔓延更快，这时更要注意加强防治。

在发病初期，因为只是一部分植株上的一部分叶片有症状，所以把这些叶片摘除后，以发生病害的植株为中心进行喷药防治。另外，将近收获时就不能再喷药了，所以要在生长发育中期进行预防和防治。

耐病性品种改良研究也在进行，因为已出现了一些耐病性强的品种，建议大家栽培时尽量选用这些耐病性的品种。

💡 确实如此专栏

菠菜的种子加工和种子带

菠菜的种子被坚硬的果皮包着，致使其吸水困难，有的吸水过度也难以发芽。于是就出现了使果皮变薄、变软，以提高种子的吸水性，使其大小均匀的经特殊处理的加工种子。处理后的种子比一般的种子发芽快并且整齐。生长发育也提前，发芽时出现的异常情况也少。

另外，因为菠菜一般发芽整齐度差，所以播种时要多播几粒种子，发芽后间苗，使生长发育一致，但是这样做又很费工夫。于是，将一定数量的种子以一定的间隔封入带中，把带子放置在地块中覆土，只使需要数量的种子发芽，完全地省去了间苗。因为带子吸收土壤水分后就会溶解，具有对植物的生长发育无任何影响的优点。

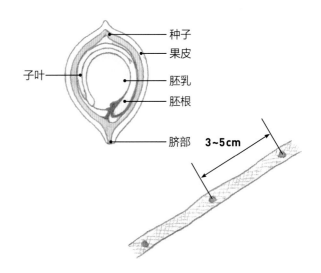

子叶　种子　果皮　胚乳　胚根　脐部　3~5cm

小松菜

Komatsuna

●十字花科 / 原产地：中国、日本

从芜菁中分化出来的腌菜的代表种，是有悠久历史的传统蔬菜。因在东京、小松川出产，所以在日本叫小松菜。营养丰富，适用于制作各种菜肴。

栽培月历 （月）

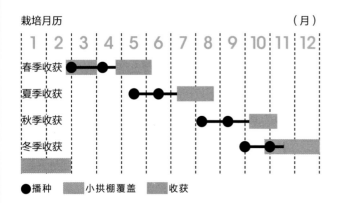

●播种　　小拱棚覆盖　　收获

春季收获
夏季收获
秋季收获
冬季收获

栽培要点

◎在叶菜类中是最耐寒、耐热的蔬菜，特别是在冬季青菜少的时期，能在比较短的时间内长成。

◎在冲积地稍黏的土壤中能生产出优良产品，不过适应的土质范围很广。

◎在生长发育天数上，春季、秋季播种的为 40~45d，夏季播种的为 20~30d，冬季播种的为 80~90d，几乎能周年栽培。

◎是不易出现连作障碍的蔬菜，很耐连作。

◎1 次种植不必得太多，可以错开时期，有计划地进行栽培。

◎因为生长期短，所以可与果菜类和葱类蔬菜进行间作、混作。

推荐的品种

从叶形上来分有圆叶和长叶类型，近年来喜欢圆叶并且色深的人变多了。

春秋万能（Tokita 种苗）：耐热性、耐寒性强，从春季到秋季都能栽培。直立生长，可缩小株距栽培。

菜菜美（泷井种苗）：收获期长，在圃性好。根伸展性好，即使是在高温期也能很好地生长。

浜续（坂田种苗）：具有适合从秋至冬种植的特性，在冬季用小拱棚也能生产出高品质的小松菜。

紫典（渡边农事）：红紫色，很适合做拌凉菜和暴腌咸菜。耐热性、耐寒性强，可周年栽培。

春秋万能　　　　　　菜菜美

浜续　　　　　　　　紫典

栽培方法

1 地块的准备

在播种前 1 个月，在地块中全面地撒施石灰和堆肥，然后耕翻至 15~20cm 深

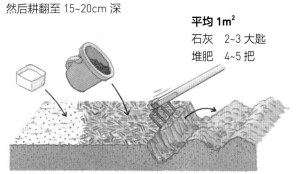

平均 1m²
石灰　2~3 大匙
堆肥　4~5 把

在播种前 2 周施入基肥

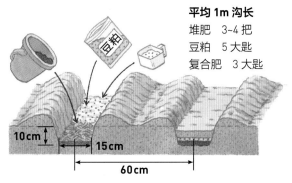

平均 1m 沟长
堆肥　3~4 把
豆粕　5 大匙
复合肥　3 大匙

10cm　15cm　60cm

成功的要点 因为生长期短，所以基肥要及早地施入，这样种子发芽后就能立即吸收到肥料。

2 播种

沟播

把沟底整平，全沟底撒播

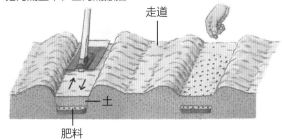

走道
土
肥料

覆上 4~5cm 厚的土，用锄头把沟底整平

播种后，覆土厚 1cm 左右，用锄头背面轻轻镇压一下

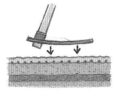

条播

全面地撒施基肥，然后耕翻至 15cm 深左右

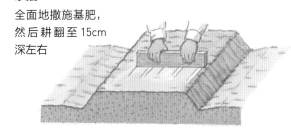

使中间稍微高起，细致地整地

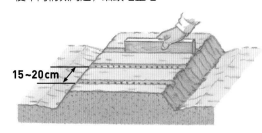

15~20cm

用木板造成宽 2cm、深 1cm 的沟后进行播种

3 间苗

3~4cm

第 1 次
当长出 1~2 片真叶时间苗，使株距为 3~4cm。间苗拔除的小菜，可作为间苗菜食用

第 2 次
当植株长到高 7~8cm 时间苗，使株距为 5~6cm

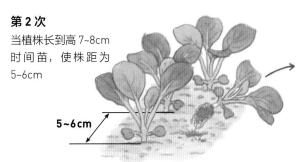

5~6cm

4 | 追肥

沟播　　　　　　**第 1 次**　　在第 1 次间苗之后
　　　　　　　　　　　　　　　　平均 1m 垄长
　　　　　　　　　　　　　　　　复合肥　2 大匙

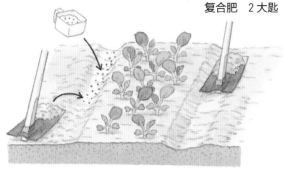

在行的两侧挖浅沟，施入肥料以后，用锄头疏松土壤，边中耕边向垄上培土。踩踏硬的走道也用锄头进行疏松

第 2 次　　在第 2 次间苗之后，施肥量和施用
　　　　　　方法同第 1 次

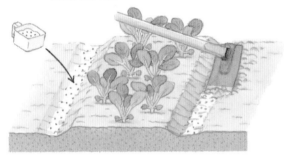

踩踏硬的走道也用锄头疏松

条播

第 1 次　平均 1 行
　　　　　　复合肥　0.5 大匙

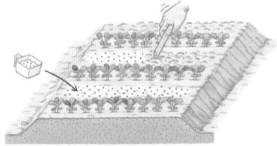

当长出 3~4 片真叶时，撒施到行间，和土掺混一下

第 2 次　平均 1 行
　　　　　　复合肥　0.5 大匙

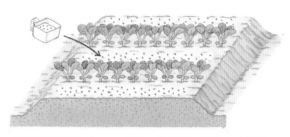

当植株长到高 10cm 左右时，参照第 1 次的方法施肥

5 | 病虫害防治

对整个植株喷洒药剂

白锈病、炭疽病、菜青虫、蚜虫等易发生。特别是在摘取部分叶片后的长期培育中，带病菌的土易迸溅到下部叶片上，所以喷药时不要忘记了喷洒这些叶片

6 | 防寒对策

小拱棚

中午时及时进行换气，使白天温度不要超过 30℃

如果顶部揭不开时，可在顶部的塑料薄膜上开直径为 5cm 的孔

若塑料薄膜的顶部能打开、关闭，中午时打开进行换气

底边用土压紧压严，不要被风吹跑

全部盖上覆盖材料

可用长纤维或中纤维的无纺布等覆盖材料，直接盖到垄上
因为它能促进低温期的发芽和生长发育，还有防止冻害的效
果，可全年利用

立上小竹枝

（12月~第2年2月）
在走道上立上分枝多的
小竹枝，可以防霜冻和
防风

成功的
要 点　在冬季很冷的地方，只要采取简单的防霜冻对策，蔬菜品质
　　　就会大大提高。

7 | 收获

直接用手拔除就可收获（一次性收获）

当植株长到高20cm左右
时，就可依次拔出收获

连根拔出收获，带着根可
保持整株的新鲜度，在吃
之前把根切掉

割取收获（可多次收获）

随着叶片的展开，可依次
地摘取外叶。若6月播种，
可从7月下旬收获至第2
年的3月，收获期长所以
是很方便的蔬菜

小松菜的100d收获

我家种的品种是夏青，在
6月中旬播上小松菜种子。盛夏
过后，可连续收获100d。只用
2m的垄，可为喜欢蔬菜的一家
两口，每周提供2~3次刚收获
的美味。

要点是摘叶收获。把外侧
的大叶片适当地保留，适时摘
取中间柔嫩肉厚的叶片是很重
要的。在相邻的地块后茬也可
以播上，但是到10月中旬前摘
取叶片是主要的收获方式，味
道新鲜美味。

摘取中间
的叶片

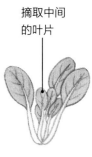

Q 在一年中什么时候都能播种吗?

A 在温暖地区,选择适宜的品种,在冬季采取防寒可以周年播种。

在日本关东地区,小松菜是消费量很大的叶菜类蔬菜。耐寒性、耐热性强,因为容易栽培,即使是初次种菜也能容易栽培。夏播 25d 左右,冬季 90d 左右就能收获,是生长发育期很短的蔬菜,这也是它的一大特点。

最容易培育的以冬季播种的为主,但是除去夏季最热的时候外,几乎一年中什么时候都能播种。

小松菜也有许多品种。一般栽培的是圆叶品种,但是要收获品质好的小松菜,就需要结合播种时期选择适宜的品种。特别是在易抽薹开花的春季,要选择抽薹开花晚的品种。

另外,虽然说小松菜较耐寒,但是在冬季很冷的地方也不能发芽,在一般的地方发芽和生长也会推迟,所以要采取防寒对策。另外,如果中午忘记换气就会软弱受害、叶色变浅,所以一定要注意。

像"新潟小松菜"和"信夫菜"等,因为在日本各地有固定的耐寒性强的种类,不妨试种一下。

Q 在一个地块中,一年能种多茬吗?

A 一年中可种 2~3 茬,和非十字花科蔬菜进行轮作。

小松菜和甘蓝、葱等一起较耐连作。在正宗的产地东京长年进行连续种植,几乎进行着专种经营,但是这是因为进行着细心地土壤管理,还根据情况进行严格的土壤消毒,所以在家庭菜园中自然就有限制。

在家庭菜园中 1 年可种植 2~3 茬,以和非十字花科的蔬菜进行轮作为宜。

夏季,若在下部叶片的一侧出现黄化,生长发育缓慢,出现了黄萎病等,选择耐病性品种就可避免。

樱花虾炒小松菜

材料（4 人份）

小松菜···300g	酱油···1 大匙
大葱···0.5 根	黑胡椒···少量
樱花虾···20g	色拉油···2 大匙
白酒···2 大匙	

做法

1 把小松菜的根切掉，然后切成 4cm 长的小段。

2 把大葱切成 4cm 长的小段，然后切成细丝。

3 打开火，在炒锅中放适量色拉油，把樱花虾快速翻炒一下，加入小松菜大葱后用大火炒。把小松菜炒到柔软发蔫时旋转式地加入白酒。

4 炒到菜汁没有了时，旋转式加入酱油，再炒。炒好后盛到盘中，撒上少量的黑胡椒。

小松菜和炸豆腐炖菜

材料（4 人份）

小松菜···300g		汤汁···2 杯
炸豆腐···2 片	**A**	酒、淡酱油···各 2 大匙
小银鱼···20g		盐···0.25 小匙

做法

1 把小松菜的根切除，然后切成 4cm 长的小段。

2 用热开水煮一下油炸豆腐去掉油，然后再控干水分。在加热的锅中放入上面的炸豆腐，把两面稍煎一下，分成 4 等份。

3 把 **A** 放入锅中，打开火。待热了后就加入炸豆腐、小银鱼 2~3min。再加入小松菜，再煮 2~3min，盛入大碗中。

茼蒿

Garland chrysanthemum

●菊科 / 原产地：地中海沿岸地区

有独特的香味，是很受欢迎的叶菜类蔬菜。容易培育，因为掐着吃可长时间收获，家庭菜园种很合适。

栽培月历　　　　　　　　　　（月）

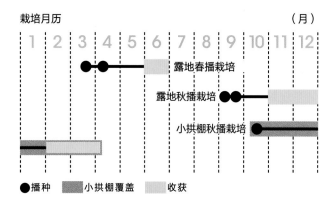

●播种　　▨小拱棚覆盖　　▨收获

栽培要点

◎喜欢冷凉的气候，生长发育适温为 15~20℃，温度适应范围广，做好简单的防暑、防寒措施就能周年栽培。

◎因为种子一般发芽率低，所以播种时每个穴内要多播几粒。长出后，再细心间苗。

◎耐旱，最好选用保水性好的土壤栽培。

◎高温、长日照条件下易抽薹、开花，所以 5~8 月的栽培很难。促进生长发育，在抽薹、开花之前进行收获，加强水、肥管理，加快生长是很重要的。

◎冬季用塑料薄膜或无纺布等的小拱棚栽培进行防寒，能收获优质的茼蒿。

推荐的品种

根据叶片的大小大致分为大叶种、中叶种、小叶种。中叶种比较受欢迎。

中叶春菊（泷井种苗）：侧枝多，适合掐着收获。叶肉厚、柔嫩且香味浓郁。

菊靡（坂田种苗）：植株呈扩张型的中大叶种。茼蒿特有的香味温和，适合拌凉菜用。

菊之助（泷井种苗）：在日本西部被称为奥多福茼蒿，为缺刻小的圆叶系。也能生吃。

棒状茼蒿（武藏野种苗园）：叶小，呈新鲜的绿色。可做成凉拌菜或天妇罗。

中叶春菊

菊之助

棒状茼蒿

菊靡

166

栽培方法

1 | 地块的准备

前茬收拾完后，在地面上全面地撒施石灰，然后耕翻至15~20cm深

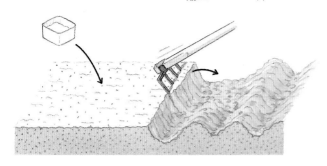

沟播

在播种前2周施肥

平均1m沟长
堆肥　5~6把
豆粕　3大匙
复合肥　2大匙

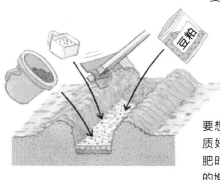

要想长时间收获品质好的茼蒿，施基肥时就要多施优质的堆肥

因为种子不易发齐芽，所以施入基肥并覆土后，用锄头前后荡一下整平

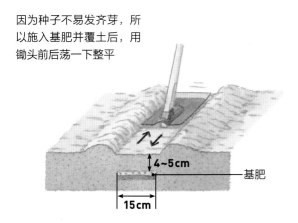

4~5cm

基肥

15cm

条播

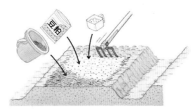

平均1m²
堆肥　0.5塑料桶
豆粕　5大匙
复合肥　3大匙

全面施肥料，耕翻

2 | 播种

沟播

以2~3cm的间距播种，覆土稍厚一些

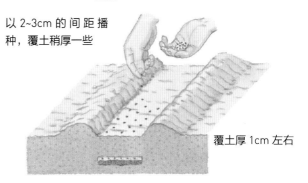

覆土厚1cm左右

覆土后用锄头稍镇压一下

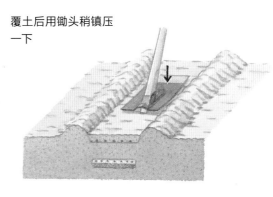

条播

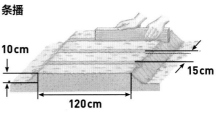

10cm

15cm

120cm

用木板等制作7~8mm深的沟，在沟内播种

成功的要点

要想掐着吃，就选芽多、植株扩张系列的中叶种。因为种子发芽率较低，所以要细心地多播一些种子。

167

3 | 间苗

沟播

条播时也可以仿照沟播操作

第 1 次

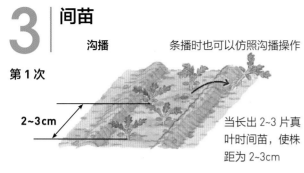

2~3cm

当长出 2~3 片真叶时间苗，使株距为 2~3cm

第 2 次

当长出 7~8 片叶时间苗，使株距为 5~6cm。如果掐着收获，株高 15cm 时就可收获

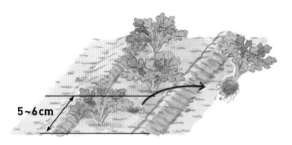

5~6cm

4 | 追肥

沟播

第 1 次

第 1 次间苗后在垄的一侧施肥，然后培土

平均 1m 垄长
豆粕　3 大匙
复合肥　2 大匙

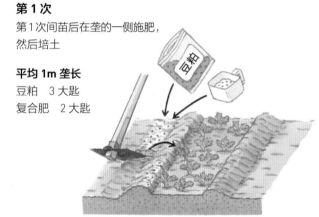

第 2 次

在第 2 次间苗后，在和第 1 次相对的另一侧施肥，然后向垄上培土

平均 1m 垄长
豆粕　3 大匙
复合肥　2 大匙

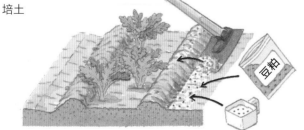

条播

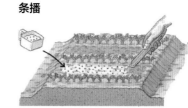

第 1 次

在第 1 次间苗后

平均 1m²
复合肥　5 大匙

在行间撒上肥料，用竹片等工具和土掺混一下

第 2 次

在第 2 次间苗后，在行间撒和第 1 次一样的量，和土掺混一下

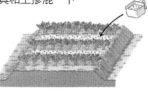

5 | 保温

塑料小拱棚　　　　　　　　　换气孔

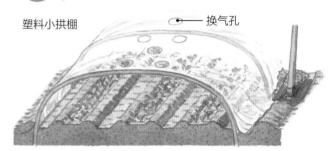

下面的边用土压实

6 | 收获

拔除收获

掐取收获　　　　　　　　　长出的腋芽

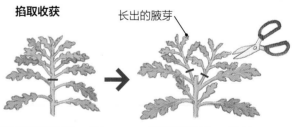

当主茎长到 15cm 高时掐取

芽伸展到 15cm 长时掐取

成功的要点　　要想长时间地收获，建议在掐了主茎后，再收获伸展出来的芽。为了促使优质的芽生长，在收获中期也可持续追肥。

播种沟的底部如果凹凸不平，播种的深度深浅不一，盖多少土发芽也不会整齐。用锄头把土块敲碎，细心地把沟底整平。如果干旱，在播种前用喷壶浇水。这样播种沟的底部就整平了。

均匀地播种，然后在种子上覆厚 1cm 左右的土。熟练的人可用锄头，不熟练的人用手覆土。覆土后用锄头背面轻轻镇压一下，使土壤的缝隙不要太大。在排水差的地块条播，在地块周围做好排水。

也可以自己采种进行栽培。但是，如果采种后接着播种，就会造成发芽不好，所以要将上一年的种子贮存后进行播种。

Q 发芽不整齐怎么办？

A 细心整平播种沟，播种后的覆土厚度也要均匀。

Q 如何巧妙地掐取收获？

A 加宽株距，掐取的位置也稍高。

多次掐取收获时，在植株长大后摘取顶端的芽利用。如果从植株基部掐取，以后再发出来的芽就少了，所以先看基部芽发出的情况，把地上部分留下 15cm 是很重要的。

因为芽的发出根据品种不同而有差异，所以要选用中叶春菊等容易发芽的品种。

冬季可采取撑上塑料小拱棚，或种植在箱式花盆中并放到屋檐下等防寒措施，到春季以前都能尽情地享受收获的喜悦。

 确实如此专栏

扩张型的品种适合掐取收获

茼蒿中，有茎容易伸展的适合掐取收获的直立型和易从植株基部长出侧枝的扩张型品种。在日本关西地区栽培较多的是扩张型品种，叶柄柔嫩、叶厚，保存时间长是其特征。因为即使是掐取顶端也难以长出芽，所以植株长到高 20cm 左右时，从植株基部掐取收获。

叶柔嫩、有香味的"菊次郎"（泷井种苗），是从植株基部发出很多侧枝的扩张型品种

大芥

Leaf mustard

●十字花科 / 原产地：中亚、中国

以日本九州为主产地的代表腌菜。把刚开始抽薹的大芥腌成咸菜，可尽情地享受到特有的辣味和香味。也叫高菜。

栽培月历 （月）

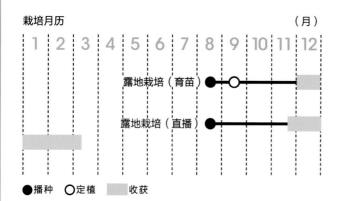

●播种　○定植　收获

栽培要点

◎从很早以前就在日本九州栽培的腌菜。叶片有辣味。

◎要想从冬季开始栽培早春收获的大株，就先育苗再定植到地块里。要收获春播、秋播的小株，也可直播。

◎虽然幼苗期时耐热性、耐寒性强，但是因为长大之后耐寒性就变弱了，所以在霜冻严重的地区，冬季时要盖上保温材料。

◎要想收获优质的叶片，就要多施优质堆肥，不缺肥才能培育成大株。

◎对传播病毒的蚜虫，要及早发现、及时防治。

◎年内收获的要整个植株一起收获。越冬后，若在春季收获，就可掐叶收获，长时间地享受到美味。

推荐的品种

大芥类除市售的品种外，还有三池大芥、鲣鱼菜、紫大芥等地方特有的地方品种。

三池大叶皱褶大芥（泷井种苗）：作为大芥腌菜被广泛使用的代表品种。叶片呈皱褶状，叶肉厚。

红大叶大芥（泷井种苗）：叶片宽大有皱褶的红紫色大型品种。茎、叶均肉质厚且柔嫩、香味也好。

粗茎鲣鱼菜（Tohokuseed）：因为有类似鲣鱼的味道而得名。在日本福冈博多周围，是正月做杂煮时不可缺少的材料。

柳川青大芥（中原育种场）：叶柄白且粗，有较大的深绿色叶片。有辣味，适合做成腌菜。

三池大叶皱褶大芥

红大叶大芥

粗茎鲣鱼菜

柳川青大芥

栽培方法

1 育苗

塑料钵育苗

因为种子很小，所以细致地覆土厚 2mm 左右

用 3 号塑料钵，每个钵内播 5~6 粒种子

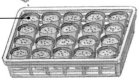

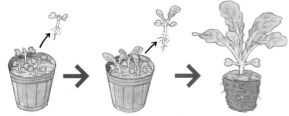

发齐芽时间苗，留下 3 株培育

待长出 2 片真叶时间苗，留下 1 株培育

长出 5~6 片真叶时，育苗完成

穴盘育苗

均匀地覆土厚 3~4mm

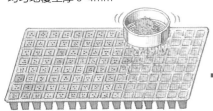

用 128 穴的穴盘更容易培育。1 个穴中播 3~4 粒种子，对长势稍差的依次间苗，当长出 2 片真叶时，留下 1 株培育

长出 3~4 片真叶时，育苗完成

2 地块的准备

前茬栽培一结束，就尽快收拾完，撒上石灰，然后耕翻至 20cm 深

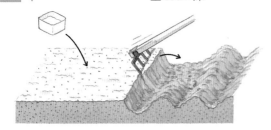

定植前约 2 周

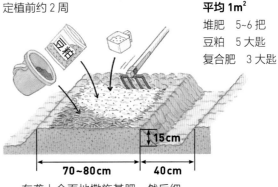

平均 1m²

堆肥　5~6 把

豆粕　5 大匙

复合肥　3 大匙

在垄上全面地撒施基肥，然后细致地耕翻至 15~18cm 深

> **成功的要点**　充分施足优质堆肥和有机肥料，培育叶大且肉厚的大株。

3 定植

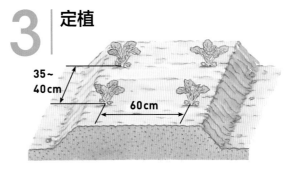

在施的基肥上覆土，再开深 5cm 的沟

平均 1m 垄长

堆肥　7~8 把

豆粕　5 大匙

复合肥　3 大匙

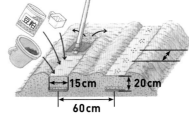

15~40cm

收获小株可播得密一些，收获大株时就要播得稀疏一些

每处播 5~6 粒种子，覆厚 1~1.5cm 的土

随着生长发育逐渐间苗，最后留下 1 株培育

间苗时拔除的苗，可用于制作腌菜、炖菜

4 | 追肥

第1次
在真叶长出 7~8 片时

平均 1 株
豆粕 2 大匙
复合肥 1 大匙

把肥料撒到植株周围，然后翻土

第2次
长出 10 片真叶时

平均 1 株
豆粕 2 大匙
复合肥 2 大匙

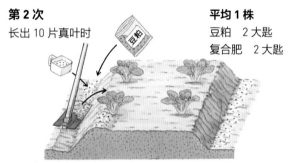

把肥料施到垄的两侧，连土向垄肩上培土

第3次及以后 每隔 15~20d 施 1 次肥料，施和第 2 次相同的量

5 | 防寒对策

覆盖材料

无纺布

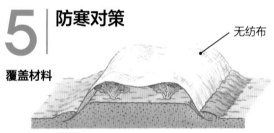

塑料小拱棚
中午温度不要超过 30℃，要及时换气

小拱棚要撑得稍高一些，不要与叶片接触

插上防寒小竹枝
插在北侧防寒、防风，不要遮挡南边的阳光

> **成功的要点** 在日本九州栽培得较多，若是比这寒冷的地区，在进入 12 月后简单防寒即可。

6 | 病虫害防治

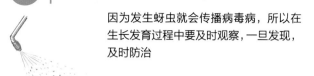

因为发生蚜虫就会传播病毒病，所以在生长发育过程中要及时观察，一旦发现，及时防治

在苗床上做好覆盖很有效

7 | 收获

整株收获

当植株长到高 20cm 左右时，拔除收获

当植株长到高 30cm，植株扩张较大、叶变厚时，割取收获

掐叶收获

大叶多肉系
当叶片充分膨大后，从外侧的叶片依次掐取收获

3 月就抽薹的品种，其叶片、长粗的薹的味道都很好

蕾

薹

> **成功的要点** 年内收获的可全株收获，过了年的可掐叶收获。对于抽薹开花的，连薹一起收获利用。

Q 到春季时抽薹了，还能吃吗？

A 因为薹也很好吃，一起收获利用即可。

冬季时形成花芽，春季暖和了之后，随着白天日照时间变长就容易抽薹。大芥的薹有独特的风味，很好吃，建议不要扔掉。

大多数的叶菜类抽薹后，茎就变细伸长，接着就开花，品质变差。但是大芥的薹从外到里都很柔嫩，辣味适中、味道很好。

薹稍微伸长的时候，连几片叶一块儿割下来吃。和只是吃叶片相比，能品尝到格外不同的美味。

Q 如何巧妙地利用大芥？

A 虽然主要是用于制作腌菜，但是也可以制作煮菜或汤菜。

推荐用又宽又厚、柔嫩、肉质、有辣味的大芥叶片制作腌菜。

把长成大株的叶片，从外侧开始掐取收获，做成腌菜利用。举一个例子，把叶片展开，放在太阳下晾晒，当缩水 30% 时加入盐初步腌制，等叶片不再出水了就加入盐和红辣椒进一步腌制，到早春时就可随时取食。

大芥到早春时就开始抽薹了，但是大芥的薹的味道很好（参照上边），能连叶一起食用。

用大芥制作腌菜
放在太阳下晾晒，缩水 30% 时初步腌制，再进一步腌制

瘤状大芥

Chinese mustard

●十字花科 / 原产地：中亚、中国

叶片内侧的茎部发达形成瘤状突起的大芥。瘤状周围的嫩叶和半结球中心部的叶片可以利用。

栽培月历 （月）

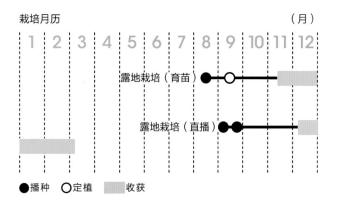

●播种 ○定植 收获

栽培要点

◎ 和大芥一样同属芥菜类。叶片常绿多肉，内侧发达形成瘤状的突起。特别是瘤状的部分和中心部柔嫩，味道很好，连同瘤状周围的嫩叶一起制作腌菜、炒菜等。

◎ 耐热性、耐寒性都很强，栽培比较省心。株距留得稍微大一些，及早培育成大株。

◎ 间苗时拔除的嫩叶菜可作为凉拌菜或味噌汤的材料。

◎ 将近收获时，及时观察瘤的膨大状况，不要收获晚了。

推荐的品种

没有品种的分化，只有少数品种栽培。

瘤状大芥（中原育种场）：间苗拔除的菜可用作暴腌咸菜，到收获时收获的菜和一般的大芥一样，最适合制作腌菜。特别是突起的瘤很美味。

瘤状大芥

食用方法

把叶片洗干净，晾晒半天左右，撒上盐，把鹰爪椒、海带等一起放入容器，在盖子上压上重物放到阴暗的冷凉处保存。约1周后，叶片中的水出来后，就能吃了。

栽培方法

1 | 育苗

在 3 号塑料钵内播 4~5 粒种子，依次间苗至最后留下 1 株培育

当长出 3~4 片真叶时，育苗完成

2 | 地块的准备

平均1m沟长
堆肥　7~8 把
豆粕　4 大匙
复合肥　4 大匙

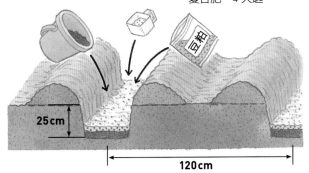

25cm

120cm

在定植前 2 周，挖沟并施入基肥。把土再填回，再起宽 80cm、高 5~10cm 的垄

> **成功的要点**
> 要想培育优质、个大的瘤，在施基肥时就要多施优质堆肥，从生长前期就使植株生长旺盛是很重要的。

3 | 定植

定植时把株距留得稍大一些，可培育成大株

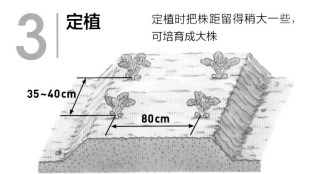

35~40cm

80cm

若采用直播，在 1 个穴内播 4~5 粒种子，穴与穴的间隔为 20cm，逐渐间苗、收获，最后使株距为 35~40cm

4 | 追肥

第 1 次
当植株长出 7~8 片真叶时

平均1株
复合肥　0.5 大匙

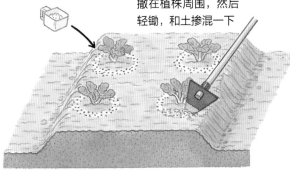

撒在植株周围，然后轻锄，和土掺混一下

第 2 次
当叶片开始重叠的时候，在垄的两侧追肥，把走道的土用锄头耕翻一下，并向垄肩上培土

平均1株
复合肥　0.5 大匙
豆粕　2 大匙

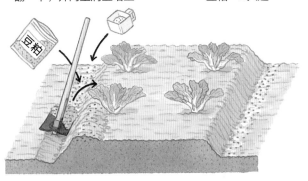

5 | 收获

植株长大、叶片内侧的瘤长大的时候就是收获适期，此时瘤的直径一般为 2~3cm、长度为 4~6cm

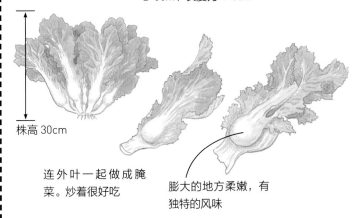

株高 30cm

连外叶一起做成腌菜。炒着很好吃

膨大的地方柔嫩，有独特的风味

> **成功的要点**
> 及时观察叶片内侧瘤的膨大状态，如果膨大了就及时收获。也可先收获 1 株尝一下味道，再判断是否是收获适期。

水菜

Pot herbmus（Kyona）

●十字花科 / 原产地：日本

只在日本有栽培的腌菜。吃起来爽口，作为凉拌菜很受欢迎。是做京都菜不可缺少的材料。

栽培月历 （月）

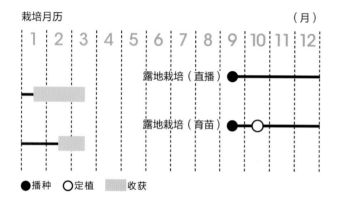

|1|2|3|4|5|6|7|8|9|10|11|12|

露地栽培（直播）

露地栽培（育苗）

●播种　○定植　▨收获

栽培要点

◎别名叫"京菜"，喜水。

◎叶细，从根上发出的叶片数量可达600~1000片，所以要选择水分充足并且肥沃的地块栽培。

◎为了培育数量多且优质的叶片，就要多施优质堆肥，不能缺肥。

◎制作凉拌菜用的小株，栽培期短，无须严格的条件，对土壤适应性很广。

◎要注意对小菜蛾、蚜虫等的防治。

◎因为易感染病毒病，所以要加强预防。

◎初期生长发育缓慢，可以和其他植物进行间作。

◎圆叶的"壬生菜"也可以用同样的方法培育。

推荐的品种

栽培起源于日本京都，作为地方品种一直维持着栽培。因为栽培历史悠久，出现了叶形、叶数、品质、抽薹性等不同的各种系统类别。

京霓水菜（泷井种苗）：适合收获小株，是能周年栽培的早熟品种。用途广泛，可用于拌凉菜、做火锅等。

白茎千筋京水菜（泷井种苗）：适合收获大株的中熟品种。叶轴为白色，叶片为绿色。适合涮火锅或腌制咸菜。

红法师水菜（泷井种苗）：做凉拌菜很受欢迎的红紫色水菜。吃起来爽口，用热水焯一下也不怎么掉色。

京霓水菜

白茎千筋京水菜

红法师水菜

栽培方法

1 育苗

穴盘育苗

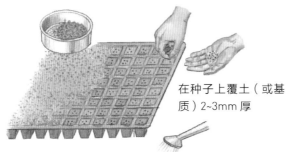

用 128 穴的穴盘，1 个穴内播 3~4 粒种子

在种子上覆土（或基质）2~3mm 厚

干了时就及时浇水

到发出芽前盖报纸保湿

间苗

真叶开始长出来时间苗，留下 2~3 株培育

长出 2 片真叶时间苗，留下 1 株培育

长出 4~5 片真叶时，育苗完成

塑料钵育苗

在 3 号塑料钵内播 4~5 粒种子，覆 4~5mm 厚的土（或基质）

在发出芽之前用报纸盖着

把塑料钵放入塑料筐内，便于挪动管理

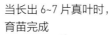

随着生长发育间苗，留下 1 株培育

当长出 6~7 片真叶时，育苗完成

2 地块的准备

平均 1m²

堆肥　5~6 把
豆粕　4 大匙
复合肥　2 大匙

在播种前 2 周施入优质堆肥和复合肥，然后深翻至 30~35cm 深

> 成功的要点　尽量选择冲积地、土壤水分多的地块，提前施肥并耕好地。

将近定植时，在垄上全面地撒施基肥，耕翻至 15~18cm 深

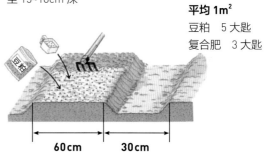

平均 1m²

豆粕　5 大匙
复合肥　3 大匙

60cm　30cm

3 定植

收获小株

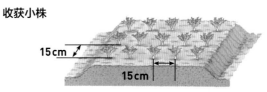

15cm

15cm

收获大株

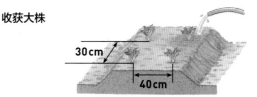

30cm

40cm

定植后，在植株周围浇足水

冬季收获

在寒冷地区铺上地膜很有效

定植穴　塑料地膜

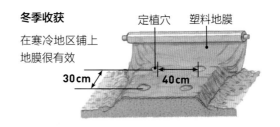

30cm　40cm

177

直播

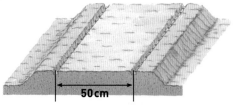

开2cm宽的播种沟，以1cm的间距进行播种，覆土1~2cm厚。随着生长发育间苗，最终使株距为5~6cm

4 追肥

收获小株

当株高15cm时，以及半个月后，在植株与植株之间撒上肥料，用工具轻轻地和土掺混一下

第1次
平均 1m²
复合肥
3 大匙

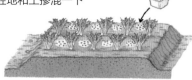

第2次
平均 1m²
复合肥
3 大匙

收获大株
当株高15cm时，在植株周围撒上肥料，用工具轻轻地和土掺混一下

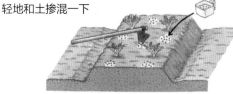

第1次
平均 1m²
复合肥
1 大匙

当叶片开始重叠的时候，在垄的两侧追肥，把走道的土疏松一下，然后向垄上培土

第2次
平均 1m²
复合肥　1 大匙（密植栽培的为 0.5 大匙）

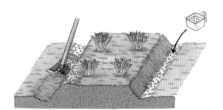

5 虫害防治

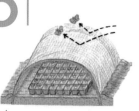

主要的害虫是有翅蚜虫、小菜蛾、甘蓝夜蛾

用防虫网等材料覆盖苗床或地块，或用杀虫剂喷雾防治

> **成功的要点** 因为十字花科蔬菜易受甘蓝夜蛾和小菜蛾、甜菜夜蛾等害虫的为害，所以应及时观察、及时防治。水菜也易染病毒病，所以还要密切注意对蚜虫的防治。

6 防寒、保温

使用覆盖材料
如果盖上 2 层，效果更好

如果是收获小株，一定要进行覆盖栽培。若要收获大株，下霜后味道会更好

7 收获、利用

把植株拢一下从基部剪取

小株的收获
趁嫩时收获，或者只掐取叶片收获，用作拌凉菜或菜肴的装饰品，把植株拢一下用剪刀等从植株基部剪取收获

大株的收获
植株长大后，依次从植株基部割下收获

少盐轻腌　　涮火锅

水菜，是从古代就在日本京都的东寺九条周围栽培的腌菜，在京都栽培时不使用肥料，只靠水和地力，所以被称为水菜。另外，因为在其他地方栽培的是从京都传过去的，所以被叫作京菜。因此，水菜和京菜是同一种东西。

壬生菜是水菜的一种（变种），在京都壬生附近，发现了叶片边缘不向里凹陷的品种，并从这附近流行起来了，所以被叫作壬生菜。

壬生菜和水菜叶形不同，水菜色深，其根比水菜的根小，具有水菜没有的香味等。

Q 水菜和京菜、壬生菜有什么不同？

A 京菜和水菜是同种，壬生菜是变种。

叶片呈刮刀状，
边缘没有缺刻的
壬生菜"京锦"
（泷井种苗）

Q 大株和小株的培育方法有什么不同？

A 大株要稀植，小株可密植。

育苗方法都是一样的，用 128 穴的穴盘育苗就行。

培育大株时，可培育成有 1000 片叶左右的大株，所以栽培时开条状的沟，作为基肥施优质堆肥、豆粕、复合肥。按垄宽为 80cm、株距为 40cm 进行稀植。

培育小株时，培育成有 20~30 片叶的小株，要在全面撒施肥料后进行耕翻，垄宽 80cm 左右，以 15cm×15cm 的间距进行定植。

另外，栽培小株时，在地块中开沟，进行直播，在间苗的同时进行培育。要根据生长发育情况从生长拥挤的地方依次间苗，遵循这样的程序是很重要的。

芥菜

Chinese mustard

●十字花科 / 原产地：中亚、中国

和大芥同类，叶片很细，直接食用会有股很强的辣味。辣味成分是芥子苷，种子是做芥末粉的原料。

栽培月历 （月）

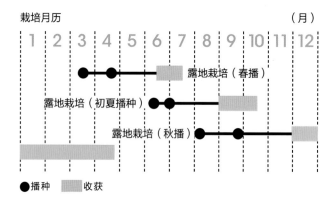

| | 1 | 2 | 3 | 4 | 5 | 6 | 7 | 8 | 9 | 10 | 11 | 12 |

露地栽培（春播）
露地栽培（初夏播种）
露地栽培（秋播）

● 播种　　收获

栽培要点

◎叶片窄，叶边缺刻多。

◎与大芥类相比植株为小型，植株上有毛茸（叶表面的细毛）是其特征。

◎耐寒性强，也比较耐热，适宜种植的时期比大芥要长。

◎因为生育期短，可作为果菜类的前后作或间作植物，在轮作方面也能灵活运用。

◎植株高度达20cm以上就可以收获。从趁嫩时收获的叶片到开始抽薹开花时的大株都能食用。

◎若为趁叶片柔嫩时收获的栽培可密植，收获大株的栽培经过间苗最终要稀植培育。

推荐的品种

有叶芥菜、黄芥菜、山盐菜等多个品种群。

雪里峰（坂田种苗）：属芥菜类，即使是在植株长大后，叶片也很柔嫩，可长时间地享受到收获的乐趣。

绿褶边芥菜（Tokita 种苗）：叶片边缘有细密的缺刻，凹陷深。做凉拌菜时可用作调料。

里亚斯芥菜（渡边育种场）：叶色为鲜艳的绿色。和水菜一样口感爽脆。

珊瑚礁芥菜（泷井种苗）：带有鲜艳的红紫色，截形叶类型。香味、辣味适中。

雪里峰

绿褶边芥菜

里亚斯芥菜

珊瑚礁芥菜

栽培方法

1 | 地块的准备

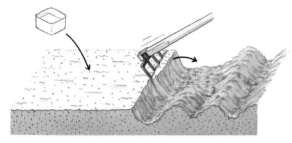

前茬一结束，尽快收拾清理好后，全面地撒施石灰，进行耕翻

在播种前2周，开15cm宽的播种沟，施入基肥

平均1m沟长
堆肥　5~6把
复合肥　2大匙

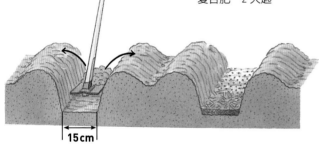

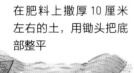

在肥料上撒厚10厘米左右的土，用锄头把底部整平

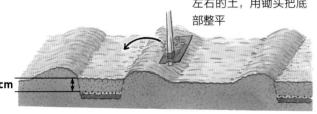

> 成功的要点　因为芥菜的种子很小，所以要把播种沟的底部整平，使发芽整齐一致。

2 | 播种

在沟底以2cm的间隔播种，可播到沟边

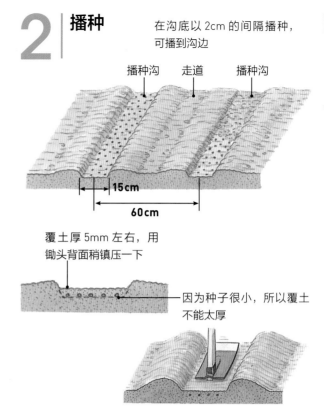

播种沟　走道　播种沟

15cm
60cm

覆土厚5mm左右，用锄头背面稍镇压一下

因为种子很小，所以覆土不能太厚

3 | 间苗

第1次
植株生长，当长出2~3片真叶时间苗

间苗，使间距为5~6cm

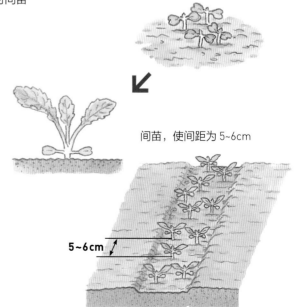

5~6cm

第 2 次

当长出 5~6 片真叶时，进行第 2 次间苗

趁嫩时收获

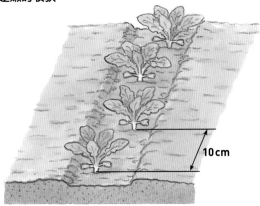

间苗，使间距为 10cm，密植
培育

收获大株

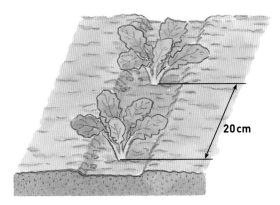

间苗，加大株距至 20cm，培
育成大株

成功的
要 点

趁嫩时收获的要密植，收获大株的栽培要稍稀疏一些，依次
间苗调整至最后的株距。

---

4 追肥

平均 1m 沟长

复合肥　2 大匙

第 1 次

当长出 5~6 片真叶时

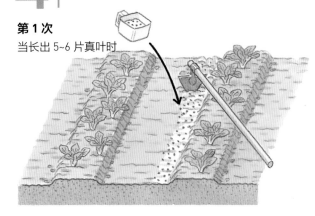

在垄的两侧撒上肥料后锄一下，和土掺混

第 2 次

株高 10~12cm

平均 1m 沟长

复合肥　3 大匙

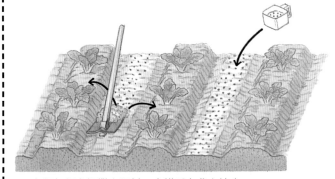

在行与行之间撒上肥料，中耕后向垄上培土

5 收获

当植株长到高 20cm 以上时，就
可收获。春季收获的是 20~25cm
的大株，吃起来美味可口

因为春季播种时易抽
薹，在开始抽薹时就
全部收获

成功的
要 点

从嫩叶到开始抽薹的菜都能利用。有辣味、口感好的还是春
季的大株。

Q 秋季播种、春季播种哪一种好？

A 寒冷地区采用春播，温暖地区采用秋播。

芥菜比较耐低温，生长发育期短，播种适期也很广。但是在寒冷地区易受冬季低温影响，造成生长发育不良，所以原则上以春播为主。在温暖地区采用秋播，是因为从冬季到春季时收获更好，所以温暖地区原则上采用秋播。

不过，若温暖地区在早春实行保温栽培，在夏季炎热到来之前就能收获。夏季采取防暑对策进行播种，也可以巧妙地加入对地块轮作中。可以试着调整各种茬口，探索一下长时间收获的方法。

Q 芥菜和大芥有什么不同？

A 中型以下称为芥菜类，大型的称为大芥类。

芥菜和大芥都是从中国传过去的。芥菜主要在关东、北陆以北的东日本栽培，不仅作为蔬菜，还被大量用作芥末粉。另一方面，大芥主要在西日本栽培，特别是在九州地区很多，主要用于腌菜。

二者都有辣味，在日本中型以下称为芥菜类，大型的称为大芥类。

芥菜类相互之间容易杂交，在日本各地出现了各种各样的新品种，用芥菜制作的腌菜在日本人的副食中占有的地位越来越高。

大芥类的植株大，叶片宽大，叶柄粗，横断面切口呈新月形的弯曲，作为腌菜口感很好。也叫高菜。长崎大芥、三池大芥、鲣鱼菜等都很有名。

因为芥菜类中以小型品种居多，所以收获时整株拔除一起收获进行利用。有山形青菜、大山菜等。

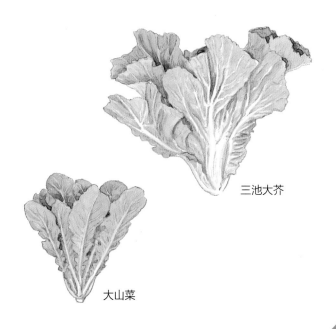

三池大芥

大山菜

葱

Welsh onion

●石蒜科 / 原产地：中国西部、中亚

从古代就作为有药效成分的蔬菜而受到欢迎。收获多是在冬季，但是可周年栽培，用途也很广泛。

栽培月历 （月）

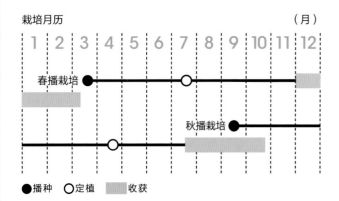

●播种　○定植　▨收获

栽培要点

◎分为葱叶（绿叶）和葱白（叶鞘），也被称为根深葱。很早以前在日本关东主要是利用根深葱的葱白。在关西主要是利用葱叶的叶葱。

◎耐寒性、耐热性都很强，也很耐旱。

◎不耐潮湿，特别是根深葱要在通气性好的土壤中栽培。

◎培土的时期和方法很重要，要想使葱白长得长，就要挖沟栽植，培土时不能太早，把植株培育大后，到生长的后半期再细致地进行软白栽培。

◎感应冬季的低温后就会形成花芽，在春季时就抽薹、开花，长成球状葱花。到这个时候品质就会降低，所以要及早收获。

推荐的品种

除有千住合柄、石仓、金长、深谷等地方品种外，在日本各地还有很多由地方品种改良的品种。

夏扇 3 号（坂田种苗）：秋冬收获，夏秋也能收获，是茬口适应性广的黑柄系单株葱，很耐低温。

白星（泷井种苗）：生长发育旺盛，又高又粗，产量高、品质好。肉质柔嫩。

雷帝下仁田（坂田种苗）：在日本群马县下仁地区出产的单株大葱。是在家庭菜园中容易培育改良的优良品种。

红须（Tokita 种苗）：肉质柔嫩，可用作凉拌菜和佐料。加热时，用小火就很出味。

夏扇 3 号

白星

雷帝下仁田

红须

栽培方法

1 | 地块的准备

平均 1m²
堆肥　4~5 把
石灰　2~3 大匙

在播种前 1 个月，在地块上撒上堆肥和石灰，然后深翻至深 15~20cm

2 | 育苗

在播种前 2 周

施入基肥

平均 1m 沟长
堆肥　3~4 把
豆粕　5 大匙
复合肥　3 大匙

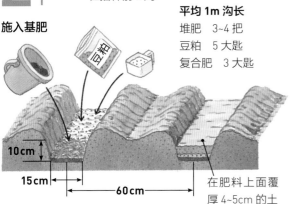

10cm
15cm
60cm
在肥料上面覆厚 4~5cm 的土

播种

把锄头前后拖动，将沟底整平

在沟底将种子以 2cm 的间距细心地播下

走道

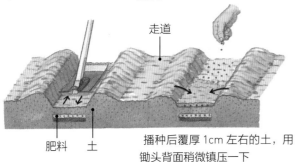

肥料　土

播种后覆厚 1cm 左右的土，用锄头背面稍微镇压一下

追肥

平均 1m 垄长
复合肥　2 大匙

当苗长到高 7~8cm 时，和再过 1 个月时，交替在两侧开浅沟撒入肥料，掺混后再向垄上培土

苗长到比铅笔稍粗时，育苗完成

把干了的叶片摘除

粗 8~10cm

------ 育苗 ------

用 128 穴的穴盘育苗很方便。用穴盘苗专用的基质（尽可能选用葱专用基质）

培育这 3~4 株苗，当苗长到高 30cm 左右时，育苗就完成了

在 1 个穴内播 5~6 粒种子，上面覆基质（或土）厚 2mm 左右。随着苗的成长间苗，留下 3~4 株

3 | 挖定植沟

细心地挖定植沟。如果提前耕了地，土就会向下滚落，所以不要耕翻，在土质结实的状态时挖沟

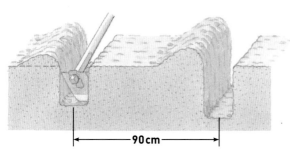

用锄头多次挖刨，一点一点地挖土并培到一边。尽量把沟挖整齐。沟的深度，一般的苗为30cm，穴盘苗为20cm左右

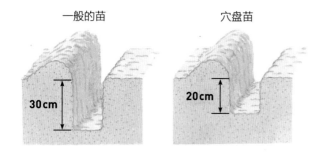

一般的苗　　　　　穴盘苗

30cm　　　　　20cm

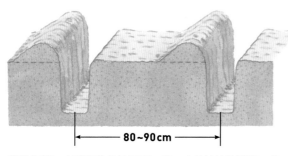

80~90cm

垄的间距，土稍硬的地块可窄一些，土软的地块稍宽一些

4 | 定植

苗与苗的间距为3~4cm（穴盘苗的间距为15cm）

根据苗的大小，分配好定植场所，以后的管理也会更容易

大苗

中苗

小苗

向沟内填土，把植株基部稍微埋住。再向里填入稻草或干草等，防止干旱和苗的倒伏

稻草、干草等

覆土1~2cm厚

5 | 追肥、培土

平均1m沟长
豆粕　5大匙
复合肥　3大匙

第1次
在移栽后1个月，在垄肩上施肥料，和土掺混后填到沟里。培少量的土

豆粕

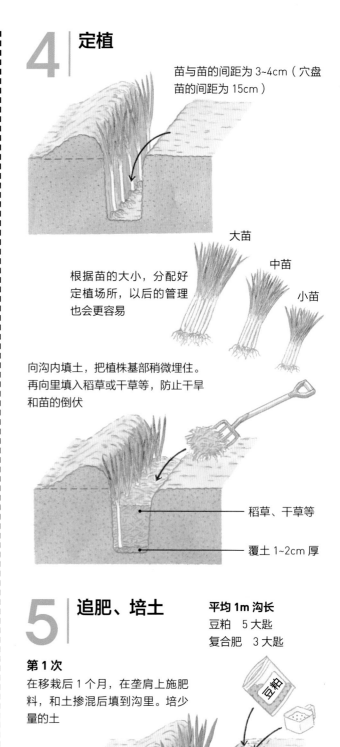

第2次

在第1次施肥后1个月再施肥，
用和第1次同样的量施肥、培土

平均1m沟长

豆粕 5大匙

复合肥 3大匙

第3次

在第2次施肥后约20d再施肥，施肥后进行培土，
培到叶的分叉处的下面

平均1m沟长

复合肥 3大匙

最后一次（只培土）

在第3次培土后约1个月，也就是收获前30~40d，
（软化栽培就需要这些天数），培土到绿叶分叉
处的上面，使劲地培土

这一侧也要培土

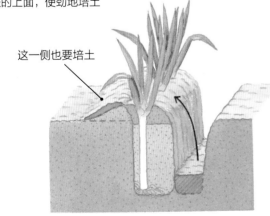

成功的
要点

把植株培育大之后再着手软化栽培是很重要的。为此，在生
长发育的前半期追肥，在生长发育的后半期培土。

---

6 病虫害防治

从在苗床上的时候，就要
注意锈病等病害的发生，
发现后要及时喷药防治

葱的表面被蜡质层覆盖，药
剂不易附着，一定要加入展
着剂后再喷洒

一到秋季，因为易发生
锈病、紫斑病等病害，
所以要及时观察，一旦
发现，就及时防治

在定植时施药

7 收获

收获时用锄头先挖葱旁边的
土，注意不要伤了葱白，待葱
白都露出后，再用手拔除

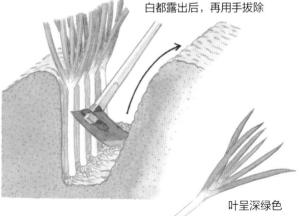

叶呈深绿色

葱白一直到绿叶的基部
的葱是优质品（绿色和
白色的界限很明显）

葱白很白、并
且结实

Q 能自己留种吗?

A 确定是固定品种还是F1代（一代杂交种）后进行留种。

从抽薹后的花蕾（球状葱花）上，就很容易留种，但是要在知道葱品种的属性后，再进行判断是否留种。

如果原先的品种是固定品种，在收获时选形状、长势好的独株葱，在不会和其他植物杂交的地方留种。

提醒大家注意的是，近来的 F1 代（一代杂交种）很多，如果自己留种，第二代以后就会出现分离，亲本的性状就表现出来了。味道上虽然没有什么变化，但是会出现意想不到的分权等，品质不能保证。要想收获好的植株，最好还是向种苗公司等购买 F1 代的种子。

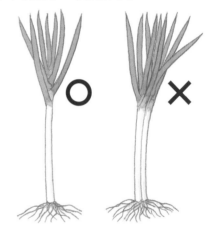

Q 如何巧妙地挖定植沟?

A 定植葱的地块事先不要耕翻。

春播的葱苗在进入 7 月后，生长发育非常迅速。比铅笔稍粗时就可向地块内移栽，但是，要想培育叶鞘长的优质葱，就要把定植沟挖至 30cm 深，垂直地栽上葱苗是很重要的。

要想挖出这样整齐的定植沟，就要用锄头把定植沟的侧面挖得与底部垂直。因为土壤太疏松，沟容易向下塌落，所以土地稍微硬实一点更容易操作，才能挖出整齐的定植沟。为此，定植的地块在挖沟之前不能耕翻。

前茬一结束，把残枝落叶等收拾干净，先不要耕翻土壤。定植时先不用施肥，进入秋季葱伸展开了再开始追肥。

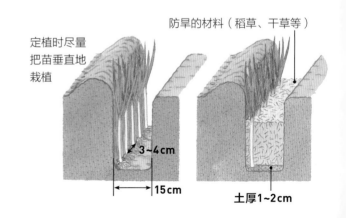

定植时尽量把苗垂直地栽植

防旱的材料（稻草、干草等）

3~4cm
15cm
土厚1~2cm

Q 要想使葱白的部分长得长一点，培土有什么技巧？

A 要掌握好培土的时期和培土量。

在栽培葱时，要结合葱的生长发育对叶鞘部进行培土，通过遮光使葱白的部分变长。春播时，定植是在7月天热的时候进行，但是因为葱的耐热性很强，所以定植时只用少量的土把细根盖起来即可。为了防止沟内干旱和苗的倒伏，在沟内尽量多放稻草或干草等。天热时如果根埋得太深，下雨多时葱白的部分就容易腐烂，生长发育变差。

第2次培土时要几乎把沟填平，这是在变凉爽的9月下旬。第3次培土是在第2次培土后的20d进行。最后的培土是从收获向前推30~40d进行。

施肥在培土时进行（最后一次不施肥只培土）。虽然是在培的土上面撒施肥料。但是，要在垄肩上撒施肥料，和土掺混后再将土扒拉到沟中。前半期适当控制，把后半期作为重点来进行管理。

Q 如何巧妙地培育叶葱？

A 使株距为12~20cm，在1个穴内栽5~6株。

主要利用绿叶的叶葱，可以入药和作为汤汁的材料，还作为火锅的材料，用途广泛，一年到头都容易栽培。近年来由于市面上出现了很多改良品种，所以要根据收获适期来选择使用的品种。

苗的培育可参照P185的根深葱的培育方法。一般是利用分株的细葱，所以在1个穴内可栽5~6株，以12~30cm的大间距定植。因为只培少量土就行，所以定植沟挖6~8cm深即可。收获时如果从地表处收割，以后再伸展出来的绿叶还能再次利用。

另外，因为九条葱几乎不分株，所以可参照根深葱进行栽培。

日本京都特产，以西日本为中心广泛栽培的叶葱"九条葱"（泷井种苗）

叶柔嫩、美味可口的叶葱"小春"（泷井种苗）。主要是作为小葱、中葱利用

分葱

Shallot

●石蒜科 / 原产地：西伯利亚地区

比葱的香味温和，有更好的风味。可以入药、做成喝酒的小菜等，用途广泛。因为能多次收获，所以是很好的蔬菜。

栽培月历 （月）

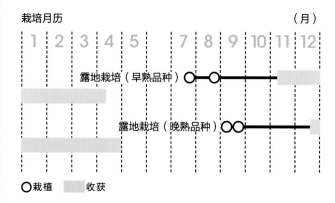

○栽植　　▨收获

栽培要点

◎是葱和洋葱自然杂交而形成的一代杂种。分蘖多，有较多的细叶伸展是其特征。

◎不抽薹，也不开花，所以需要营养繁殖，用种球（鳞茎）进行栽培。也被叫作分葱。

◎只要是施上基肥和进行追肥，即使是没有特别的管理也能很好地生长发育。

◎从秋季到春季能很好地生长发育，进入 5 月，叶片就干枯，形成鳞茎，休眠到夏季。

◎将种球在休眠解除时移栽到地块中。

◎比葱耐热性、耐寒性弱，不适合在寒冷地区栽培，主要在日本关东以西的温暖地区栽培。

推荐的品种

虽然有很多的类型，但多数还没有作为品种定名。

长崎大球分葱（八江农艺）：生长发育好，容易培育的分葱。生长发育很快，适合做各种各样的料理。定植栽适期为 8 月下旬~9 月上旬。

台湾分葱（泷井种苗）：和普通的分葱不同，很难休眠。若在不用担心有霜害的3月下旬~9月定植，1个月左右就能开始收获了。

长崎大球分葱

台湾分葱

栽培方法

1 | 种球的准备

从上一年就培育

进入 5 月，在植株基部就会形成种球，叶片干枯，进入休眠状态。挖出种球放在通风好的地方贮存到夏季

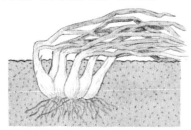

如果数量少，放在通风好的筐中即可

10 个球捆成 1 束，吊在通风好的阴凉处

进入 7~8 月，就开始发芽了

去掉外侧干枯的皮，每组 2~3 个球，分开

如果是从当年开始培育

从种苗店购买种球

成功的要点　在种球休眠解除，芽刚开始伸展的时候，2~3 个球为 1 组，分开进行栽植。

2 | 地块的准备

在栽植前约 2 周

平均 1m²
豆粕　5 大匙
复合肥　3 大匙

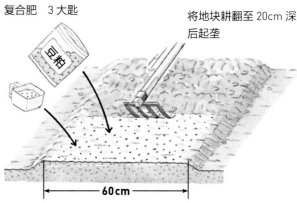

将地块耕翻至 20cm 深后起垄

←——60cm——→

3 | 栽植

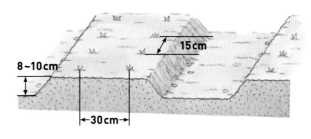

15cm

8~10cm

←30cm→

在 1 个穴内栽种 2~3 个，用手指捏着球基部插入土中

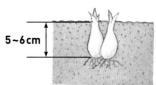

以使叶尖稍微露出地上的深度栽植

5~6cm

成功的要点　如果栽得过深，发芽就会推迟，生长发育变差。如果栽得过浅，植株基部就会晃动。所以一定要掌握栽植的适宜深度。

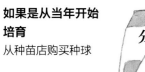

分葱　葱

4 追肥

第 1 次

当株高 15cm 左右时在行间撒施肥料，锄一下，和土掺混

平均 1m 垄长

豆粕　2 大匙

复合肥　1 大匙

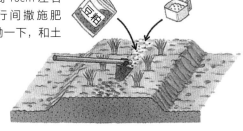

第 2 次及以后

从第 1 次施肥向后推半个月左右追肥，以后看长势情况追肥

平均 1m 垄长

复合肥　1 大匙

开浅沟，撒施肥料后再把土培到垄上

5 收获

拔除收获

如果后茬接着栽培，当植株长到高 20cm 左右时就可拔除收获

割取收获

如果想连续收获，在将植株下面留 3~4cm 后，割取上面的部分收获

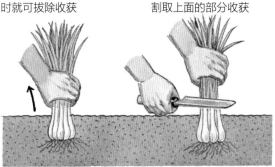

割取收获后结合浇水冲施液肥，促使发出新叶。也可施少量的复合肥，再浇水

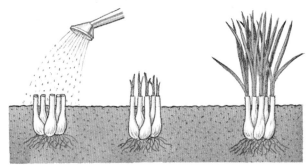

经过 3~4d，新芽就开始伸展

叶长到需要的高度时再割取收获。同样地管理可收获 4~5 次

成功的要点　因为再生力强，割取收获后新芽还能伸展，所以加强管理能反复收获 4~5 次。

箱式花盆栽培也很适合

因为不费工夫，栽培也简单，所以是很适合箱式花盆栽培的蔬菜。在阳台等地方栽培，想吃的时候马上就能收割，非常方便。

在宽 60cm 左右的箱式花盆中铺上底石［或是赤玉土（中粒）］厚 2cm 左右。在碎石头上装入蔬菜用培养土。以株距为 7~8cm 进行密植，1 个穴内栽 3~4 个。栽植的深度为从上面刚看到尖端的程度，浇水并追肥（冲施液肥）。

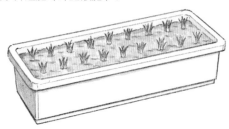

当植株长到高 20cm 时，在把植株基部留下 2~3cm 后，依次割取收获。每行交替地进行收获，变换箱式花盆的位置，把小的一行朝向太阳。

Q 葱和分葱有什么不同？

A 分葱易分株，因为采不到种子，所以用种球进行繁殖。

分葱比普通的葱还易分株，分株多的可达20~30株，将其分开取走，所以也叫分葱。

分葱是葱和洋葱的杂交种，茎叶细、柔嫩，香味和黏液比葱少，和丝葱一样生着切碎，可以作为佐料，也可作为汤汁的材料。因为耐寒性比葱弱，主要在关西地区栽培，但是在关东地区南部也有很多栽培的。

分葱和葱不同的另一个特性是过了4月中旬后就进行休眠，不久地上部分就干枯，结出小种球。因为没有种子，就专门用这个小的种球繁殖。因为休眠通常在7月下旬~8月上旬才能解除，所以这时候才能栽植。

美味可口的蔬菜做法！
典型菜谱

烤分葱拌干鲣鱼

材料（4人份）

分葱…2把（300g）
切碎的鲣鱼干…1袋（5g）
酱油…1大匙

做法

1 用中火把铁丝网烧热，烤分葱。把整根葱烤得恰到好处后切成3cm长的段。

2 在盘中加入酱油、1大匙水，然后搅拌，把**1**和切碎的鲣鱼干依次加入拌匀。

洋葱

Onion

●石蒜科 / 原产地：中亚

独特的香味可消除肉和鱼的腥味，如果加热（如烤或煮）香味会变大。也适合拌凉菜，是周年都能利用的受欢迎的蔬菜。

栽培月历 　　　　　　　　　　　　（月）

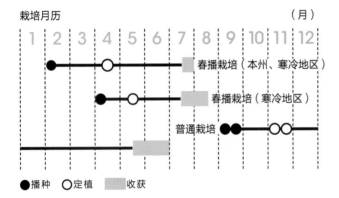

●播种　○定植　▨收获

春播栽培（本州、寒冷地区）
春播栽培（寒冷地区）
普通栽培

栽培要点

◎喜欢冷凉的气候，也很耐寒，但是在寒冷地区越冬很困难，一般实行春播栽培。

◎虽然对土质的适应性广，但是在土壤水分含量丰富的黏土中能很好地生长发育。

◎因为几乎无连作障碍，所以可以在小的地块中连续种植。

◎洋葱不喜干旱，不宜在易干的轻质火山灰土中生长。

◎鳞茎的膨大与日照长短和温度有关系，在长日照条件下温度上升就膨大，但是由于品种不同，也有很大差别，早晚性就决定了。

◎培育好苗是栽培的基础。如果早播种，以大苗越冬，春季抽薹就会增加。每个品种都有播种适期，栽培时要严格遵照执行。

推荐的品种

除了有早收获的极早熟品种、早熟品种外，还有适合贮藏的中熟品种、中晚熟品种、晚熟品种等。还有辣味成分少，可生吃的红紫色品种等。

索尼克（泷井种苗）：耐病性强，生长发育旺盛的早熟品种。收获早，能贮藏到 8 月末。

阿顿洋葱（泷井种苗）：个头大，美味超群的中熟品种。普通栽培时 1 个鳞茎平均重 350g，稀植栽培时 1 个鳞茎重达 600g。

拉克洋葱（渡边育种场）：适合秋播栽培的晚熟品种，能培育出形状好的大个品种，辣味少，有甜味。

湘南红：辣味成分少和刺激味小的生食红洋葱。

索尼克

阿顿洋葱

拉克洋葱

湘南红

栽培方法

1 育苗

提前在地块中撒上石灰、复合肥，然后耕地

施基肥

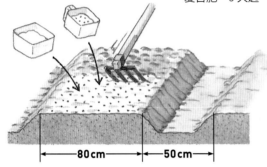

平均 1m²
过磷酸钙　5 大匙
复合肥　　5 大匙

|←　80cm　→|←　50cm　→|

把垄的中央部起得高一些，使排水良好，用铁耙等细致地把土表面整好

播种

在边长 1~1.2cm 的四方形内播 1 粒种子，播种时要细致均匀

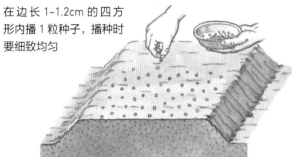

在种子上面覆薄土，刚刚看不到种子即可，用板轻轻地镇压一下。再在上面撒上一层薄薄的草木灰

用筛子均匀地筛上

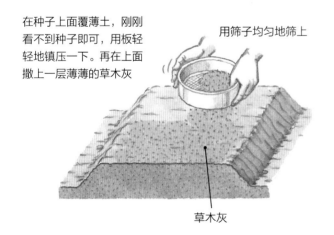

草木灰

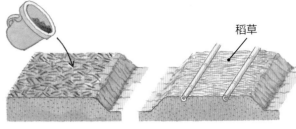

稻草

在草木灰上再撒上一层被粉碎的堆肥，以防止干旱和被风雨冲走

再铺上稻草或者其他的覆盖材料

追肥、覆土

在株高 8~10cm 时
平均 1m²
复合肥　2 大匙

追肥后用筛子筛上土，把肥料盖起来即可

培育好的苗

株高
20~25cm

直径为
4~8cm

> **成功的要点**　按照品种的特性适期播种，施足磷肥。及时间苗，培育成发根力强的好苗。

2 地块的准备

在定植前 20d 地块中撒上石灰，耕翻至 15~20cm 深。适量施入把土壤的酸碱度调到 pH 为 6.0~7.0。捡出石头、木块等

3 定植

成行定植

施基肥

在定植前约 2 周

平均 1m²

过磷酸钙　2 大匙

复合肥　2 大匙

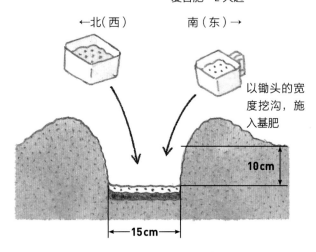

←北（西）　　　　南（东）→

以锄头的宽度挖沟，施入基肥

10cm

15cm

北（西）侧的土堆不能塌了

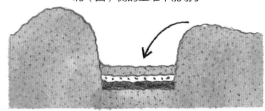

把南（东）侧的土填入 5cm 左右，不要使根与肥料直接接触

定植

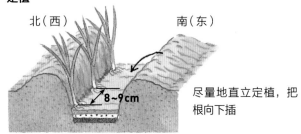

北（西）　　　　南（东）

8~9cm

尽量地直立定植，把根向下插

把苗摆好后，填土，为了使植株基部更稳固，用脚踩一下植株基部的土

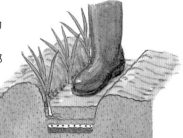

在垄面定植

施基肥

平均 1m²

过磷酸钙　3 大匙

复合肥　3 大匙

在定植前约 2 周

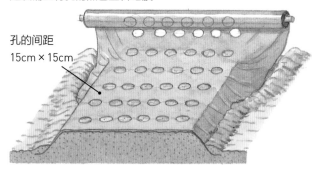

在垄上全面地撒上肥料，耕翻至15cm 深

80~90cm　　　60cm

盖上地膜

为了提高地温，防除杂草，防止肥料流失，保持土壤水分等，建议铺上有孔的黑色塑料地膜

孔的间距

15cm × 15cm

定植

用手指把苗插进去，用手把植株周围的土按压一下

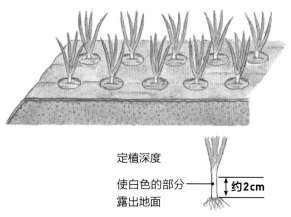

定植深度

使白色的部分露出地面

约2cm

不能栽得太深了。如果把绿叶部分也埋起来，就长不出来了。把植株基部的土镇压一下，使根和土充分接触。

成功的要点

4 | 追肥

成行定植
平均1m 行长
复合肥　2大匙
（第2次的施肥量相同）

第1次　12月中下旬
第2次　3月上旬

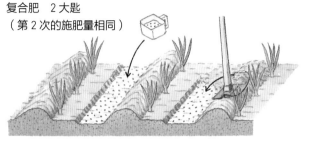

沿着栽植行用锄头刨沟，施入肥料填上土。春播栽培时，第1次施肥在株高20cm时，第2次施肥在第1次施肥后20d

在垄面上定植

平均1m²
复合肥　3大匙

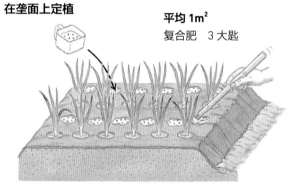

在地膜覆盖栽培中，由于降雨造成的肥料流失少，如果施基肥时增施30%，以后就不用再追肥了。如果叶色太浅，就在植株之间零星地开孔，施入肥料

5 | 病虫害防治

因为在鳞茎膨大的盛期容易发生霜霉病，所以在早春、秋季鳞茎开始旺盛生长的时候，细致地喷洒药剂

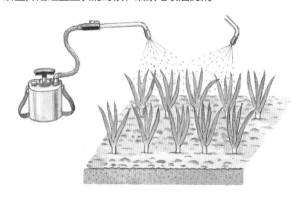

6 | 收获

在地块中有80%左右的植株倒伏时就可收获。如果收获晚了就会发生病害，在贮存过程中易腐烂

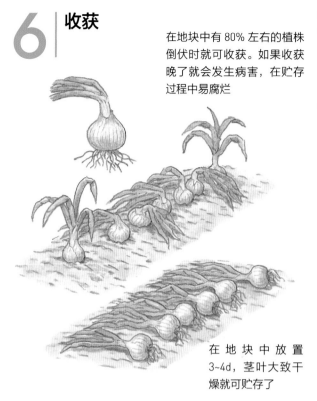

在地块中放置3~4d，茎叶大致干燥就可贮存了

成功的要点

收获时要选在晴天、叶片还绿的时候趁早收获。如果收获晚了，病害增加，在贮存时腐烂会增加。

7 | 贮存

如果没有挂的地方，就把茎叶切除，放入带网眼的筐中

连叶捆成一把，再挂到杆上

放在通风好的阴凉处

腐烂的鳞茎如果混在其中，就会传染造成更大的损害，所以经常地翻动一下进行检查，发现腐烂时及时挑出来

大田中。普通栽培植株在大田中的生长时间长达6个月，但是春季栽培，能缩短到3个月，到5~6月时就足以长到中等大小。

例如，作为白菜、萝卜的后茬可以春栽洋葱。若想收获中等大小的洋葱，可以进行密植（株距为7~8cm），收获的鳞茎个数会增加，收获量也会增加。因为是中型洋葱，很适合家庭使用，所以保证是个头大小适宜的受欢迎蔬菜。

Q 如果有多余的苗，如何灵活运用？

A | 在春季栽植时再利用。

在11~12月栽植秋播的苗时，有时会出现多余的苗。把这些苗在苗床上扩大株距追肥、育苗，到冬季时培育成大苗。到第2年3月，可栽植到

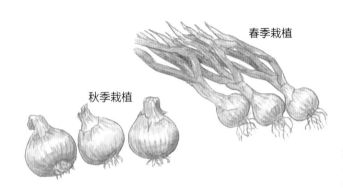

春季栽植

秋季栽植

Q 抽薹的机理是怎样的？有什么预防措施？

A | 这与越冬时幼苗的大小有很大关系。要严守播种适期。

播种过早，到越冬时植株长得过大，或者是在大田中肥料施得过多，生长发育过快，就会抽薹。植株长到一定程度以上（长得过大了），苗发生低温感应，就会引起花芽分化，造成先期抽薹。

每个品种都有各自的播种适期，要严格遵守。基肥、追肥不要施得太多，培育成叶鞘部粗

4~5mm 的苗，进行适期定植是很重要的。另外，如果把春播用的品种在秋季时播种，都会抽薹，所以选择品种时一定要选对。

只要是品种和播种适期选对了，抽薹率在2%~3% 是正常的，就是有若干接近抽薹的植株，形成的鳞茎也会很大，整体上产量增加，会得到很好的效果。

秋播要严格遵守播种适期，以不能太大也不能太小的苗安全越冬

Q 贮存中的洋葱出现腐烂怎么办？

A 如果收获晚了，就容易腐烂。要注意适时收获。

对洋葱的贮存影响最大的是收获时期。在地块中经常看到全部干枯了之后再拔取收获的例子，但是这样收获的洋葱保存时间就长不了。如果在地块中待的时间太长，收获晚了，各种病原菌就会侵入鳞茎内。鳞茎膨大了之后，尽早拔出来并在地块中晾干是很重要的。

大致标准是，在全部的植株中有80%左右叶倒伏了的时候，选择晴天拔出来，在地块中晾晒3~4d，干了后就可贮存。

在贮存中，到8月就开始出现腐烂现象。要对全部进行检查，把开始腐烂或开始发芽的鳞茎挑出来，防止传染其他的鳞茎。

对腐烂程度轻的鳞茎，要是把烂的部分切除，好的部分仍然可以利用。

黑霉病　　肩腐病　　心腐病　　肌腐病

Q 收获后叶片如何利用？

A 代替稻草铺在果菜类蔬菜的植株基部。

因为洋葱没有连作障碍，如果有空闲地就可每年进行种植。在收获洋葱鳞茎之后，剩下了大量的茎叶，建议不要把茎叶扔掉，可代替稻草铺在果菜类的植株基部周围，用于防止水分蒸发等。这个时期也是西瓜、南瓜等瓜类的蔓迅速伸展的时期，所以可铺上洋葱的茎叶。

干了的茎叶不易腐烂，足以代替稻草的作用。在没有水田、稻草难以弄到手的城市中的菜园中是有用的材料，所以务必试用一下。

摆开晾晒，干得很快

代替稻草，铺在瓜类等果菜类植株周围，防止水分蒸发，不易发生病害

薤

Rakkyo

●石蒜科 / 原产地：中国

不需费工夫，生吃、腌咸菜都可以。定植后就不用管理的省事蔬菜。早春时也能品尝到嫩薤叶的美味。

栽培月历 （月）

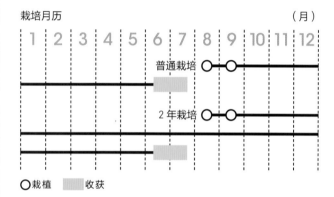

| | 1 | 2 | 3 | 4 | 5 | 6 | 7 | 8 | 9 | 10 | 11 | 12 |

普通栽培

2 年栽培

○栽植　▨收获

栽培要点

◎开始是用种球栽培。若秋季种植，就不需要太难的管理，所以即使是初学者也能容易地培育。

◎选择种球的顶部很硬实的栽植，以后的生长发育也好。

◎对土壤的适应性很广，即使是砂土、红土、瘠薄土也能很好地栽培。地块的周边及倾斜地等也可利用。

◎根需要透气，忌排水不良，所以要细致地整地。

◎连作抗性很强，所以在空闲的场所就可栽培。

◎生长发育期可长达 1 年，所以要认真选择栽植场所后再进行栽植。

推荐的品种

不能通过种子繁殖，所以品种的分化很少，有八瓣、拉克达、球薤等品种。可买当地市场上流通较多的品种进行栽培。

拉克达：薤的代表品种。腌咸菜就不用说了，刚收获的新鲜薤的香味更是独特。

福井薤：在日本福井县栽培的优良品种。普通栽培在 8 月中旬~9 月中旬时栽植。

备受关注的营养

有爽脆的口感是薤的魅力。独特的扑鼻辣味，来自洋葱和大蒜中也含有的二烯丙基硫化物（大蒜素）有帮助维生素 B_1 吸收、促进血液循环、消除疲劳等功效。另外，它的膳食纤维含量大约是牛蒡的 4 倍，其中大多数是水溶性的。水溶性的膳食纤维据说有抑制血糖和胆固醇升高的作用。

栽培方法

1 种球的准备

如果自家留种
夏季时收获，晾干就能使用

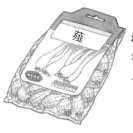

初次栽培
将近栽植时，购买市场上卖的种球

把干了的皮剥除，1个1个地掰开

准备好的种球
选择没有病虫害、个头大、充实的种球。种球的带紫色是因为在栽培中受到了干旱和肥料不足的影响，所以要剔除

> **成功的要点** 选择保存得好的充实的种球。每个小种球重2~3g，拉克达每个重4~6g最合适。

2 地块的准备

平均1m²
石灰　2大匙

前茬清理结束后，在地里撒上石灰，细致地深耕翻

因为如果石灰用得过多，就易引发白色疫病，所以要适量使用

虽然在总是栽培蔬菜的地块不需施肥，但是对含肥量少的地块要在栽植前约2周施入少量的复合肥

平均1m沟长
复合肥　2大匙

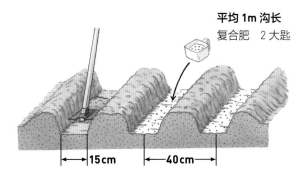

|←15cm→|←40cm→|

3 栽植

把种球立着以10cm的株距插入土中

栽植1个球　　栽植2~3个球

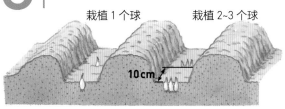

10cm

把栽植沟整平，种上后覆土

浅栽时1个穴内可种2~3个小球。另外，植株内部受日光照射，就会变绿

6~7cm

栽种的数量虽然少，但是能收获大球

能收获很多的小球

> **成功的要点** 根据栽植的方法不同，收获的球的大小也会改变。根据所需要的目的采取适当的栽植方法即可。要想收获更多小球，可1个穴内种2~3个球，并进行浅植。

4 追肥、除草

平均1m垄长
复合肥　2大匙

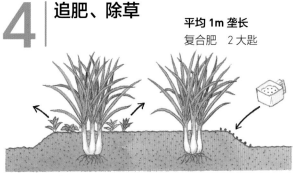

因为从秋季到冬季易生杂草，所以要及时除草

若叶色变浅了，就在2~3月时追肥，和土掺混一下

5 培土

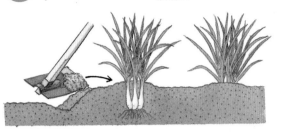

在 3~4 月旺盛生长的时候培土

如果不进行培土，形成圆球、长球、青球的比率增加，好球减少

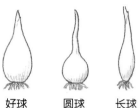

好球　　圆球　　长球

6 收获

在 6 月中旬~7 月中旬，球膨大成长卵形，球心的绿色减少的时候，就可挖出植株进行收获

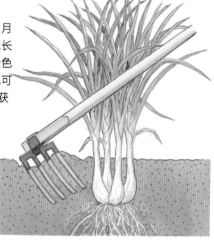

叶片干枯时收获就晚了

刨出后一个一个地掰开

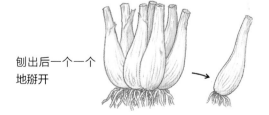

7 利用

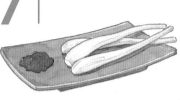

嫩时收获，可直接蘸味噌吃（参照下一页）

因为切掉叶片后，很快就会长出来，所以趁还没再长出叶片时尽快食用

如果长时间放置，就进行止芽处理（参照下一页）

把薤切成薄片，撒上干鲣鱼碎，只蘸酱油吃也很香。另外，把其磨碎，可作为凉拌菜的调料

用甜醋腌
用清水洗干净，把外面薄皮剥除、洗净。用盐腌并压上重物。1个月后，再用甜醋腌

用醋酱油腌
煮后用醋和酱油浸泡

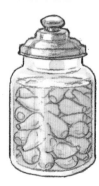

除此之外，还可和紫苏或苹果一起腌，也可用黑砂糖腌等，有各种各样的腌制方法

青葱虽然从外观上看和分葱很相似，但是它是带嫩叶收获的薤。虽然全年都可上市，但主要是8月栽植、11月~第2年2月收获，或在9月栽植、2~6月收获。

吃法是专门蘸味噌生着吃，也有的用油炸或烤着吃。

青葱的日语发音和红葱头的法语发音相似，所以有时就混淆了。

红葱头可形成直径为3cm左右的种球，是洋葱的变种。从1株可长出多个分球，和洋葱的利用方法相同，也可磨碎作为调味料，还可作为制作辣酱油的材料来利用。

Q 青葱、薤、红葱头有什么不同点？

A 外观上和名字虽然相近，但是各不相同。

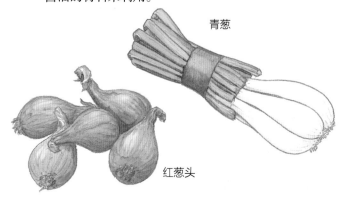

青葱

红葱头

Q 即使切掉了芽尖，又很快长出来怎么办？

A 撒上盐等，进行止芽处理。

收获后，即使是把芽切得很干净，中心的芽也会很快地长出来，可见薤具有很强的生命力。

中心的芽伸展，营养就损失，薤的品质就降低了。为了防止出现这种情况，就需要进行止芽处理。

把薤放入竹篮中，用流水温和地揉搓清洗，1kg薤中撒上20g左右的盐。放一晚上，然后迅速地用水把盐冲掉，放在竹篮中控干水。

除此之外，也可用6%的醋酸溶液浸泡5min，再用6%的盐水浸泡5min。

大蒜

Garlic

●石蒜科 / 原产地：中亚

有独特的辣味，可促进食欲。含糖、维生素 B₁ 较多，自古以来就作为调料和有强壮作用的蔬菜利用，很受欢迎。

栽培月历　　　　　　　　　　　　（月）

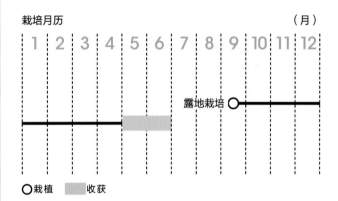

○栽植　　▨收获

栽培要点

◎虽然喜欢冷凉的气候，但是耐寒性不很强，耐热性也比较弱，夏季时干枯进入休眠。

◎栽培成功的要点在于要调整好土壤。适合在肥沃、排水通畅、土层深的土壤中生长。

◎及早准备地块是很重要的。施上石灰和堆肥，然后耕翻好。

◎春季时抽薹开花，但不结籽，所以要及早到种苗店订购好的种球。

◎早铺地膜，在土壤湿润时就铺好。

◎从 1 个蒜瓣可伸出 2 个以上的芽，留下 1 个好的芽，把其余的掐掉，会结出膨大的优质蒜头。

◎若收获了嫩叶，就可利用蒜苗；若薹（花茎）伸展时收获嫩薹，就可利用蒜薹。

推荐的品种

根据地域不同，适宜的品种也不同。现在大面积栽培的是适合寒冷地区的白六瓣，但是同是六瓣品种的还有福地白。在温暖地区、平户蒜、壹州早生、上海早生等容易栽培。

新白六瓣（泷井种苗）：蒜瓣有 6 个左右的晚熟、高产品种。适合寒冷地区栽培，耐贮存。

紫蒜（泷井种苗）：稍有甜味，有漂亮颜色，适合温暖地区栽培的极早熟品种。蒜头直径约为 5cm，重约 60g。

平户蒜（八江农艺）：适合温暖地区栽培的早熟大球品种。1 个蒜头重 100~150g，生长发育旺盛，容易培育。

新白六瓣　　　　　　　　　　　紫蒜

平户蒜

栽培方法

1 | 种球的准备

选择无病斑和无伤充实的蒜头

把外面的薄皮小心地剥去

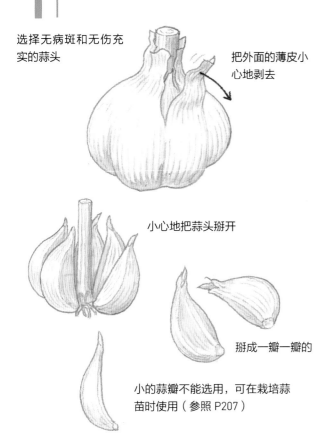

小心地把蒜头掰开

掰成一瓣一瓣的

小的蒜瓣不能选用，可在栽培蒜苗时使用（参照 P207）

（参照 P207）

> **成功的要点**
> 一定要及早准备好蒜头。掰成单瓣，如果发现有病斑的瓣就剔除。

2 | 地块的准备

平均 1m²
石灰　7~8 大匙

一旦收拾好地，就撒上石灰，深耕至深 20cm 以上

在栽植前约 2 周

平均 1m²
堆肥　5~6 把
豆粕　5 大匙
复合肥（缓效性）　5 大匙

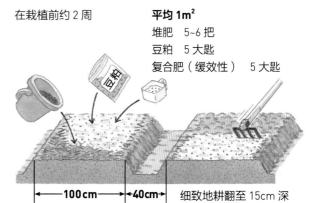

细致地耕翻至 15cm 深

3 | 栽植

在栽植前约 1 周，趁土湿润时铺地膜。先把垄表面细致地整平，再铺上地膜

黑色塑料地膜（带着栽植孔）

用土把边压实

15cm

25cm

按地膜上每个栽植孔放 1 个瓣且竖着种下去

把蒜瓣的上部（芽部）笔直地向上，用手指插入地膜的栽植穴内 5~7cm 深

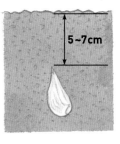

5~7cm

栽植的深度为在蒜瓣上方土厚 5~7cm。栽植得过深，则发芽晚；栽植浅，则易受寒害

4 | 摘芽

越冬后，当芽长到高 10~15cm 时，若在 1 处长出 2 个，就把小的摘除，留下 1 个培育

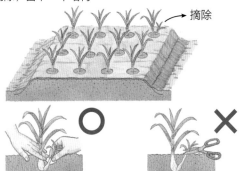

→ 摘除

把芽一侧的土稍挖一下，在轻轻按住留下芽的植株基部的同时，把芽向外侧剥下拔除 ○

如果只用剪刀把芽的地上部剪掉，很快芽又会伸展出来，所以要注意 ✕

5 | 摘蕾（薹）

到了春季如果抽薹，就把花蕾掐掉（4 月下旬 ~5 月上旬）。薹不是一齐抽出来的，所以要经常在田间巡查，发现后就摘除

用指尖折断

薹伸展到叶的顶端部位时将其折断 ○

如果在薹太小的时候掐，会伤及叶鞘，叶的生长发育变差 ✕

6 | 病虫害防治

锈病、叶枯病、霜霉病、葱菜蛾等病虫害易发生。越冬后在发生初期及时喷洒药剂

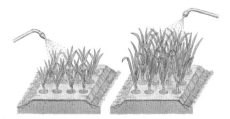

第 1 次
在植株高 14~15cm 时

第 2 次
在春季生长发育旺盛时

7 | 收获

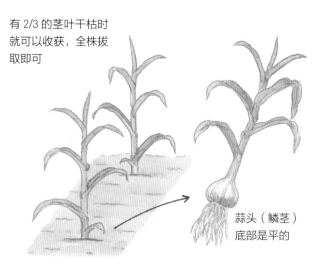

蒜头（鳞茎）充分膨大，即使叶片还发青，根据需要也可适时拔取利用

有 2/3 的茎叶干枯时就可以收获，全株拔取即可

蒜头（鳞茎）底部是平的

从地里拔出后，把茎叶留下长 30cm，其余的剪掉，把根也剪掉，在地里晾晒 2~3d。如果根切晚了就会变硬，就很难切除了，所以要注意

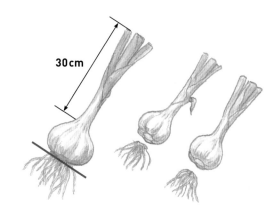

30cm

8 贮存

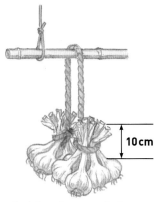

10cm

把茎叶留下长 10cm 左右，多余的切除，7~10 个蒜头捆成 1 束，挂在通风好的屋檐下等处

小蒜头可放在网袋中吊起来贮存

把数个蒜头串起来，挂在厨房中自然晾干，用着也方便，还可作为装饰品

9 利用

烤蒜

把大蒜用铝箔包起来，放在烤箱中，烤 15~20min。剥掉皮也可以，不剥皮也可以。蒜瓣就像化了一样柔软、香甜。根据喜好可蘸着味噌或盐吃

简单的酱油蒜

把大蒜纵切 3 等份放在酱油瓶中。酱油也增加了香味，大蒜也更加可口。腌后的大蒜拿出来就可以吃，或者炒着吃，都很香

花茎、茎叶也可利用

中国菜中熟悉的"蒜薹"（茎蒜），就是大蒜抽薹的茎（参照 P209）。在栽培蒜头的途中摘取花茎，就能利用。只是，从蕾向上的部分因为很硬，所以不适宜食用。

另外，大蒜的茎叶也可作为蒜苗进行栽培。在 9~10 月于大棚内进行密植栽培，在第 2 年春季收获嫩的茎叶部分。生产蒜苗也有专用的品种。

推荐把没有形成蒜头的小蒜瓣种在箱式花盆中，培育蒜苗，稍微有大蒜的辣味和香味，可炒菜时用。

收获蒜薹

蒜苗的栽培

利用小蒜瓣

按赤玉土（小粒）7 份、腐殖土 3 份的比例配成栽培用土 10L，其中加 30g 有机配合肥料进行掺混。以 5cm 的间距栽植小蒜瓣

Q 为什么种不出优质大蒜？

A 要想生产出优质大蒜，必须要有耕作层厚的肥沃土壤。选择适合当地的品种，还要经过一定时期的低温。

这个说法，从很多有家庭菜园的人那儿都能听到。其他的蔬菜进行适当的管理就能有很好的收成，但大蒜可不是这样。认为薤和分葱等长出种球（鳞茎）的植物，靠在鳞茎中贮存的养分就能生长发育，所以就以为蒜只要种植就能简单地收获，这种想法我劝大家还是别指望。

大蒜在所有蔬菜中生长发育期是较长的。根在土中如果不能很好地扩展，就不能形成大的蒜头。为此，作为条件就是要有耕作层深的肥沃土壤。撒施石灰，把土壤pH调整到6.0~6.5，多施优质堆肥，深耕20cm以上是很重要的。另外，在蒜头的膨大期不耐旱，在易干旱的地块就需要及时浇水。

另外，要想使蒜头充分膨大，需要经过一定时期的低温。越是寒冷地区的品种越需要经过低温阶段，它们必须经过5℃以下长时间的低温。为此，如果把这些品种在温暖地区栽培，就会低温不足，生长发育和蒜头的膨大变差。温暖地区的品种对低温的要求就不那么大。选择适合当地的品种是很重要的。

- -

Q 如何处理伸展出的芽？

A 只留下1个，把其余的芽从基部摘除。

定植后，芽伸展到高10~15cm时，若从1个蒜瓣上伸展出2个以上的芽，就只留下1个大的芽，把其他的从基部摘除。

清理芽时，把手指伸入土层中的球根处，找到芽的基部，从基部全部摘除是很重要的。如果留下很少的一点，或是只用剪刀把地上部剪除，芽还会伸展出来，会影响大芽的生长。

对小芽进行清理，只留下1个大芽

按住留下芽的基部，把小芽摘除

Q 抽薹之后怎么办？有什么收获、贮存的方法？

A 不要错过适期，及时摘除蒜薹。叶尖干枯时就拔除晾干。

到了植株旺盛生长的 4~5 月，花茎就会伸展，开始抽薹。如果抽薹后放置不管，花就会夺取营养，地下部的膨大就受影响，所以在适当的时期就要摘除蒜薹。

薹，如果摘得过早，蒜头就分裂，所以等长到一定程度之后再摘。但是，如果薹明显变硬了之后再摘就太晚了，所以适期摘薹是很重要的。

根据需要，蒜头膨大了以后就开始收获，但是在茎叶逐渐变黄、有 2/3 干枯的时候拔除收获是最适宜的。

和洋葱一样，选择在晴天拔除收获。因为这时候根还很牢固，所以收获时还带着很多的根。从蒜头基部把这些根切除，在地里晾 2~3d。要注意不要把根切得太短，以免伤到蒜头。

然后，把茎叶留下长 10cm 左右，多余的茎叶切除，以 10 株为 1 束捆起来，挂在屋檐下等处。因为 1 次的使用量很有限，所以尽量贮存好，便可长时间地利用。

Q 茎蒜是什么？

A 利用大蒜抽薹伸展出来的茎，还有叶蒜。

茎蒜就是大蒜抽薹伸展出来的花茎，是中国菜中不可缺少的蔬菜之一，也叫作蒜薹。作为蔬菜在商店里摆着的茎蒜最多的是产自中国的，从蕾的部分把顶端切除，加工成只有茎的状态。在日本青森等产地，仅有少量上市，并且多是带着蕾的。

栽培时，如 P207 图中那样，收获抽薹的花茎，作为茎蒜利用。

在中国，有茎蒜，也有叶蒜，即蒜苗，是在蒜还嫩的时候带叶收获的。

它们都是切成 4~5cm 长，炒着吃或炖着吃，也可用作拌凉菜。虽说是花茎，但也能享受到和大蒜同样的特有香味和辣味。

韭菜

Chinese chive

●石蒜科 / 原产地：东亚、中国、印度

栽植 1 次就可以反复收割多次，是很划算的蔬菜。富含维生素 A，是绿黄色蔬菜的典型代表。

栽培月历 （月）

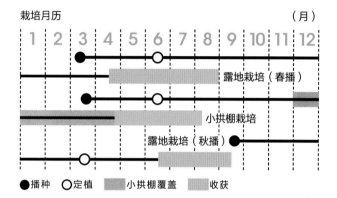

●播种　○定植　▨ 小拱棚覆盖　▨ 收获

栽培要点

◎喜欢冷凉的气候，因为以休眠状态越冬，所以耐寒性很强。

◎因为栽植 1 次可以收获几年，所以在选择栽培场所时一定要慎重。在地块的周围等处也可以栽植。

◎因为栽培期长，所以在施基肥时要多施优质堆肥后再定植。

◎生长健壮、容易培育，收割后很快就又长出新叶，1 年能收割数次。

◎虽然是多年生植物，但是 3~4 年后根会生长过密，就收获不到品质好的韭菜。在早春时分株，重新定植一下即可。如果用小拱棚或大拱棚，可周年栽培。

推荐的品种

大致可分为宽叶的大叶韭菜和细叶的地方韭菜。现在几乎都是宽叶的大叶韭菜系列。

广巾韭菜（泷井种苗）：再生力强、容易培育、叶片宽，因为耐热性和耐寒性很强，所以可以周年栽培。

大叶韭菜（坂田种苗）：容易使用的深绿色宽叶品种。因为休眠期短，所以能反复收获，因而具有很大的魅力。

新宽条韭菜（Tokita 种苗）：生长健壮，适合家庭菜园栽培。叶片宽、分蘖力强，能连续收获。

新奇绿叶韭菜（武藏野种苗园）：高品质的叶片是其魅力。耐低温性强，在秋冬收获的叶片味道更佳。

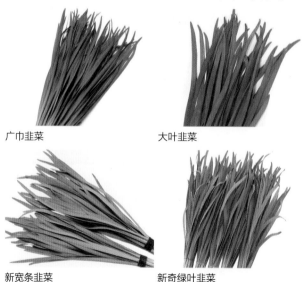

广巾韭菜　　　　　　　　大叶韭菜

新宽条韭菜　　　　新奇绿叶韭菜

栽培方法

1 育苗

苗床的准备

平均 1m²
堆肥　4~5 把
复合肥　3 大匙
豆粕　5 大匙

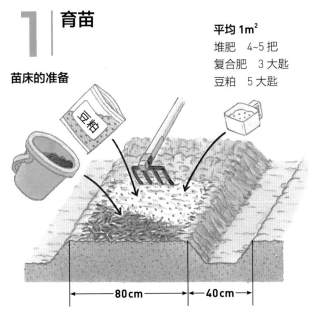

|← 80cm →|← 40cm →|

播种

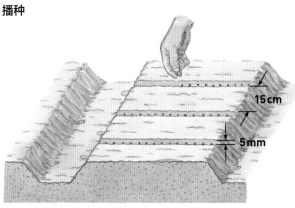

15cm

5mm

用木板做播种沟，以 1cm 间距进行播种，
覆土厚 5mm 左右

在植株长到高 20~25cm 时，在
不伤着根的同时小心地挖出苗

无病, 有 2 株分
蘖且长势好的
苗就是优质苗

2 地块的准备

避免和葱类蔬菜连作，选择排水性好的地块，全面撒上石灰
后细致地耕翻

平均 1m²
石灰　4 大匙

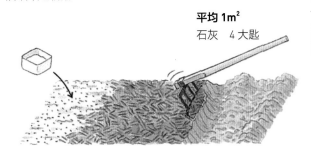

在定植前约 2 周
施入基肥

平均 1m 沟长
堆肥　4~5 把
豆粕　3 大匙
复合肥　3 大匙

在基肥上面覆 7~8cm
厚的土

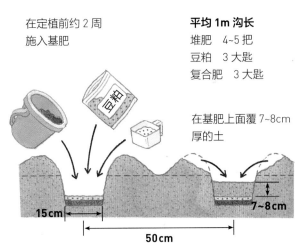

15cm　　7~8cm

50cm

3 定植

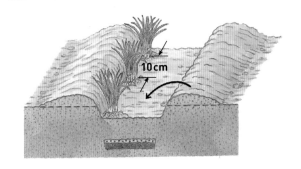

10cm

在每个穴内栽 3~4 株

211

4 | 追肥

平均 1m 垄长
豆粕　3 大匙
复合肥　2 大匙

1 个月进行 2~3 次追肥并覆土。铺上稻草，防止干旱

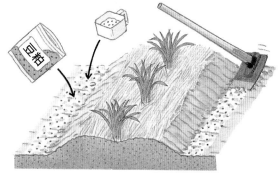

 成功的要点　到了春季，在芽开始伸展时进行追肥，促进其生长。以后，把老叶割掉，使再发出的芽伸展，就能收获品质好的韭菜。

5 | 收获

从春季到初夏
当植株长到高 20~25cm 时，就可以开始收获

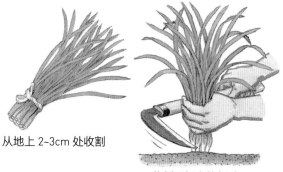

从地上 2~3cm 处收割

收割再长出的新叶

6 | 掐薹

开花的状态

7 月下旬 ~8 月
因为一到夏季就开始抽薹，所以就需要及早摘除薹，防止植株早衰。把开花的花茎从基部掐掉

7 | 割除、收获

秋季

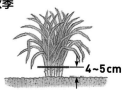

4~5 cm

秋季，如果长势弱了就把老叶和抽薹的茎割掉，使其长出好的新芽，以后隔 15d 左右又能进行收获

撒施少量复合肥

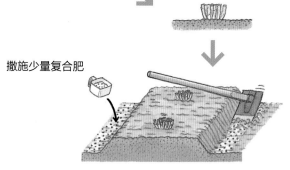

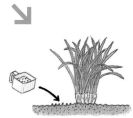

割除后立即追肥，促使长势好的芽发出，能连续收获 2~3 年。根据叶色和长势情况，撒施少量复合肥

 成功的要点　在割取收获后，为补充营养撒施少量的复合肥，撒施的量可根据收割前的叶色或产量目标而定。

8 | 植株的更新

植株长得很大，根部也会混杂拥挤，挖出后将其分开，每 2~3 株为 1 组，在新的场所以和第 1 年同样的要领重新定植（参照 P213）

如果嫌一根一根地摘薹很麻烦,可以在做好消耗植株营养的心理准备后,等早抽的薹开花、晚的刚抽薹时,用镰刀在下图中①的位置一齐割除即可,不久后就能长出品质好的叶片。

如果没有长出好叶片,就先不要收获,在不久叶片长出来之后,从地上5cm(下图中②的位置)处一齐割除。等植株长势恢复,品质好的叶片长出来后,再正式收获。

要避免在高温时和早上有露水时收割。另外,要注意不要割得太靠下了。

Q 抽薹的时候如何管理?

A 如果放置不管,植株就会早衰,所以只要发现就及早摘除。

葱类在低温短日照条件下进行花芽分化,春季抽薹。与此相反,韭菜是在高温长日照条件下进行花芽分化,夏季抽薹开花。

对这些薹如果放置不管,植株就会早衰,就收获不到好的韭菜,所以薹要及早地摘除。

开花的状态

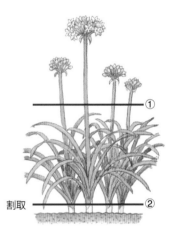

① ②

割取

Q 植株的更新方法?

A 把植株都挖出来分株,以3株为1组重新定植。

1年收割3~4次,可连续收获2年以上,随着韭菜的植株分蘖茎增多,就逐渐地收获不到叶宽肉厚的韭菜了。如果这样,及早进行植株更新是上策。

首先,在尽量不要切断根的情况下,离远一

点插入锄头挖出根株。因为根扎得很牢固,所以需要很大力气。

然后,用手把植株从基部分开,3株为1组。因为很难分开,所以要拿着叶片用力分开。

分开后,将地上部分留下5cm长后把多余的剪掉,把分开的植株还按3株为1组,以合适的间距重新定植。

定植时,在植株的下方多施堆肥和豆粕作为基肥。另外,要注意不要定植得太深,不能把切口处埋住。

花韭

Chinese chive

●石蒜科 / 原产地：东亚

利用韭菜抽薹的花茎和花蕾。用全年都能抽薹的花韭专用品种进行栽培。香味好，美味可口。

栽培月历　　　　　　　　　　　　　（月）

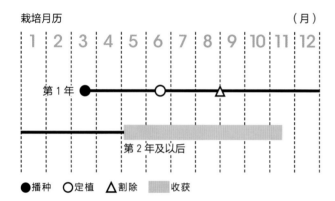

●播种　○定植　△割除　▨收获

栽培要点

◎比通常的韭菜（叶韭）的叶片更细且硬，所以利用的是专门抽薹的花茎。

◎全年都可抽薹，如果进行保温，冬季也可收获。

◎耐低温性比一般的韭菜弱，所以认真地进行温度管理是很重要的。

◎薹要在开花前收获。

◎如果收获晚了，品质就会变差，因此不要错过了收获的时机。

◎如果全年让其抽薹并收获，植株就会早衰，因此要培育新株，进行更新。

推荐的品种

花韭可全年形成花芽，是抽薹韭菜的一种（变种），以"韭薹"的形式在市面上流通。顺便提一下，这里的花韭和在园艺中喜欢的葱科春星韭属的"花韭"（别名春星韭）不同。

田达宝（坂田种苗）：从初夏到晚秋抽薹，收获带嫩蕾的柔嫩薹（花茎）。作为香料蔬菜用于炒菜。

韭姑娘（武藏野种苗园）：香味大、口感好的花韭。能不断收获又粗又长的薹（花茎）。空洞少，能收获优质品。

田达宝

韭姑娘

栽培方法

1 育苗

在苗床上撒施肥料，然后细致地耕翻

平均 1m²
堆肥　5~6 把
豆粕　4~5 大匙
复合肥　3 大匙

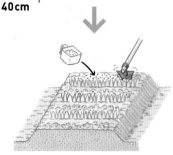

用木板压出行距为 15cm 的播种沟，条播种子

15cm

80cm　40cm

发芽生长时，在行间撒上复合肥，和土掺混一下

2 地块的准备

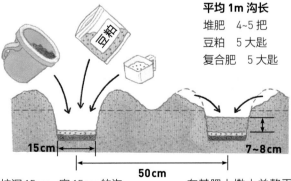

平均 1m 沟长
堆肥　4~5 把
豆粕　5 大匙
复合肥　5 大匙

15cm
50cm
7~8cm

挖深 15cm、宽 15cm 的沟，施入基肥

在基肥上撒土并整平土面

3 定植

在 1 个穴内定植 2~3 株，在植株基部覆土厚 1~2cm

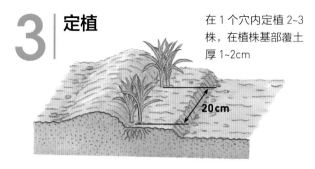

20cm

4 追肥

平均 1m 沟长
豆粕　2 大匙

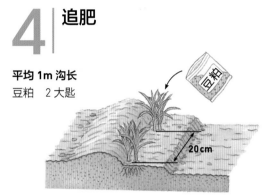

20cm

在幼苗扎下根开始旺盛生长的时候和 1 个月后追肥

5 收获、植株的更新

第 1 年把抽薹的部分割除，以提高植株长势，第 2 年再收获

4~5cm

在花茎伸展、花蕾鼓起来的时候，从柔嫩处折断

收获后，在叶色差时适当地进行追肥

> **成功的要点**　如果收获晚了，薹就会变硬，品质也显著变差。先摘取少量尝一下再确定适宜的收获时期。

在 1 年中连续收获 5~6 次，植株长势就会衰弱，培育新株进行更新即可。要根据生长发育情况适时追肥

叶菜类—花韭

蘘荷
（茗荷、阳藿）

Myoga

●姜科 / 原产地：亚洲东部地区

具有特有的香味和爽口的口感，是略带苦味的香味蔬菜。在温凉荞麦面中作为调味料被使用。

栽培月历　　　　　　　　　　　（月）

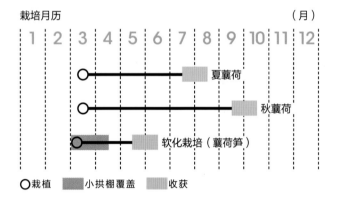

栽植　小拱棚覆盖　收获

栽培要点

◎从北海道到冲绳，在日本各地都有生长。

◎对土质的适应范围广，不喜欢干旱和强光，喜半日阴且稍湿润的土壤。种在有光透过来的大树下是最合适的。

◎为了防止出现连作障碍，可与非姜科植物进行4~5年轮作。

◎因为以地下茎繁殖，可把根株挖出来栽培，或是从市场上购买根株进行栽植。顺便提一下，平时我们吃的是从地下茎上长出的花蕾。

◎多年生草本植物，能收获好几年。

◎除利用从地下茎上发出的花蕾（花蘘荷）外，还有通过软化栽培法，利用弱光使嫩茎带有红色的"蘘荷笋"。

◎因为不喜干旱，所以用稻草等保持适宜的湿度。

◎几年后，地下茎就会变得混杂拥挤，因此就要疏苗。

推荐的品种

有早熟、中熟、晚熟的系列，在日本各地都有几个以自己地名命名的地方品种，如大家熟知的群马的阵田早生、长野的诹访2号等。

早生蘘荷：生长强健的早熟蘘荷。嫩芽可作为蘘荷笋利用。

秋蘘荷：能开大花，用途和早熟品种相同。收获量大，很有培育价值。

阵田早生蘘荷（泷井种苗）：长有个头大的鲜红色的花蕾，是群马县用地方品种育成的。

阵田早生蘘荷

蘘荷笋（参照 P219）

栽培方法

1 | 地块的准备

在大树的树荫下等能遮挡夏季的强光照射的地方最好

平均 1m²
堆肥　1 塑料桶
石灰　5 大匙

在栽植前约 2 周全面地撒上堆肥和石灰，耕翻至 20cm 深

2 | 根株的准备

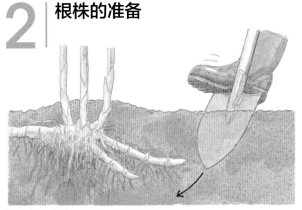

把植株挖出来，尽量不要伤着根

开始栽培时可从已经栽培着的农户那里分株进行培育，也可从市场上购买根株进行栽培

选充实的根茎切断，使每段带有 3~4 节根茎

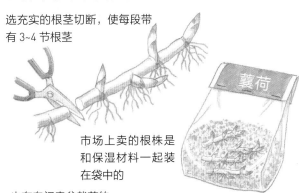

市场上卖的根株是和保湿材料一起装在袋中的

也有专门卖盆栽苗的

3 | 栽植

挖栽植沟，挖出的土暂放到沟沿的两侧

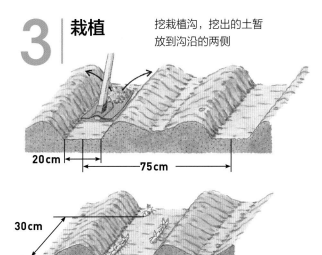

20cm　75cm

30cm

把根株摆成 2 排，互相错着位置向前摆放

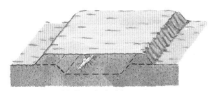

覆上 5~6cm 厚的土，轻轻镇压一下

4 | 追肥、间苗

第 1 次追肥
当长出 5~6 片叶时追肥，然后稍向垄上培土
平均 1m 垄长
复合肥　3 大匙

间苗　从第 2 年开始，当长出 5~6 片叶时，平均 1 m² 留下 25~30 根主茎

第 2 次追肥
在第 1 次施肥后的 1 个月，施和第 1 次一样的肥料

平均 1m 垄长
复合肥　3 大匙

第 2 次追肥后，当地块中的植株都伸展开时，观察叶色、植株粗细及生长发育的状态，根据需要适当地撒施复合肥，注意不要撒到叶片上

217

5 | 铺稻草、浇水

冬季 → 春季

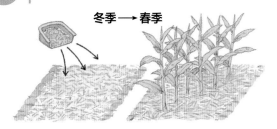

冬季根进入休眠期时，在地块中全面地铺上稻壳，夏季铺上稻草

对于易干旱的地块，在干旱期土壤表面干了，就及时进行浇水

成功的要点 蘘荷不喜欢强光照射和干旱。夏季铺上稻草，干旱时及时浇水，能收获优质品。

6 | 疏苗（第3~4年）

在叶片干枯、根进入休眠的时候

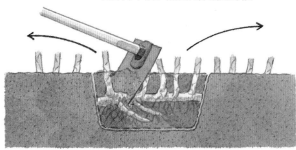

经过3~4年，地下茎在地块中全面地扩展开，茎叶也变得混杂拥挤，可用锄头刨出根株，把间距扩大

7 | 收获

要多关注植株附近，不要错过了适期进行摘蕾

收获的花蕾

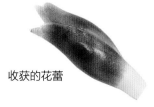

⭕ 里面长得结实的是好的花蕾　❌ 开花后品质就显著降低

成功的要点 因为在收获期每天早上每株都会出几个花蕾，要注意不要收获晚了。长出地面就要及早发现，里面长得结实时就进行收获。

惜，真希望它从家庭菜园中再度流行起来。

在地块中的软化，从开始萌芽的 4 月开始，围上 90cm 高的围栏，在上方覆盖厚 5~10cm 的保温材料，使光线不要照到其中（参照下图）。

作为另一种方法，可以用第 3~4 年的植株，在需要间苗（植株）时，把要间苗的（植株）的部分撑上高 60cm 左右的塑料拱棚，为了不使光线照入再盖上黑色或者银色的塑料薄膜，一直盖到底部并压实。

无论哪种方法，都要在经过 2~3 周、茎开始伸展的时候，以及再过 1 周后，分 2 次把围住的部分每天揭开 5~6h，通风 2d，换气并使外面的光线射入，使其带红色。

在茎伸展到高 30~50cm（前一种方法中围起来长到能收获）时，从地表处切下进行收获。长得粗并且柔软的更有风味。除和花蘘荷一样可作为调味品之外，还可切细用作生鱼片的配菜和做汤等。

Q 蘘荷笋的培育方法？

A 在刚开始萌芽的时候，进行软化栽培。

蘘荷笋，就是蘘荷经软化栽培后长到 50cm 的嫩茎，有独特的风味，从很早以前就是日本菜中的珍品蔬菜。近年来不怎么用了，多少有点可

蘘荷笋的培育方法

由蘘荷的嫩茎软化栽培而成。只给予少量的日光照射，使其带有红色。时间约从夏季开始

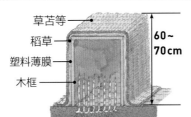

草苫等
稻草
塑料薄膜
木框

60~70cm

在萌芽的 4 月围上薄膜使其软化，再盖上厚保温材料以保温

使其带红色

开始软化之后进行 2 次，把覆盖物（软化保温材料）揭开一部分，照进弱光，促进上色

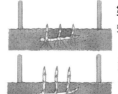

第 1 次
5~6cm 高时

第 2 次
15cm 高时

收获

30~50cm

 确实如此专栏

如何早一点收获蘘荷笋

挖出地下茎，在大棚内用铺了稻草或落叶的温床，或者用电热加温的温床，即促成软化栽培。要想早收获，就要打破根株的休眠。选择因寒冷而地上部枯死的植株，将其根株从地块中挖出来，覆盖稻草保存，防止干燥。

放在 7~8℃ 的低温下一段时间，打破休眠后就可进

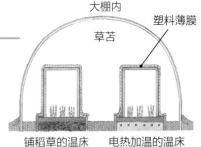

大棚内
塑料薄膜
草苫

铺稻草的温床　　电热加温的温床

行促成软化栽培。

发芽的适温为 25℃。第 1 次使其变成红色，要控制在 20℃，以后请按 15℃ 进行温度管理。

结球生菜

Head lettuce

●菊科 / 原产地：地中海沿岸地区、西亚

结球的圆生菜，是脆球型的生菜。是世界上共同的色拉菜的主角，吃起来清脆爽口，很受欢迎。

栽培月历　　　　　　　　　　　　　　（月）

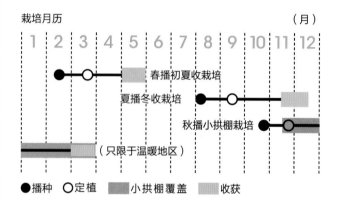

●播种　○定植　　小拱棚覆盖　　收获

栽培要点

◎喜欢冷凉的气候，栽培的适温是 15~22℃。生长发育的前半期低温性强，即使是下降到 −5℃ 左右也不会枯死，但是进入结球期时就易受冻害。

◎对酸性土壤的适应性弱，其程度仅次于菠菜，所以在定植前要撒上石灰，细致耕翻。

◎耐热性差，到 27℃ 以上就不能正常地结球，腐烂株也增多。

◎若选择夏季播种冬季收获，因为需要在高温下播种、育苗，所以要充分注意发芽及发芽后的管理。

◎育苗过程中，要把育苗箱或育苗穴盘放在树荫下通风好的场所，中午时要盖上遮光材料。

◎因为在高温、长日照条件下播种时容易抽薹，所以夏季要适期播种。

推荐的品种

叶片吃起来"咔嚓咔嚓"，清脆可口，一般喜欢绿色深的品种。

洒五札（泷井种苗）：适合在初夏至秋季收获的早熟品种，口感好。耐热性强，抽薹晚。

西斯科（泷井种苗）：低温时结球性好，从外到内都是鲜绿色的。叶片肉质厚、口感好、耐贮存。

萨丽娜斯 88（坂田种苗）：耐病性强，生长发育旺盛。叶片有光泽，1 棵可长成重 500g 左右的大球。

美味塔斯（Tokita 种苗）：外叶柔嫩的散叶生菜，但吃起来爽脆可口，有和结球生菜一样的口感。

洒五札

西斯科

萨丽娜斯 88

美味塔斯

栽培方法

1 育苗

苗育苗

在育苗箱中以 5~6mm 的间距条播

因为种子微小，所以覆土厚度就是刚刚盖过种子的厚度，用筛子筛上一层薄土

7~8cm

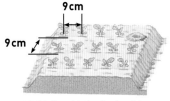

9cm

9cm

当长出 2 片真叶时，以 9cm 的间距定植到苗床上

当长出 5~6 片真叶时，育苗完成

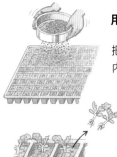

用穴盘

把种子播在 128 穴的穴盘内，1 个穴内播 3~4 粒种子

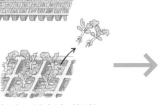

当长出 1 片真叶时间苗，留下 1 株培育

当长出 3~4 片真叶时，育苗完成

夏播时要进行催芽处理

把种子用纱布等包好，用水浸泡一昼夜后，铺在纱布上重新包好，放在 18~20℃ 的凉爽处，待其发芽后播种，就能很好地发芽（参照 P223）

成功的要点　由于种子很小且皮薄，播种后用筛子筛上一层薄土，不要太厚。然后用木板轻轻镇压，使覆土均匀。

2 地块的准备

平均 1m²

石灰　5 大匙
（酸度高可再多施一点）

如果前茬堆肥施得少，隔几天平均 1 m² 再施 4~5 把堆肥后进行耕翻

前茬整理结束后，就及早撒施石灰

在定植前约 2 周施入基肥，细致耕翻至 20cm 左右的深度

平均 1m²

堆肥　5~6 把（如果和石灰同时施用了就不用再施了）
豆粕　5 大匙
复合肥　5 大匙

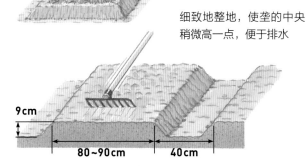

细致地整地，使垄的中央稍微高一点，便于排水

9cm

80~90cm　　40cm

3 定植

在低温期栽培的茬口，最好铺上地膜

30~35cm

带定植孔的黑色地膜

30~35cm

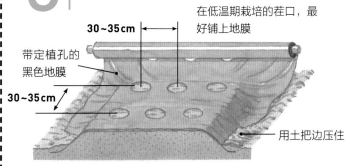

用土把边压住

因为带定植孔的地膜有很多种类，孔的间距和大小不同，所以要选用适合生菜的地膜。如果没有合适的，就选不带孔的地膜，铺在垄上后自己用手开孔

221

因为用穴盘育的苗很小，所以不要
定植得太深了

30~35cm

30~35cm

9cm

垄上定植 3 排。特别是热的时候，在地膜上盖上一些稻草

定植后向植株基部浇水。容易干的
地块每半个月浇 1 次足水

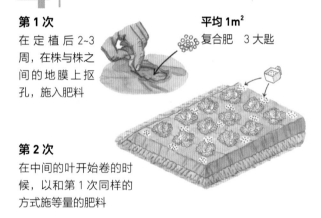

4 │ 追肥

第 1 次

在定植后 2~3
周，在株与株之
间的地膜上抠
孔，施入肥料

平均 1m²

复合肥　3 大匙

第 2 次

在中间的叶开始卷的时
候，以和第 1 次同样的
方式施等量的肥料

------------ 不覆盖地膜时 ------------

第 1、第 2 次追肥都和覆盖地膜时一样，在株间撒施等
量的肥料，用竹片等工具和土掺混一下

5 │ 防寒覆盖

在小拱棚顶部抠孔进行自然换气。到春季进行小拱棚栽培，
随着气温的上升要增加透气孔的数量。要注意小拱棚内的温
度不要超过 25℃

如果换气不足，温度升到 30℃ 以上，
就容易长出腰高、结球慢的变形球

成功的要点　对于收获处于冬季低温期（降霜、降雪期）的栽培，进入结
球期时就要覆盖塑料薄膜进行保温。要注意不要忘了换气，
小拱棚内的气温不能升得太高。

6 │ 虫害防治

因为在初期时易受地下害虫为害，随
着生长发育易发生蚜虫等虫害，所以
要及早喷洒药剂进行防治

可覆盖防虫网等材料
防止害虫入侵

覆盖材料（长纤维、中纤维的无纺布）在夏季定植后有缓苗
成活、在晚秋有防霜的功效

7 │ 收获

用手按一下球的顶部，
如果变硬了就是收获的
适期。把球稍微按倒，
用刀割取收获

比起卷得太结实的球，还是球心小、叶片卷得不太结实的球
更容易利用，口感也好

222

秋季收获的生菜需要在天气热的时期播种，但是高温下发芽容易失败。这是因为发芽适温只有 18~20℃。

因此，如果进行催芽处理，发芽情况就会变好。把种子用纱布包起来浸入水中使其吸水后，放在冰箱冷藏室中温度稍高的地方（5~8℃）2d后播种。

必须慎重选择的是用土。夏季播种时尤其是要选保水性、排水性好的地块。排水差的地块的土壤表面很硬，容易通气不良，在幼苗的时候就容易出现立枯病。建议使用市场上卖的专用土（或基质），不过用没有栽培过蔬菜的土壤也可以。

因为夏季容易干旱，播种后浇水的次数要增加。

Q 夏季播了种，发芽情况不好怎么办？

A 浸水 & 低温处理进行催芽。

把种子用纱布包起来，在水中浸泡一昼夜

控干水后重新用纱布包好再放入塑料袋中，然后在冰箱的冷藏室中放2d左右

选用仅能看到一点点根的种子进行播种

 确实如此专栏

具有观赏性的混合种子

若使用育苗箱，在身边培育散叶生菜，就可以每天在餐桌上享受到美味，非常方便。方便每次少量利用的是市场上卖的有各种叶色和叶形的几个品种的混合种子。为了便于一起培育，它混合了植株大小兼容、利用方便的几种种子。

培育方法很简单，无论是直播还是育苗都没有关系。间苗和定植时，如果把各种颜色的植株均匀搭配一下，从外面一看简直就是美丽的花园。

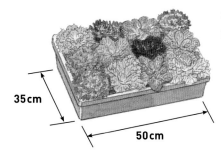

在下霜之前挖取收获

35cm
50cm

散叶生菜

Leaf lettuce

●菊科 / 原产地：地中海沿岸、西亚

叶片有皱褶的不结球生菜。色拉生菜、宽叶生菜、褶边生菜等品种多种多样，选择也是一种乐趣。

栽培月历 　　　　　　　　　　　　　（月）

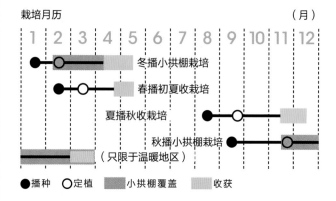

	1	2	3	4	5	6	7	8	9	10	11	12	
冬播小拱棚栽培													
春播初夏收栽培													
夏播秋收栽培													
秋播小拱棚栽培													
（只限于温暖地区）													

●播种　○定植　▨小拱棚覆盖　▨收获

栽培要点

◎虽然喜欢冷凉的气候，但是比结球生菜更耐热、耐寒。

◎夏播时，因为发芽和幼苗的初期生长发育差，所以使用颗粒种子等，尽量在树荫下等凉爽的场所育苗。

◎因为在高温、长日照条件下播种容易抽薹，所以夏季播种时不要错过了播种时期。

◎为了防止雨水飞溅污染叶片造成病害传播等，建议使用地膜栽培。

◎要多施有机肥料促进生长发育，可培育植株多长肉质厚并且柔软的叶片。

◎定植后，要适时追肥，培育成长势好、叶大的植株。

推荐的品种

有红色和绿色的皱褶系列、有细密缺刻的褶边生菜等各种各样的种类。

夏绿（坂田种苗）：作为色拉生菜利用，是适合家庭菜园的蔬菜。收获嫩叶利用。

绿波（Mikado 合作社）：抽薹晚、容易培育，夏季收获的散叶生菜的固定品种。个头大、分量足。

麻紫红（泷井种苗）：深红褐色，容易培育的生菜。和结球生菜相似，有爽脆的口感。

美绿（横滨植木）：褶边性强，吃起来有爽脆的口感。做色拉非常适合。

夏绿

绿波

麻紫红

美绿

栽培方法

1 育苗

1 个穴内播 3~4 粒种子，用筛子筛上一层薄薄的覆土

间苗

有 1~2 片真叶时，把徒长苗等拔除，留下 1 株培育

当长出 3~4 片真叶时，育苗完成

夏播育苗

①用颗粒种子

②覆盖一层薄土
③放在树荫下等凉爽、通风好的场所

2 地块的准备

尽快把前茬收拾干净，全面地撒施石灰，进行耕翻

在定植前约 2 周施入基肥，深耕至深 20cm 左右

平均 1m²
堆肥　5~6 把
豆粕　5 大匙
复合肥　5 大匙

3 定植

带定植孔的黑色地膜

30 cm

30~35 cm

80 cm

用土把边压住

带定植孔的地膜，有定植孔的间距、大小不同的各种各样的种类，所以要选择适合散叶生菜的地膜。如果没有合适的就选无定植孔的地膜，铺在垄面上后自己根据株距开孔

因为用穴盘育的苗很小，所以要注意不能栽得过深

30 cm

30~35 cm

在垄面上定植 3 排。特别是天热的时候要在地膜上轻轻铺上稻草。栽后小心地浇水

4 追肥

第 1 次
在定植后 2~3 周，用手指把植株基部的地膜抠开，施入复合肥

平均 1m²
复合肥　3 大匙

第 2 次
在第 1 次施肥的半个月后，按同样的方法施等量的肥料

5 收获

中心的叶向内侧卷曲时，就是收获的适期。再稍早一点收获也可以

从植株基部割取收获

叶数：有皱褶品种为 20~25 片，色拉生菜为 10~15 片

摘叶收获

要想一点一点地少量长时间连续收获，就从外侧的叶片依次摘取收获

由于品种不同，叶片色泽也多种多样。根据自己的喜好，使餐桌变得丰富多彩

半结球生菜

Cos lettuse

●菊科 / 原产地：欧洲

结球松散的半结球型生菜。也有的叫"直立生菜""罗马生菜"。

栽培月历 　　　　　　　　　　　　　　（月）

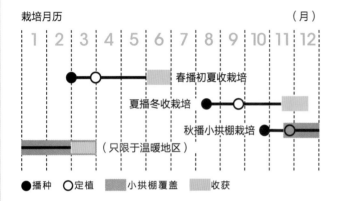

●播种　○定植　　小拱棚覆盖　　收获

栽培要点

◎因为是在高温期播种，不易发芽，所以播种后要放在通风好的树荫下等处。

◎夏播时，对移栽后的苗床进行遮光，使日光变柔和。

◎若土壤水分变化大，蔬菜形状就容易变得不整齐，也容易发病。

◎雨多时也容易发病。因为易受湿害，所以起垄时要起得高一点，使排水通畅。

◎开始直立旺盛生长时，不能缺了肥料，要及时进行追肥。

◎在干旱的夏季，如果认真浇水，就能收获优质的叶片。

◎因为不会结成很硬的叶球，所以要看准结球的情况，不要收获晚了。

推荐的品种

品种的数量比结球生菜和散叶生菜少，但是也有耐病性的品种在种植着。

罗玛利亚（泷井种苗）：晚抽性和结球性比较稳定，容易培育。适合较多的茬口栽培，耐病性强。

科斯生菜（坂田种苗）：肉质厚，口感超群。吃起来清脆爽口，也适合熟食。

科罗赛奥（Tokita 种苗）：容易培育，是很受欢迎的细长橄榄球形的生菜。叶色漂亮。叶缘像烤焦一样褐变的生理障碍少。

罗玛利亚

科斯生菜

科罗赛奥

栽培方法

1 | 育苗

以 5~6mm 的间距进行播种

行距为 7~8cm

用筛子筛土覆盖种子，盖上刚看不见种子的极薄一层即可。播种后放在通风好的树荫下等凉爽的场所

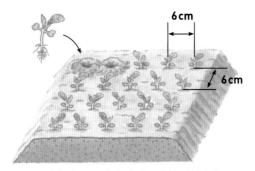

6cm

6cm

当长出 1~2 片真叶时，移植到苗床上

2 | 地块的准备

平均 1m²
堆肥　6~7 把
复合肥　5 大匙

在定植前约 2 周在垄上撒施肥料，然后耕翻并整好

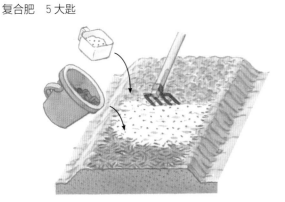

3 | 定植

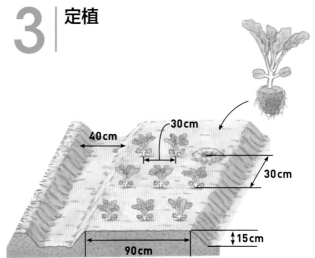

40cm

30cm

30cm

15cm

90cm

当长出 4~5 片真叶时，育苗完成，就可定植到地块中

4 | 追肥、灌水

开始直立旺盛生长时，在株间施肥

平均 1m²
豆粕　7 大匙
复合肥　5 大匙

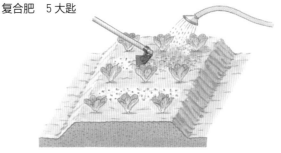

夏季时不要缺了水。要注意遮光

5 | 收获、利用

顶部的叶闭合时就是收获的适期

用于制作色拉、炒着吃、用热水焯一下拌着吃

接近心的小叶呈黄色船形，有时也可代替菊苣使用。在叶片上放上鱼子或色拉等制作漂亮的前菜（凉菜）

莴笋

Cutting lettuce

●菊科 / 原产地：伊朗、伊拉克、中国等

摘取茎下部的叶片利用。又因为可包着烤肉吃，所以又叫"包菜"。

栽培月历 （月）

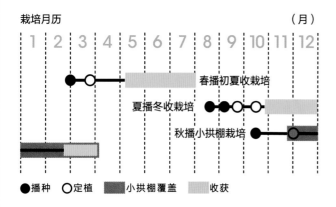

春播初夏收栽培
夏播冬收栽培
秋播小拱棚栽培

●播种　○定植　　小拱棚覆盖　　收获

栽培要点

◎比结球生菜的耐热性和耐寒性强，尤其是在夏季的高温下也能收获，最适合家庭菜园栽培。

◎因为初期生长发育缓慢，所以育苗要选用优质的土（或基质），认真地浇水，培育优质苗。

◎茎伸展到高 20~30cm 时，因为可以从下部的叶片开始依次摘取收获，所以能长时间连续收获。

◎要想长时间地收获优质的叶片，就不能缺了肥料，定期追肥。

◎因为一次摘叶过多，植株就会早衰，所以要根据植株生长的状态来调整收获的叶片数量和频次。

推荐的品种

品种少，有叶呈板状、肉质厚的改良品种、红叶品种等。

青叶奇马（泷井种苗）：叶片为绿色、色泽鲜艳。如果从外叶摘取收获，能长时间品尝到美味。

红奇马（Tokita 种苗）：红叶，色泽鲜艳。口感好，无论是做色拉还是卷烤肉都很好吃。

绿纳特（丸种专业合作社）：叶片呈鲜绿色并且有光泽。适期栽培，播种后55d左右就能收获。

青叶奇马

红奇马

绿纳特

栽培方法

1 育苗

播种

在3号塑料钵内播5~6粒种子

因为种子小，要用筛子细致均匀地筛上1~2mm厚的覆土

间苗

当长出2~3片真叶时间苗，留下1株培育

当长出4~5片真叶时，就可向地块中移栽

2 地块的准备

平均1m沟长

堆肥　5~6把

豆粕　3大匙

复合肥　3大匙

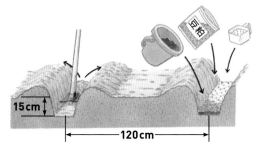

15cm

120cm

在定植前约2周挖15cm深的沟，施入基肥

成功的要点　因为生长发育期很长，施基肥时要多施优质基肥，要少量多次追施，能连续地收获好的叶片。

3 定植

为了使排水通畅，起的垄中间要稍高一些，然后定植

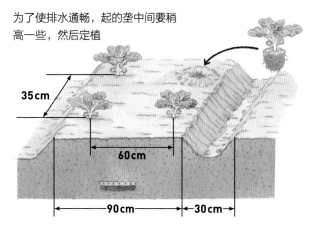

35cm

60cm

90cm　　30cm

4 追肥

平均1株

复合肥　1大匙

从有7~8片真叶时，每隔20d追肥1次

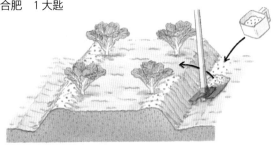

5 收获

叶片长达17~18cm时，把下部的叶片依次摘取收获

根据生长情况，每次摘取2~3片叶

菜用黄麻

Jew's mallow

●锦葵科 / 原产地：中近东、非洲北部地区

在炎热的夏季是非常宝贵的含钙、维生素 E 很多的健康蔬菜。没有什么特别的味道，切碎时有黏稠感。

栽培月历

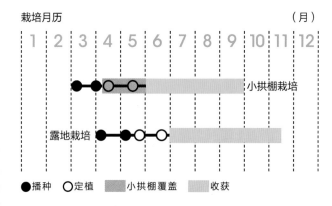

（月）

| 1 | 2 | 3 | 4 | 5 | 6 | 7 | 8 | 9 | 10 | 11 | 12 |

小拱棚栽培

露地栽培

●播种　○定植　■ 小拱棚覆盖　■ 收获

栽培要点

◎是原产于热带的高温性蔬菜，发芽适温为 30℃，生长发育的适温为 20℃以上，露地栽培时应在温度充分升高后再栽培。

◎因为不耐低温，所以在定植前铺上地膜提高地温，就可顺利生长发育。

◎要想提早培育就要加温育苗，定植时铺上地膜或用小拱棚以提高地温。

◎茎细，被风一吹容易倒伏，所以要及早立上支柱。

◎定期进行追肥、浇水，促使多发出侧枝，提高产量。

◎因为菜用黄麻的种子有毒，所以种子绝对不能吃，带荚的茎也不能吃。

推荐的品种

没有品种的分化，近年来在进行降低植株高度、侧枝易发、不易倒伏等方面的改良。

菜用黄麻（泷井种苗）：植株直立、不易倒伏的改良种。会陆续长出弯曲少的腋芽。

菜用黄麻

备受关注的营养

据说古代埃及就被食用，作为给国王治病的特效药使用而出名，在阿拉伯语中有"帝王菜"的意思。1980 年后传入日本，因为它的营养价值高，所以很快就普及到了全国。

β - 胡萝卜素和维生素 E 的含量在蔬菜中名列前茅，具有抗氧化作用，所以期待其在预防癌症和防止细胞老化上发挥作用。含有钙和维生素 K、锰等，有助于骨质强化，预防骨质疏松。

栽培方法

1 育苗

塑料钵育苗

播种

在每个 3 号塑料钵中各播 5~6 粒种子,用筛子筛上一层薄土

间苗

随着苗的生长发育进行间苗,留下 1 株培育

当植株长到高 15cm 左右时,可向大田中定植

穴盘育苗

用 128 穴的穴盘,1 个穴内播 3~4 粒种子,用筛子筛上一层薄土

间苗,在 1 个穴中留下 1 株培育,在穴盘还不是很混杂拥挤时,就可向大田中定植

2 地块的准备

在定植前约 2 周掘沟,施入基肥,起垄

平均 1m 沟长

堆肥　5~6 把
豆粕　5 大匙
复合肥　3 大匙

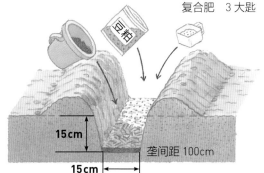

15cm
15cm
垄间距 100cm

3 定植

因为不耐低温,所以覆盖黑色地膜,以提高地温。如果想早收获就用小拱棚栽培

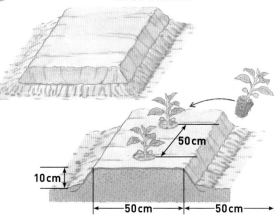

50cm
10cm
50cm
50cm

如果土壤干了,就向植株基部稍微浇水。早春时如果浇得太多,地温会下降,不利于生长发育

> **成功的要点**
> 因为是高温性的蔬菜,所以在天气暖和后再进行栽培。想早定植,就铺上地膜提高地温。

4 追肥

平均 1 株
豆粕　1 大匙
复合肥　1 大匙

第 1 次

定植后 20d 左右,植株开始旺盛伸展时,用手指把株间的地膜抠开进行施肥

第 2 次及以后

随着进入收获盛期,每隔 15~20d,在垄的一侧施肥并培土

平均 1 株
豆粕　1 大匙
复合肥　1 大匙

> **成功的要点**
> 要想连续地收获优质品,使其多发侧枝是很重要的。为此,就要增加追肥的次数,不能缺肥。

5 | 管理

要想在夏季干旱期时收获优质的叶片，就必须要采取防暑、防旱对策

在植株小时就立上临时的支柱

长大后立上牢固的支柱

稻草

为了防止干旱，铺上稻草，如果连续晴天就浇水

6 | 摘心

因为如果放任不管，能长到2m，所以要进行摘心，培育成紧凑型植株

50~60cm

7 | 收获

只选色泽好的嫩茎进行利用，坚硬的茎可排除在外

收获时陆续地剪取嫩芽顶端

剪除后下部带着2~3片叶为好

※ 为了使剪取的位置更清楚，图中省略了叶片。

小心，菜用黄麻的种子有毒

　　快到秋季时，在叶的基部开始开小的黄色花，然后长成结实的荚。里面不久就结成黑色芝麻粒一样的、有棱角且稍尖的种子。这种种子中含有毒毛旋花苷这一毒性成分，绝对不能食用，带荚的茎也不能吃。叶片没有毒性，所以可以吃。

菜用黄麻

菜用黄麻的荚

间或株间作业，应尽量扩大定植的间距。垄间距至少为 100cm、株距为 50cm 以上。

在定好株距的同时，对植株进行适当的整枝管理也是很重要的。主枝长到高 50~60cm 时就进行摘心。以后，因为腋芽还会长出，所以在留下 2~3 片叶后进行收获。进入生长发育后期，若无论怎么整枝也很拥挤，就回剪到腰的高度，侧面也要大幅修剪，使收获更方便。

Q 适宜的株距是多少？

A 因为能长成大株，所以株距为 50cm 以上。

菜用黄麻耐热性强，如果放任不管，能长到高 2m 以上。为此，应进行摘心使其长出更多的腋芽，使植株横向扩展。

在收获嫩的芽尖时，为了便于操作者进入垄

定植时使株距为 50cm 以上，长得拥挤就剪枝，以便于收获

Q 春季播种太早，长出花芽了该怎么办？

A 在天气暖和之后再播种。

如果春季播种过早，受低温、短日照的影响，在苗期就会发生花芽分化。露地栽培时，还是等充分暖和了之后再播种吧。

确实想早播，确保在地温为 23~25℃、气温为 15℃ 以上的加温条件下，用电灯照明，保证日照长度在 16h 以上，进行育苗。在简易大棚内建造苗床，在日落后用白炽灯或荧光灯进行补光。

夏末就开始开花也是因为短日照条件的影响。通过电灯照明抑制花芽分化，能长时间连续收获很多好的叶片。

为了早收获用的温床育苗设施

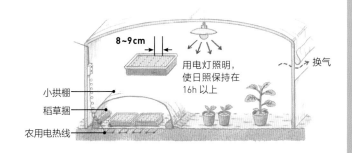

芝麻菜

Rocket

●十字花科　原产地：地中海沿岸地区

叶片和花有与芝麻相似的香味、辣乎乎的味道是其特点。最适合做色拉和比萨饼的装饰配菜。

栽培月历 （月）

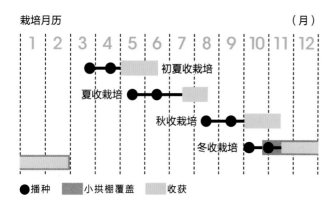

● 播种　　小拱棚覆盖　　收获

栽培要点

◎虽然种子粒小，但发芽率很高，即使是直播也容易培育。

◎生长发育快。因为不需要特别的管理，所以栽培很简单。

◎虽然耐寒性很强，但是耐热性差，夏季时用遮光网等搭成小拱棚栽培，能收获优质的叶片。

◎不耐高湿，在雨季推荐遮雨栽培。

◎因为叶片和叶柄都很脆，容易折断，所以栽培时要避开风大的地方，或是用防风网围挡起来。

◎是很合适播在箱式花盆中放在身边培育的蔬菜。收获时采用摘叶的方法，使芽再生，能长时间地品尝美味。

推荐的品种

作为品种被正式命名的很少。以火箭生菜、芝麻菜等名在市面上流通，购买这些种子栽培即可。

老凯特芝麻菜（中原育种场）：容易培育、短时间就可以收获。有水田芥一样的苦味也是其特点。

奥德赛芝麻菜（坂田种苗）：容易培育的改良品种。在明亮有日阴的地方栽培，叶片会更加柔嫩。

老凯特芝麻菜　　　　　　　奥德赛芝麻菜

食用方法

小株可做成色拉等，但是植株长大了就会变硬，所以不适合生吃。用热水焯一下拌凉菜会有独特的风味，有和小松菜与菠菜不同的香味。虽然用干鲣鱼碎和酱油拌着吃也很好吃，但是更推荐用盐和橄榄油拌着吃。

栽培方法

1 地块的准备
在播种前约 2 周

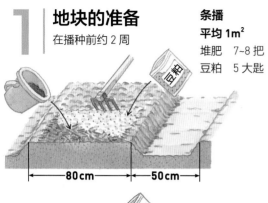

条播
平均 1m²
堆肥　7~8 把
豆粕　5 大匙

沟播
平均 1m 沟长
堆肥　3~4 把
豆粕　2 大匙

6~7cm
15cm
60cm

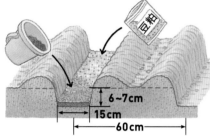

2 播种

将种子以 1~1.5cm 的间距进行条播。覆土厚 0.7~1cm

条播

15cm

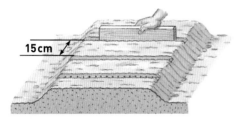

沟播
在肥料的上面覆上厚 4~5cm 的土，用锄头把沟底荡平后，以 2cm 的间距撒播上种子。覆土厚 0.7~1cm 厚，然后轻轻镇压一下

3 间苗

有 3 片真叶时间苗，使株距为 5cm，有 5 片真叶时使株距为 8cm

4 追肥

当有真叶 3~4 片时，把肥料撒到行间，和土掺混一下

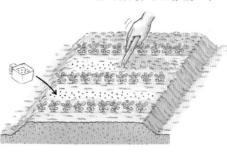

条播
平均 1 行
复合肥
0.5 大匙

沟播
平均 1m 沟长
复合肥　2 大匙

把肥料施在行间，用锄头和土掺混一下

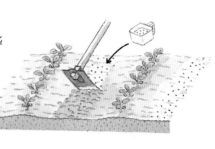

5 覆盖防虫材料

对防止夏季的高温也很有效

用防虫网或其他防虫材料

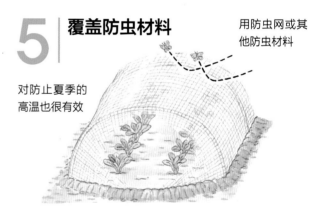

> **成功的要点** 根据季节不同，小菜蛾、蚜虫等虫害容易发生。用防虫网或者及时喷洒药剂进行防治。

6 收获

叶的长度伸展到 15cm 时就可收获

摘叶收获。会再长出来新芽

整株拔除收获

苦苣

Endive

●菊科 / 原产地：地中海沿岸地区

口感好、略带苦味。叶尖纤细、皱缩，叶边有深的缺刻，适合用在色拉和肉菜中。

栽培月历 （月）

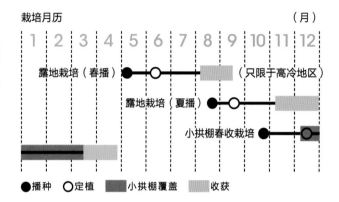

露地栽培（春播）　（只限于高冷地区）

露地栽培（夏播）

小拱棚春收栽培

●播种　○定植　小拱棚覆盖　收获

栽培要点

◎虽然喜20℃左右的冷凉气候，但是耐寒性弱，因为到接近降霜时生长发育就停止，所以这个时期必须要采取防寒对策。

◎虽然对土壤的适应范围很广，但是在富含有机质的砂壤土上最容易栽培。

◎在低湿地块要充分地做好排水对策。因为不喜欢酸性土壤，所以在栽培前就要撒施石灰并耕翻。

◎为了缓和独特的苦味并提高品质，可采取措施进行软化栽培。

◎植株长大后，用细绳或胶带把外叶捆扎起来，使内部的叶片变软白。

推荐的品种

大致分为小叶稍大的宽叶苦苣和缩叶性的缩叶苦苣，一般栽培的是后者。

苦苣（泷井种苗）：除使大株内部变软白外，还可收获嫩叶食用，也很可口。

苦苣

名称容易混淆
苦苣和菊苣

苦苣又叫栽培菊苣。为此容易和别的品种的菊苣混淆。在栽培方面，苦苣是1~2年生的草本植物，进行遮光软化栽培就行。而菊苣是多年生草本植物，要培育根株，进行促成软化栽培，利用生长的叶球。没有经过软化栽培的菊苣绿叶，也可和苦苣、生菜一样利用。

菊苣，又叫欧洲菊苣、苞菜

栽培方法

1 育苗

播种

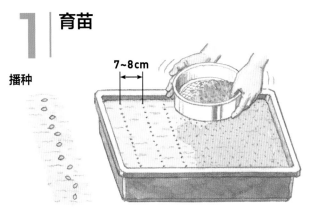

在育苗箱中以 1cm 的间距播种，条播。用筛子筛上 3mm 厚的一层薄土

间苗

发芽后，在混杂拥挤的地方间苗

当长出 2 片真叶时，移植到 3 号塑料钵内培育

放入苗箱中，便于移动或搬运

当长出 4~5 片真叶时，就可向大田中定植

2 地块的准备

在定植前 20d 就要在地块中撒施石灰，耕至深 20cm 左右。要注意不要和菊科的蔬菜（牛蒡、生菜、茼蒿等）连作

在定植前约 2 周起垄，全面地撒施基肥后旋耕

平均 1m²
堆肥　4~5 把
豆粕　5 大匙
复合肥　2 大匙

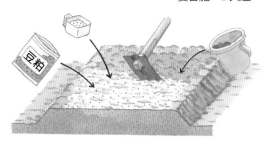

用铁耙耙平

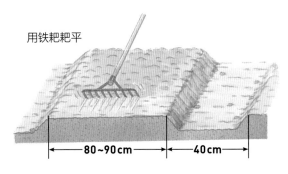

80~90cm　　40cm

3 定植

开定植穴，把苗栽入

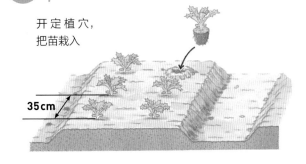

35cm

4 浇水

如果干了，要及时浇水

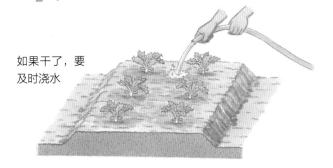

叶菜类 — 苦苣

237

5 | 追肥

第 1 次   **平均 1 株**

在植株周围撒施肥料后，和土掺混一下

复合肥 0.5 大匙

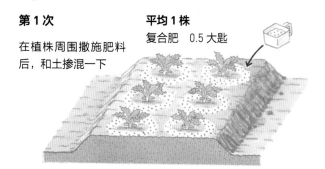

第 2 次   **平均 1m 垄长**

豆粕 3 大匙

复合肥 2 大匙

在垄的两侧开浅沟，撒上肥料，埋土后再向垄上培土

6 | 保温覆盖

盖上覆盖材料进行保温

覆盖材料

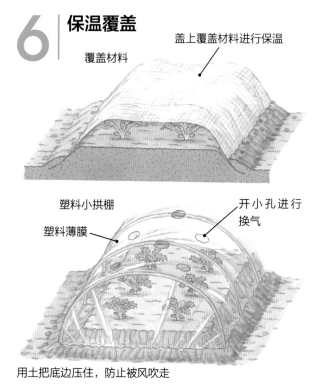

塑料小拱棚

塑料薄膜

开小孔进行换气

用土把底边压住，防止被风吹走

7 | 软化

为了减少苦味、提高品质进行软化栽培

秋季 15~20d，冬季 30d 左右

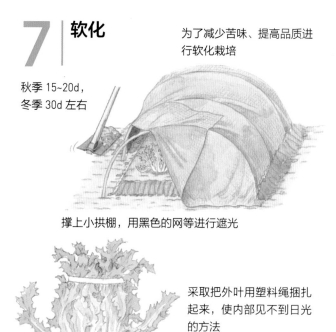

撑上小拱棚，用黑色的网等进行遮光

采取把外叶用塑料绳捆扎起来，使内部见不到日光的方法

> **成功的要点** 植株长大后，根据利用计划，依次开始进行软白栽培。

用箱式花盆栽培，可放在身边，方便享受利用。用纸箱遮挡就能简单地使其软化（参照 P239）

8 | 收获、利用

内部软化柔嫩的部分，可用作色拉或肉菜的配菜等，用途广泛

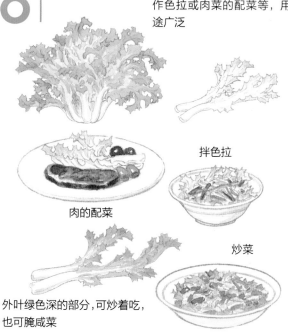

肉的配菜

拌色拉

炒菜

外叶绿色深的部分，可炒着吃，也可腌咸菜

苦苣在苗期时有在高温、长日照条件下就进行花芽分化的特性。这种情况，是因为夏季播种过早，高温、长日照的天数多，促使花芽形成。

因此，可以再稍晚一点播种，若过了8月中旬以后再播种，就不用担心抽薹了。

夏季播种的适期随地域不同而有差异。夏季凉爽的地区可以早播，这一点请注意。

Q 秋季收获的抽薹了怎么办？

A 过了8月中旬再播种。

如果放任不管，花茎会伸展，开出漂亮的蓝色花

Q 进行软化栽培的方法有哪些？

A 用外侧的叶片把内部包住，若用箱式花盆栽培，可用纸箱遮挡起来。

开始软化的时期，是在植株长大，内部的叶片重叠得很密实，开始变黄的时候。

在地块中一株一株地操作，用塑料绳等把外侧的大叶捆扎起来，包住内部。叶片湿的时候，特别是下雨后捆扎，内部会腐烂，所以要在晴天叶片表面不湿的时候进行捆扎。

在栽培的株数少或用箱式花盆栽培时，如图中那样用纸箱遮挡就很方便。只是，因为不耐风

吹雨淋，所以需要再用胶带粘住，上面压上稍重的石头等。

根据遮挡的天数，经常打开进行观察，来决定收获日期。

株数少或用箱式花盆栽培时，用纸箱遮挡使其软化，方法简单、易操作

软化需要的天数
秋季（10月）、春季（5~6月）：
7~10d
晚秋（12月）、早春（3月）：
15~20d
寒冬（1~2月）：25~30d

水芹

Water dropwort

●伞形科 / 原产地：欧亚大陆、非洲热带地区

吃起来有咔嚓咔嚓的口感，备受欢迎，日本很早就栽培的蔬菜。也有人说因为它们在干净的水中生长，故此而得名。

栽培月历 （月）

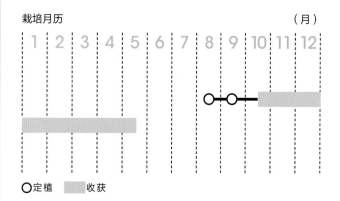

○定植　▇收获

栽培要点

◎喜湿的多年生蔬菜，有匍匐生长的，也有直立生长的。

◎耐热性、耐寒性强，是容易培育的蔬菜

◎在短日照下从根上直接长出叶。在长日照条件下，在地上长出白色的粗壮匍匐枝。

◎在有水田的地方，选择有干净水的地方进行定植是最好的方法。

◎没有水田的地区可利用旱地栽培水芹，用箱式花盆也能栽培。

◎水管理很重要，要细致地浇水，不能缺水。

◎为了确保冬季收获，要采取保温覆盖措施进行防霜冻、防寒。

推荐的品种

有匍匐生长的，也有直立生长的，但是还没有定为品种。在日本，代表品种有"八日市场"（千叶县）、"饭野川"（宫城县）、"松江紫"（岛根县）等。

水芹（泷井种苗）：春之七草之一，因为吃的是柔嫩的茎叶，所以一般在 3~5 月收获。

水芹

烹饪的技巧

在日本秋田县的乡土菜——米棒锅里，水芹是不可缺少的材料。水芹独特的香味和苦味，与鸡汤非常搭配。在秋田县也利用水芹香味强、味道可口的根。用叶片拌青菜或做汤，也能品尝到特有的美味。

栽培方法

1 | 育苗

从野生的地方采集生长健壮的

从野生地采集

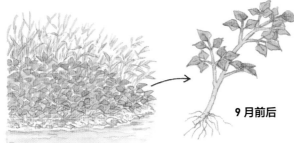

9 月前后

从市场上买来再培育

春季时从市场上买回母株，栽到地块中或箱式花盆中使其生长，然后采苗

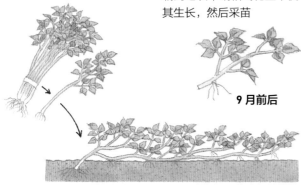

9 月前后

 成功的要点

利用水田或在水边进行大量生产时，要在 2~3 月选好母株，先栽到育苗田中，8~9 月再挖出来，正式定植到地块中。

2 | 定植

定植到旱地中

9 月前后定植到垄上，为防止干旱，铺上稻草

复合肥　少量

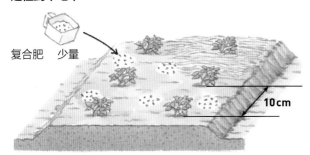

10 cm

用容器进行水培

管理简单、能栽培生产出优质品

塑料薄膜　　　　　　　　育苗箱

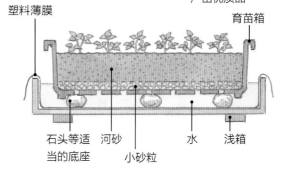

石头等适当的底座　　河砂　　　水　　浅箱
小砂粒

3 | 浇水、施肥

把堆肥和豆粕少量地撒施到植株的周围，和土掺混一下

豆粕

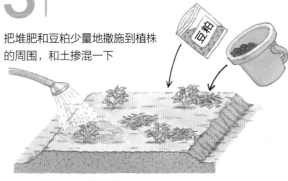

要及时浇水，不要使土干了

4 | 收获

从地块中或箱式花盆中依次摘取收获

旱地里的水芹等长到高 15cm 左右时，连根拔出收获

西芹

Celery

●伞形科 / 原产地：欧洲、亚洲西南部、印度

爽口的香味和咔嚓咔嚓的口感很受欢迎。除可做汤、炖菜、色拉之外，还可用来消除肉和鱼的腥味。

栽培月历 （月）

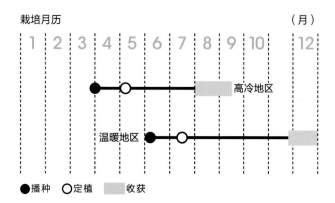

●播种　○定植　▨收获

高冷地区
温暖地区

栽培要点

◎喜欢温暖的气候，生长发育的适温为 16~21℃。不耐低温，冬季栽培时需要在大棚内设置加温设备。

◎不耐高温，25℃以上生长就会变差。

◎在生长发育中期以后的高温时期，容易发生软腐病。

◎因为喜欢富含有机质肥沃的土壤，所以要多施优质堆肥。

◎要想生产优质的西芹，就要施足基肥，为了防止缺肥料，及时追肥是很重要的。

◎因为不耐旱，所以在出梅后的高温时期，要及时浇水和铺稻草等。

◎为了使茎的部分充分地生长，在生长发育过程中要细致地进行除下叶、摘除腋芽等管理。

推荐的品种

有黄色种、绿色种和介于二者之间的中间种。代表品种是浅绿色系，但是在美国主要是绿色系的品种。

优赛拉西芹（泷井种苗）：容易培育的浅绿色的西芹。植株稍直立。叶柄宽、纤维少。

康奈尔西芹（坂田种苗）：生长发育旺盛，容易培育，绿柄。香味适度，适合做汤或炖菜。

新康奈尔 619（泷井种苗）：纤维少，有柔和香味的黄柄品种。叶柄粗，肉质厚，茎近圆柱形。

黄金香西芹（中原育种场）：味道很香是其特征。有光泽的叶柄软白时颜色也很鲜艳。

优赛拉西芹

康奈尔西芹

新康奈尔 619

黄金香西芹

栽培方法

1 育苗

用木板等刮平

育苗箱

用木板等把表面刮平，把种子以 7~8mm 的间距播下去

成功的要点

在难发芽的高温下，把种子在水中浸泡一昼夜，放在布上把水控干，包入另外的布中放到凉爽的地方（25℃以下）2~3d，催芽后进行播种。

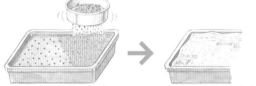

覆上厚 5mm 左右的土

覆盖 2 张报纸，防止干燥

如果株数少，可移植到 3 号塑料钵内

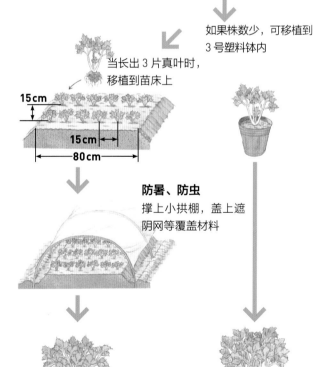

当长出 3 片真叶时，移植到苗床上

15cm

15cm

80cm

防暑、防虫
撑上小拱棚，盖上遮阴网等覆盖材料

当长成有 7~8 片真叶的大苗时，选健壮苗定植

2 地块的准备

平均 1m²
堆肥　0.5 塑料桶
石灰　3~5 大匙

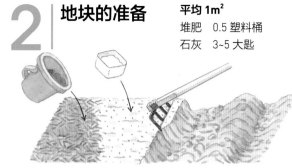

要尽快收拾整理前茬，撒施上堆肥、石灰后深翻至深 25~30cm

在定植前约 2 周

平均 1m²
堆肥　0.5 塑料桶
有机配合肥料　6 大匙
复合肥　4 大匙

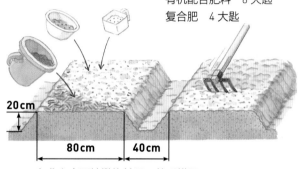

20cm

80cm　40cm

在垄上全面地撒施基肥，然后耕翻

成功的要点

因为西芹在蔬菜当中是最喜欢肥沃土壤的，不喜欢干旱，所以要多施堆肥。选择肥沃的土壤并且及时追肥和浇水是很重要的。

3 定植

把定植床面起得高一点儿，提高排水性

取苗时尽量多带一点土，小心地栽植上

为了培育大株，使株距稍大一点

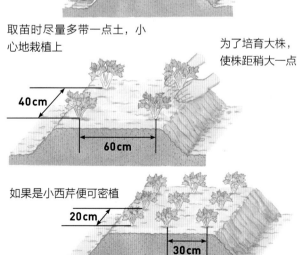

40cm

60cm

如果是小西芹便可密植

20cm

30cm

4 | 铺稻草

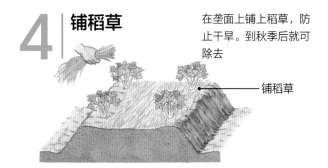

在垄面上铺上稻草，防止干旱。到秋季后就可除去

—— 铺稻草

5 | 追肥

平均1株
豆粕 1大匙
复合肥 2大匙

为了防止缺肥，每隔15~20d追肥1次

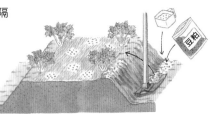

第1次 在株间撒施肥料，和土掺混一下

第2次及以后 在垄的两侧施肥，和土掺混后向垄上培土。最后一次追肥在收获前20d时进行

成功的要点 防止缺肥是培育优质西芹的基本原则。每隔15~20d就追肥1次，始终保持有肥效。

6 | 浇水

因为西芹生长需要很多的水分，连续晴天就要及时浇水

西芹在外叶长到12~13片时，心叶就开始直立生长。因为从播种后经过150d以上才能长成大株，比其他的蔬菜吸收的肥料多，所以需要及时追肥。另外，因为西芹喜欢水分多的土壤和冷凉气候，所以在高冷地区容易栽培，在平坦地区栽培，在夏季的高温干旱期时需要注意及时浇水。

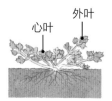

心叶
外叶

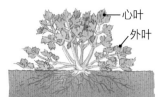

心叶
外叶

当外叶长到12~13片时，心叶开始直立生长

7 | 摘芽、摘叶

心叶旺盛生长时，外叶就逐渐干枯

把变黄的外叶摘除

腋芽长出来就摘除

8 | 病虫害防治

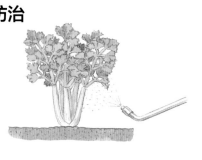

在嫩叶和外叶背面易发生蚜虫等害虫。金凤蝶的幼虫也要注意。还易发生软腐病或斑点病，要及时喷洒药剂进行防治

9 | 软化

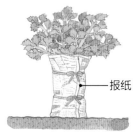

随着生长发育，茎叶重叠会使白色增加。用报纸包住会更白、更优质。软化时间大约需30d

—— 报纸

10 | 收获

绿色系
用箱式花盆等栽培株数较少时，可从外叶依次摘取收获

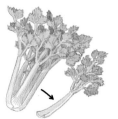

浅绿色系
定植后，经过100d左右，植株长到高40cm左右时，就是收获适期。用镰刀等从植株基部切割收获

小西芹

旱，特别是高温天多时，就易萎蔫枯死。

根据天气情况及时浇水，并且保持通气性好的土壤状态是很重要的。为此，要施入充足的优质堆肥，把垄面起得高一点，提高排水性，及时浇水。

因为西芹需肥量大，并且浇水时肥料容易随水流失，所以施基肥时要多施有机肥料，进行4~5 次追肥，防止缺肥。

Q 水分管理有什么技巧？

A 选择排水性好的土壤及地块，要及时浇水。

超市里卖的西芹的叶片和叶柄大并且水灵灵的，但是为什么在家庭菜园中怎么也培育不出这样好的西芹来。

这是因为西芹的根扎得很浅且很纤细，不耐

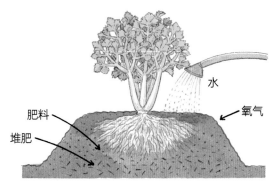

肥料

堆肥

水

氧气

浇的水迅速渗下去，保持垄内的通气性始终处于好的状态

Q 心叶的叶尖和边缘变黑、干枯是什么原因？

A 这是由于缺钙造成的，要及时补充钙肥和水分。

心叶变黑，是由于生长过快，钙没有被及时输送到嫩叶中而引起的缺钙症状，在西芹栽培中是一种很大的生理障碍。

这是因为西芹的需肥量大，在土壤中因无机盐的拮抗作用（互相妨碍吸收）而引起的。

在地块中撒施石灰是必要的，但是尽管地块中含有大量的钙肥，也会因为没有及时输送到植物体内需要的部位而出现缺乏症状。为此，

注意及时浇水，不要造成水分不足是很重要的。

根据需要，用0.5% 氯化钙溶液，对嫩叶的正反面进行喷雾也是很有效的。

生长发育进入旺盛期时，心叶的尖端和边缘易变成黑褐色，不久就干枯

菊苣

Chicory

●菊科 / 原产地：欧洲、地中海沿岸地区、中亚

味稍苦的西洋蔬菜。色白，因为植株姿态雅致，所以也被称为"蔬菜的贵夫人"。把叶一片一片地剥下来，可做色拉等。

栽培月历 （月）

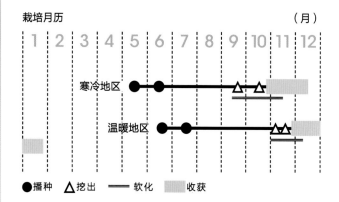

●播种　△挖出　—— 软化　　收获

栽培要点

◎叶细长，直立生长，绿叶苦味大，若不处理是不能吃的，但是经过软化栽培后呈结球状，苦味也变淡。

◎要想得到充实的好根株，就要选择排水性好的地块，充分施入优质堆肥是很重要的。

◎在地块中播上种子，培养根株长成像小型萝卜那样。

◎在晚秋时把地上部割掉，小心地把根株挖出。

◎把根株晾干后贮存，必要时进行软化处理。

◎软化的适温为 15~20℃。在低温期时需要用电热加温。

推荐的品种

品种的分化不多。虽然数量少，但是能买到容易栽培的改良 F1 代品种。

菊苣 F1 波尔西 OG（藤田种子）：爽口、温和的苦味是其特征。香味和苦味适中，很受欢迎。

菊苣 F1 波尔西 OG

食用方法

菊苣载咸鲑鱼子

奶汁烤菜

因为叶片很硬，形状像船，所以一片一片地剥下来，在上面放上咸鲑鱼子或色拉等就成了漂亮的凉菜，菜名叫"菊苣载咸鲑鱼子"。因为用热水焯后苦味变柔和，所以也可以加上白汁用烤箱烤制成奶汁烤菜等。

栽培方法

1 地块的准备

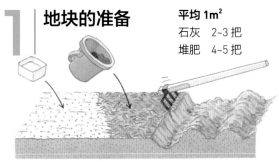

平均 1m²
石灰　2~3 把
堆肥　4~5 把

在播种前半个月垄面上全面地撒施石灰和堆肥，然后耕翻至 20cm 深

> **成功的要点** 为了培育充实健壮的好根株，在地块中充足地施入优质堆肥，做好排水，及时浇水。

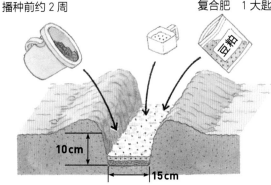

播种前约 2 周

平均 1m 沟长
堆肥　5 把
豆粕　2 大匙
复合肥　1 大匙

10cm
15cm

2 播种

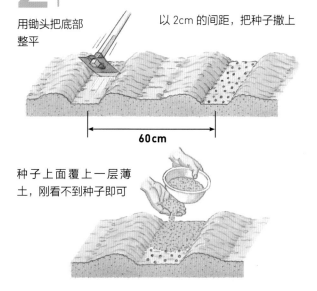

用锄头把底部整平

以 2cm 的间距，把种子撒上

60cm

种子上面覆上一层薄土，刚看不到种子即可

---

3 间苗、追肥

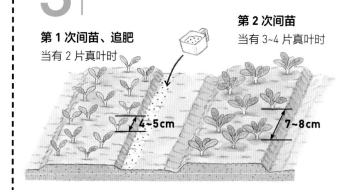

第 1 次间苗、追肥
当有 2 片真叶时

第 2 次间苗
当有 3~4 片真叶时

4~5cm

7~8cm

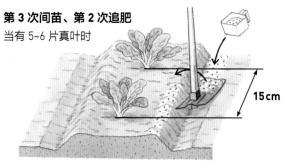

第 3 次间苗、第 2 次追肥
当有 5~6 片真叶时

15cm

第 1、第 3 次间苗后进行追肥。撒上复合肥，用锄头掺混一下，然后向垄上培土

第 1、第 2 次追肥 **平均 1m 垄长**
复合肥　3 大匙

> **成功的要点** 小心间苗，将株距留得大一点儿，不要缺了肥料，培育健壮的好根株。

4 挖出根株、贮存

在地上 5cm 处割掉茎叶，使作业更方便

不要伤着根，小心地把根株挖出

放在屋内晾干，防止腐烂，依次使其软化

整齐地切下

如果放在 0℃ 的贮存室内是最好的。能长时间贮存

> **成功的要点** 降霜前在地里放着，待下霜前 2d 挖出来。

叶菜类｜菊苣

247

5 | 软化

做软化床（用箱也可），把根株栽入

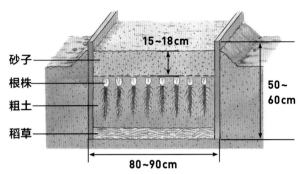

砂子
根株
粗土
稻草

15~18cm

50~60cm

80~90cm

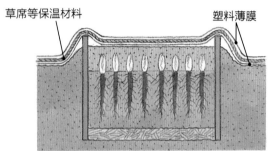

草席等保温材料

塑料薄膜

为了保证软化床的温度在 15~20℃，盖上草席或塑料薄膜等进行保温。窖藏或在大棚中最容易保温

由于季节和软化场所的不同，软化时间也有很大差别

6 | 收获、调制

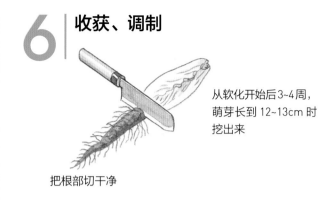

从软化开始后 3~4 周，萌芽长到 12~13cm 时挖出来

把根部切干净

个大且长得结实的为优质品

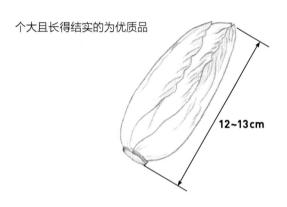

12~13cm

这种情况下怎么办？
在地块中遇到的难题
Q&A

Q 使菊苣软化的技巧是什么？

A 保持适宜的温度，埋入根株。

把挖出的根株整齐地切去下叶，叶片留下的长度为 1~2cm，然后摆放在有孔的箱内，晾干后贮存。只把需要的量依次地放入软化床，使其萌芽。如果放在低温贮存室（0℃）中，到 3 月前后就能软化成功。

软化床可利用塑料棚或侧面有孔的草席等。适温为 15~20℃。可覆盖保温材料，或用电热加温来确保达到适宜的温度，用粗土把根围起来，使根株的间距为 7~8cm，把根株埋入。在萌芽软化并结球的菊苣高度达 12cm 左右时就可收获利用。达到收获的天数，如果是适温需 20d 左右。

铁箅子烤菊苣

材料（2 人份）

菊苣…8 片
甜彩椒（红、黄）…各1/6 个
番茄…1/4 个
秋葵…2 个

杏鲍菇、狮头椒、绿芦笋
　各 1 个
橄榄油…1.3 大匙
盐、胡椒…各少量

做法

1 把蔬菜分别切成容易入口的大小，除菊苣和番茄外，其他都用烧热的铁箅子烤。

2 把 **1** 放到大盘中，用盐、胡椒、橄榄油调味，然后盛到器皿中。再放上菊苣和番茄。

菊苣、马铃薯家乡菜汤

材料（2 人份）

菊苣…6 片
大蒜（切成薄片）…1 瓣
橄榄油…2 大匙
培根…0.5 片
马铃薯…1 个
洋葱…0.25 个
白葡萄酒…1 大匙

水…2 杯
杂豆（罐头）…100g
鸡汤料（颗粒）…10g
鸡蛋…2 个
法棍（切成薄片）…6 片
盐、胡椒…各适量

做法

1 马铃薯刮皮后切成 1cm 见方的小块，洋葱切成细弯条，培根切成 5cm 宽。

2 锅中倒入橄榄油，加上大蒜用小火炒。把大蒜炒成浅咖啡色时，加入 **1** 继续翻炒。

3 加入白葡萄酒、适量的水、控干水的杂豆、鸡汤料。用小火煮 10min 左右，加入盐、胡椒调味。

4 把鸡蛋放入 70℃的热水中煮 25min，制成温泉鸡蛋。

5 把菊苣放在平底煎锅中用强火烤到稍焦。

6 把 **3** 盛入器皿中，再打入温泉鸡蛋，放入菊苣和法棍。

荷兰芹

Parsley

● 伞形科 / 原产地：地中海沿岸地区

西餐中用来增加色彩不可缺少的名配角。富含 β - 胡萝卜素、铁、矿物质等，营养价值很高。能周年栽培，也可在庭院中栽培。

栽培月历　　　　　　　　　　（月）

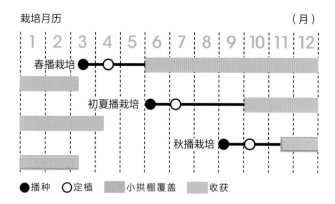

● 播种　○ 定植　小拱棚覆盖　收获

推荐的品种

叶片皱褶多、绿色深的是帕拉曼特系品种。叶上没有皱褶的意大利香芹也同样能栽培。

加里帕拉曼特（泷井种苗）：有呈深绿色且肉质厚的叶片，呈卷曲状。再生力很强，能多次收获。

濑户帕拉曼特（坂田种苗）：香味好，容易培育的荷兰芹。到春季抽薹前，全年中都可利用。

绿加里芹菜（中原育种场）：耐热性好，叶片皱缩强的荷兰芹。能收获很多厚叶片。

维托里亚（Tokita 种苗）：被称为意大利香芹的香味浓厚的芹菜。叶片平展，有缺刻。

栽培要点

◎ 喜欢冷凉的气候，盛夏时生长发育衰弱，但是能越夏。

◎ 通常是采取春播和秋播，可周年收获。

◎ 冬季新叶再生需要 5℃ 以上的气温，但是即使是 0℃ 以下也不会枯死，如果是家庭用，完全能享受到收获的乐趣。

◎ 到春季时抽薹，就收获不到品质好的叶片了。

◎ 因为种子难发芽，所以在播种前将种子充分清洗，在水中浸泡一晚上后播种即可。

◎ 易受金凤蝶的幼虫的为害，一旦发现，就捉住消灭或喷药防治。

加里帕拉曼特

濑户帕拉曼特

绿加里芹菜

维托里亚

栽培方法

1 | 育苗

把种子充分清洗后在水中浸泡一晚上

在育苗箱中以每粒种子 1cm 见方的密度播种

当长出 2 片真叶时移植到 3 号塑料钵中

在需要苗数少的情况下，可直接在塑料钵中播种

在 3 号塑料钵中播 7~8 粒种子

当长出 2 片真叶时间苗，留下 1 株培育

当长出 5~6 片真叶时就可向大田中定植

2 | 地块的准备

平均 1m 沟长

堆肥　5~6 把
豆粕　5 大匙
复合肥　3 大匙

在定植前约 2 周

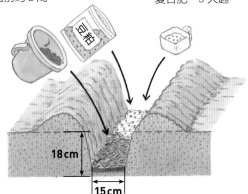

18cm

15cm

3 | 定植

定植时不要把植株基部埋得太深

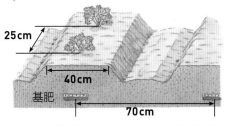

25cm

40cm

基肥

70cm

成功的要点
要想平常随时都能享用，在庭院中或在阳台上用箱式花盆栽培就很方便。用土中要多含优质的有机质，基肥要施用缓效性的肥料。

4 | 追肥、铺稻草

平均 1 株

豆粕　2 大匙
复合肥　2 大匙

根据生长发育的状态，每隔半个月追肥 1 次，把肥料施到垄的一侧，用锄头和土掺混一下，然后培到垄上

在夏季干旱时，在植株基部铺上稻草

豆粕

---------- **箱式花盆栽培** ----------

在长方形的箱式花盆内栽 2 株。半个月撒施 1 次复合肥，然后和土掺混一下

如果土壤的表面变硬了，就用竹片等松土

251

5 | 虫害防治

金凤蝶的幼虫是大敌　　应防止成虫飞来

对于黑色的小虫子，可用手捕捉消灭。如果多了就及时喷洒药剂进行防治

成功的要点　金凤蝶的幼虫是荷兰芹的大敌。2~3d 就会把蔬菜叶片吃光。趁它们低龄时及时发现，及时消灭，量少就用手捕捉，量多就喷洒药剂进行防治。

6 | 收获、利用

叶片长到 13~15 片时，就可从外叶依次摘取收获

1 次可摘 2~3 片叶，使植株始终保持有 10 片叶以上。这样就能够长时间地收获了

富含 β - 胡萝卜素和维生素 C 的健康蔬菜。如果想大量吃，建议油炸。把水控干再油炸，只撒上少量盐即可

美味可口的蔬菜做法！
典型菜谱

荷兰芹菜酱

材料（容易做的分量）

荷兰芹…50g
大蒜…2 瓣
松子（若有）…15g
鳀鱼…3 条
橄榄油…70mL
盐…0.3 小匙
黑胡椒…少量

做法

把所有的材料混合后用食品加工机磨碎，加工成糊状。

备忘录：放在冰箱中冷藏能存放 2 周，可加到烤的鱼或肉上，也可用作色拉的调味料。

可产生 2~3 代，从 4~9 月长时间发生，所以及时发现进行防治是很重要的。

刚孵化后的幼虫又黑又小，株数少时就在虫小时用手捕捉消灭，如果量多就及时喷洒药剂进行防治。

Q 叶片被虫咬了是什么害虫为害的?

A 一般是金凤蝶的幼虫，要及早发现并及时防治。

为害荷兰芹叶的害虫，主要是一种体大、长得漂亮的金凤蝶的幼虫。它特别喜欢为害芹菜、胡萝卜等。还可为害鸭儿芹等其他伞形科蔬菜。如果不注意，2~3d 绿叶就会被吃光。因为 1 年中

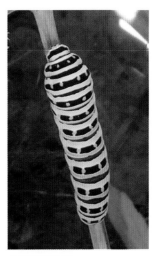

金凤蝶的幼虫

Q 如何才能收获绿色鲜艳的荷兰芹?

A 及时追肥，防止缺肥，从下面的叶片依次摘取收获。

荷兰芹作为菜的装饰品或配菜，虽然一次使用的量很少，但却是需要长时间收获的蔬菜。所以建议多育苗，进行密植，开始时通过间苗整株收获。对于留下的植株，若在太小的时候就开始收获，叶片的增加就很慢，想长时间地收获好叶就很难了。所以要始终保持植株上留有 10 片左

右的叶。

要想保持叶色深绿，就不能缺肥。夏季时 15~20d 追 1 次肥，冬季时每隔 1 个月追 1 次肥。如果施复合肥，平均 1 株追肥 1 小匙的量即可。

如果培育顺利，从春季到秋季在适温条件下 4~5d 就能收获 1 片叶，冬季在塑料棚内保温，8~10d 就能收获 1 片叶。从外侧的叶片依次摘取，从根株的基部处摘取收获即可。

苤蓝

Kohlrabi

● 十字花科 / 原产地：地中海北岸地区

茎膨大成球形，是甘蓝的同类。与西蓝花的茎相似，味道佳、可口，吃起来很香。

栽培月历　　　　　　　　　　　　　　（月）

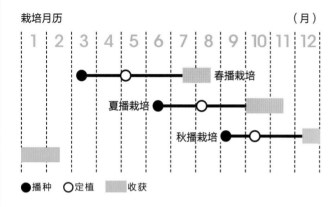

● 播种　　○ 定植　　▨ 收获

栽培要点

◎ 喜欢冷凉的气候，生长发育的适温为 15~20℃，比甘蓝耐低温和高温性都强，容易培育。

◎ 要想培育得更好吃，需要选择土壤肥沃的地块，生长过程中不能缺肥是很重要的。

◎ 通常是在地里直播，顺次间苗，留足株距种植。

◎ 根据轮作的情况或在株数少时，可先在塑料钵内育苗，再定植。

◎ 为了促进球茎膨大，把从下面伸出并横向伸展的叶片依次摘除。

◎ 如果收获晚了，球茎就会变硬，有筋渣，就不好吃了，所以要及时收获。

推荐的品种

有叶片和球茎都是绿色的绿色系和都是红紫色的紫色系等。

格兰德迪克（泷井种苗）：有柔嫩的口感是其魅力所在的绿色种。如果炒着吃会有马铃薯样的口感。

福兰红（丸种专业合作社）：在菜园中最引人注目的鲜红色的苤蓝。肉质嫩滑，味甜。

可拉碧绿（Nanto 种苗）：生长发育速度很快的早熟品种，奶油色的肉质柔嫩，空心出现得晚。

洒布丽娜（大和农园）：耐热性和耐寒性比较强，生长发育也很快。肉质嫩滑，用箱式花盆也能轻松栽培。

格兰德迪克

福兰红

可拉碧绿

洒布丽娜

栽培方法

1 地块的准备

在播种前约 1 个月撒施石灰，耕翻至深 20cm 左右

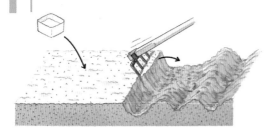

在播种前约 2 周在垄上全面地撒施石灰，深翻至 15cm 左右

平均 1m²
堆肥　7~8 把
豆粕　5 大匙
复合肥　4 大匙

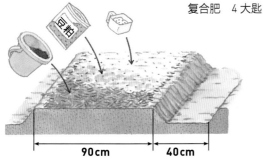

90cm　40cm

2 播种、育苗

以 20cm 的间距开播种沟，以 2~3cm 的间距条播种子，覆土厚 5~6mm

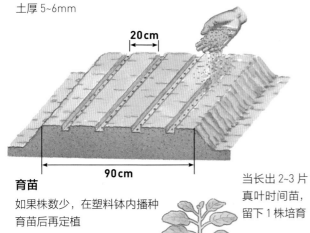

20cm

90cm

育苗

如果株数少，在塑料钵内播种育苗后再定植

在 3 号塑料钵内播 3~4 粒种子

当长出 2~3 片真叶时间苗，留下 1 株培育

当长出 5~6 片真叶时育苗完成，就可向大田内定植

3 定植

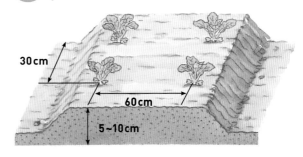

30cm

60cm

5~10cm

以 30cm 的株距进行定植

4 覆盖防虫材料

在高温期易发生虫害，所以要覆盖防虫材料。茎开始膨大时就可除去

5 间苗

叶片是横向扩展的，所以要使株距大一点

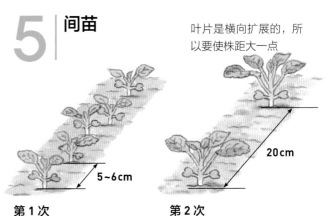

5~6cm

20cm

第 1 次

当长出 2~3 片真叶时间苗，株距为 5~6cm

第 2 次

当长出 4~5 片真叶时间苗，株距为 20cm

6 | 追肥

平均 1 株
复合肥　2 大匙

第 1 次

在第 1 次间苗后，
施到株与株之间，
然后和土掺混一下

第 2 次

在第 2 次间苗后，和上一次用一样的方法进行施肥

7 | 摘叶

上面的 5~6 片叶必
须留下

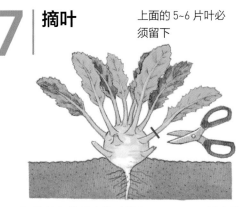

把从茎上伸展出的叶片留下 2~3cm，其余的
部分剪去，以促进茎的膨大

成功的要点　摘叶在茎蓝的栽培中是不可缺少的。在生长发育中期把下部
的叶片摘除，上部必须留下 5~6 片叶是很重要的。

8 | 收获

球茎膨大到直径为 7~8cm
时，连根拔出进行收获

1cm

因为球的下部1cm左右很硬，
所以要切去

·················· 茎蓝的箱式花盆栽培 ··················

　　当把苗培育到长出 5~6 片叶时，就可定植。因为
叶片会横向伸展，所以株距需在 20cm 左右。

　　准备大一点儿的花盆，按赤玉土与腐殖土为 7：3
的比例配土，每 10L 中加入苦土石灰 30g、有机配合
肥料 20g，然后掺混均匀。茎蓝不耐旱，特别是球茎
膨大时如果缺水就会木质化，品质变差，所以要及时
浇水。

紫色系 ——　　—— 绿色系

2 种颜色不同的茎蓝
在一起栽培，感受
栽培的乐趣

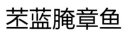

苤蓝腌章鱼

材料（4人份）

苤蓝…1个（300g）

煮章鱼的足…1根（150g）

| 柠檬（切成半月形）…适量
| 柠檬汁…1大匙
A 橄榄油…1大匙
| 胡椒…少量

做法

1 将苤蓝削去厚皮后切成 5mm 厚的薄片。放入大碗中，加盐 1 小匙（分量是苤蓝重量的 1.5%），撒上盐后放置 10min，然后轻轻揉搓，攥净水。

2 把章鱼切碎。

3 把 **1** 和 **2**、**A** 放入大碗中掺混均匀即可。

炒苤蓝丝

材料（4人份）

苤蓝…1个（300g）

| 酒…1大匙
A 砂糖…1大匙
| 酱油…1大匙

香油…1大匙

炒的芝麻、七味辣椒粉…各少量

做法

1 把苤蓝削去厚皮，切成细丝

2 在锅中加上香油，加入 **1** 后翻炒。把 **A** 按顺序依次加入，继续翻炒，再撒上芝麻和七味辣椒粉。

大黄

Rhubarb

●蓼科 / 原产地：西伯利亚南部地区

利用其爽口的酸味可做成酱、馅饼等。多年生植物，利用的是像大号款冬那样的粗叶柄。

栽培月历 （月）

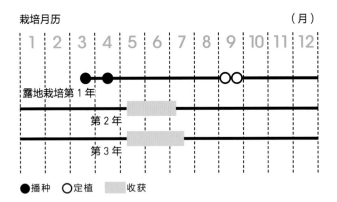

●播种　○定植　▨收获

栽培要点

◎多年生，生长健壮。一旦定植，就能多年欣赏。

◎最适宜土层深的砂壤土。种在排水差的地块，植株有时会枯死，所以要注意。

◎发芽后和生长发育初期的幼苗娇弱，生长缓慢。尽量在大棚内精心育苗。

◎冬季时地上部会因寒冷而枯死，但是越冬比较容易。

◎越冬期间，在垄间施优质堆肥和有机肥料，促进生长发育。

◎因为耐热性稍差，所以出梅后，在植株基部铺上稻草等防止地温升得过高。

◎为了使叶片旺盛地生长，在初夏时开的花茎要摘除。

◎多年生，每年都会发芽，要在混杂密集时分株，拉大株距再重新栽植。

推荐的品种

大致分为红茎种和绿茎种。因为多用于做酱等，所以红茎色深的品种更受欢迎。

大黄（藤田种子）：茎色为绿色、收获量大的品种。用酸味并且多汁的茎可做成酱或馅饼等。

大黄

备受关注的营养

除含有可预防高血压和动脉硬化的钾外，还含有较多的钙、叶酸等。茎的红色来自有抗氧化作用的花青素系的色素。花青素是有恢复眼疲劳和预防癌症等效果的功能性成分，在皮的部分含量较多，所以建议做酱时要带着皮。

栽培方法

1 | 育苗

在 3 号塑料钵中播
5~6 粒种子并覆土

当长出 1~2 片
真叶时间苗，
留下 1 株培育

当长出 4~5 片
真叶时可向大
田中定植

因为发芽时间长，初期生长发育慢，
所以要想提高当年的收获量，就需要
在棚内育苗

2 | 地块的准备

在定植前约 2 周挖沟施入基肥

之后，填土再起垄

平均 1m 沟长
堆肥　5~6 把
豆粕　5 大匙
复合肥　3 大匙

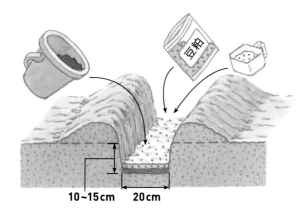

10~15cm　20cm

> **成功的要点**　植株长势强，不耐湿，所以要选择排水好的地块栽培。排水差的地块要起高垄栽植。

3 | 定植

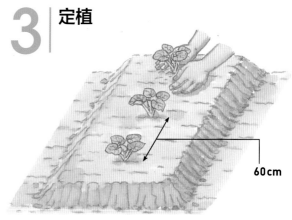

60cm

从塑料钵中取出时不要伤到根，定植
后浇足水

用小刀割出定植穴，
把苗栽入

黑色地膜

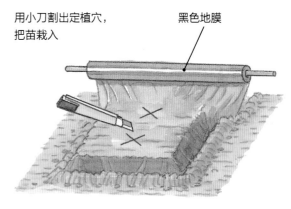

用棚内育的苗进行早植时也可铺上地膜

4 | 追肥、培土

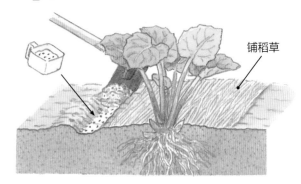

铺稻草

平均 1 株
复合肥　1 大匙

夏季追肥 1~2 次（每月 1 次），开
沟，施入肥料，用锄头向垄上培土

259

5 | 摘蕾

7 月左右抽薹。如果放任不管，叶片的生长发育就会变差，所以要及早摘除

6 | 冬季追肥、培土

平均 1 株
堆肥　4~5 把
豆粕　3 大匙

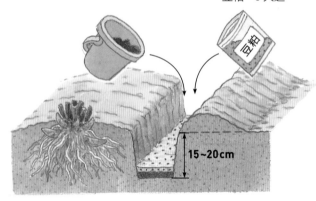

根生长旺盛，冬季休眠时也要认真施肥

如果在早春萌芽前覆盖土，就会培养出光润、柔嫩的红色芽

7~10 cm

培土的量要根据土的状态进行调整。排水好的土可培得稍厚一点

7 | 收获

（第 2 年 5~6 月）

收获

在 5~6 月的生长发育盛期，每 2 周收获 1 次，每次收获 2~3 根。出梅后生长发育就变得缓慢，收获量就会减少

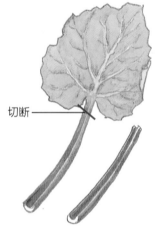

切断

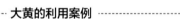

叶片中含有大量草酸，不适合食用。可利用红紫色的叶柄部分

大黄的利用案例

酱

蜜饯

利用爽口的酸味和新鲜的颜色，做酱、做蜜饯等

果子露

在地块中遇到的难题 Q&A

繁殖大黄时,建议用种子培育幼苗,或分株培育。

在日本,种子可以在经营进口种子的种苗专卖店中买到,从这些专门店购买种子,在直径为 9cm 的塑料钵中播 5~6 粒种子进行育苗。当长出 1~2 片真叶时间苗,留下 1 株培育,当培育到 4~5 片真叶时就可向大田中定植。

只是,发芽时间长,初期的生长发育慢,最好在棚内育苗,天气变暖后就可向大田中移栽。

用分株的办法繁殖时,如果有现在栽培着的,可利用这些植株,或是从栽培着的人那儿购买一些根株进行分株。越冬后,在新根开始生长前挖出根株,分株,使每株上带 3~4 个芽,移栽到新的地块中。

长了几年后根株就长成大株了,所以尽可能挖得大一点。

Q | 如何繁殖?

A | 用种子培育或分株进行繁殖。

美味可口的蔬菜做法!
典型菜谱

大黄饼干

材料(直径为 23cm 的烤盘)

大黄…150g	砂糖…50g
低筋面粉…100g	鸡蛋…2 个
A 全麦粉…50g	白芝麻…少量
发酵粉…1 小匙	黄油…适量

做法

1　把 **A** 掺和并过筛。电烤箱预热到 180℃。

2　把大黄粗的部分纵向切成两半,再切成 7~8mm 宽的小块。

3　在大碗中加入 50g 黄油,用打蛋器打到发白,加入砂糖再搅拌一下。

4　把鸡蛋打开,一点一点地加入 **3** 的大碗中用打蛋器混匀。把筛好的 **A** 的一半加入,用刮刀混匀,加入大黄再混匀,再把剩余的 **A** 加入搅拌均匀。

5　在烤盘上涂上一薄层的黄油,把 **4** 的材料一堆一大匙地间隔开倒入,撒上芝麻后从上面轻压一下。用 180℃ 的烤箱烤 15~20min。

韭葱

Leek

●石蒜科 / 原产地：地中海沿岸地区

又名扁葱、洋蒜苗。有黏糊糊的口感，爽口，淡淡的香味是其魅力所在。

栽培月历 （月）

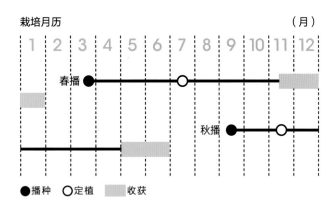

●播种　○定植　▨收获

栽培要点

◎和根深葱一样，利用的是白色叶鞘的软白部。

◎虽然喜欢冷凉的气候，但是耐热性和耐寒性都很强，比葱还强健。

◎富含有机质的土壤和保水性好、稍呈黏质的地块能生产出优质品。

◎最适宜的 pH 为 7.0~8.0，喜欢碱性土壤。苗床和大田中都要多施一点石灰。

◎和葱不同，叶片不是圆筒形的，而是像大蒜一样为扁平状，叶身向着内侧一定的方向着生，所以垄的两侧留得宽一点进行定植。

◎栽培管理可按照根深葱的做法进行，若叶片和叶片之间落上土，在做菜时要洗净就很费劲，所以培土不要太厚。

推荐的品种

品种没有分化，所以在市场上买韭葱的种子育苗即可。

泡瓦酪（泷井种苗）：辣味比葱小，加热烹调时短时间内就增加香味，耐热性、耐寒性好。

波特夫·鲁夫莱（渡边农事）：叶色深，容易培育的一代杂交种。叶片直立生长，培土时土不易进入叶缝中。

长敦（丸种专业合作社）：长得粗且长的中早熟品种。特别是在中间地区、温暖地区容易栽培的品种。

泡瓦酪

波特夫·鲁夫莱

长敦

栽培方法

1 地块的准备

在定植前
1 个月

平均 1m²
石灰　5 大匙

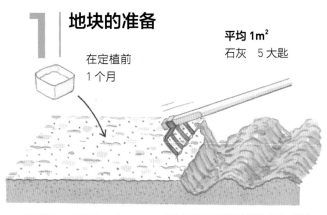

> **成功的要点** 最适宜 pH 为 7.0~8.0，因为比日本葱更喜欢碱性土壤，所以在苗床、大田中就多加一点石灰，提高 pH。

2 育苗

在沟内以 2cm 的间距撒上种子

覆上一层薄土后，再撒上一层切碎的稻草或稻壳

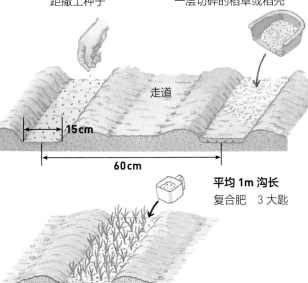

走道

15cm

60cm

平均 1m 沟长
复合肥　3 大匙

当植株长到高 7~8cm 时间苗，使株距为 2cm，之后追肥，当长到铅笔粗细时育苗完成

3 定植

用锄头细致地挖深 20cm 的定植沟。把土培到一侧

贴着垄的侧面放上苗，使叶片向左右伸展。

韭葱的软白部直径为 5cm 以上的为优质品。长度为 25cm，因为很短粗，所以定植沟深 20cm 就足够了

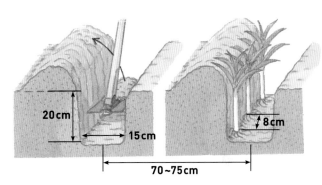

20cm

15cm

8cm

70~75cm

> **成功的要点** 和葱不同，因为叶片是扁平的，相对着长出来，叶片的朝向与垄平行，向垄间伸展，定植时方向一致是很重要的。

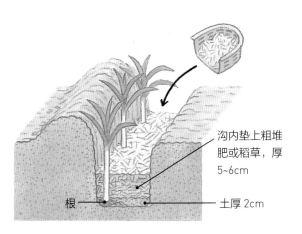

沟内垫上粗堆肥或稻草，厚 5~6cm

根

土厚 2cm

在根部覆土 2cm 厚，为防止干旱，在土上面再填入堆肥或稻草

4 | 追肥、培土

平均 1m 沟长
复合肥
2 大匙
豆粕
5 大匙

第 1 次
春播的在初秋追肥，秋播的在早春追肥，把肥料撒在一侧，和土混合后填入沟内

第 2 次
在第 1 次施肥 30d 后，施和上次同样的量后培土

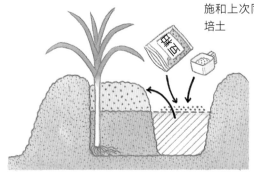

第 3 次（只培土）
在收获前 30~40d 培土，培到下部叶片的叶基处

> **成功的要点** 因为土容易进入绿叶的缝隙中，所以要在土湿润的时候作业。要注意培的土不要超过下部绿叶的基部。

5 | 摘蕾

冬季低温时形成花芽，到春季时就抽薹，所以趁早连蕾摘掉，促进植株的生长发育

早春长出来的花蕾，留下来使其开花，可作为插花利用

花

6 | 收获、利用

软白部的长度达 20~25cm 时，就可进行收获

在生长发育途中收获的嫩韭葱

如果做熟了，比葱还香，加黄油烤韭葱、炖肉汤、奶汁烤菜等都能体现出它的味道

Q 和根深葱有什么不同？

A 叶片不是圆筒形的，而呈扁平状，内部不是中空的。

韭葱和根深葱类似，都是利用白色叶鞘的软白部，但与葱最大的不同点是叶片不是圆筒形的，而是呈扁平状，内部也不是中空的。

韭葱的绿叶的中央有一条棱，叶片的两侧边缘向内侧有一定的角度。

其软白部乍一看像下仁田葱，长度在 25cm 左右，较短，直径为 4~5cm，很粗，有像根深葱的软白部那样的光滑程度，只是光润程度稍差。若用热水煮，软白部和绿叶部都会呈现黏稠状，有独特的风味。

左边为韭葱，右边为大葱的断面

美味可口的蔬菜做法！
典型菜谱

韭葱拌培根酱

材料（容易做的分量）

韭葱…1 根

A 硬的培根酱、番茄（切块）、荷兰芹（切碎）…各适量

B 色拉油、醋、酱油…各 2 大匙
芥末、砂糖…各 1 小匙
盐…0.5 小匙
黑胡椒粒…适量

做法

1 把韭葱切成 10cm 长的段，撒入少量盐（分量外）煮 5min，纵向切成 4 块，放入盘中。

2 把 **A** 撒入 **1** 中，掺混后再加入 **B**。

芦笋

Asparagus

●天门冬科 / 原产地：南欧至俄罗斯南部地区

因其清爽的甜味、清脆的口感受到欢迎。吃的是从上一年的强大根株上萌发出的嫩茎。

栽培月历 （月）

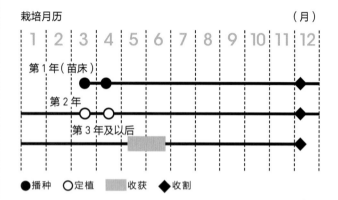

| 1 | 2 | 3 | 4 | 5 | 6 | 7 | 8 | 9 | 10 | 11 | 12 |

第1年（苗床）
第2年
第3年及以后

●播种 ○定植 收获 ◆收割

栽培要点

◎栽植 1 次就能连续收获 10 年，因为能长时间栽培，所以选择地块要慎重。

◎根深，很能扩展，所以排水性好、耕层深的土壤最合适。

◎不喜酸性土壤，可施石灰把 pH 调至 6.0~7.0。

◎为了下一个年度能长出好的新芽，要考虑贮存养分，所以进行合理地收获和管理是很重要的。

◎雌雄异株，雄株的茎粗，穗顶部收紧，收获量高。

◎茎细、绿叶生长很繁茂。所以及早立上支柱防止倒伏。

◎在冬季地上部分干枯后，就把茎割掉，焚烧处理。

推荐的品种

有嫩茎长得粗且产量高的选育系，一代杂交出的新品种。

欢迎（坂田种苗）：每株的出芽数多，容易培育的粗茎类型。早熟、耐病性强、产量高。

下瓦（泷井种苗）：每株的出芽数多，从生长发育初期就有较高的产量。也适合高温期的栽培。

海德尔（Kaneko 种苗）：萌芽很快、耐病性强、生长整齐的极早熟品种。嫩茎呈深绿色，味道好。

紫塔（渡边农事）：从顶端到基部是鲜艳的紫色。茎粗柔嫩、香味大。

欢迎

下瓦

海德尔

紫塔

栽培方法

1 育苗

塑料钵育苗
（栽培株数少时）

因为种子难以发芽，所以需要先在水中浸泡一昼夜

播种
在育苗箱中，以 1cm 的间距进行条播。覆土 1cm 厚，用手掌轻轻按压一下

间苗
在生长发育旺盛的时候间苗

植株长到 10cm 高时，栽植到 4 号塑料钵中

栽植到钵中

根据生长情况适时进行追肥

到了冬季，地上部分干枯了就剪掉

在地块中直播
（若栽培很多株）

以 7~8cm 的间距，每处种 3 粒种子

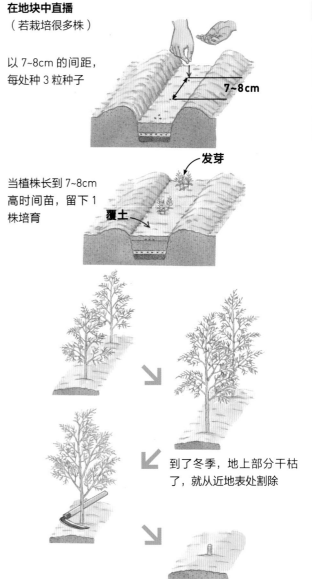

7~8cm

发芽

当植株长到 7~8cm 高时间苗，留下 1 株培育

覆土

到了冬季，地上部分干枯了，就从近地表处割除

2 地块的准备

因为能长时间栽培，早一点深耕地块，把土壤的 pH 调整到 6.0~7.0

平均 1m²
石灰　3 大匙
堆肥　8~10 把

细致耕翻至 20~30cm 深

在定植前约 2 周施入基肥

平均 1m 沟长
堆肥　7~8 把
豆粕　7~8 大匙

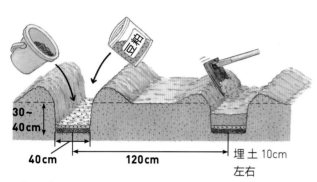

30~40cm

40cm　120cm　埋土 10cm 左右

3 ┃ 定植

3~4 月，把干枯的地上部分切除，定植到地块中，覆土厚 5~6cm

塑料钵育苗
从塑料钵中连根坨一块取出

在地块中直播
挖刨时要尽量使其多带根

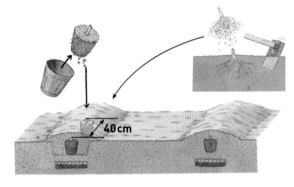

40cm

4 ┃ 追肥、培土

从 5 月开始每个月追肥 1 次，共 3~4 次，在垄的两侧交互追肥，稍培土

平均 1 株
豆粕　3 大匙

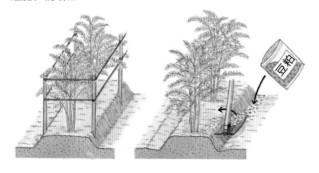

5 ┃ 立支柱

茎伸展至像要倒伏时，立上支柱防止倒伏

长大后生长旺盛，牢固地立上支柱，用塑料绳拢住防止倒伏

成功的要点　从夏季到秋季要及时追肥、中耕，使茎叶长大。因为倒伏会影响根内养分输送，所以要立上支柱。

6 ┃ 病害防治

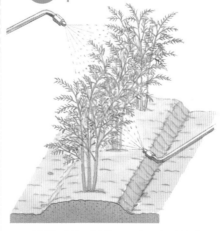

下部的叶片及其背面，也要细致地喷药

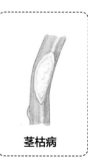

茎枯病

连续降雨时，容易发生茎枯病。尽量早发现，及时喷洒药剂进行防治

活用大棚遮雨

用遮雨大棚进行栽培，可抑制发病，能稳产高产

7 | 割除茎叶、追肥、培土

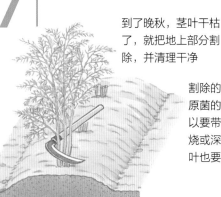

到了晚秋，茎叶干枯了，就把地上部分割除，并清理干净

割除的茎叶会成为病原菌的越冬场所，所以要带出田外进行焚烧或深埋。落下的枯叶也要清理干净

为了使植株健壮地生长，在越冬前追肥。在植株的上面盖上土。越冬后再除去

平均 1 株
堆肥　0.5 塑料桶
豆粕　1 把

割除茎叶后，在垄的两侧（离植株 30cm 左右）开沟并施肥

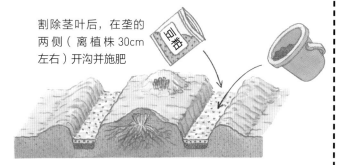

成功的要点　到了冬季茎叶干枯了就割除，如果担心传染病害就烧掉。

8 | 收获

通常的收获方法
定植后第 2 年，把伸展的芽从近地表处切割收获

收获健壮的芽，并且适时停止收获，使余下的芽生长，使植株贮存第 2 年的养分

长期连续收获的方法
对春夏的嫩茎，只要少量收获，使之早一点长出茎。这样就能长时间收获至秋季，直到不再长出嫩茎为止

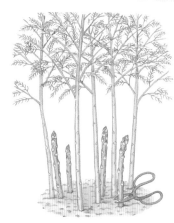

9 | 收获后的管理

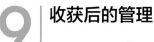
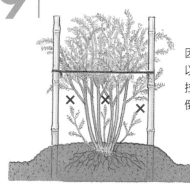

因为易被风吹倒，所以要立上支柱，横着拉上塑料绳，以防止倒伏

茎长出来后平均 1 株留下 10~12 根，清理掉之后再出来的弱小茎。从夏季到冬季留下 4~8 根管理，同样能连续收获。经过 7~8 年植株长势衰弱时，就栽换新植株

Q 从什么时候开始收获？

A 定植 2~3 年后，植株充分长大之后就可收获。

靠母株内贮存的养分而萌芽，收获的是长出来的嫩茎，因此首先要把植株培育大，收获粗的好芽。

为了收获好的芦笋，先不收获在定植后第2 年出来的芽，集中培育植株。

如果培育顺利，从第 3 年开始收获。如果植株还小就再等 1 年，3 年后再开始收获。

如果连续收获长出来的芽，以后茎叶就会衰弱，第 2 年就长不出好芽。初次收获的年份采收期只有 15~20d，芽出来了就收获，以后就不要收获，使其继续生长。等植株长大了，在下一年采收期为 30~40d，再下一年即使隔 50d 左右收获也没有问题。但是，这些天数也是估算的。停止收获之后，使 10 个左右的芽发出来是很重要的。

从第 4 年开始收获量变大，虽然很漫长，但是栽植 1 次就能生长 10 年左右，能进行连续收获，是芦笋很大的长处。

进入收获盛期之后，开始时收获的天数要短一些，如果茎叶长大了，嫩芽就会不断地长出来，把早出来的芽留下使其长大，等长出来后一点一点收获，可从夏季收获至秋季。

Q 冬季如何管理？

A 把干枯的茎叶收拾干净，进行培土，为下一年做好准备。

等叶片完全变黄了，在地表以上5~7cm处把茎割断，在地里晾干后带出田外，进行处理。尽量把其烧掉，能完全地防止茎枯病、斑点病的发生。

在清理茎叶后，若植株基部培土较多就向下移到垄间，如果培土少时就先放着，把垄间走道部分进行中耕后，在行的两侧挖上深沟。然后向沟内施入堆肥、干草、豆粕等，填埋后向垄上培土，把芦笋的根株埋住。因为这样可能防寒，所以越是寒冷的地区越要多培一些土。

越冬后的 3 月前后，撤掉培土移到垄间，防止覆土影响发芽。这时作为早期的追肥施入复合肥和有机配合肥料。

割掉并清理茎叶，
在行的两侧施入
肥料和豆粕

Q 在茎上形成病斑，植株枯死了是什么病？

A 是发生了茎枯病。

这个病害主要是在茎上发生，有时也在小叶柄上发生。

开始时沿着茎形成浅褐色的椭圆形病斑，不久向周围呈绿色的水浸状扩展，像条斑一样。病斑以上的茎就会枯死，还会扩散蔓延到相邻的茎叶上，严重时根上也会发生，引起腐烂，第2年的出芽就变差。

在梅雨季节时易发生，随雨滴扩散蔓延，所以在这个时期要尽量早发现，一旦发现后就及时喷洒杀菌剂进行防治。在秋季台风发生的季节也易发病，所以要注意喷药预防。

在秋季茎叶开始干枯时，就割除并清理干净，带出田外焚烧，彻底清除田间的病菌。

Q 如何进行遮雨栽培？

A 用简易的钢构大棚，盖上塑料薄膜进行遮雨栽培。

芦笋的主要病害为茎枯病，由于降雨会更严重。为了预防茎枯病，采用简易的钢构大棚，盖上塑料薄膜（侧面全开放），遮雨就能安全栽培。

因为茎健壮地伸展，通常在收获之后，在培育茎的同时，也能收获再发出来的嫩茎。因此收获期延长，收获量也增加。还可以在早春时用大棚进行保温，由于能更早地收获，产量也会进一步增加。这样的栽培方法近年来在日本长野县等芦笋产地、西日本的山间地带等逐渐地多起来。比起传统的露地栽培，可得到4~8倍的产量，使日本全国芦笋产量有了很大提高。

遮雨栽培的案例

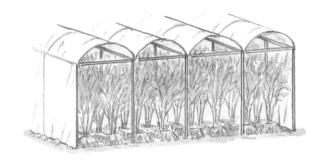

菜蓟

Artichoke

●菊科 / 原产地：地中海沿岸地区

把大型蓟的花蕾的萼片和花托部煮着吃。略带甜味，吃起来松软易嚼。

栽培月历 （月）

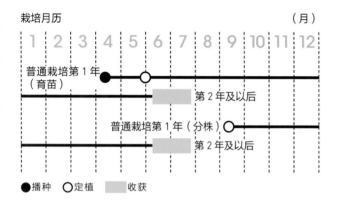

| 1 | 2 | 3 | 4 | 5 | 6 | 7 | 8 | 9 | 10 | 11 | 12 |

普通栽培第 1 年（育苗）

第 2 年及以后

普通栽培第 1 年（分株）

第 2 年及以后

●播种　○定植　▨收获

栽培要点

◎栽植 1 次能收获 6~7 年的多年生草本植物。

◎植株能长成高 1.5m 以上的大株，生长发育很旺盛。

◎如果有宽敞场所，在庭院等场所栽植，可看到银色的大叶和观赏到大蓟状的花。

◎虽然喜欢冷凉的气候，也足以越夏，所以栽培很容易。

◎用种子和从植株上长出的分生芽的分株进行繁殖。

◎在风大的地方，为防止倒伏要立上支柱。

◎因为在茎、叶、花蕾上容易有蚜虫为害，所以一旦发现要及时防治。

◎虽然冬季时地上部分干枯，但是到第 2 年春季又萌发出来。

推荐的品种

因为在农资店里很少有卖种子的，所以可以订购进口种子。也可以用植株周围分出的子株进行繁殖。

菜蓟（坂田种苗）：花蕾的收获从 6 月时开始。因为是多年生植物，所以每年都能收获。

菜蓟

备受关注的营养

维生素含量虽然不那么多，但是钾、钙、镁等矿物质养分均衡。钾据说具有使体内过剩的钠排出而稳定血压的作用，有防止摄入的盐分过量而引起高血压的效果。因为钾是水溶性的，所以建议用微波炉加热，或做成汤菜、炖菜，连汤汁一起喝下去，这样可以无浪费地摄取蔬菜中的营养。

栽培方法

1 育苗

种子像米粒那么大

播种

因为开始时生长发育较慢，所以用育苗箱播种

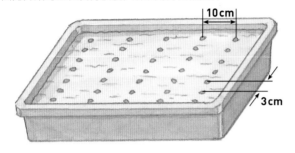

因为在低温下容易出现发芽不良或初期生长发育不良的情况，所以要覆盖塑料薄膜进行保温

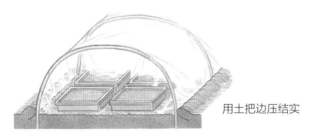

用土把边压结实

当长出 2 片真叶时，移植到塑料钵中

当长出 4 片叶时，育苗完成

----- **分株** -----

夏季结束时，把植株周围出来的子株带着根刨出来，定植

2 地块的准备

在定植前约 1 个月，撒施石灰，然后进行耕翻

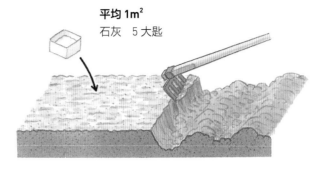

平均 1m²
石灰 5 大匙

在定植前约 2 周挖沟施入基肥

平均 1m 沟长
堆肥 5~6 把
豆粕 5 大匙
复合肥 3 大匙

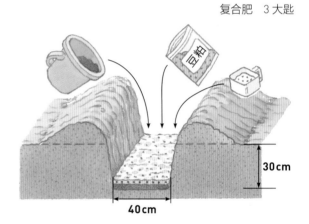

30cm

40cm

3 定植

因为根很容易受伤，所以定植时要很小心

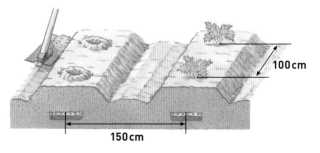

100cm

150cm

成功的要点

因为定植上后能连续栽培 4~5 年，所以要充分地施足堆肥，留出足够的垄宽和株距。

4 │ 追肥

春季的生长发育期

撒到垄肩部，用锄
头稍掺混一下

平均 1 株
豆粕　5 大匙

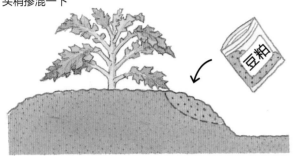

冬季的休眠期

寒冷时叶片就会干枯，
使其矮化进行越冬

平均 1 株
堆肥　5 把
豆粕　5 大匙
复合肥　2 大匙

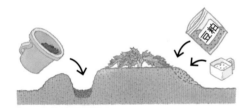

把复合肥和豆粕撒到一侧的垄肩上，和土稍掺混一下，堆肥
要施到垄的另一侧，在垄的底部挖一浅沟施入，然后培土

5 │ 虫害防治

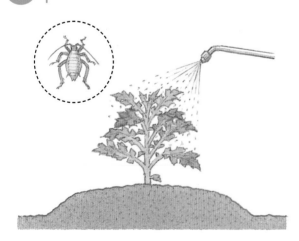

到春季后就进入快速生长阶段。因为这时易发生蚜虫，所以
要及时检查，一旦发现就及时喷洒药剂进行防治

6 │ 收获、利用

在定植第 2 年 6 月前后，
花蕾膨大到一定程度
时，用剪刀把其剪下进
行收获

开始时稍微早一点收获，
纵着割开看一下即可

发现这种状态就
到了收获的适期

花萼

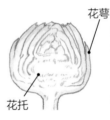

把花蕾整个地煮，把花萼 1 片 1 片地
剥下来，吃基部肉厚的部分（参照下
一页）。中心部的花托配上虾可作为
前菜，和苹果、西芹搭配做凉拌菜或
填充食品

花托

煮一下，用虚线部分以下少量的部分
蘸酱食用

> **成功的要点**
>
> 如果错过了收获适期就会开花，里面的花丝发育后品质就降
> 低。可以在开始时先少量收获，把其切开再判断收获适期。
> 开的花很大并且很漂亮，所以作为观赏用也很好。

菜蓟的花

菜蓟色拉

材料（4 人份）

菜蓟…1 个
奶油乳酪…100g
芥末粒…1 大匙

柠檬皮（磨碎）…少许
　A　柠檬片…2 片
　　盐…40g

做法

1　用 **A** 把菜蓟按下面①～③（萼片不要剥开）的要领处理，用热水煮熟，然后冷却到常温。

2　奶油乳酪用热水加热软化，再加入芥末粒和柠檬皮后继续加热。

3　把 **2** 的混合物加入 **1** 中做成酱。把萼片 1 片 1 片地剥下来，用萼片基部蘸酱，用牙齿捋着吃叶肉。把萼片全部剥下来之后再盛上也可。

菜蓟的煮法和吃法的要点

① 用手把茎折断
通过用手折断，能把硬的纤维质部分去除。因为很硬，要用上力气折断。

② 用风筝线将柠檬片系好
把萼片顶端 1/3 切去，为了防止变黑，在萼片的上下两处系上柠檬片。

③ 用热水煮后剥下萼片
把 40g 盐 加 入 2L 热 水 中 煮 60min，倒在笊篱上滤掉灰汁，拆下风筝线和柠檬。剥下萼片，用牙捋着萼片基部的部分吃。

④ 把花的部分去除
把萼片全部剥下来后，把花的部分去除。最后剩下的是花托，菜蓟最好吃的部分。

香肠炒菜蓟

材料（4 人份）

菜蓟（煮了的花托）…1 个
维也纳香肠…6 根
黄油…30g
酱油…1 小匙

做法

1　把菜蓟的可食用部分切成 1cm 的切块。把香肠切成 1cm 长的长条。

2　在锅中用中火把黄油加热至稍微变褐色时，加入菜蓟再炒。

3　加入香肠继续炒，最后淋上点酱油，炒出香味后就可停火，盛入盘中。

水田芥

Water-cress

●十字花科 / 原产地：欧洲中部地区

因独特的香味和爽口的辣味被人喜爱，和山葵菜同属。和牛排等肉菜搭配最合适。

栽培月历　　　　　　　　　　　　（月）

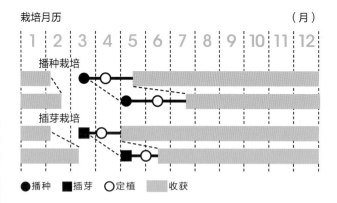

●播种　■插芽　○定植　▨收获

栽培要点

◎喜欢多湿的多年生草本植物。有把茎浸泡在水中很快就生根的旺盛繁殖力，栽培种逃逸并野生化，在日本各地的水边和湿地群生着。

◎虽然在水边或湿地栽培最适宜，如果注意浇水，在一般地块或箱式花盆中也能容易地栽培。

◎从春季到初秋开小白花，能用种子繁殖，用插芽也能容易地繁殖。

◎耐热性、耐寒性都很强，在寒冷地区的冬季要想收获优质品，用塑料薄膜保温栽培即可。

◎因为喜欢湿地，所以要注意不能缺了水。在大田中栽培时，要经常浇水并且浇足。

推荐的品种

品种没有分化，在日本各地用当地的地方品种进行栽培。虽然有荷兰芥、豆瓣菜、西洋菜等的别名，但都是水田芥。

水田芥（泷井种苗）：叶片和茎都含有瞬间涌上并有刺激性的香辣味。与肉菜搭配很适合。

水田芥

备受关注的营养

水田芥有爽口的辣味并稍有苦味。辣味成分为芥子苷，除有增进食欲和促进消化的功效外，还有防止胃消化不良的作用。需要关注的是它含有抗氧化作用的维生素 C，而且还含有预防贫血的铁。维生素 C 因为有促进铁吸收的功效，所以水田芥可以说是能把难以摄取的铁和维生素一块有效利用的蔬菜。

栽培方法

1 | 育苗

从市场上购买到水田芥后插到有水的杯中，使其生根。生根后就移植到3号塑料钵中

少量育苗

插到盛水的玻璃杯中，经常换水。很容易生根

很容易从各节上生根

生根后就移植到3号塑料钵中，当植株长到高7~8cm时定植

因为很容易从各节上生根，所以可以把母株切成2节左右的苗进行培育

大量育苗

从种子店里购买种子在育苗箱中进行条播

当长出2片真叶时，从育苗箱中取出带根的苗

移植到3号塑料钵中

当植株长到高7~8cm时定植

2 | 定植

定植到大田中的垄上

起垄，以15cm的间距定植，浇足水

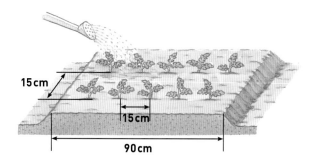

15cm

15cm

90cm

定植到容器中

利用浅的育苗箱或者箱式花盆。要选用底部有孔的育苗箱，便于浇水

成功的要点

尽量选择在水边和保水性好的地块定植。栽在地块中不能忘了要及时浇水。要想浇水时省事，像下面这样栽在底下有孔的育苗箱中，再把育苗箱放在铺有塑料薄膜的水槽中即可。

水田芥的盆底吸水栽培

如果地块容易干时，可制作适当大小的木箱，进行盆底吸水栽培（详细参照P279）。

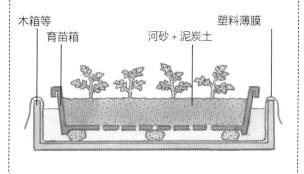

木箱等   塑料薄膜

育苗箱   河砂+泥炭土

3 浇水

因为水田芥喜欢湿地，所以要及时浇水，保持土壤的高
湿度。

4 追肥

若蔓伸展叶色变浅了，就及
时施少量的豆粕和液肥

土壤表面变硬了，
就用工具浅耕

5 收获

用指尖摘取蔓顶端
柔软的部分

除用作肉菜的配菜之外，也
可用于凉拌菜等

牛奶煮水田芥

材料（4 人份）

水田芥…4 把（240g）
火腿…4 片
大蒜（切碎）…1 瓣的量
牛奶…1 杯

A：
酱油…1.5 小匙
汤料（颗粒）、盐…分
别为 0.3 小匙
胡椒…少许
黄油、小麦粉…分别为 2 大匙

做法

1 把水田芥切成适宜的大小，把火腿切碎。

2 在锅中加入黄油，用小火加热，加入大蒜和小麦
粉炒制。炒出香味，即黄油和面粉炒到合适程度后加
入牛奶和半杯水，用加强中火进行加热。

3 呈黏稠状后加入 1 中的水田芥和火腿，用 A 调味
再稍煮一会儿。

在地块中遇到的难题 Q&A

Q 如何巧妙育苗？

A 掐取茎叶，在水边或湿地使其生根。

在水边常见到野生的水田芥。因为它喜欢多湿环境，所以最适合在水边或湿地栽培。场所选定后耕翻平整地块，春季时从栽培着的水田芥地块中或从河边生长着的蔓的顶端掐取 15cm 长，

以 50~60cm 的间距定植，使其伸蔓。

如果想大面积栽培，在秋季把掐取的蔓顶端分别切成 2 节的段，在平整的场所以 20~30cm 的间距进行栽植，使其生根进行栽培。

如果栽培量少，可以从市场上购买水田芥并使其生根育苗。将从市场上购买的食用的水田芥，插在有水的玻璃杯中即可。因为生根很快，所以把生好根的苗，定植在地块或箱式花盆中也很容易成活。

如果能购买到种子，在 4 月上旬，在地块中用种子进行条播，当长出 2 片真叶时，以 9cm × 9cm 的行株距进行移植，育苗。

在干净的流水边育苗最合适

Q 在水边以外的场所也能栽培吗？

A 也可以用箱式花盆栽培。

用上面的要领育好苗后，在浅的箱式花盆中加入大田土，掺入河砂和鹿沼土，以 20~30cm 的间距定植，认真浇水，保持适当的湿度。

如果想省去浇水的麻烦，在浅的育苗箱的底部钻上孔，箱内填入掺入河砂和泥炭土的土壤后定植上苗，然后选择大一号的木箱，把其内侧铺上塑料薄膜，在箱内加入水，使育苗箱从底部吸水。

在培育过程中，过一段时间就要加入极少量的豆粕或液肥，保证能收获叶色好的水田芥。

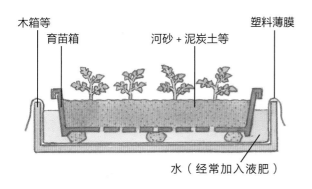

木箱等 　育苗箱　　河砂 + 泥炭土等　　塑料薄膜

水（经常加入液肥）

鸭儿芹

Japanese honewort

●伞形科 / 原产地：东亚、北美洲的温带地区

在日本是为数不多的自古就有的香味蔬菜。其细腻的味道和香味、爽口的口感大大提升了日本菜的味道。

栽培月历 （月）

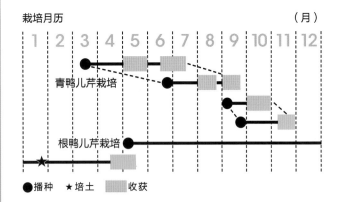

●播种　★培土　▨收获

栽培要点

◎虽然是多年生植物，但是遇霜冻时茎叶会枯死。

◎宜种在半日阴处，在夏季的强光、高温下生长发育变差。

◎在日本关东有培育根株进行软化栽培的软化鸭儿芹，在大田中有培土软化栽培的带根出售的根鸭儿芹。在关西以不进行软化栽培的短期间培育的青鸭儿芹为主，但是近年来日本水培的青鸭儿芹越来越多了。

◎虽然在家庭菜园中青鸭儿芹更容易培育，但是也可以品尝根鸭儿芹的强烈香味。

◎因为不耐连作，所以要选 3~4 年没有栽培过鸭儿芹的地块栽植。

◎因为有发芽时必须有光线的特性，所以要求覆土要极薄。

◎因为初期的生长发育很慢，所以要认真地除草。

推荐的品种

主要品种有关东系的柳川一号、柳川二号、大利根一号、关西系的大阪白茎、白茎鸭儿芹等。

柳川二号鸭儿芹（柳川育种研究会）：风味好，属于根鸭儿芹，适合于水培等的所有栽培方式。也能在春季播种。

白茎鸭儿芹（坂田种苗）：在关东栽培很多的白茎类型。香味好、容易栽培，适合家庭菜园栽植。

白茎鸭儿芹·关西系（泷井种苗）：叶柄长、浅绿色的鸭儿芹。播种后 2~3 个月就能收获。

白茎鸭儿芹·关东系（泷井种苗）：适合软化栽培的关东系品种。春播和秋播都可以。

柳川二号鸭儿芹

白茎鸭儿芹

白茎鸭儿芹·关西系

白茎鸭儿芹·关东系

栽培方法

1 地块的准备

在播种前 1 个月撒上
石灰和堆肥后耕翻

平均 1m²
石灰　3 大匙
堆肥　4~5 把

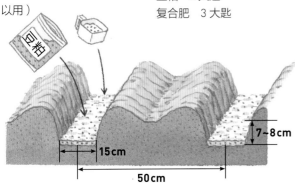

> **成功的要点** 因为鸭儿芹是不耐连作的蔬菜，所以要选择 3~4 年没有培育过鸭儿芹的地块进行栽培。

沟播
（主要是根鸭儿芹的栽培，青鸭儿芹也可以用）

在播种前约 2 周施基肥

平均 1m 沟长
豆粕　5 大匙
复合肥　3 大匙

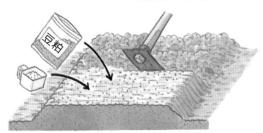

7~8cm
15cm
50cm

条播

平均 1m²
豆粕　5 大匙
复合肥　3 大匙

起垄，在播种前约 2 周全面地撒施肥料后耕翻

2 播种

沟播
在基肥上面覆土，做成适宜宽度的播种沟

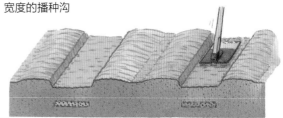

要将沟底认真整平

做好播种沟，在沟内均匀地播种。覆上一层很薄的土，以刚刚看不到种子为宜

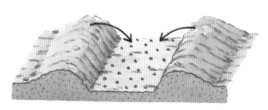

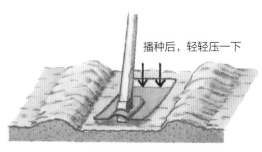

播种后，轻轻压一下

条播
用木板做出宽 2~3cm、深 0.5cm 的沟

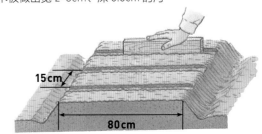

15cm
80cm

均匀播种，种子上覆一层极薄的土，用木板轻轻压一下

> **成功的要点** 因为鸭儿芹的种子发芽时需要光，所以播种后覆一层极薄的土，以刚刚看不见种子为宜。

3 | 间苗、除草、摘薹

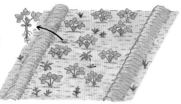

间苗几次后，使株距
为 7~8cm

在鸭儿芹生长发育初期时杂草长得很
快，所以要及时除草

春播的感受低温后，多
少会出现抽薹的植株。
要及早摘除薹，以促进
芽的生长

> **成功的要点** 初期的生长发育很慢，但杂草生长得很快。要及早除草，不要让草盖住了鸭儿芹。把株距留得宽一点，培育健壮的植株。

4 | 追肥

沟播

撒到沟边，和
土掺混一下

平均 1m 沟长
复合肥　2 大匙

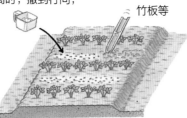

条播

第 1 次
当植株长到 5~6cm 高时，撒到行间，
轻轻和土掺混一下

竹板等

平均 1 行
复合肥　0.5 大匙

第 2 次
当植株长到 10cm 高时，施和第 1 次一
样多的肥料

5 | 培土

根鸭儿芹
在 1~2 月时把枯叶除去，
把土堆起进行覆土

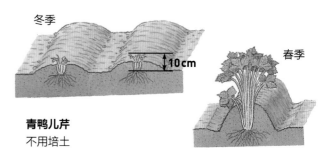

冬季

10cm

春季

青鸭儿芹
不用培土

6 | 收获

根鸭儿芹
软白部长至高 10cm 左右时，
刨出根株进行收获

用锄头从根的基部刨出

青鸭儿芹
植株长到一定程度时就进
行收获

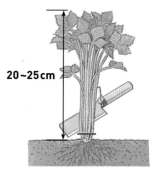

20~25cm

根株的再利用
因为鸭儿芹的再生力
很强，利用了叶片之
后还可再利用根

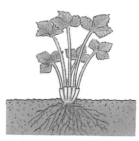

在钵中以 4~5cm 的间距定
植，不久就又会生出叶片

因为收割了之后又很快长出
新叶，可再次利用这些叶片

Q 春播抽薹如何预防？

A 受低温感应，进行了花芽分化，要严格遵循播种时期。

一旦鸭儿芹抽薹开花、结籽，营养就被夺去，重要的根株就不充实了。因为有感受低温后就会引起花芽分化的性质，这种情况是由于播得太早了。

要想不使其抽薹，应把播种的时期再推迟一下。但是，如果播得太晚，生长发育期就缩短，这样又长不成好的植株，所以要注意。

播种的适期，日本关东南部以西，青鸭儿芹在3月中旬以后，根鸭儿芹在4月下旬~5月上旬。

如果只有少量抽薹了，确保了其他的植株有充足的生长时间，总体上长成了好的根株，也可以认为是理想的状态。

Q 根鸭儿芹怎么培育？

A 把根株放在地块中贮存，保温，使其长芽。

根鸭儿芹，是带根的软白鸭儿芹，有鸭儿芹本来的香味和口感。作为日本独特的蔬菜，是家庭菜园想培育的蔬菜之一。

春播的鸭儿芹，进入冬季（12月）在地上部全干枯的时候，把枯叶全部清除，在上面覆上10~12cm厚的土，用地膜覆盖。

覆盖地膜要在降雨后（如果连续干旱就在充分灌水之后）水分充足的状态下进行。在地膜上面再撑上小拱棚，在寒冷时期用保温材料覆盖，精心管理使内部不要上冻。芽长出来后就及时撤掉地膜，及时换气，使小拱棚内的温度不要超过25℃。

地上部分长出绿叶达10cm高以上时，连根刨出进行收获。

如果把软化开始的时间错开，在温暖地带从1~3月都能收获。

💡 确实如此专栏

利用了叶片之后

买了带根的鸭儿芹后，只利用叶片，就试着把根株栽到钵中吧（参照P282）。芽又会长出来，享受到收获的乐趣。

紫苏

Perilla

●唇形科 / 原产地：中国

用叶主要是用大叶，花穗、紫苏穗、紫苏的种子、紫苏的芽等也都能食用。还有很好的药效。

栽培月历 （月）

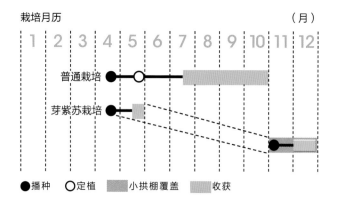

●播种　○定植　▨ 小拱棚覆盖　▨ 收获

栽培要点

◎喜高温，生长发育的适温为25℃。不耐夏季的干旱，也不耐霜冻。

◎发芽需光，要想使其发芽就必须要有光。播种后的覆土要极薄。

◎上一年秋季采的种子到了3月末时还处于休眠状态，不发芽，所以要选择正确的播种时机。

◎如果用处于休眠期的种子播种，就用加入干燥剂进行低温贮存的上一年的旧种子。

◎因为花芽在短日照下形成，所以用电灯照明给予长日照就不会结花穗，能收获好的叶片。

◎虽然是耐虫害的蔬菜，但是近年来斜纹夜蛾、叶螨、紫苏野螟等危害较重，所以要及时防治。

推荐的品种

有青紫苏、红紫苏、皱褶红紫苏、皱褶青紫苏、红背紫苏（果实紫苏）等。根据用途挑选即可。

青紫苏（泷井种苗）：香味大，用作生鱼片的配料或天妇罗的配料等。能利用叶、穗、种子等。

红皱褶紫苏（泷井种苗）：叶片的正、反面都呈红紫色，有皱褶，很柔嫩。用于给咸梅干上色。

芳香紫苏（中原育种场）：叶片正面呈绿色，背面呈红紫色，有光泽，可以做其他菜的配菜和紫苏卷等。

天神红紫苏（中原育种场）：节间短，植株高60~70cm的矮生种。生长发育旺盛，分枝性强，有香味。

青紫苏

芳香紫苏

红皱褶紫苏

天神红紫苏

栽培方法

1 育苗

在育苗箱中装土，把表面细致地整平，以 7~8mm 的间距条播种子

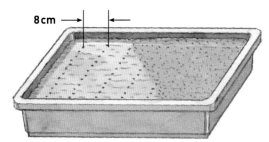

用筛子筛上一层薄土，以刚刚看不到种子为宜，用平的木板轻轻压一下。发芽适温为 22~23℃。春季时需要保温、加湿

> **成功的要点**　因为发芽时需光，所以覆土要极薄，用木板把种子压入土中和土密切接触。

当有 2 片真叶时，移植到苗床上

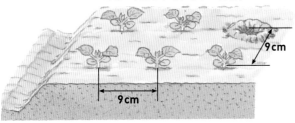

9cm

9cm

当有 4 片真叶展开时，浇足水后挖出苗，防止根砣破碎

2 地块的准备　　及早撒上石灰后耕翻

平均 1m²
堆肥　5~6 把
豆粕　5 大匙
复合肥　3 大匙

在定植前约 2 周，施入基肥。要想收获大量品质好的叶片、花穗，就要多施好的堆肥

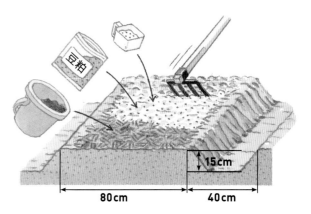

15cm

80cm　　40cm

3 定植

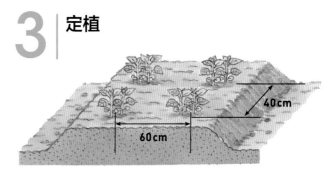

40cm

60cm

开始时生长发育很慢，能收获的叶片很少，所以在 1 处栽 2 株。随着生长发育间苗，留下 1 株培育

4 铺稻草、浇水

在进入夏季前铺上稻草　　因为怕旱，所以干了要及时浇水

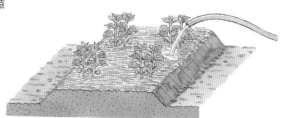

> **成功的要点**　因为怕旱，所以在进入夏季前在植株基部铺上稻草。另外，要想在夏季收获品质好的叶片，撑上高度为 1.8m 左右的寒冷纱，减弱一下强光即可。

5 | 追肥

当植株长到高 15~20cm 时，在垄的两侧追肥，用锄头将肥料和土掺混后向垄上培土。以后，每半个月追肥 1 次，施少量的肥料

平均 1 株
复合肥　1 大匙

6 | 虫害防治

近年来，有较多的斜纹夜蛾、叶螨、紫苏野螟等害虫的为害，要早发现、及时捕杀或喷洒杀虫剂进行防治

7 | 收获

当主枝的叶片展开 10 片时，就可把下部的叶片依次摘取收获

大叶
把展开的大叶摘下

花穗紫苏

开花

花轴的蕾下部 30% 左右开花时，可用作生鱼片的搭配物或炸天妇罗

穗紫苏

当下面的结了籽实，上面还有少量的正在开花时，可做成天妇罗或处理了种子腌咸菜

紫苏的籽实（小穗）

用充分膨大的种子做成炖菜或佃煮

> 成功的要点　熟悉调理方法，选择与之相适应的收获时期和收获方法。适时摘除老叶、老花、病叶。

芽紫苏的培育方法

用土
（河砂：泥炭土 = 8 : 2）　育苗箱等

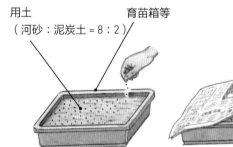

①以 5~6mm 的间距撒播种子（覆一层极薄的土），盖上报纸

②发齐芽后就撤掉报纸，使其接受日光照射

③施 1 次液肥。用剪刀进行收获

做成配菜或做汤

青芽
真叶还没有长出时

红芽（红斑芽）
有 2 片真叶的时候

Q 如何才能使其很好地发芽？

A 先把种子贮存起来，用已经解除休眠的种子。

通常，因为在秋季时落下的紫苏种子到春季就有很多发芽的，所以即使是不播种也不会灭绝。但是，如果是人工繁殖，并不那么容易。

原因之一就是休眠。

新的种子，因为休眠期约需 6 个月，在这期间即使是进行播种也不会发芽。为此，若在 9 月~第 2 年 3 月播种，用上一年采的种子就行，不过为了使其顺利发芽，就需要对采的种子进行贮存，防止营养消耗。最好和河砂混合贮存在冰箱冷藏室中，防止干燥和高温。

自然落下的种子到 5 月前后发芽的，这是因为过了休眠期，达到发芽适温（20℃左右），土壤的湿度又合适的缘故。

在播种前，把种子在水中浸泡一昼夜，使其充分吸水，以便早发芽是很重要的。

另外，要想收获种子，在秋季开花结束之后，使其在地里尽量长时间地保持原样，待穗干燥、种子开始往下落时再进行收割、收集起来。如果收获太晚，种子就会全部落到地里，所以要及时观察地里的情况，判断适时收获的时机。

Q 长出了花穗，叶片变硬了是怎么回事？

A 这是因为被花芽夺去营养，叶片中缺少营养的缘故。

紫苏是代表性的短日照植物，接近秋季时就会发生花芽分化，不久就会抽出花穗、开花、结出种子。一旦形成花芽就从营养生长转为生殖生长，就只能收获品质差的小叶片，收获不到好的大叶片了。即使是把顶部的花摘去，以后长出的腋芽的顶端也开花，就不能恢复生长了。

因此，要想收获好的大叶片，就只能采用电灯照明，给予长日照条件。电灯照明从进入 9 月就开始，从日落到晚上 12:00 左右，用普通的白炽灯，达到能阅读的亮度即可。生产农户一般是 1000m² 用 50~60 个 60W 的灯泡给予长日照条件。

白苏

Perilla

●唇形科 / 原产地：印度、中国

是香味好的紫苏的变种，日语中叫荏胡麻。在韩国菜中用它包肉等吃法也很受欢迎。籽粒可用作榨油的原料。

栽培月历 （月）

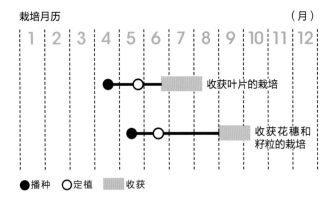

●播种　○定植　▨收获

收获叶片的栽培

收获花穗和籽粒的栽培

栽培要点

◎因为基本上没有卖苗的，所以一般是用种子进行培育。

◎因为像野生的那样生长健壮，所以栽培很容易。

◎要想利用柔嫩的叶片，就要及时追肥和浇水。

◎植株长大了茎叶伸展，叶就变弱，所以要适时疏叶疏枝。

◎主枝长到 10 片叶以上时，就可把下部的叶片依次摘取收获。

◎因为不耐旱，在出梅后铺上稻草，细心地进行浇水。

◎是紫苏的变种，在短日照条件下就开花。

推荐的品种

还没有定名的品种，但是可以根据种子的颜色分为黑色、白色，茎的颜色也有绿色和红色之分。种子有野生的和选育的。一般的购买市场上售卖的。因为像野生的一样，比其他蔬菜容易培育。若利用叶片，就要注意及时追肥和浇水。生长发育旺盛时，茎叶就会长得过大，叶就会变弱，所以适时进行疏叶、疏枝是很重要的。

白苏（山阳种苗）：生长健壮，容易培育。能长时间收获叶片，耐热性好。

白苏

栽培方法

1 育苗

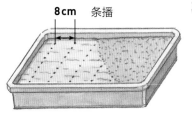

8cm 条播

真叶开始长出时间苗

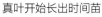

1.5~2cm

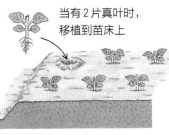

当有 2 片真叶时，移植到苗床上

育成的苗。真叶长出 5~6 片

2 地块的准备

在定植前约 2 周

平均 1m²
堆肥　5~6 把
豆粕　3 大匙
复合肥　2 大匙

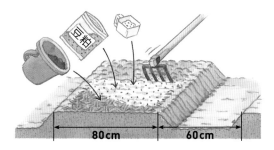

80cm　　60cm

3 定植

定植上后在植株周围浇足水

40cm

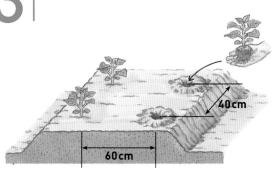

60cm

4 追肥

第 1 次
平均 1 株
复合肥　1 大匙

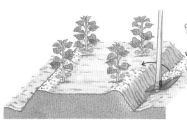

第 2 次及以后
每隔 15~20d 施等量的肥料

当植株长到高 15~20cm 时，把肥料撒到垄的两侧，和土掺混后施到垄上

5 铺稻草、浇水

到夏季干旱严重时，收获不到好的叶片，对容易干旱的地块要铺上稻草，及时浇水

6 收获、利用

主枝长到 10 片叶以上时，可把下部的叶片依次摘取收获

植株生长旺盛时就选择柔嫩并且厚的叶片摘取收获

将近成熟的果穗
将其磨碎作为调味料等享受其风味

完熟的籽粒
可做成荏胡麻油

叶片
包卷烤肉吃，也可做成泡菜或用酱油、盐腌成咸菜

香菜

Coriander

●唇形科 / 原产地：地中海沿岸地区

泰国菜等常用的民族风味的食材。是有独特香味的香草，也叫芫荽。

栽培月历　　　　　　　　　　　　　（月）

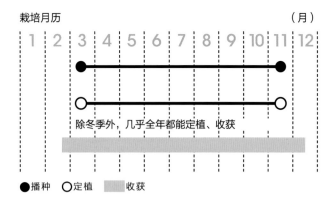

除冬季外，几乎全年都能定植、收获

●播种　○定植　▨收获

栽培要点

◎因为耐热性和耐寒性都不那么强，所以在盛夏、冬季用遮阴网或保温材料保护。

◎初夏时开白色的小花，不久就长成为释放香味的果实。

◎收获用作香料的种子，可以在 3~4 月时播种。

◎发芽后适时间苗，改善通风、透光条件。

◎因为不耐旱，所以要适时浇水，不能使土壤过于干旱了。

◎播种后 6~7 周，连株拔除收获或摘取嫩叶收获。

推荐的品种

在中国叫香菜、芫荽，泰语叫帕库奇，英语叫克里安达。可从农资店购买种子进行栽培。

撒瓦迪香菜（Tokita 种苗）：叶片较小，叶片和茎有独特的芳香。果实有与柠檬相似的芳香。

撒巴衣香菜（Tokita 种苗）：晚抽性，在难以栽培的夏季也容易培育。香味强，可用在汤或果汁里。

纳里香菜（Tokita 种苗）：叶片柔嫩有香味，吃起来很方便。因其柔嫩的口感也很合适用于凉拌菜。

撒瓦迪香菜

撒巴衣香菜

纳里香菜

栽培方法

1 | 育苗

在 128 穴的穴盘中，1 个穴内播 4~5 粒种子

用细筛子筛上一层极薄的覆土

适时间苗，留下 2 株培育，当长出 3~4 片真叶时育苗完成

2 | 地块的准备

平均 1m 沟长
堆肥　4~5 把
豆粕　5 大匙
复合肥　2 大匙

在定植前约 2 周

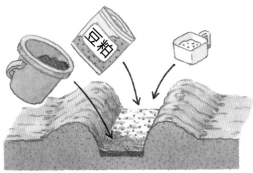

3 | 定植

以 15cm 的株距定植

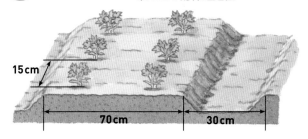

15cm

70cm　30cm

4 | 追肥

在定植后 2~3 周和再过 2 周时，在植株周围施肥，和土掺混一下

平均 1m²
豆粕　2 大匙

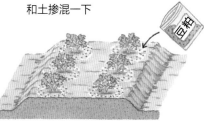

5 | 防暑覆盖

为防止夏季温度升得太高，要盖上遮阴网等遮光材料。底部敞开

6 | 覆盖保温材料防寒

在顶部开直径为 5~6cm 的孔，进行换气

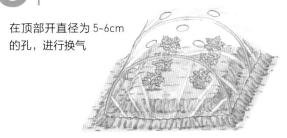

> **成功的要点**　对秋季播种春季收获的栽培，可采用塑料小拱棚。到了初夏，中午到30℃以上时就及时换气。塑料薄膜底部要用土压结实，防止被风吹跑了。

7 | 收获

播种后 6~7 周就能收获。用剪刀剪叶或用手掐叶进行收获

种子可用作调味料

萝卜苗

Chinese radish

●十字花科 / 原产地：地中海沿岸地区、中亚、东南亚等

是具有爽口辣味的刚发芽的蔬菜。可生食，是做凉拌菜的配料和手卷寿司的材料等。

栽培月历 （月）

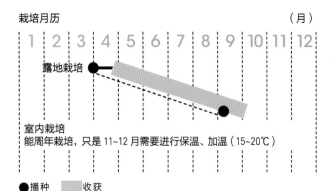

室内栽培
能周年栽培，只是 11~12 月需要进行保温、加温（15~20℃）

●播种　　收获

栽培要点

◎ 发芽适温为 25℃左右，容易培育的是春季和秋季。如果冬季进行保温、加温，全年都能进行播种。

◎ 发芽后，在开始生长时遮光，使其快速生长，增加株高。

◎ 当植株长到 8~10cm 高时，对子叶进行日照。如果突然给予强日照就会使生长变弱，所以要逐渐地加强日照。

◎ 大量生产时可在地块中播种，但是家庭菜园建议用塑料容器栽培。

推荐的品种

虽然什么品种的萝卜也可以培育嫩苗，但是大阪四十天萝卜等是常采用的品种。种子要购买未用杀菌剂处理过、作为芽菜和嫩芽蔬菜用的种子。

嫩苗萝卜（中原育种场）：容易培育的樱桃萝卜的嫩芽蔬菜。能容易地栽培。

红宝石嫩苗萝卜（中原育种场）：四季都能栽培的红茎种。胡萝卜素和维生素含量丰富。

珊瑚嫩苗萝卜（中原育种场）：叶片、茎都是鲜艳的红紫色的，非常引人注目。做色拉等很适合。

嫩苗萝卜

红宝石嫩苗萝卜

珊瑚嫩苗萝卜

栽培方法

1 │ 种子的准备

购买适合做萝卜苗的种子。因为用种量很多，所以买包装量大的

在水中浸泡一昼夜。把漂浮的不充实的种子除去

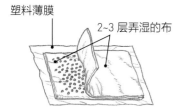

塑料薄膜

2~3 层弄湿的布

种子不要重叠，在布上摊开，使其出芽

露出一点芽

2 │ 播种

浅的泡沫塑料箱等

撒上种子，使种子不要重叠

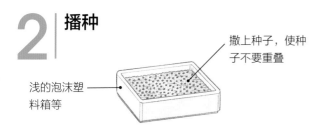

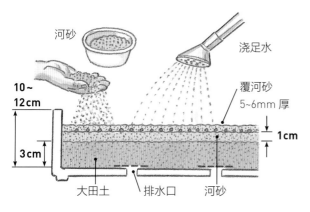

河砂

浇足水

覆河砂 5~6mm 厚

10~12cm

3cm

1cm

大田土　　排水口　　河砂

> **成功的要点**
> 要想培育出纯白且笔直的茎，在育苗箱中播种子时，使种子不要重叠，撒得稍密一点即可。

3 │ 遮光

在株高 8~10cm 前遮光，植株长得快

最适温度为 20~25℃

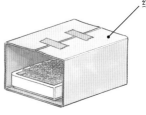

纸箱

冬季的晚上把育苗箱放在盛有热水的浴缸盖上，或放在电暖桌的下面等，春季放在日照好的窗边等暖和的地方

4 │ 填砂、日照

不要突然给予强日照，要逐渐地增强日照

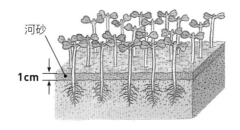

河砂

1cm

植株长到高 3~4cm 时，在行间填入河砂，使其直立地伸展，不倒伏

当植株长到高 8~10cm 时，给予日照，使子叶变绿

5 │ 收获

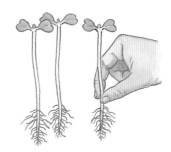

当植株长到高 10~12cm 时，拔取收获。子叶呈鲜艳的绿色、茎是纯白色的为上等品

款冬

Japanese butterbur

●菊科 / 原产地：日本

做家庭菜时常用的蔬菜。特有的苦味和口感是其固有的味道。春季收获款冬薹也是一大乐趣。

栽培月历　　　　　　　　　　　　（月）

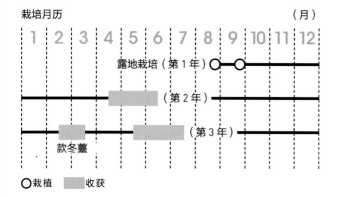

○栽植　　▨收获

栽培要点

◎有宿根性，栽植一次就能连续收获多年。

◎因为采不到种子，所以购买地下茎进行栽培。

◎在树荫下或湿度大的地方生长得很好。在日照太强的地方使用遮阴网进行遮阴。

◎主要利用其叶柄。在早春出叶之前被鳞片包着出来的款冬薹（花蕾）也能收获利用。

◎下霜后地上部就枯死了，但是地下茎没有问题。因为冬季休眠，所以即使是在寒冷地区也能容易地越冬。

◎有数根垂直根向深处伸展，但是，细根在近地表处横向扩展，所以不耐旱。适合在保水性好并且排水性好的场所栽培。

◎连续栽培几年后，地下茎就混杂拥挤，用锄头进行疏除，扩大株距。

推荐的品种

是从山野地野生的选拔改良而来的，日本各地有野生款冬的系统，但是具有明显特征的品种有爱知早生、八头、水款冬、大型的秋田款冬等。

山款冬：味稍苦，很受欢迎的优良品种。生长健壮，株高 30~70cm。

爱知早生款冬：日本爱知县的选育品种，生长发育旺盛，收获量多。叶柄伸展好、粗壮。

备受关注的营养

叶片中营养成分含量少，钾、锰、膳食纤维含量稍微多一点。钾具有能把体内多余的钠排出体外、抑制血压上升的功效。有苦味，剥皮时手指会变黑，汁液的成分主要是多酚，具有很强的抗氧化作用。

款冬薹（花蕾）比叶片营养丰富，胡萝卜素含量是叶片的 8 倍，钾是叶的 2 倍。独特的苦味来自属于类黄酮的一种的山奈酚，具有提高免疫力、预防感冒等作用。

栽培方法

1 根株的准备

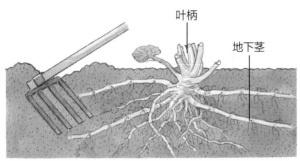

叶柄

地下茎

8~9 月前后，把根株挖出来，挖出时将地下部尽量一块挖出

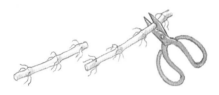

把地下茎切成 3~4 节的 1 段，每段长 10~15cm

成功的
要 点
没有根株时，要及时地和农资店预订好苗，要订购无病毒苗。从地块中挖取时，要选择生长发育好的植株。

2 地块的准备

在栽植前约 2 周
施入基肥

早一点撒施石灰，然
后耕翻

平均 1m 沟长
堆肥　施足量
豆粕　1 把

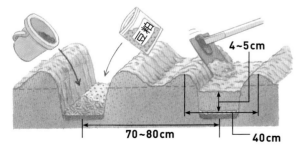

挖成深 7~8cm 的沟，施入基肥，填上厚 4~5cm 的土，做成
栽植沟

3 栽植

把地下茎与沟面平行摆好　　　　栽上后覆土

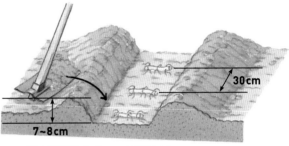

30cm

7~8cm

覆土厚度为 3~4cm，不能太厚

稻草

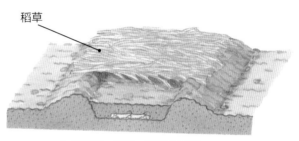

为了防旱、防暑，要铺上稻草

4 追肥

从夏季到秋季，追肥 3~4 次，把豆粕、复合肥撒到垄的两侧，
用锄头把肥料和土掺混一下

平均 1m 垄长
豆粕　3~4 大匙
复合肥　2 大匙

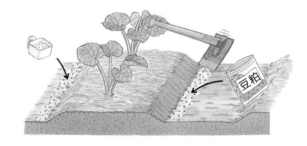

到了夏季，再铺上稻草，如果干旱就及时浇水

5 | 遮阴

在其附近成行地栽上玉米、甜高粱等高大的植物进行遮阴

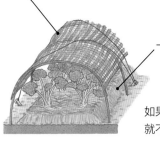

遮光用寒冷纱

下部不用遮阴

如果是在树荫下等半日阴处就不用再遮阴了

在小拱棚的上面盖上遮阴网等

6 | 收获

5~6 月，在叶柄伸展开且还没变硬时依次切割收获

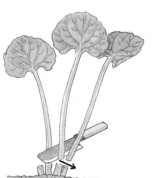

2 月，可收获还没有开花的款冬薹

若第 2 年大田中混杂拥挤，在收获前就进行疏除，把疏除的植株栽到另外的地块中就又开始生长了

 成功的要点 未开花的款冬薹要及早收获。10 月时叶也能收获，但是要注意不能收获得太多了，要注意好地培育根株。

美味可口的蔬菜做法！
典型菜谱

款冬味噌

材料（容易做的分量）

款冬薹…100g

味噌…70g

A 酒、甜料酒…各 1 大匙

砂糖（根据各人喜好）…少量

色拉油…1 大匙

做法

1 把款冬的花茎洗净，用刀纵向切开，切碎。因为切开后会变色，所以要操作迅速。

2 在锅中加入色拉油，用中火加热，把 **1** 快速炒一下，翻炒至全部着油后就停火。

3 加入 **A**，拌均匀，再开小火，用木铲充分翻炒后停火。盛到保存容器中，冷却后保存。

备忘录：冷藏能保存 1 周，冷冻能保存 2 个月。

追肥 2~3 次，要注意施肥的量和种类（以施豆粕等有机肥料为主），不要引起肥害。

另外，为了遮挡夏季的强光照射，用遮阴网进行遮阴，或者隔几行就栽上 1 行甜高粱等高大的植物；为防止冬季的寒风，可设置防风屏障。

根全面地伸展开后，就隔 1 行疏除 1 行，把间隔扩大。

Q 如何收获高品质的款冬薹？

A 用有机质为主的肥料，培育健壮的植株。

在早春于叶冒出地上之前，收获露出地表的花蕾。因此，在上一年就培育好健壮的植株是很重要的。

细根在近地表处扩展，夏季时不耐旱，所以要铺上稻草（稻壳更好），如果连续干旱就浇水。

从第 3 年开始整个地块就被叶片覆盖了。混杂拥挤时，隔 1 行疏除 1 行，把间隔扩大。

Q 如何繁殖根株？

A 8~9 月时挖出来，3 节或 3 节以上切成 1 段进行栽植。

因为采不到款冬的种子（栽培种是三倍体，不结种子），要把地下茎分割开，进行营养繁殖。

为了采到好的根株，就要预先选择好的植株。选择好植株后，要早一点停止收获，让叶片长大，使根株生长健壮。

在 8~9 月时把根株挖出来。为尽量多带根，扩大挖掘范围，然后切成 15~20cm 长的段，每段留 3 个以上的芽。把每段水平地栽上，间隔 30cm，上面覆 3~4cm 厚的土。

基肥中的堆肥和豆粕，要先施到沟的下面。

在日本爱知县、大阪府等产地，都是用无病毒的（用茎尖培养的无病株）好苗。

山蒿菜

Leaf mustard

●十字花科 / 原产地：日本

又名山葵。柔嫩、爽口的味道已被大家认可。可以用作凉拌菜、腌咸菜、三明治、味噌汤等的材料，用途很广泛。

栽培月历 （月）

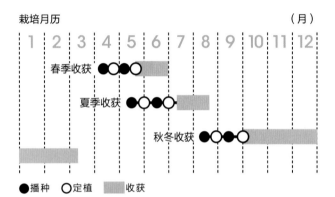

● 播种　○ 定植　▨ 收获

栽培要点

◎ 叶片像萝卜叶，边缘有大的缺刻。叶面呈皱褶状是其特征。

◎ 发芽适温为 15~25℃。有春季收获的、夏季收获的、秋季收获的，适宜播种的时间很长。

◎ 育苗、向地块中直播，都能栽培。

◎ 要想收获优等品，最终株距要达到 20cm，日照和通风环境要好。

◎ 因为易发生小菜蛾等虫害，所以要用防虫网等防止害虫落下。

◎ 对于春季收获的、夏季收获的，从根基部连植株收获。

◎ 对于冬季收获的，当植株长到高 15~20cm 时，一片一片地摘取叶片，能长时间收获。

推荐的品种

山蒿菜是从日本九州地区的芥菜的变异种中选育成的。

山葵菜（中原育种场）：叶呈皱褶状的圆茎品种。叶大且柔嫩，有独特的辣味。

山蒿菜：叶呈皱褶状的圆茎品种。叶大且柔嫩，有独特的辣味。除用于凉拌菜、腌咸菜、色拉外，与肉菜也很搭。

山葵菜　　　　　　　　　　山蒿菜

栽培方法

1 育苗

自己育苗
用 128 穴的穴盘，每个穴中播 3~4 粒种子

随着生长发育间苗，留下 1 株培育

真叶长出 4 片时，育苗完成

2 地块的准备

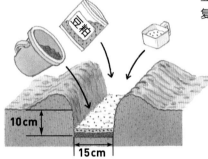

平均 1m 垄长
堆肥　5~6 把
豆粕　5 大匙
复合肥　3 大匙

在播种前约 2 周施基肥

10cm
15cm

3 定植

定植后，在植株周围充分地浇水

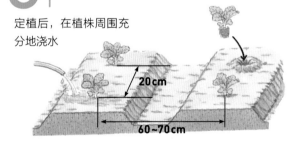

20cm
60~70cm

-------- **播种（直播）** --------

因为种子很小，所以要细致地做好播种沟

以 2~3cm 的间距撒上种子

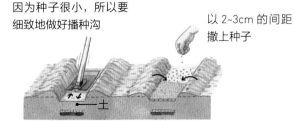

—土

在长出 2 片真叶时适当间苗

4 虫害防治

防治小菜蛾时以喷洒叶片背面为主

盖上防虫网，防止成虫入侵

5 追肥

第 1 次
平均 1m 垄长
豆粕　3 大匙
复合肥　2 大匙

第 2 次
在第 1 次施肥后 20d，在垄的另一侧施等量的肥料

第 1 次在植株 10cm 高时施肥

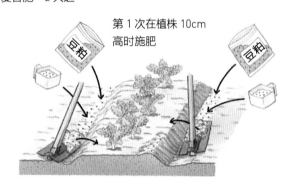

豆粕

豆粕

开浅沟施上肥料，把垄间的土敲碎并向垄上培土

6 收获

秋冬收获的，主要是当植株长到高 15~20cm 时，一片一片地摘取叶片收获

从根的基部割取收获

明日叶

Ashitaba

●伞形科 / 原产地：日本

散发出稍有苦头的特有香味是其特征。今天摘了明天就又长出叶，所以叫明日叶。可用于油炸和凉拌菜等。

栽培月历 （月）

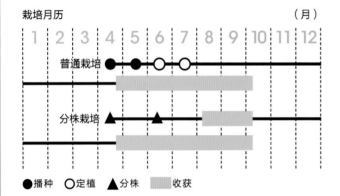

●播种　○定植　▲分株　▨收获

栽培要点

◎多年生草本植物，植株高度可达 1m 以上。生长健壮，稍微放任栽培也长得很好。

◎在日本本州中南部（特别是伊豆七岛、小笠原各岛等）野生，在日照好、多少有点湿度的土壤能很好地生长发育。

◎冬季地上部枯死，栽植一次后就可收获多年。

◎在温暖地区收获的叶和茎，更柔嫩、香味也更好。

◎收获要在叶柔嫩、有光泽时进行。继续生长下去，叶片变得没有光泽就太硬了，不好吃。

推荐的品种

虽然是古老的蔬菜，但是没有品种的分化。

明日叶（泷井种苗）：营养丰富，有与芹菜相似的香味。生长发育旺盛，栽植一次就能收获好几年。

明日叶

备受关注的营养

从很早以前就作为有药效的山野草而利用。具有抗氧化作用，提高免疫机能的胡萝卜素含量丰富，维生素和矿物质的含量在蔬菜中算高的。

栽培方法

1 种子的准备

购买市场上卖的种子，想栽培很多时，从夏季到秋季，可使其抽薹、开花、采种。如果栽培株数少，可以挖出根株进行定植

2 育苗

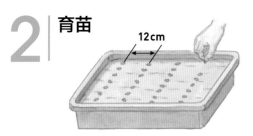

12cm

在育苗箱中以 1.5~2cm 的间距进行条播。在覆土的上面再盖上报纸、塑料薄膜，以促进发芽

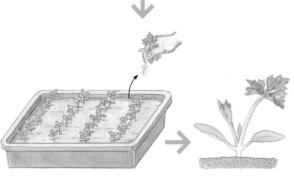

在有 1 片真叶和 2~3 片真叶时间苗，使株距为 7~8cm，当长出 4~5 片真叶时育苗完成

3 地块的准备

在定植前约 2 周施入基肥

平均 1m 沟长
堆肥　4~5 把
豆粕　5 把

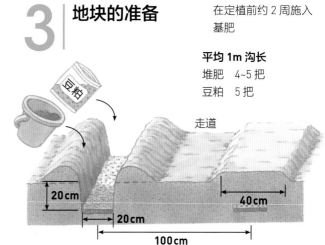

豆粕

走道

20cm
20cm
40cm
100cm

> 成功的要点
> 因为要在地里连续栽培 4~5 年，所以堆肥要用不易分解的泥炭土或椰子壳等。

4 定植

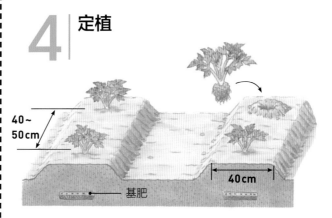

40~50cm

基肥

40cm

因为是多年生植物，植株能长得很大，所以要把株距留得宽一些

5 追肥

平均 1 株
豆粕　10 大匙
或者复合肥　2 大匙

豆粕

在收获期每 20~30d 就施 1 次肥料，将豆粕或缓效性复合肥撒到垄间，进行浅锄。因为氮施得过多会引起品质下降，所以要注意

植株长大后追肥时，在植株间隙适当撒施肥料，与土掺混一下

6 | 管理

盛夏时用寒冷纱或苇帘等遮挡强光，就会生长出品质好的嫩叶

花茎

要及时防治蚜虫

成功的要点

长成的大株在 6~7 月会抽薹开花，所以要及时地把花蕾剪掉。如果留下就会开花、结籽，植株就会早衰。所以花茎出来就及早剪掉。

7 | 收获、利用

在嫩叶有光泽时摘取收获。大叶（成叶）保持 3~4 片的状态就行

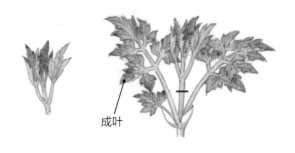

成叶

✕ 摘得太晚了

无光泽、感觉粗糙

成叶

这种情况下怎么办？
在地块中遇到的难题
Q&A

Q | 何时收获？如何利用？

A 在叶片有光泽时进行收获，可用油炸着吃。

收获时，把顶端带着嫩叶、有光泽的部分摘取收获。

如果长成大叶就会失去光泽，叶片粗糙。这样的叶片粗糙、很硬，就不能吃了。

有多片大且健壮的叶片才是最理想的。如果不是这样的植株，就长不出好的新芽。

要想能收获好的新芽，就经常在植株周围施入豆粕或复合肥，防止缺肥，进行细致管理，就能长时间享受到柔软的嫩叶。

可用油炸着吃，用热水焯一下拌凉菜，作为火锅或寿喜烧的材料，做汤菜、佃煮等，使用范围很广。根据地块的宽敞程度，多培育一些是很方便的。

Q 有什么简单的繁殖方法吗？

A 春季刨出根株，施入充足的基肥后进行定植。

在早春植株开始旺盛生长前，用铁铲等把其周围挖得大一点，刨出根株。把带芽的根分段切开，垄间距为90~100cm、株距为20cm进行定植。在定植穴中施入少量的堆肥和豆粕是很重要的。

要想培育很多的苗，从夏季到秋季，使其抽薹、开花、结籽，在第2年春季把这些种子播到育苗箱内即可。

当长出 2~3 片真叶时间苗，间距为 7~8cm，培育成有 4~5 片真叶的苗。以后和分株苗一样定植到地块中。

 美味可口的蔬菜做法！

典型菜谱

明日叶
炒猪肉

材料（4 人份）

明日叶…1 把（120g）
西芹…0.5 根（50g）
猪肉片…80g
A │ 酒…1 大匙
│ 酱油…0.5 大匙

色拉油、黄油、酱油…
　　各 1 大匙
七味辣椒粉…少量

做法

1　把明日叶切成 3cm 长的段，把西芹纵向切开后再切成 3cm 长的段。

2　把猪肉片切成 1cm 宽，倒上 **A**，加上色拉油，用铁锅炒好后取出。

3　在 **2** 的铁锅中化开黄油，依次加入西芹、猪肉片、明日叶后翻炒，用酱油调味，盛到盘中撒上七味辣椒粉。

刺龙芽

Taranome

●五加科 / 原产地：东亚

辽东楤木的嫩芽。有带甜微苦的味道，是山菜之王。可以用春季的头芽和野菜一起煮菜或炸天妇罗。

栽培月历 （月）

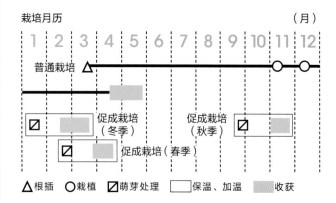

△根插　○栽植　☑萌芽处理　▢保温、加温　▨收获

栽培要点

◎ 在海拔 1500 米左右的日照好的坡地、森林被采伐后几年的场所就野生出很多。

◎ 枝或茎上有尖锐的刺，但是无刺的也被选育成功了。摘取枝顶端聚集的嫩叶利用。

◎ 野生的，从樱花开始开花后 1 周就是采集期，用山中采集的枝或者用其作为母株培育成植株，从这植株上剪枝进行扦插，进行栽培。

推荐的品种

因为是用山地里野生的进行繁殖、栽培，所以也没有品种的分化，不过，无刺系的刺龙芽在市场上也有卖的。

新驹绿（泷井种苗）：刺少、容易栽培，并且收获量也多。在树小的时候有刺。

新驹绿

备受关注的营养

刺龙芽是富含维生素、矿物质、蛋白质的健康蔬菜。有特别强的抗氧化作用，因为能抑制老化的维生素 E 含量较多，是可以延缓衰老的食物。维生素 E 和油一起摄取吸收率高，用油炸天妇罗就不会浪费营养了。

栽培方法

1 根插（栽植种根）

早春，在萌芽之前将根挖出，切成 15cm 长的段

把根尖端的部分剪掉

10cm

15cm

刨适当宽的定植沟，以 10cm 的间距放上根，覆 5cm 厚的土。

2 苗木的栽植

到了春季就发芽

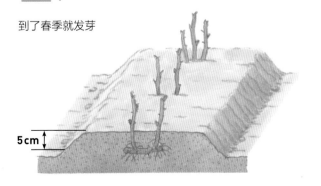

5cm

到了秋季刨出来，进行分株，栽到大田中

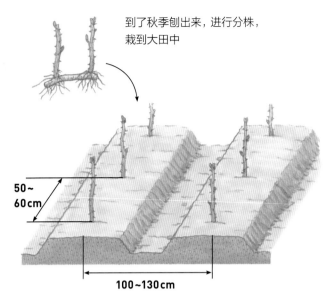

50~60cm

100~130cm

> 成功的要点
>
> 因为辽东楤木能长得很大，所以栽植苗木时要留足株距，及时剪枝，不要让其长出无用多余的枝条。

3 剪枝

如果放任不管，树长大了就不好管理了，也摘不到大芽

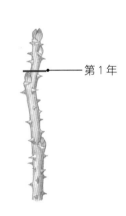

第 1 年

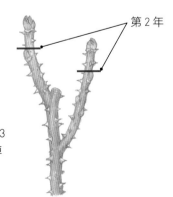

第 2 年

在收获后留下下面 2~3 个大芽，把其余的剪掉

4 | 采插穗

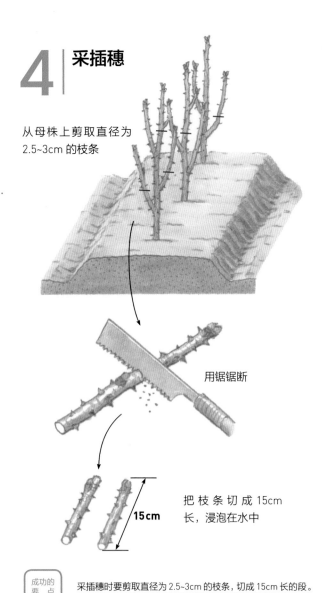

从母株上剪取直径为 2.5~3cm 的枝条

用锯锯断

15cm

把枝条切成 15cm 长，浸泡在水中

> **成功的要点** 采插穗时要剪取直径为 2.5~3cm 的枝条，切成 15cm 长的段。

5 | 萌芽处理（加温处理）

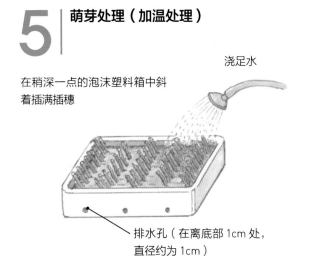

在稍深一点的泡沫塑料箱中斜着插满插穗

浇足水

排水孔（在离底部 1cm 处，直径约为 1cm）

春季、秋季

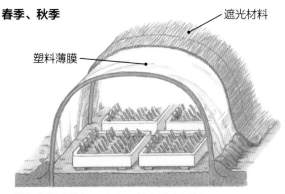

遮光材料

塑料薄膜

撑起塑料小拱棚，在上面盖上遮光材料

冬季

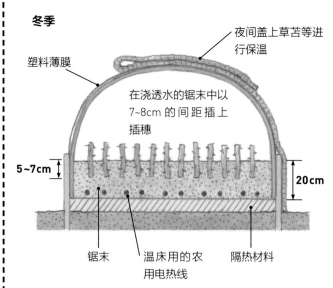

塑料薄膜

夜间盖上草苫等进行保温

在浇透水的锯末中以 7~8cm 的间距插上插穗

5~7cm

20cm

锯末　温床用的农用电热线　隔热材料

在大棚中再撑上小拱棚，铺设上农用电热线保温，使苗床温度为 18~20℃。每 2d 浇 1 次水

6 | 收获

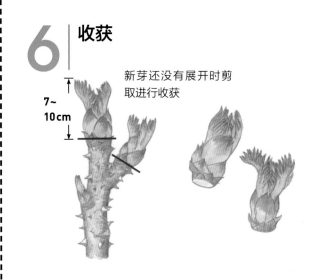

7~10cm

新芽还没有展开时剪取进行收获

这种情况下怎么办？
在地块中遇到的难题
Q&A

Q 萌芽处理有什么技巧？

A 用水浸泡、保温、及时浇水是关键。

萌芽处理，是把辽东楤木的枝条集中起来切成15cm长的接穗，用温床加温，促使其发新芽的栽培方法。在大拱棚内再撑上小拱棚，用温床等调节温度和湿度。

加温促芽的操作顺序是，首先把接穗切成15cm长后立即浸泡在水中（浸水）。然后斜插在箱中，放在小拱棚内（春季、秋季时），冬季时就在大拱棚内再撑上小拱棚，放在里面。

在箱中要积存浅水，每隔2~3d把水换一下，防止水中缺氧。

为了方便管理，在离泡沫塑料箱底部1cm处开上直径为1cm左右的排水孔，浇水至水通过自然排水孔能流到外面为止。

另外，做萌芽处理时，除浸水外，还可以在箱中装满锯末，浇足水后，把接穗插到锯末中。

美味可口的蔬菜做法！
典型菜谱

味噌刺龙芽和蕨菜

材料（容易做的分量）

刺龙芽…适量
蕨菜（已除去汁液）…适量
味噌…50g

酒、甜料酒…各0.5杯
砂糖…500g
白芝麻碎…50g

做法

1 去掉刺龙芽的叶鞘，加上一撮盐（分量外）用热水快速焯一下，用笊篱滤掉水。

2 在锅里加上酒、甜料酒，开火，在开始沸腾的时候就从火上取下，加入砂糖，利用余热使其大致化开。

3 在**2**中先加入白芝麻碎，再加上味噌，拌匀、冷却。

4 把**1**和蕨菜用纱布包住滤掉水。

5 在保存容器中放入**3**的一半量，铺上纱布，放上**4**包住，再在上面放一半剩余的**3**作为覆盖。

备忘录：味噌用多少层都行。放置1周左右，就有了味噌腌的味道。放在冰箱中冷藏能保存1个月。

落葵

Malabar nightshade

●落葵科 / 原产地：亚洲热带地区

具有光泽的茎叶和独特的滑溜感，是营养丰富的健康蔬菜。即使在夏季的日照下，也能健壮生长。

栽培月历 （月）

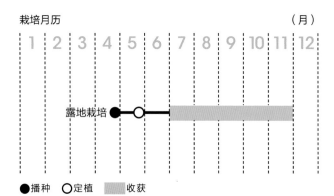

●播种　○定植　▨收获

栽培要点

◎爬蔓植物，生长发育旺盛，缠绕在支柱上，如果放任其生长能长到3~4m高。

◎有茎是绿色的绿茎种和茎是红紫色的红茎种，食用的一般是绿茎种。

◎因为喜高温，如果早播就很可能造成生长发育不良，应在春季充分暖和之后再播种。

◎立上牢固的支柱，摘取芽尖能长时间收获。

◎因为不耐旱，所以在植株基部铺上稻草。

◎从夏季到秋季开白色的小花，结小的球形种子。

◎到秋季气温下降时，生长发育就立即衰弱了。

推荐的品种

有绿茎种和红茎种，作为蔬菜用的多是绿茎种。没有品种分化，要栽培就从市场上购买落葵的种子进行栽培。

落葵·绿茎（泷井种苗）：因为耐高温，在炎热的夏季作为贵重的蔬菜而活跃着。柔嫩的叶和茎有独特的滑溜感，很好吃。

落葵·红茎（Tohokuseed）：因为在炎热的夏季生长也能很好，所以适合初次栽培者。红紫色的茎增添了菜园的喜庆感。和绿茎的一块呈塔状培育会非常漂亮。

落葵·绿茎

落葵·红茎

栽培方法

1 育苗

用种子育苗

种子硬且难吸水，发芽差，所以在播种前用纱布等包好，在水中浸泡一昼夜

因为种子硬、难吸水，发芽就差，所以预先在水中浸泡或破开种皮，使种子容易吸水。

种子发芽率低，播种时多播一些种子即可

在育苗箱中条播

7~10cm

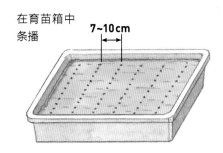

当长出 2~3 片真叶时，移植到 3 号塑料钵中

如果栽的株数少，也可以在塑料钵中直接播种。多播一点种子，如每处 6~7 粒，间苗即可

当真叶长出 4~5 片时，育苗完成，可向大田中移栽

用插穗培育

剪取蔓顶端 15cm 长，斜着插到育苗箱中

等生根并开始旺盛伸展时，就带着土掘出来，栽到大田中

2 地块的准备

在定植前约 2 周

平均 1m 沟长
堆肥　5~6 把
豆粕　5 大匙
复合肥　3 大匙

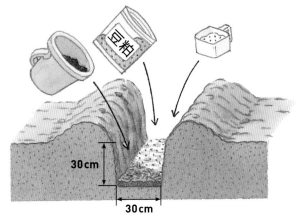

30cm

30cm

在施基肥的沟内填土后起垄

3 定植

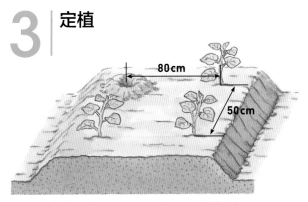

80cm

50cm

按株距为 50cm、行距为 80cm 定植 2 行

4 | 立支柱、引缚

蔓开始伸展前，把长 2m 的支柱交叉着立上并捆牢

支柱长 2m

为了防止干旱，在植株基部铺上稻草

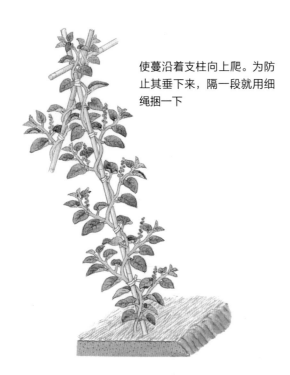

使蔓沿着支柱向上爬。为防止其垂下来，隔一段就用细绳捆一下

5 | 追肥

平均 1 株
豆粕　4~5 大匙

1 个月追肥 1 次

在垄的一侧划浅沟，施入肥料，掺混后连土培到垄肩部。下一次施到垄的另一侧
※ 为了看得明白，把稻草省略了。

6 | 收获

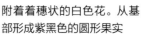

蔓顶端伸展到 10~15cm、能摘的时候就可收获。把下面 2~3 片叶留下，剪掉顶端

附着着穗状的白色花。从基部形成紫黑色的圆形果实

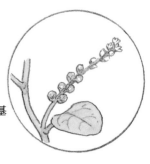

成功的
要点

若放任不管，植株能长到 3~4m 高，适时摘掉芽尖便能长期收获。

落葵，有茎呈紫色的红茎种和全部都是绿色的绿茎种两种类型。

但是开始时作为观赏用植物，日本引进了红茎种，所以就起了"蔓紫"这个名字。

作为蔬菜用时，绿茎种柔嫩、味道好，现在在日本市场上流通的几乎都是绿茎种的。为此，现在的名字和实物不相符。

红茎种的落葵的蔓伸展性好，如果放任不管就能伸展到 2~3m 高。叶小、茎细，虽然味道比绿茎种的略差，但是因为其茎是紫色的，特别是果实成熟了也是深紫色的，在庭院栽植或者盆栽，作为观赏植物也是很有乐趣的。

Q 落葵的日本别称叫蔓紫，但为什么有绿色的？

A 红茎种一开始是作为观赏植物引进日本的。

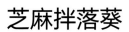

美味可口的蔬菜做法\
典型菜谱

芝麻拌落葵

材料（4 人份）

落葵…200g	酱油…1 大匙
黑芝麻…4 大匙	盐…少量
砂糖…0.5 大匙	

做法

1 把落葵中部以下的叶片摘下来，将茎斜切成 3cm 长，再把摘下的叶片和上部的叶片连嫩茎切成方便食用的大小。

2 在开水中加入盐，把 **1** 中的茎加入。30s 后加入叶片。煮 1min 后滤掉水，再把水用手攥净。

3 把黑芝麻放入研钵内磨碎。加入砂糖、酱油拌匀，再加入茎搅拌，然后加入叶片快速拌匀。

豆芽

Sprouts

●豆科等

在暗的场所使种子发芽的嫩芽蔬菜。因为在室内就能栽培，所以适合用于简单的家庭菜园。

栽培月历　　　　　　　　　　（月）

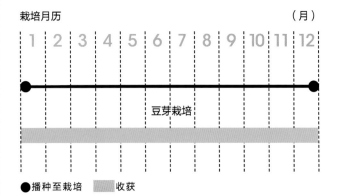

●播种至栽培　　░░收获

栽培要点

◎选择饱满的、能发芽的整齐种子是很重要的。

◎虽然发芽适温因种类不同而有所不同，但是不论哪一种都喜欢高温（25~30℃），所以如果是在低温期栽培，就需要加温、保温。

◎要想使其发芽，就需要很多的氧气。如果是静止的水，有时会长出藻类，有时会被病害侵染，所以要细致地沥水和用水冲洗。

◎如果氧气不足，颜色就会不新鲜，有的还会出现臭味等。及时加水和用水冲洗等是成败的关键。

推荐的品种

红小豆、豌豆、黑绿豆、大豆、紫花苜蓿等豆科植物，小麦、荞麦、玉米等谷类作物。

大豆芽·姬大豆（中原育种场）：蛋白质含量丰富，维生素和钾含量也很多。

绿枫·绿豆（中原育种场）：茎有光泽、又粗又长。味道好，维生素含量丰富。

紫花苜蓿（中原育种场）：清脆的口感是其特征。营养丰富，是在美国也很受欢迎的嫩芽蔬菜。

大豆芽·姬大豆（种子）

大豆芽·姬大豆（嫩芽蔬菜）

绿枫·绿豆

紫花苜蓿

栽培方法

豆芽的培育

1 | 种子的选择

把杂质和被虫咬了的、破碎的、发病的种子剔出来

用水浸泡一下，把漂浮的不充实的种子剔出来

2 | 用水冲洗与浸种

浸种使其吸水

用充足的水清洗

用种子 10 倍量的水浸泡一晚上

3 | 洗涤

用纱布把瓶口封起来

更换几次水清洗种子，然后把水倒掉

4 | 控水与静置

把瓶口向下倾斜，把水控干

放在黑暗处

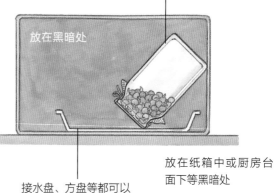

接水盘、方盘等都可以

放在纸箱中或厨房台面下等黑暗处

5 | 洗涤

每天耐心地清洗 2 次

控干水

如果量多，瓶口大的瓶子使用起来更方便

6 | 收获和利用

胚轴伸展到 5cm 以上时就可收获

趁新鲜及早利用

 成功的要点

种子的选择、用水冲洗与浸种、洗涤、控水与静置，这几个步骤都很关键。

---------- 紫花苜蓿芽的培育 ----------

1 | 种子的选择

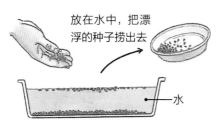

放在水中，把漂浮的种子捞出去

水

2 | 洗涤、浸泡

冲洗 2~3 次

用水浸泡一晚上（10~12h）使种子吸水。换水 1~2 次

用种子 10 倍量的水浸泡一晚上

※ 洗涤参照豆类的第 3、5 项（参照 P313）。

3 | 静置　放在纸箱内或厨房台面下等黑暗处

放在黑暗处

方盘

4 | 绿化、收获

当胚轴伸展到 4~5cm 以上时就可收获了

要避开直射光

在收获前 4~5h 给予日照，使子叶变绿

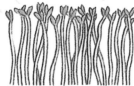

趁新鲜时及早利用

芥末醋拌豆芽

材料（4 人份）

豆芽…1 袋（250g）

| 醋…3 大匙
| 芥末酱…1 小匙
A | 砂糖…0.5 大匙
| 酱油…0.5 小匙
| 盐…0.25 小匙

盐…少量

醋…1 小匙

做法

1 把豆芽、盐、醋放在充足的开水中煮 1min 后用笊篱捞出，冷却降温。

2 把 **A** 放入大盘中混合，再把 **1** 的豆芽加入拌匀，盛在器皿中。

Q 豆芽的颜色不好怎么办？

A 吸水后要把多余的水控干，发芽后用水冲洗是很重要的。

豆芽颜色不新鲜的原因是氧气不足。因为豆类的种子很大，开始发芽时呼吸很旺盛，正因为这样才需要很多的氧气。

另外，因为呼吸作用会使温度上升，在高温期也特别容易发生氧气不足。

为了防止氧气不足，在吸水后，把多余的水控干，不能使种子处在太湿的状态，然后认真地用水冲洗，不要使根腐烂了。

如果担心在瓶中冲洗不均匀，可倒在平的表面较大的筛子或者平盘上，薄薄地摊开，使其充分吸收氧气。用平盘时，在上面铺上平织布，放上带水的种子，上面盖上开孔的保鲜膜。用筛子时，在筛子上铺上纱布或纸巾等，把种子放在上面摊开。其他步骤和用瓶栽培法相同。

Q 紫花苜蓿的种皮不好去除怎么办？

A 在广口瓶中加入足量的水，不断摇动。

紫花苜蓿的种皮难脱落，多数芽带着种皮就伸展出来了。这样做菜时就很麻烦。

要想巧妙地除去种皮，比起用水冲洗，不如在广口瓶中加入足量的水，连瓶一起缓慢地摇动。这样种皮就会从胚芽上脱落下来，漂浮在瓶中，把漂浮的种皮随水倒出瓶外。

因为1次不能将种皮全部脱干净，所以要反复地做2~3次，将种皮全部脱落并随水倒出。

但如果摇动太剧烈，就会折断胚轴，所以缓慢地摇是很关键的。

在广口瓶中注入水，缓慢地摇动

用水冲洗2~3次，将种皮冲出来

青梗菜

Pakchoi

●十字花科 / 原产地：中国

在日本是最受欢迎的中国蔬菜之一。爽口，略带甜味，不易煮烂是其特征。

栽培月历 （月）

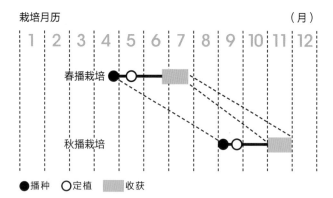

●播种　○定植　▨收获

栽培要点

◎喜欢冷凉的气候，生长发育适温是 15~22℃。耐热性、耐寒性好，播种适期长。

◎虽然较容易的是秋播栽培，但是如果采用遮光和简单的保温措施，从早春到晚秋都能栽培。

◎春播青梗菜的生长发育天数为 50d。秋播青梗菜为 60~70d，即使是最长的冬季，用小拱棚栽培 70~80d 也能收获。

◎因为是生长发育期短的蔬菜，所以容易和其他植物进行间作或混作。

◎虽然对土壤的适应范围广，但是不耐旱。在地块中如果采用覆膜栽培就能收获优质品。

◎感受低温就会发生花芽分化，以后遇到长日照条件就会抽薹、开花。春播要确保 13~14℃甚至以上的温度，以防止花芽分化。

推荐的品种

在中国有生态不同的很多品种，为了容易栽培进行了很多的品种改良。

长阳（泷井种苗）：耐热性强的早熟品种。适合在高温期栽培。叶片的肉质厚、有光泽，基部扩展很好。

青帝（坂田种苗）：抽薹晚，一年四季都能栽培，管理简单。纤维少且柔嫩。

尼浩丰（渡边农事）：叶片正面呈深紫色的青梗菜，叶片背面的叶脉是红色的。

武英巧（Tokita 种苗）：叶柄是白色的青梗菜。即使在炎热的时期也比较容易培育。

长阳

青帝

尼浩丰

武英巧

栽培方法

1 育苗

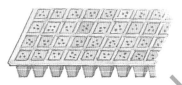

在 128 穴的穴盘中，每个穴中播 3~4 粒种子

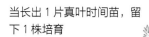

当长出 1 片真叶时间苗，留下 1 株培育

当长出 3~4 片真叶时，育苗完成

 成功的要点 逐渐间苗，使叶片不要重叠。混杂拥挤时就培育不出叶基部扩展好的植株。

2 地块的准备

尽早撒施石灰，耕地

平均 1m²
堆肥　5~6 把
豆粕　5 大匙
复合肥　5 大匙

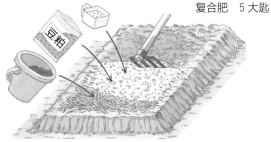

在播种前约 2 周，全面地撒施基肥，耕翻至 15cm 深

3 定植或播种

育苗

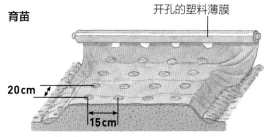

开孔的塑料薄膜

20cm　15cm

起垄，铺上黑色地膜。如果地膜上不带孔，就自己用小刀割成十字形开定植孔

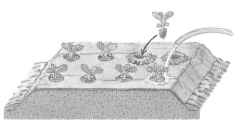

从穴盘中取出苗，栽到各个定植穴中。定植后立即浇足水

直播

开深 4~5cm 的播种沟

以 2~3cm 的间距在沟底全面地撒上种子，覆上 1cm 厚的土

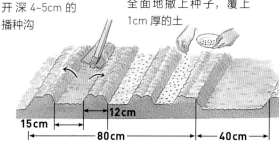

15cm　12cm　80cm　40cm

随着植株生长发育，进行 2 次间苗（× 号标记的需要进行间苗），最终留下充足的株距，培育好的植株

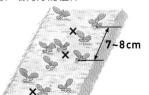

7~8cm

如果株距小、太拥挤就会发生徒长

第 1 次间苗
当有 2 片真叶时，使株距为 7~8cm

第 2 次间苗
当有 5~6 片真叶时，使株距为 20cm

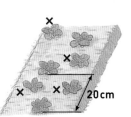

20cm

4 | 追肥

自己育苗

平均 1m²
复合肥　3 大匙
液肥

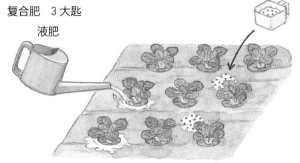

定植后 20~30d，在植株基部冲施液肥或施复合肥。施复合肥时，要把地膜撕开口，施肥后和土掺混一下再盖好地膜，用土压住

直播

第 1 次
当长出 4~5 片真叶时，把肥料撒到垄间，和土掺混一下
平均 1m²
复合肥　3 大匙

第 2 次
在第 1 次追肥后半个月，撒到株与株之间
平均 1m²
复合肥　4 大匙

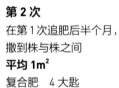

5 | 保温

如果遇到 12℃ 以下的低温，花芽就会分化、抽薹，所以春季早播或秋季晚收获的，要用塑料小拱棚进行保温

抽薹
春季遇低温时就抽薹

中午温度也不要超过 30℃，应及时换气

6 | 虫害防治

因为易发生蚜虫、小菜蛾、菜青虫、甘蓝夜蛾等害虫，所以要及时观察，一旦发生就及时捕杀或用杀虫剂进行喷雾防治

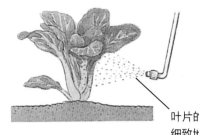

叶片的背面也要细致地喷到

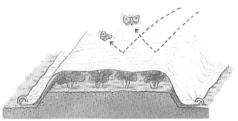

罩上防虫网，防止害虫入侵

> **成功的要点**
> 蚜虫、小菜蛾等害虫是其大敌。在发生季节，要认真观察，在发生初期及时喷洒药剂进行防治。罩上防虫网可进行无农药栽培。

7 | 收获和利用

当植株长到高 18~20cm 时就为收获适期

基部鼓起来，中部紧缩的是优质品。如果长得太大，纤维就会变多，不好吃了。趁嫩时收获，做腌菜或炖菜

小型青梗菜
趁嫩时收获。吃的时候，整个煮后再加调味料

Q 夏季栽培时有的植株歪斜是怎么回事？

A 因为不耐高温，要遮光和换气，精心培育。

青梗菜在夏季栽培时比白菜和菠菜还容易。但是其茎会伸展、叶片之间有间隙等，收获不到春季和秋季这样基部鼓起来的漂亮植株。

因为高温是造成上述情况的原因，所以盛夏栽培时，如果在植株上面盖上遮光材料或撑上小拱棚再盖上遮阴网，就有很好的效果。

这样做也能防止小菜蛾、菜青虫等害虫的入侵，有一举两得的效果，所以在家庭菜园等无农药栽培中可视为是好的方法。

在塑料大棚内栽培时，把换气窗和侧窗尽量开得大一点，通过换气来抑制温度的升高和促进空气的流动。

要认真地浇水和施肥，快速培育出大叶，这也是间接但有效的手段。

美味可口的蔬菜做法！
典型菜谱

海鲜炒青梗菜

材料（4 人份）

青梗菜…2 株	**A** 酒…2 大匙
大葱…1 株	淀粉…1 大匙
生姜（切碎）…1 块	盐…少量
红辣椒（切成小段）…1 个	**B** 汤汁…80mL
虾…16 个	酱油…3 大匙
鱿鱼（躯干部分）…2 个	酒…2 大匙
色拉油…2 大匙	甜料酒、淀粉…各 1 大匙

做法

1 把青梗菜纵向切成 4 等份后，再切成 4cm 长的段，大葱斜着切成薄片。

2 把虾的壳和内脏去除，鱿鱼切成 1cm 宽的圈。加入 **A** 并混合，和虾、鱿鱼一块搅拌。

3 在炒锅中加入色拉油、生姜、红辣椒，用小火加热，待香味出来时，加入大葱和 **2** 的混合物后进行翻炒。加入青梗菜继续翻炒，再加入混合的 **B** 后翻炒。

乌塌菜

Tatsoi

●十字花科 / 原产地：中国

因为在 2 月前后收获，所以又叫"如月菜"。没有青涩味，天气寒冷时甜味会增加，有特别的味道。

栽培月历 （月）

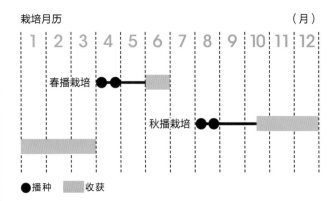

● 播种　　收获

栽培要点

◎ 春播 40~50d、秋播 50~60d 就能收获。

◎ 从春季到夏季是直立生长的，但是从秋季到冬季有塌地生长的开张性，植株的形态有所变化。

◎ 因为耐热性强，所以也能春播栽培，但是正如其名"如月菜"一样耐寒性更强，因为经寒冷和霜冻后味道会变得更好，所以建议秋季播种。

◎ 夏季采取防暑和遮光措施，冬季时采取保温措施，趁嫩时就收获，能享用的时间就长了。

◎ 要及时间苗扩大株距，及时追肥，促进生长发育。

◎ 因为春季和秋季易发生虫害，所以要盖上防虫网，防止害虫入侵。

推荐的品种

几乎没有品种分化。可购买市场上卖的以塌棵菜、塌菜等为名的种子进行栽培。

绿彩二号（坂田种苗）：在低温期时成为开张型，是抽薹晚、品质好的大型、高产的品种。

乌塌菜（泷井种苗）：匙状的叶片呈绿色、柔嫩。间苗间下的菜和摘取的下部叶片都能利用。

绿彩二号

乌塌菜

备受关注的营养

深绿色的叶片中含有丰富的胡萝卜素、维生素，摸一下感觉比看上去还柔软。耐寒性强，经霜后甜味增加。是喜油的蔬菜，炒着吃能提高胡萝卜素的吸收率。

栽培方法

1 | 地块的准备

在地块中全面地撒上石灰，
耕翻至 20~30cm 深

平均 1m²
豆粕　7 大匙
复合肥　5 大匙

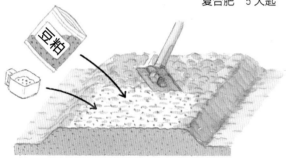

在播种前约 2 周施入基肥
并耕翻

2 | 播种

每穴播 4~5 粒种子

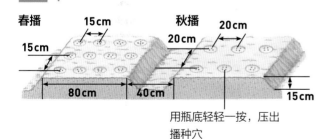

春播
15cm
15cm
80cm

秋播
20cm
20cm
40cm
15cm

用瓶底轻轻一按，压出
播种穴

> **成功的要点**
> 春播随着温度的上升变为直立性生长，所以可把株距留得小一些。秋季到天冷时叶片就重叠，植株扩展，所以把株距留得大一些。

3 | 间苗

发齐芽

当长出 2 片真叶时间苗，
留下 2 株培育

当长出 4~5 片真叶时间苗，留下 1 株培育

把叶色好、有皱褶、叶肉厚的植株留下

4 | 追肥

平均 1 株
豆粕　1 大匙
复合肥　1 大匙

第 1 次
当长出 5~6 片真叶时，把肥料撒于垄间，轻轻地和土掺混

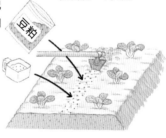

第 2 次
在第 1 次施肥后半个月，把肥料撒于垄间，轻轻地和土掺混

平均 1 株
豆粕　1 大匙
复合肥　1 大匙

> **成功的要点**
> 要想培育大株，及时追肥是很重要的。

5 | 浇水

若土壤表面干了，适时浇水

6 | 虫害防治

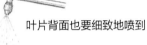

叶片背面也要细致地喷到

为防止虫害，要及时观察，一旦发现就
立即喷药防治

盖上防虫网，可防止害虫入侵

成功的
要点

因为春季、秋季虫害较多，所以要及时调查，及时防治。加
盖防虫网，在防止害虫成虫入侵的同时，还能进行无农药
栽培。

7 | 保温

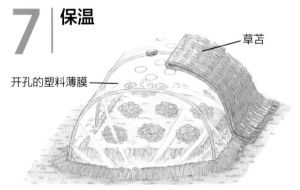

草苫

开孔的塑料薄膜

10月中旬以后用小拱棚保温，就能早一些的收获优质品。
白天时通过开的小孔换气。在寒冷的地方夜间要盖上草苫

8 | 收获

夏季（直立性）

冬季（开张性）

皱褶多、色泽鲜艳的为优质品
（冬季的样子）

整株收获
用手按植株，使其倾斜，
从根基部割取收获

摘叶收获
如果使用少量，可将叶
片一片一片地摘取收获

也适合用容器栽培

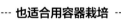

如果用长型箱式花盆
可栽3株。用5~6号钵
栽植也可以。冬季的晚
上挪到暖和的场所

在地块中遇到的难题 Q&A

乌塌菜，和小松菜、水菜等一样都是十字花科的蔬菜，原产地为中国。

因为它不仅耐热性好，而且耐寒性也很强，所以春季、秋季播种都可以，都容易培育，是初学者也能栽培的受欢迎的蔬菜。

季节不同，植株的形态也不一样，这是乌塌菜的特点。从春季到夏季，像小松菜的叶一样呈直立性，从秋季到冬季叶塌地扩展，呈像花瓣一样的形态。

特别一提的是，如果遇霜冻和寒冷，叶片的绿色更深，肉质更厚，叶片的皱褶更明显。1~2月遇到寒冷，叶中的糖分凝缩，甜味增加，"如月菜"的别称也在于此。因此也有了乌塌菜最适合秋播的说法。

Q 何时播种为宜？

A 春季、秋季都能播种，但是秋播的味道更好。

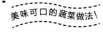

美味可口的蔬菜做法！
典型菜谱

核桃仁炒乌塌菜
（中国菜）

材料（4 人份）

乌塌菜…2 束
洋葱…0.5 个
香油…2 大匙
大蒜…1 瓣
核桃仁…30g
樱花虾…15g

| 酒、蚝油、酱油…
A 各 2 大匙
| 甜料酒…小匙 2 匙

香油…2 大匙

做法

1　把乌塌菜的根切掉，再切成 4cm 长。把洋葱切成薄片，把大蒜切成碎末，把核桃仁干炒后再切成大块。

2　在炒锅中放入香油、大蒜、樱花虾后用小火炒。炒出香味时开大火，加入洋葱继续翻炒，再加入乌塌菜翻炒。加入 **A** 后翻炒，再加切碎的核桃仁后翻炒。

叶用萝卜

Chinese radish

●十字花科 / 原产地：地中海沿岸地区、中亚、中国

以吃叶为主要目的的萝卜栽培，叶片富含维生素C，胡萝卜素、钙、膳食纤维等营养成分，腌咸菜、炒着吃都很香。

栽培月历　　　　　　　　　　　（月）

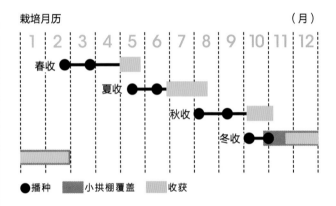

●播种　　▓小拱棚覆盖　　▒收获

栽培要点

◎ 几乎全年都能栽培，夏季收获的生长发育期为20d，冬季收获的约为50d，时间短。因为栽培容易，所以适合家庭菜园种植。

◎ 使用优质堆肥后浅锄，家庭菜园中可进行条播，趁嫩时收获。

◎ 进行3次间苗，最终使株距为5~6cm。

◎ 因为易受小菜蛾、菜青虫、甘蓝夜蛾的为害，所以播种后要加盖防虫网等材料，防止害虫入侵。

◎ 冬季收获的可用小拱棚进行保温，能收获优质品。

推荐的品种

叶片上无茸毛、柔嫩的品种备受欢迎。

叶大臣（坂田种苗）：植株扩展性好，高温期时25d左右，低温期时50d左右就能收获。味道好、营养丰富。

哈德利（泷井种苗）：叶片柔嫩、口感好，做凉拌菜、做腌菜都很好吃。

叶太郎（泷井种苗）：耐热性、耐寒性强，全年都能栽培。生长发育旺盛，容易栽培，味道好。

红叶王（丸种专业合作社）：深绿的叶片和红柄对比很漂亮。全年都能栽培，但以秋季至春季收获的为主。

叶大臣　　　　　　　　哈德利

叶太郎　　　　　　　　红叶王

栽培方法

1 | 地块的准备

平均 **1m²**
堆肥　0.5 塑料桶
豆粕　3 大匙
复合肥　5 大匙

在播种前约 2 周全面撒施肥料并耕翻

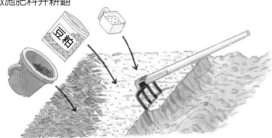

起垄，把表面整平

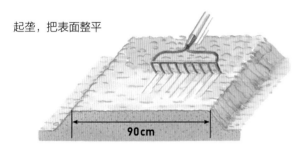

90cm

2 | 播种

用木板压出宽 2cm、深 1cm 的播种沟

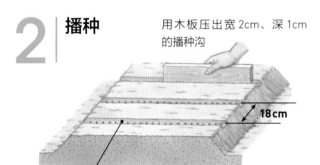

18cm

以 1.5~2cm 的间距进行条播

3 | 间苗

第 1 次　发齐芽时，在混杂拥挤的地方间苗

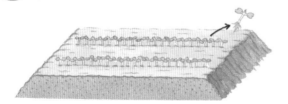

> 成功的
> 要点　细心地间苗，使其不拥挤。

第 2 次
当有 3 片真叶时间苗，使株距为 3cm

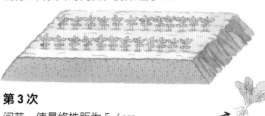

第 3 次
间苗，使最终株距为 5~6cm

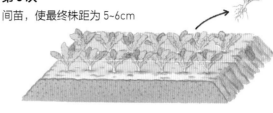

4 | 虫害防治

罩上防虫网，防止小菜蛾、甘蓝夜蛾入侵。一旦发现，就及时喷洒药剂进行防治

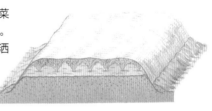

5 | 追肥

平均 **1m²**
豆粕　2 大匙
复合肥　3 大匙

在第 2 次间苗后，把肥料撒到行间，用工具和土掺混一下

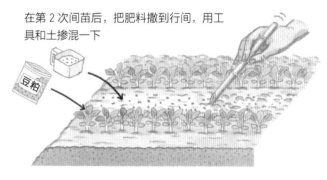

6 | 收获

当植株长到高 25cm 以上时，就为收获适期

25cm

菜心

Choy sum

●十字花科 / 原产地：欧洲、中国

白菜的变种。全年中都能抽薹，吃带花蕾的茎和叶。用热水焯一下变成新鲜的绿色。

栽培月历 （月）

| 1 | 2 | 3 | 4 | 5 | 6 | 7 | 8 | 9 | 10 | 11 | 12 |

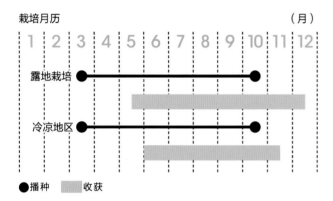

露地栽培

冷凉地区

●播种　　收获

栽培要点

◎即使是不遇到低温也有花芽分化的性质。不分季节，全年都能抽薹。

◎耐热性强，在夏季也能很好地生长发育。在冬季简单避霜就能栽培。

◎花茎开始伸展后要防止干旱了。如果干旱了就要及时浇水，促使长出又粗又嫩的花茎。

◎薹伸展开有1~2朵花开了时，就可整株拔除收获。

◎把下部留下3~4片叶后收割，从留下的叶的叶腋处又会长出腋芽，这个也可以收获利用。

推荐的品种

从播种到长出花蕾为30~70d，有早熟、晚熟等各种各样的品种，栽培多的是早熟品种。

菜心（坂田种苗）：到收获的时间短，容易培育。有和芦笋相似的味道。

广东菜心（丸种专业合作社）：生长发育和长势整齐的高产品种。从春季到秋季作为抽薹菜很受欢迎。

香港菜心（武藏野种苗园）：深绿色的叶片有光泽，很漂亮。生长发育快，春季和秋季45d左右就能收获。

菜心

广东菜心

香港菜心

栽培方法

1 地块的准备

沟播

平均 1m²
堆肥　5~6 把
石灰　5 大匙
豆粕　7 大匙

在播种前，及早撒上肥料，然后细致耕翻

成功的要点　要想收获又粗又嫩的优质花茎。就要施入充足优质堆肥，细致耕翻整地。

在播种前约 2 周
平均 1m 沟长
复合肥　3 大匙

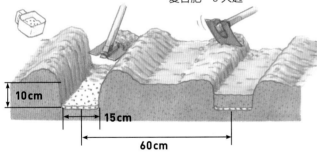

10cm
15cm
60cm

在肥料的上面再覆土，用锄头、铁耙等把底部整平

条播　　**平均 1m²**
堆肥　4~5 把
豆粕　5 大匙
复合肥　3 大匙

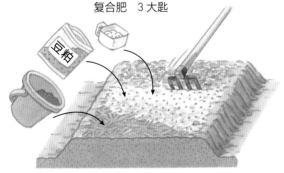

在播种前约 2 周撒施肥料，然后耕翻至 15~20cm 深

2 播种

沟播

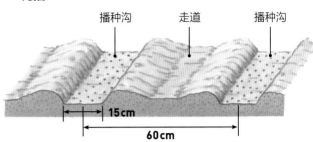

播种沟　　走道　　播种沟

15cm
60cm

在沟底撒上种子，种子不要重叠

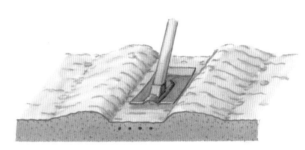

覆厚 5mm 左右的土，用锄头背面稍稍压一下

条播

把垄表面的土敲碎再细致整平

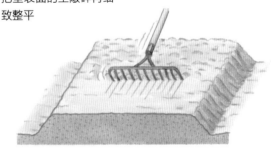

用木板造成深 1.5cm 左右的播种沟

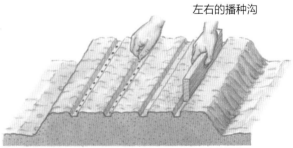

把种子以 1.5~2cm 的间距播上

3 | 间苗

第 1 次

当长出 2~3 片真叶时间苗，使株距为 5~6cm

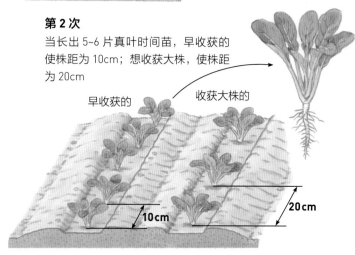

5~6cm

第 2 次

当长出 5~6 片真叶时间苗，早收获的使株距为 10cm；想收获大株，使株距为 20cm

早收获的　　　收获大株的

10cm　　　20cm

4 | 追肥

第 1 次

当长出 5~6 片真叶时，在行的一侧撒上肥料，轻轻和土掺混

平均 1m 行长
复合肥　2 大匙

第 2 次
平均 1m 行长
复合肥　2 大匙

当植株长到高 10~12cm 时，在两行中间撒上肥料，边中耕边向植株处培土

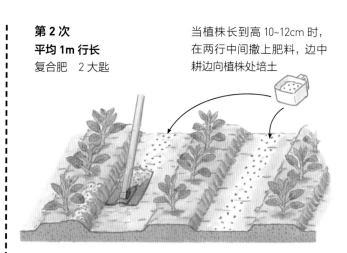

5 | 收获

花茎伸展开，有 1~2 朵花开花时，在花茎还柔嫩时一齐拔出收获

把根切掉

成功的要点　开始见到花茎时，防止干旱。土壤干了就要及时浇水。

Q 如何能把收获时间延长？

A 把长出来的芽依次摘取利用。

在有 1~2 朵花开花时拔出收获是一般的做法。若留下根株，只摘取叶片，以后芽又会长出来，还能利用，这样就可长时间收获。

摘取收获时，选茎粗、叶厚、生长健壮的植株是很关键的。另外，在有 1~2 朵花开花时，在基部留 3~4 片叶，把上面割取收获是很重要的。

为了使留下的植株基部早发芽，在摘叶后立即在植株基部附近施速效性的复合肥，或施少量的液肥，效果很好。

另外，也可用箱式花盆栽培，不过收获量比大田中要少。用箱式花盆在身边栽培比在大田中栽培具有观察方便、场所也能简单挪动，摘取收获后能立即享用等优点。用箱式花盆栽培时，因为用土量有限，要充分注意通气性、浇水、排水、施肥等。

美味可口的蔬菜做法！
典型菜谱

奶酪拌菜心

材料（4 人份）

菜心…1 把（150g）
牛奶…500mL
柠檬汁…1 大匙
A │ 橄榄油…3 大匙
│ 盐、胡椒…各少量

做法

1 把菜心加入少量盐（分量外）后，用热水快速地焯一下，捞出切成 3cm 长的段。

2 在炒锅中加入牛奶加热，加入柠檬汁混合，等汁液清澈了，用笊篱过滤后做成奶酪。

3 在 **2** 中混入 **A**，加入 **1** 搅拌，拌好后盛到器皿中。

备忘录：嫩茎西蓝花、芥蓝也可以用同样的做法。

红菜薹

Purple-stem mustard

●十字花科 / 原产地：欧洲、中国

早春时收获生长中的紫红色花茎。无涩味，有芦笋那样的香味，很受欢迎。

栽培月历 （月）

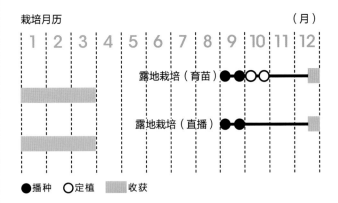

●播种　○定植　▨收获

栽培要点

◎秋播的，从早春时就陆续地抽出花茎。平均 1 株能收获 20~30 根花茎。

◎叶和花茎正如红菜薹的名字一样，呈紫红色。深黄色的柔嫩的花也很适合观赏。

◎要想收获好的花茎，在抽薹时要注意水分的管理。采用地膜覆盖栽培即可。

◎虽然不耐热，但比较耐低温，遇低温时颜色会更深。

◎收获时，在用手在能折断的地方摘取花茎。因腋芽还会长出来，所以可依次收获。

推荐的品种

因为没有品种的分化，所以购买市场上流通的红菜薹种子栽培就行。

红菜薹（Tohokuseed）：茎是红色的中国蔬菜。陆续抽薹的花茎很有风味，脆嫩可口。

红菜薹

食用方法

如果收获太晚，花开得太多了，植株长势就衰弱，收获不到优质品了，所以要注意。切成 4~5cm 长的段，炒着吃、煮一下用蛋黄酱或酱油拌着吃都很香。另外，用酒糟腌制也很好吃。

炒菜

用酒糟腌制

煮后拌着吃

栽培方法

1 | 地块的准备

在播种前 1 个月多施石灰，然后耕翻

平均 1m 沟长

堆肥　4~5 把
豆粕　5 大匙
复合肥　3 大匙

在播种前约 2 周施入基肥

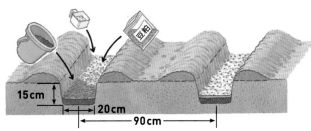

15cm
20cm
90cm

成功的要点：要想收获茎粗的优质品，多施充分腐熟的堆肥是很重要的。

2 | 播种

为了发芽整齐，生长一致，要把播种沟的底部细致地整平。播种、间苗，留下 1 株培育

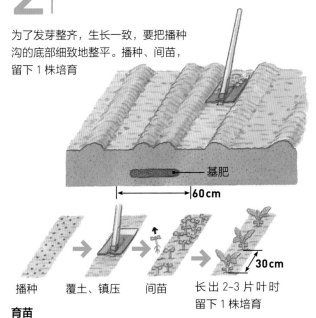

基肥

60cm

播种　覆土、镇压　间苗　长出 2~3 片叶时留下 1 株培育

30cm

育苗

10cm

用育苗箱进行条播

当有 2 片真叶时，移植到 3 号塑料钵中，当长出 4~5 片叶时育苗完成。在宽 60cm 的垄上定植 2 行，行距为 40cm、株距为 30cm

3 | 摘心

主茎开花时就及早收获，促使腋芽发出

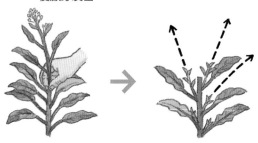

4 | 追肥、培土

摘取最早的花茎时，把肥撒到株间并轻轻和土掺混一下

第 1 次
平均 1 株
豆粕　0.5 大匙

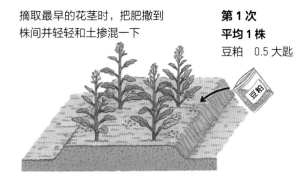

第 2 次
在第 1 次施肥后的 15~20d，在垄的两侧施肥，用锄头掺混一下，再向垄上培土
平均 1 株　豆粕　1 大匙

成功的要点：在开始抽出花茎时，及时浇水，生长发育不好时就再冲施液肥。

5 | 收获、利用

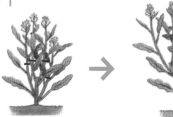

当有 2~3 朵花开花时，从茎顶端 20cm 长的地方折断收获利用

折断茎收获，腋芽又会长出来，可依次收获。从 1 株上可收获 40~50 根花茎

嫩茎西蓝花

Tenderstem broccoli

●十字花科 / 原产地：中国

吃抽薹的花蕾和茎，是油菜薹的同类。有与芦笋相似的风味，可陆续收获有甜味的花茎。

栽培月历 （月）

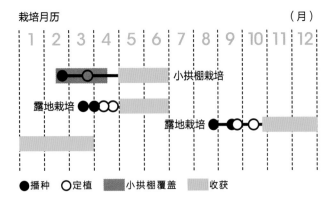

●播种　○定植　■小拱棚覆盖　■收获

栽培要点

◎发芽适温为 20~25℃。早春栽培时夜间需保温、加温。

◎2 月下旬播种用小拱棚栽培，3 月中旬~4 月上旬播种、8 月下旬~9 月中旬露地栽培就可以了。

◎要选择排水良好、通风好的地块。

◎要想收获优质品，选择长势好、腋芽长得多的品种是很重要的。施足基肥、进行深耕。

◎因为如果发生徒长就长不出好的腋芽，所以要及早间苗，确保有充足的株距。

◎因为易发生小菜蛾、菜青虫、甘蓝夜蛾等虫害，所以要采取覆盖防虫网等措施。

◎看到主茎的花蕾时，把下部留下 8~10 片叶后摘取收获。以后就依次收获长出的腋芽。

推荐的品种

嫩茎西蓝花是菜心和红菜薹杂交而成的蔬菜，有数个栽培品种。

秋诗（坂田种苗）：把长到 20~25cm 的花茎依次摘取收获。茎柔嫩、有甜味。

芦笋菜（Tohokuseed）：伸展性好，鲜绿色的花茎口感好。有像芦笋那样的甜味，很受欢迎。

色拉嫩茎西蓝花（Tohokuseed）：秋播，收获利用越冬后早春出来的花茎。可以陆续收获柔嫩、甜的花茎。

秋诗

芦笋菜

色拉嫩茎西蓝花

栽培方法

1 育苗

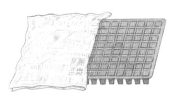

用 128 穴的穴盘，1 个穴内播 4~5 粒种子。覆土 2~3mm 厚，到发芽之前一直盖着报纸

随着生长发育依次间苗，当长出 2 片真叶时，留下 1 株培育

当长出 3~4 片真叶时育苗完成

2 地块的准备

前茬收获结束后就及早准备。在定植前约 2 周就要准备好

平均 1m²
堆肥　4~5 把
石灰　5 大匙

撒施堆肥、石灰，进行深耕

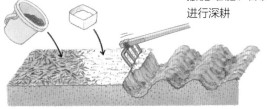

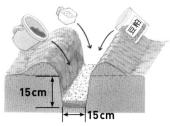

为了收获好芽和花蕾，要施足基肥，使根很好地生长

15cm
15cm

直播

用锄头等工具前后拖动，把沟底整平

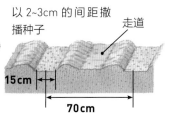

以 2~3cm 的间距撒播种子

走道

15cm
70cm

覆上 5~6mm 厚的土，用锄头背面轻轻镇压一下

3 定植、间苗

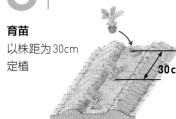

育苗
以株距为 30cm 定植

30cm

直播
当长出 2~3 片真叶时间苗，使株距为 7~8cm。当长出 7~8 片真叶时再次间苗，使最终株距为 30cm

4 追肥

每次的用量都一样
平均 1m 垄长
豆粕　3 大匙
复合肥　2 大匙

第 1 次
当株高 15cm 左右时

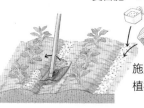

施肥后中耕，向植株基部培土

第 2 次
当株高 30cm 左右时

5 摘心

促使腋芽的发生

当看到主茎的花蕾时，在下部留下 8~10 片叶，将上部摘取收获

收获了主茎后，腋芽就会依次长出来，能长时间收获

6 收获

当花蕾有 1~2 朵花开花时

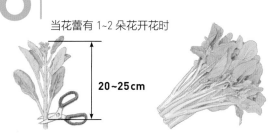

20~25cm

芹菜

Leaf celery

●伞形科 / 原产地：东亚南部

是西芹的同类，又叫汤用芹菜、旱芹。有增进食欲的强烈香味是其特征。

栽培月历 （月）

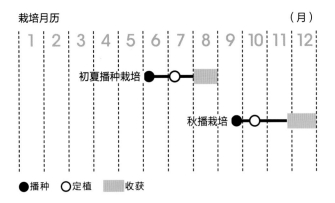

| 1 | 2 | 3 | 4 | 5 | 6 | 7 | 8 | 9 | 10 | 11 | 12 |

初夏播种栽培

秋播栽培

●播种　○定植　▨收获

栽培要点

◎喜欢冷凉的气候，生长发育适温为 13~15℃。

◎在温度稍高的地块容易培育。

◎因为不喜欢酸性土壤，所以整地时撒施石灰并耕翻。

◎虽然比西芹适应性强，容易栽培，但是在容易干旱的地块中栽培时要避免缺水。

◎不用像西芹那样要很多的肥料才能生长发育很好。

◎如果以株距为 12cm 栽培，因植株密、茎软化，能收获品质好的长叶芹菜。

◎若遇到低温就会立即抽薹，叶也会变硬。要利用抽薹以前的软叶。

推荐的品种

引进日本的时间为 16 世纪或更早，当时叫"清正人参"。以后又再次引进，但是没有普及开。因此没有品种分化，以汤用芹菜、长叶芹菜的名称流通着。

汤用芹菜（坂田种苗）：生长发育旺盛，容易培育。虽然茎细、叶小，但香味很强。

汤用芹菜

备受关注的营养

虽然味道、香味与西芹相似，但是维生素等的营养成分的含量比西芹高很多。β - 胡萝卜素、维生素类、钾等营养成分含量丰富，具有多种保健效果。香味成分和西芹一样，是被称为芹菜苷的精油成分。可缓解失眠、焦躁等情况，据说还有安神的效果。

栽培方法

1 育苗

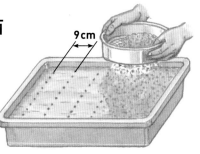

播种

在育苗箱内条播。因为种子小，所以播种沟要浅

9cm

覆土时要用很细的筛子筛上一层薄土，厚度以刚刚看不见种子为宜

报纸

在发芽之前一直盖着报纸或稻草等。发芽后就立即揭掉

间苗

第 1 次
当长出 2 片真叶时

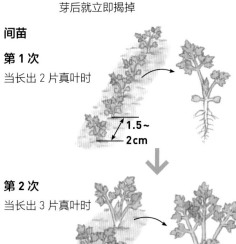

1.5~2cm

第 2 次
当长出 3 片真叶时

5~6cm

当长出 5~6 片真叶时育苗完成，就可向大田移栽

2 地块的准备

在定植前约 1 个月

平均 1m²
石灰　3 大匙
堆肥　4~5 把

成功的要点

因为芹菜不喜欢酸性土壤，在定植前一定要撒施石灰，多施优质的堆肥，然后深翻。

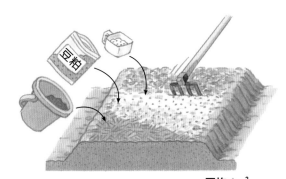

在定植前约 2 周，在垄上全面地撒施基肥，然后耕翻至 15~20cm 深

平均 1m²
堆肥　4~5 把
豆粕　7 大匙
复合肥　5 大匙

3 定植

栽后浇足水

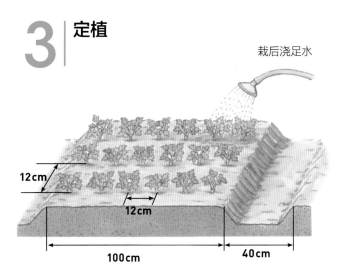

12cm

12cm

100cm

40cm

4 | 追肥、中耕

平均 1 株
复合肥 1 小匙

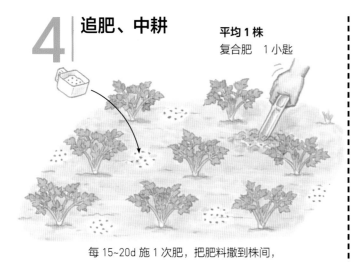

每 15~20d 施 1 次肥，把肥料撒到株间，
用工具和土轻轻掺混一下

成功的要点

不能缺肥，促进生长发育。密植，由于植株拥挤会使茎叶软化，
就能收获品质好的长叶芹菜。

5 | 浇水

因为不耐旱，
所以土壤干了
就及时浇水

6 | 收获

一齐收获时就拔出收
获，或者用刀割取收获

如果利用量少，可以一片一片地从外叶
摘取

如果把地上部留下 3~4cm 后收割，还会
再长出来，可以再收获 2 次

用箱式花盆栽培也可享受栽培的乐趣

在做肉菜时可消除肉的腥味，为增添香味放入粥中或炒
菜用等，芹菜用途广泛，用箱式花盆也能栽培。准备 1 个长
60cm 的箱式花盆，按赤玉土（小粒）7 份：腐殖土 3 份的比例
配好土，其中加入苦土石灰 30g、有机配合肥料 20g。撒播上种子，
发芽后就在混杂拥挤的地方依次间苗，按株距为 10cm 进行培
育，追施液肥 2~3 次。需要注意不能缺了水和肥料。

在厨房附近培育，能利用刚
摘下的新鲜的茎叶

在地块中遇到的难题
Q&A

Q 抽出花茎后如何收获？

A 当开始抽花茎时及时摘除花茎，可在短时间内收获。

芹菜有遇低温就立即抽薹的特性。即使是在秋季播的种子在越冬时也抽薹。

虽然在开始见到抽出花茎时摘掉，能在短时间内收获，但是花茎纤维发达，降低了品质。应尽量在抽薹之前收获利用。

因为作为汤菜用的品种的种子抽薹晚，如果栽培这个品种，就能长时间享受收获的乐趣。

Q 如何巧妙地利用长叶芹菜？

A 有做汤菜、凉拌菜、炒饭等多种多样的用法。

与西芹很相似，有特有的香味，做菜时可消除肉、肝等的腥味。

另外，在中国被称为药芹菜，营养丰富（特别是维生素 A、维生素 B_2）作为增进健康的食物被人们重视。

用途很广，和火腿、蔬菜一起做汤菜，用油炒肉、拌凉菜、蒸鸡蛋羹时加入增添香味等。切碎后在做炒饭时加入也很好吃。

培育的大株，推荐用作酒糟腌菜、味噌腌菜的材料。

肉菜鸡蛋汤

凉拌菜

确实如此专栏

有各种各样功效的茎叶

有增进食欲、发汗、解热等的功效，感冒时，放入汤中喝了就变好了。除食用外，洗澡时，放入干了的老叶，具有保温作用。

空心菜

Water convolvulus

●旋花科 / 原产地：热带亚洲

与甘薯的茎叶相似的中国蔬菜。耐热性强，能多次收获的生长强健的蔬菜，也叫蕹菜。

栽培月历 （月）

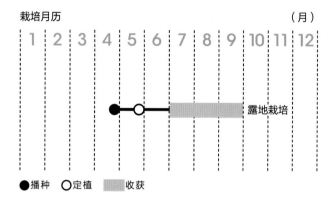

| 1 | 2 | 3 | 4 | 5 | 6 | 7 | 8 | 9 | 10 | 11 | 12 |

露地栽培

●播种　○定植　▨收获

栽培要点

◎喜欢湿度大的土壤，耐热性极强。因为在盛夏时也能很好地生长发育，所以在青菜少的时期也能收获。

◎不耐寒，气温低了生长发育就变差。遇霜冻就变黑，不久就会干枯。

◎先育苗是基本的栽培方法。也能像甘薯那样掐下蔓顶端进行扦插栽培。

◎蔓伸展好，腋芽也能旺盛地生长，所以如果放任不管，就生长得过于繁茂了。

◎因为不耐旱，所以要在出梅后铺上稻草等，防止干旱。生长发育中要及时浇水，不能缺水。

◎要想大量地收获品质好的空心菜，就不能缺肥，多施优质基肥，定期追肥。

◎掐取柔嫩的蔓顶端进行收获。因为蔓伸展很快，所以要及时掐取收获。

推荐的品种

叶形有柳叶形和长叶形的，但还没有特定的品种名。种子以通心菜、蕹菜、无心菜等名称流通着。

空心菜（坂田种苗）：像甘薯的叶片一样呈细长形。耐热性强，容易培育，维生素和矿物质含量丰富，炒着吃、拌着吃都很好吃。

夏日色拉（双叶种苗批发部）：生吃也很爽口、很香的无蔓种。用小叶做色拉美味可口。因为是趁嫩时收获的类型，2~3周就能收获。

空心菜　　　　　　　　夏日色拉

栽培方法

1 育苗

播种

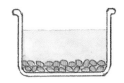

因为种子很硬，难以发芽，在水中浸泡一昼夜后再播种即可

在塑料钵中填上土，播3~4粒种子

当长出1片叶和3片叶时间苗，留下1株培育。当长出5~6片真叶时就可向大田中移栽

扦插

利用市场上卖的健壮的蔓。掐下蔓顶端作为插穗进行繁殖（参照P340）

待根扎牢后，挖出来栽到大田中

2 地块的准备

平均1m沟长
堆肥　2~3把
豆粕　5大匙

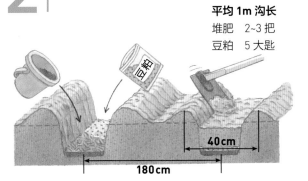

在定植前约2周施入基肥，在施基肥的沟内填土起垄

3 定植

定植后浇足水

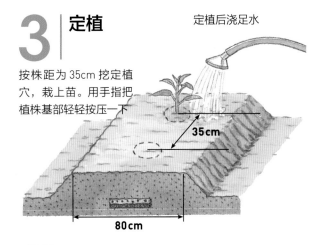

按株距为35cm挖定植穴，栽上苗。用手指把植株基部轻轻按压一下

35cm

80cm

> 成功的要点　蔓生长很旺盛，能覆盖住地面，所以定植使垄间距宽一点。

4 追肥

定植后1个月，每半个月追肥1次。在垄的两侧开浅沟施肥，掺混后连土培到垄肩部

平均1株
豆粕　5大匙
复合肥　2大匙

长大后追肥时，根据叶片的颜色和收获量在株间撒施肥料并和土掺混

5 铺稻草、浇水

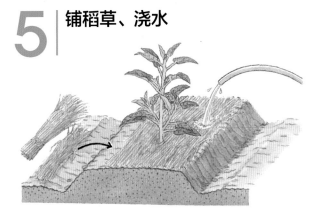

因为不耐旱，在植株基部铺上稻草进行保温。土壤畦干时就及时浇水

6 | 收获、利用

当植株长到高30~40cm时，在下部留下5~6片叶，用剪刀剪下收获。旺盛地生长起来后，要及时收获

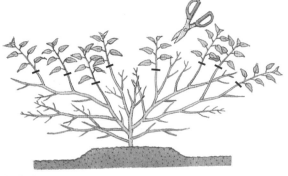

收获时，掐取蔓顶端柔嫩的部分25~30cm收获。蔓全面地伸展开来时，就及时在长出的蔓的顶端15cm处掐取收获

成功的要点 若蔓过于拥挤，就只能够收获软弱的芽，所以要在过密的地方掐取整理，把蔓疏一下即可。

收获后把叶和茎分开做菜更好

把叶用热水快速地焯一下，放在凉水中冷却，用手攥净水后拌菜等

叶

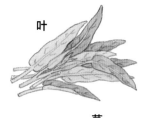

茎用盐水煮到喜欢的程度，用酱油、醋等拌着吃

茎

这种情况下怎么办？
在地块中遇到的难题
Q&A

Q 用箱式花盆能培育空心菜吗？

A 能，用种子也能培育，不过用扦插培育的方法更简便。

因为空心菜耐热性强，生长强健，所以用箱式花盆也能栽培。在夏季绿色蔬菜不足时，在身边培育就很方便，所以请大家一定要试一试。

播种时，在箱式花盆中条播即可。因为生长起来后蔓的伸展很旺盛，所以播种间隔留10cm左右为宜。发芽之后，叶互相接触时就适时间苗。

扦插也能很好地生长。从市场上买来空心菜后，把生长健壮的蔓的顶端10cm左右剪下，插到土中。及时浇水进行管理，就会长出根，植株就会伸展。因为空心菜喜欢高温多湿，所以扦插建议在气温升高后的5~6月进行。

炒空心菜

材料（4 人份）

空心菜…150~200g
大蒜…1 瓣
色拉油…1 大匙

A │ 鸡汤料（颗粒）…1 小匙
 │ 水…2 大匙
盐…少量

做法

1 把空心菜的叶片和茎分开，把叶片横切成两半，把茎切成 3cm 长。把大蒜捣碎。

2 在炒锅中加入色拉油，用小火加热，加入大蒜炒一下。待香味出来时，加入空心菜用大火炒。

3 撒上盐，加入叶片，加入 **A**，快速地翻炒。

酒蒸空心菜和花蛤

材料（4 人份）

空心菜…150~200g
花蛤（带壳，吐净
沙）…250g

A │ 橄榄油…2 大匙
 │ 酒（或白葡萄酒）…
 │ 2 大匙
盐、胡椒…各少量

做法

1 把空心菜的叶片和茎分开，把叶片横切成两半，把茎切成 3cm 长。

2 在炒锅中依次加入花蛤、空心菜的茎、叶片。把 **A** 均匀地淋浇在上面，然后盖上锅盖，开强火。

3 煮沸后换用中火继续蒸煮，时常摇晃一下锅。待花蛤的口张开时，用盐、胡椒调味。

叶用甜菜

Swiss chard

●苋科 / 原产地：地中海沿岸地区

即使是在炎热的夏季也能轻松培育的叶菜。黄、红、粉红、橙、白色等绚丽多彩的叶柄引人注目。

栽培月历 （月）

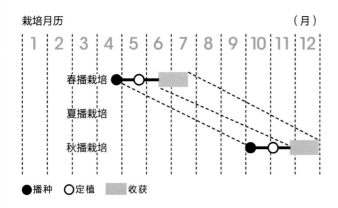

●播种　○定植　▨收获

栽培要点

◎和菠菜同属苋科，又名叶莙荙菜，日文名叫"不断草"。耐热性和耐寒性很强，栽培时期广。

◎因为病虫害少，在夏季栽培也很轻松。

◎有绚丽多彩的叶柄和叶脉，也作为庭院、公园观赏用栽培。

◎发芽适温为 15~30℃，4 月 ~10 月上旬播种都行。

◎种子大，1 粒种子上能长出 2~3 个芽，因此播种时留出足够的间隔，细致间苗。

◎因为种皮很硬，在发芽之前用报纸等覆盖，防止干旱，保持土壤有合适的湿度。

◎真叶长出时，若水分多更易患立枯病，所以发芽后稍微控制一下浇水量。

推荐的品种

甜菜传到日本是在江户时代，作为日本的地方种稳定栽培着。绚丽多彩的叶用甜菜，是在明治以后引进的西洋种。

多彩光（泷井种苗）：叶柄和叶脉有黄、红、白色。从小株到大株随时都能收获。

阿德尔（坂田种苗）：红、白、黄色的叶柄多彩鲜艳，做花坛的边饰等也很绚丽。

维特拉三色（Tokita 种苗）：叶柄呈红、白、黄 3 色。栽培这些品种能收获颜色不同的蔬菜。

多彩光

阿德尔

维特拉三色

栽培方法

1 育苗

用 128 穴的穴盘播种，上面覆一层薄土，再用手轻按一下

1 个穴内播 3~4 粒种子

种子较大，粒径为 4~5mm，表面柔软

在发芽前一直用报纸盖着，防止干旱

发芽后，小心地间苗，留下 2 株培育。当有 2~3 片真叶时间苗，留下 1 株培育

育成的苗

真叶长出 5~6 片

成功的要点 因为 1 粒种子可长出 2~3 个芽，所以发芽后及时间苗，防止徒长。

2 地块的准备

在定植前约 2 周

平均 1m²
堆肥　3 把
豆粕　3 大匙
复合肥　3 大匙

3 定植

按行距为 18cm、株距为 15cm 定植

在植株基部浇足水

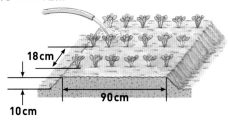

18cm

10cm

90cm

成功的要点 要想欣赏独特的颜色，就要确认培育好的苗茎的颜色，采用各种花样进行栽植。

4 追肥

平均 1m²
复合肥　3 大匙

第 1 次
当植株长到高 7~8cm 时，在行间撒施肥料，用工具和土掺混一下

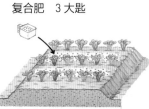

第 2 次
在第 1 次施肥后 2~3 周，施和第 1 次同样的量

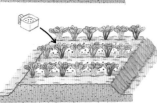

5 收获

当植株长到高 15~20cm 时，从植株基部用剪刀剪下收获

也可以一片一片地摘取叶片收获

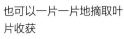

白色种

黄色种

观音苋

Okinawa spinach

●菊科 / 原产地：亚洲热带地区

有绿色和红紫色对比鲜明的叶子，在盛夏也能收获。煮一下会出现滑溜感，可做凉拌菜。

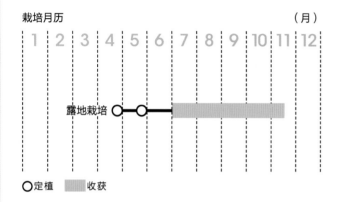

栽培月历 　　　　　　　　　　（月）

| 1 | 2 | 3 | 4 | 5 | 6 | 7 | 8 | 9 | 10 | 11 | 12 |

露地栽培

○定植　▬收获

栽培要点

◎因为采不到种子，所以可买苗定植，或者从市场上买蔬菜后选健壮的芽进行插芽繁殖。

◎生长发育适温为 20~25℃，喜欢高温。盛夏也能栽培。

◎ 5℃以下生长发育就停止，地上部就枯死，所以放在大棚内越冬。

◎虽然耐热性较强，但是地下部不耐旱，喜欢湿度稍大的土壤。

◎要想收获优质品，就在出梅后在植株基部铺上稻草，防止干旱。

◎当植株长到高 30cm 时，下部留下 5~6 片叶，把其余的摘取收获。

◎以后收获时，掐取长出来的柔嫩的芽尖 15~20cm 长。

推荐的品种

又名紫背天葵、红凤菜、血皮菜，在日本熊本县周边叫水前寺菜，而在冲绳县和鹿儿岛县叫斑玉，在石川县叫金时草。因为采不到种子，所以买苗进行栽培。

金时草（泷井种苗）：铁和维生素含量丰富，是营养价值高的食材。煮时有滑溜感，美味可口。耐热性较强，即使是在家庭菜园中也容易培育。

特大红凤菜（福井种苗）：由于采用无病毒栽培，叶稍呈圆形是其特征。如果用箱式花盆栽培，即使是在室内的窗边也能栽培。

金时草

特大红凤菜

栽培方法

1 育苗

买苗定植，或者从大棚内越冬的母株上掐取芽的顶端育苗

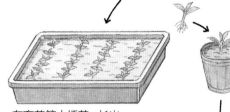

在育苗箱中插芽，长出根后移植到 3 号塑料钵内

当长出 5~6 片真叶时育苗完成

也可以从市场上买到的观音苋中选取健壮芽进行插芽，育苗

> **成功的要点**
>
> 如果采不到种子，用上面的方法育苗。生长发育适温为 20~25℃。因为不耐寒，插芽要在天气转暖后进行。

2 地块的准备

平均 1m²

堆肥 7~8 把
豆粕 5 大匙
复合肥 3 大匙

在定植前约 2 周全面施撒基肥，耕翻至 15cm 深

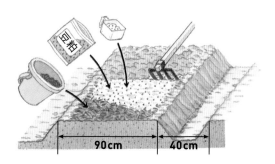

3 定植

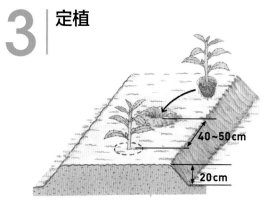

40~50cm

20cm

4 铺稻草、追肥

在垄上铺稻草。当植株长到高 30~40cm 时，观察叶片颜色，1 个月追肥 1 次

平均 1m 垄长
复合肥 4~5 大匙

稻草

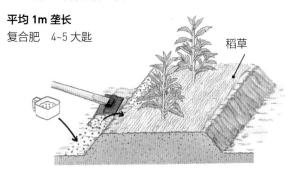

> **成功的要点**
>
> 不耐旱，在稍湿润的地块中生长很好。夏季在植株基部铺上稻草防止干旱，将近干旱时及时浇水。

5 收获

生长起来后，将植株基部留下 5~6 片叶，把顶部摘除收获

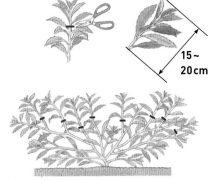

15~20cm

茎长满全田后收获时，把直立向上生长的芽顶端剪取 15~20cm 进行收获

青葱

Rakkyo, Shallot

●石蒜科 / 原产地：中国（薤）

吃时有爽口的辣味在口中扩散，是进行软化栽培的嫩薤。蘸着味噌或蛋黄酱吃就行。

栽培月历 （月）

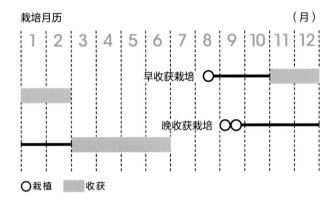

○栽植　▨收获

栽培要点

◎耐旱，在日阴处能很好地生长。

◎对土壤的适应性很广，什么样的土质都能栽培。

◎生长发育适温为 20~30℃。夏季高温期时生长发育停止，进入休眠状态，所以要避开这个时期进行栽培。

◎不易出现连作障碍，能健壮的生长。

◎因为采不到种子，所以买种球进行栽培。

◎在栽植前把种球掰开，剥掉外皮，选充实的好种球。

◎因为从种下种球到收获的时间不怎么长，前茬栽培过普通蔬菜的地块中就不用再施基肥了。

◎要注意培土使其软化。

推荐的品种

薤的品种几乎没有分化，也就是有拉克达、八瓣、球薤等这几个品种。适合栽培青葱的就是拉克达。如果是自用，采用易弄到手的品种即可。

柳研青葱（柳川育种研究会）：初学者也容易栽培，容易培育的软白薤。适合做日本菜和酒肴。

越珍珠（福井种苗）：是用福井当地的薤和浅黄系九条葱杂交的杂种薤。耐病虫害性强，容易培育。整个植株都能食用，用油炒、拌凉菜等都很好吃。

柳研青葱

越珍珠

栽培方法

1 种球的准备

利用 6 月收获晾干的种球。初次栽培时可购买种球

适合用作种球的

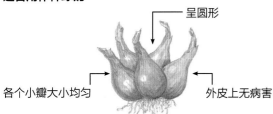

呈圆形

各个小瓣大小均匀

外皮上无病害

掰成一瓣一瓣的，把干枯的叶和病叶除去

种球就准备好了

2 地块的准备、栽植

尽量早收拾整理前茬，全面地撒上石灰，然后耕翻至 15~20cm 深

平均 1m²
石灰　3 大匙

开深 5~6cm、宽 10~12cm 的栽植沟

40~45cm

1 处栽植 2 个球，竖着插上

覆土厚 2cm 左右

10cm

10~12cm

成功的
要 点
因为易发生根螨、蓟马、白色疫病等，所以在栽植时将土壤杀虫、杀菌剂撒入穴中掺混一下。

3 追肥、培土

平均 1m 垄长
复合肥　2 大匙

因为在肥力稍差的土壤中也能很好地生长，所以一般地块不需要追肥。叶色变浅了就在 2~3 月（晚收获栽培时），在垄边追肥，和土掺混一下

开始旺盛生长时就向植株基部培土（晚收获栽培时在 3~4 月）

如果不培土，圆球和长球就会增加，优等品就减少

成功的
要 点
第 1 次培土要注意不要把分枝点埋住。收获前半个月的最后 1 次培土要稍厚一点。

4 病虫害防治

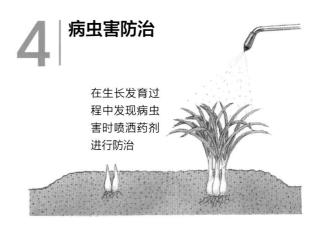

在生长发育过程中发现病虫害时喷洒药剂进行防治

5 收获

连根一起挖出收获

把白根部分和茎、绿叶部分分开利用。绿叶炒着吃也很好吃

陆鹿尾菜

Salt-wort

●苋科／原产地：日本

**又名无翅猪毛菜，是营养丰富的陆地海藻。
因为与鹿尾菜（羊栖菜）相似所以得此名。
是日本山形县的传统蔬菜之一。**

栽培月历　　　　　　　　　　　　（月）

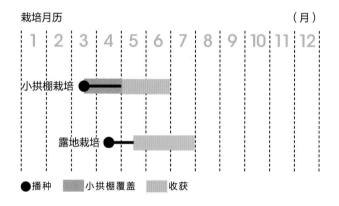

●播种　　■小拱棚覆盖　　■收获

栽培要点

◎种子与菠菜的种子相似，被刺状的 2 片花苞包住，
　里面有 1 粒种子。

◎因为秋季采的种子有几个月的休眠期，所以这期间
　即使是播下种子也不发芽。

◎发芽适温为 20~25℃，10℃以下、30℃以上不发芽。

◎种子的寿命短，因为旧的种子难以发芽，所以去信
　用度高的种苗店购买种子进行栽培。

◎虽然海岸砂地为原产地，耐盐性强，但是不喜酸性
　土壤。

◎土壤干旱或收获晚了，叶就变硬，品质明显下降，
　所以要注意。

◎要想收获柔嫩的优质品，当植株长到高 15cm 时割
　取收获。

推荐的品种

作为蔬菜的栽培历史比较短，另外，遗传变异也少，
还没有作为品种的分化。

陆鹿尾菜（泷井种苗）：好吃的陆地海藻。肉质多且
细腻、柔嫩的叶可用来拌凉菜等。

陆鹿尾菜

备受关注的营养

有提高免疫力、抗氧化作用的 β - 胡萝卜素含量丰富。
因此有预防癌症、抗衰老等功效。陆鹿尾菜中，除含
有作为骨骼成分的钙外，有助于钙吸收的维生素 K 也
含量丰富。因为含有几种健骨的营养成分，可以说是
为了预防骨质疏松也需要多吃的蔬菜。

栽培方法

1 | 地块的准备

及早在地块中撒施堆肥和石灰，然后深翻

平均 1m²
堆肥 4~5 把
石灰 3 大匙

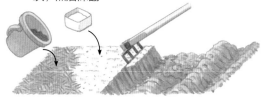

平均 1m²
复合肥 5 大匙
豆粕 10 大匙

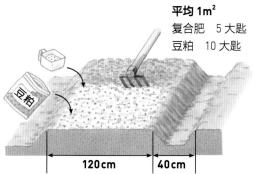

在播种前约 2 周起垄，全面地撒上基肥，耕翻

2 | 播种

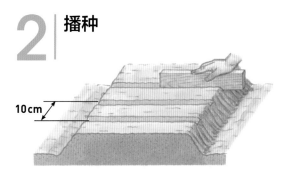

用木板等做成宽 2~3cm、深 5mm 左右的播种沟

进行条播

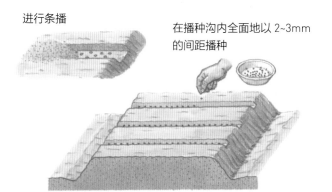

在播种沟内全面地以 2~3mm 的间距播种

3 | 保温

播种后覆一层薄土，盖上地膜

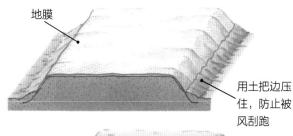

地膜

用土把边压住，防止被风刮跑

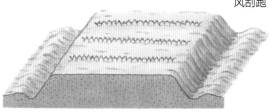

发芽后揭掉地膜，除草，在混杂拥挤的地方稍间一下苗

小拱棚保温

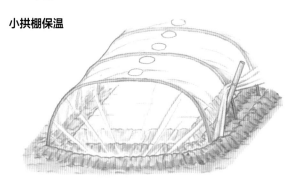

用小拱棚保温时，如果气温过高时，就在顶端开孔进行换气

4 | 间苗、除草

因为在初夏时容易生杂草，所以要及时地拔除

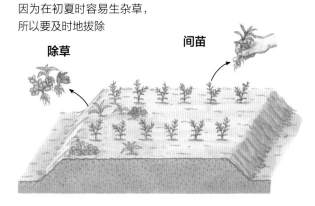

除草

间苗

第 1 次
当长出 2 片真叶时间苗，使株株距为 4~5cm

第 2 次
当长出 3~4 片真叶时间苗，使株距为 7~8cm

成功的要点
因为初期生长发育很慢，也易生杂草。要在草小时及时除掉。及时间苗、追肥、浇水，精心培育。

5 | 追肥

在第 2 次间苗后，每隔 2 周在行间撒施肥料，用工具和土掺混一下

平均 1 行
复合肥　2 大匙

干了要及时浇水

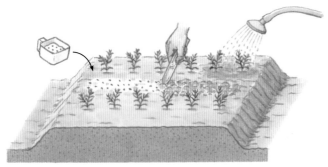

6 | 收获

拔除收获

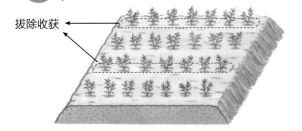

当长出 7~8 片真叶时，隔行拔出收获

拔出收获的陆鹿尾菜

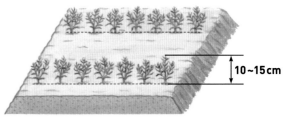

10~15cm

趁留下的在叶片还没有硬时，在 10~15cm 高时就可收获

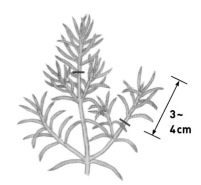

3~4cm

如果植株长大了，就摘取叶顶端 3~4cm 的嫩的部分进行收获

成功的要点
收获晚了，植株伸展，产量虽然增加了，但是叶变硬就不好吃了。尽量在高 15cm 以前就收获完。

7 | 利用

为了品尝到松脆的口感，用热水短时间焯一下即可。能轻松地做成凉拌菜、色拉等

用热水短时间焯一下

色拉

用三料调和醋拌着吃

陆鹿尾菜的中式凉菜

材料（4 人份）

陆鹿尾菜…100g	醋…2 大匙
粉丝（干）…30g	砂糖…1 大匙
火腿…3 大片	**A** 酱油…1 大匙
樱桃番茄…5 个	香油…1 大匙
盐…适量	芥末酱…适量

做法

1 把粉丝按袋上的说明浸在水中泡软，用笊篱捞出。把陆鹿尾菜的根在基部切掉 1cm 左右，在开水中加点食盐，煮 1~1.5min，捞出放入冷水中降温后再控干水，从中间切成两段。

2 将火腿纵向切成两半后，再横切成 5mm 的宽度。

3 在大碗中加入**A**充分搅拌，再加入**1**和**2**混合搅拌。盛到容器中，把纵向切成两半的樱桃番茄放入作为点缀。

山葑菜拌陆鹿尾菜、紫菜

材料（4 人份）

陆鹿尾菜…100g
酱油…1 大匙
熬炼的山葑菜…0.5 小匙
烤紫菜（全型）…1 片
盐…适量

做法

1 把陆鹿尾菜从根的基部切掉 1cm 左右，在开水中加一点盐，煮 1~1.5min。放在冷水中降温后再把水控干，从中间切成两段。

2 在大碗中加入酱油、山葑菜后搅拌，把 **1** 中的部分散开加入并搅拌均匀。把烤紫菜撕大一点并放入，快速地搅拌。

芥蓝

Chinese kale

●十字花科 / 原产地：中国南部、东南亚

是甘蓝家族的一员，叶与甘蓝相似，但茎很早就伸展出来开花了。耐高温性强，作为夏季的青菜是很受欢迎的。

栽培月历　　　　　　　　　　　　（月）

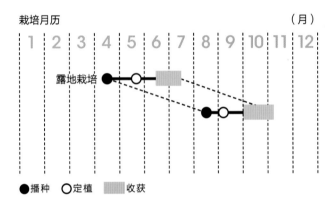

●播种　　○定植　　▨收获

栽培要点

◎在甘蓝的同类中是最耐高温的，即使是在盛夏也能容易地培育。

◎4月中旬~8月下旬都能播种。

◎育苗栽培时，能收获整齐一致的优质品，在大田中直播也能栽培。

◎因为夏季育苗土壤易干旱，早、晚两次浇足水。

◎育苗后半期叶色变浅了就施液体肥料。

◎容易抽薹，利用嫩叶和伸展的花茎，也可以吃抽薹前的嫩株。

◎因为开花后花茎就变硬了，所以在还是花蕾时就要收获。

◎摘取主枝收获后，侧枝就伸展出来，能进行多次收获。

推荐的品种

从中国南部到东南亚等广泛地栽培，传到日本也很早，但是品种的分化少。

白花芥蓝（增田育种场）：耐热性很强，6~12月能长时间收获。在花茎顶端15cm长的地方折断收获。

宝绿（武藏野种苗园）：虽然从春季到秋季都能播种，不过8月播种，秋季收获的最好吃。

素绿（双叶种苗批发部）：生长发育快，耐热性和耐涝性很强。播种后40d左右就可整株收获。

芥蓝（Tokita种苗）：在中国南部地区栽培，耐热性强，作为夏季的叶菜类蔬菜，很受欢迎。

白花芥蓝

宝绿

素绿　　　　　　　　　芥蓝

栽培方法

1 育苗

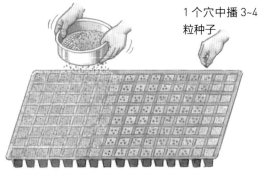

播种后，用筛子均匀地筛上一层覆土

1 个穴中播 3~4 粒种子

用 128 穴的穴盘就很方便。用土要使用穴盘苗专用的基质

认真浇水。因为周边部容易干，所以要多浇一点

根据生长发育情况间苗，留下 1 株培育，当长出 3~4 片真叶时，可移栽到大田中

成功的要点　发芽后及早间苗，留下 1 株培育。夏季时一定要在早上、晚上各浇 1 次水。后半期叶色变浅了就喷叶面肥。

2 地块的准备

要选择前茬未种过十字花科蔬菜的地块种植。尽早耕好地，深度为 15~20cm

平均 1m²
石灰　3 大匙
堆肥　4~5 把

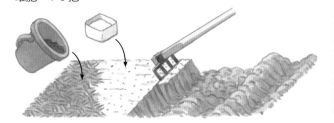

平均 1m²
豆粕　10 大匙
复合肥　5 大匙

在定植前约 2 周在垄上全面地撒施基肥，耕翻、整平垄面

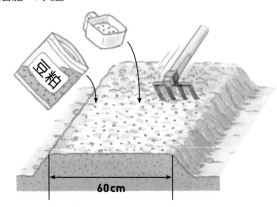

60cm

认真地整平垄面

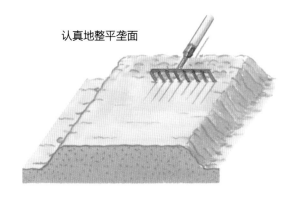

3 定植

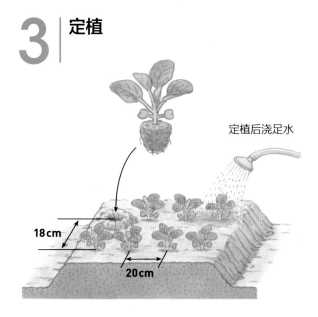

定植后浇足水

18cm

20cm

用直径为 3~4cm 的饮料瓶的瓶底在垄上压一下，造出播种穴

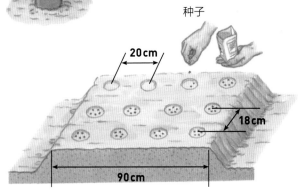

1 个穴中播 5~6 粒种子

20cm

18cm

90cm

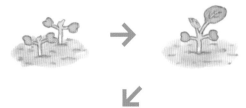

在发齐芽时和真叶长出 1~2 片时间苗，留下 1 株培育

4 追肥

当植株长到 7~8cm 高时，在行间追肥。以后根据生长发育情况适时追肥

平均 1 行
复合肥　2 大匙

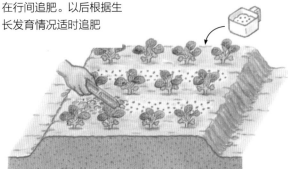

5 收获

当植株长到 15cm 高时，就要收获利用

用热水快速焯一下

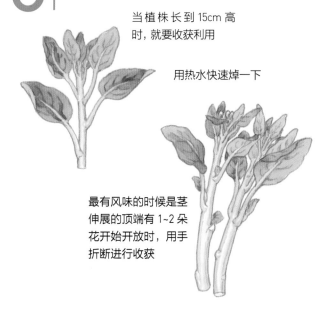

最有风味的时候是茎伸展的顶端有 1~2 朵花开始开放时，用手折断进行收获

在茎的基部留下 2~3 个芽，只把上部折断收获，芽又长出来，能进行二次收获

> **成功的要点**　收获要及早进行，到开始开花时就要收获完。如果还想收获新芽，收获后要立即施速效性肥料。

6 利用

在收获适期时，茎的下部就硬了，所以在一半的地方折断，把下部半段剥皮并纵切后再吃

嫩叶和花蕾稍有苦味，可以炒着吃或做成天妇罗

在一半的地方折断

茎可以炒着吃、拌着吃、做成天妇罗，还可做汤或腌咸菜

粗的部分剥皮后纵向切成 2~4 块

芥末拌芥蓝、竹轮

材料（4 人份）

芥蓝…1 把（200g）
竹轮（烤的筒状鱼卷）…
　2 小根

A　酱油…2 大匙
　　酒…2 大匙
　　芥末酱…2 大匙
盐…少量

做法

1　把芥蓝横切成 2~3 段，竹轮切成薄片。

2　在锅中加水烧沸后加入盐，把芥蓝迅速焯一下，用笊篱捞出。

3　把竹轮在 **2** 的热水中过一下，用笊篱捞出。

4　在器皿中加入 **A**、**2** 和 **3** 后搅拌均匀。

芥蓝海鲜煎饼

材料（4 人份）

芥蓝…0.5 把（100g）
海鲜组合（冷冻）…200g

A　日式糯米粉…20g
　　小麦粉…30g
　　鸡蛋…1 个

浇汁
　水…4 大匙
　香油…1~2 大匙
　酱油…1 小匙
　盐…少量
香油…1~2 大匙

做法

1　把芥蓝放在加入少量盐（分量外）的热水中焯一下，切成可以放入平底锅的长度，将海鲜组合在室温下解冻。

2　在锅中加入香油，把混合的 **A** 倒入锅中，摆上 **1** 两面煎，切成适宜的大小盛到盘中，把浇汁混匀后倒上。

备忘录：上面的两个菜谱，也能用于嫩茎西蓝花、菜心。

羽衣甘蓝

Kale

●十字花科 / 原产地：欧洲

**是不结球的甘蓝，维生素、矿物质含量高，
最适合做成健康蔬菜汁。也推荐柔嫩好吃的
适合做成色拉的品种。**

栽培月历 （月）

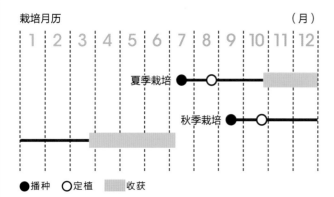

●播种　○定植　▨收获

栽培要点

◎ 属于甘蓝类，很容易培育，生长健壮，耐热性、耐
　寒性较好，对土壤的适应性也广。

◎ 夏季播种、育苗，为了避开强光，要用遮阴网。因
　为夏季土壤干旱严重，在早上、晚上都要浇水。

◎ 因为栽培期长，所以要施充足的优质堆肥作为基肥。

◎ 害虫多，刚定植后就要盖上防虫网。因为是利用叶
　的蔬菜，所以尽量采用无农药栽培。

◎ 根据植株长势、叶色随时追肥，确保不缺肥料，以
　收获优质的叶。

推荐的品种

根据叶的颜色、形状、植株长势等有各种各样的品种。
近年来，叶柔嫩、能生吃的品种很受欢迎。

卡里诺威尔迪羽衣甘蓝（Tokita 种苗）：无苦味、
能生吃。叶的缺刻深，有立体感。

卡里诺劳斯羽衣甘蓝（Tokita 种苗）：叶的形状和味道
与卡里诺威尔迪羽衣甘蓝相同，遇冷后颜色更加鲜艳。

桑巴狂欢节（增田育种场）：叶柔嫩、有甜味，做凉
拌菜或炒着吃等都很方便。

卡莱科拉（日光种苗）：羽衣甘蓝和芝麻菜杂交出的
新蔬菜。有爽口的辣味，还有像芝麻一样的风味。

卡里诺威尔迪羽衣甘蓝

卡里诺劳斯羽衣甘蓝

桑巴狂欢节

卡莱科拉

栽培方法

1 | 育苗

如果栽培株数少，在育苗箱中播种很方便

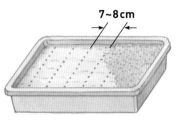

7~8cm

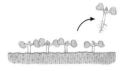

从发齐芽时开始，进行 2~3 次间苗，使叶不互相重叠

当有 1 片真叶时，移植到 3 号塑料钵内

当长出 4~5 片真叶时，育苗完成

2 | 地块的准备

在定植前约 2 周

平均 1m 沟长
堆肥　7~8 把

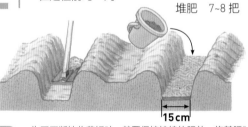

15cm

成功的要点

为了不断地收获好叶，就要保持持续的肥效。施基肥时要多施优质堆肥。

3 | 定植

定植结束后，在植株基部浇足水

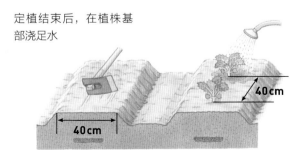

40cm

40cm

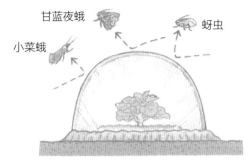

甘蓝夜蛾　蚜虫
小菜蛾

成功的要点

害虫（甘蓝夜蛾、小菜蛾、蚜虫）特别喜欢为害十字花科蔬菜。所以要覆盖防虫网进行预防。

4 | 追肥、管理

从定植后 1 个月开始，根据生长发育情况每 20d 左右追肥 1 次

平均 1m 垄长
豆粕　5 大匙
复合肥　3 大匙

豆粕

5 | 收获

如果生长旺盛，可随时从下面的叶片开始摘取利用

6 | 利用

用榨汁机，单独或者与苹果、柑橘、番茄、胡萝卜等一块做成蔬果汁。如果介意有青涩味，可加入少量的醋或蜂蜜等

因为做色拉的品种的叶很柔嫩，所以可直接切一下做成色拉

意大利菊苣

Italian chicory

●菊科 / 原产地：欧洲、北非、中亚

红紫色的叶上有白色的叶脉，颜色漂亮，最适合做色拉。虽然乍一看与紫甘蓝相似，但是是截然不同的种类。略带甜味和苦味。也叫红菊苣。

栽培月历 （月）

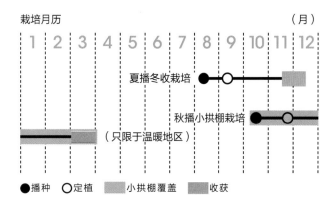

夏播冬收栽培

秋播小拱棚栽培
（只限于温暖地区）

●播种　○定植　▨小拱棚覆盖　▤收获

栽培要点

◎像小型结球生菜一样的红紫色蔬菜。与生菜相似，耐热性、耐寒性较差，栽培时期有局限性。结球后遇霜冻会枯死。

◎喜欢肥沃的土壤，在酸性土壤中生长发育变差。

◎因为不喜欢过湿的土壤，所以要注意地块的排水。

◎因为是喜光的种子，所以在播种后的覆土要极薄。用筛子细心地筛上土。

◎夏季育苗时，把育苗箱放在树荫下等通风好的凉爽场所，或者盖上遮光材料。

◎遇低温时，红紫色会更加鲜艳。

◎因为不怎么耐寒，所以10月以后就用小拱棚覆盖防寒。在早春小拱棚内的温度升高时，就在顶部开孔，或把底部揭起来换气。

推荐的品种

在法国、意大利种植广泛，有结球的、半结球的、不结球的品种，但是在日本是以结球品种为主。

衣诺森特（泷井种苗）：略带苦味是其特征，加入色拉中，不但美观而且味道更佳。

特雷比诺（渡边农事）：叶球的膨大性好，定植后50~60d，就能长到垒球那么大，色泽好。

朱丽埃塔（丸种专业合作社）：是极早熟品种，栽植后约55d就能收获。球的内部呈红紫色。

威尼斯（Tokita种苗）：适期栽培，定植后约70d就能长成直径为12cm的球形。

衣诺森特

特雷比诺

朱丽埃塔

威尼斯

栽培方法

1 育苗

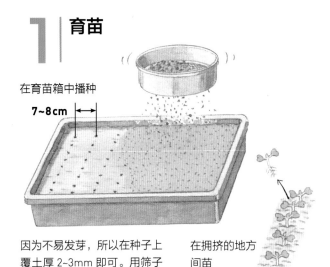

在育苗箱中播种

7~8cm

因为不易发芽，所以在种子上
覆土厚 2~3mm 即可。用筛子
把土细致地筛上

在拥挤的地方
间苗

> **成功的要点**　夏季育苗时，放在树荫下等凉爽的地方或盖上遮光材料，放
> 在避开强光照射的地方育苗。

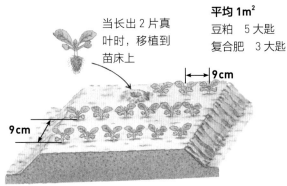

当长出 2 片真
叶时，移植到
苗床上

平均 1m²
豆粕　5 大匙
复合肥　3 大匙

9cm

9cm

在苗床上提前施上肥料后锄至 10cm 深左右

2 地块的准备

平均 1m²
堆肥　6~7 把
豆粕　5 大匙
复合肥　3 大匙

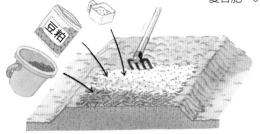

豆粕

在定植前约 2 周，提前撒施基肥后
耕翻至 15cm 深左右

3 定植

当长出 5~6 片真叶时
育苗完成，可向大田
中定植

30~35cm

30cm

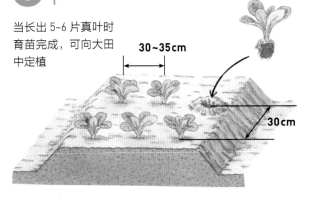

4 追肥

平均 1 株
复合肥　3 大匙

在定植后 2~3 周和开始结
球时，施 2 次肥

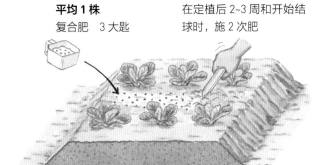

在株间撒施肥料，用工具和土掺混一下

> **成功的要点**　因为适温时期短，所以缓苗后就及时追肥以促进增加叶数，
> 尽量培育成卷得结实并且大的叶球。

5 收获

用手按一下叶球，若
感觉有弹力，就从基
部处切割收获

6 | 利用

把叶一片一片地剥下，把白的部分纵向切成适宜宽度

因为保持新鲜是很重要的，所以用保鲜膜包起来保存。放在冰箱中冷藏能保存数天

防暑、防寒对策

防暑对策

浇水
对易干的地块半个月左右浇 1 次足水

覆盖遮阴材料
覆盖遮阴网或薄的无纺布等遮阴

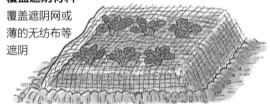

由于高温而变形的叶球

防寒对策（10 月以后）
在小拱棚顶端开小孔进行自然换气。随着气温上升，增加透气孔的数量。要注意棚内不要超过 25℃

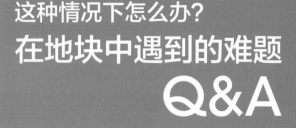

Q | 何种播种为宜？

A 在温暖地区，夏季播种，秋冬收获。在寒冷、高冷地区，春季播种，初夏也能收获。

意大利菊苣比结球生菜还不耐低温，遇霜后结球的表面及内部的 1~2 片叶就枯死了。播种时就要注意，计划好栽培时间。

在温暖地区，通常是过了盛夏后，在 8 月中旬~9 月上旬播种。使其在秋季的适温时进行生长发育，在晚秋降霜前收获，这是最容易栽培的类型。

播种的界限是在 10 月上旬前。用小拱棚保温，在第 2 年 3 月收获。根据地域不同，需要把保温材料变更为塑料小拱棚 + 无纺布覆盖材料等。

在高冷或寒冷地区，进行春播，用温床育苗，使其不发生花芽分化。在 6~7 月收获。

意大利菊苣汤

材料（4 人份）

意大利菊苣…1 个

A
灰树花（撕开的）…60g
洋葱（切成细丝）…0.25 个
培根（1cm 宽）…2 片的量

B
水…6 杯
固体汤料…1 份
盐、胡椒…各适量
色拉油…2 小匙

做法

1 把意大利菊苣切成 4 等份。

2 在锅中加入色拉油加热，把 **A** 稍炒一下，把 **B** 加入煮沸后再加入 **1**，盖上盖，用弱中火煮 15min 左右。

3 在 **2** 中加入盐和胡椒调味，盛入器皿中。

意大利菊苣辣炒肉

材料（4 人份）

意大利菊苣…2 个
猪里脊片…150g
丛生口蘑…60g
色拉油…2 大匙
豆瓣酱…1 小匙

A
水…0.5 杯
鸡汤料（颗粒）…1 小匙
酒…2 大匙
酱油、酒…各少量
红味噌…10g
优质淀粉…1 小匙

做法

1 把意大利菊苣切成大块，把丛生口蘑撕碎，把猪里脊切成 3cm 宽的片。

2 在锅中加入色拉油，再依次加入猪里脊、豆瓣酱、意大利菊苣、丛生口蘑后翻炒，加入 **A** 搅拌使其呈黏稠状，然后盛到容器中。

油菜薹

Rape blossoms

●十字花科 / 原产地：地中海沿岸地区、北欧、中亚

在春季时率先开花，是富有季节感的蔬菜。因蕾和花茎略带苦味而被人喜欢。种在庭院的小菜园中也很适合。

栽培月历 　　　　　　　　　　　　　　（月）

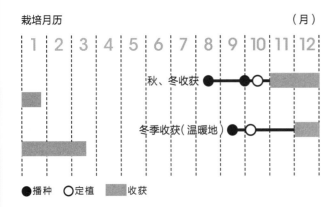

●播种　○定植　■收获

栽培要点

◎原来是在 2~3 月抽薹，但是随着品种改良，也有了从秋季时抽薹、开花的品种。

◎虽然一般比较容易培育，但是因为不耐寒风，所以要避开北风直吹的场所，在日照好、温暖的场所栽培。

◎在保水力好的地块中，在施基肥时要多施优质堆肥和有机肥料。

◎充分了解品种的特性，要严格遵循各地区的播种时期。早播就易发生病害，所以要避免。

◎因为能长成大株，所以定植时要把株距留得大一点，使长出的腋芽不拥挤。

◎因为易受病虫的为害，所以要注意防治。特别是要注意及时对小菜蛾、菜青虫、甘蓝夜蛾的防治。

推荐的品种

品种在不断改良，有特点的品种有很多，有计划地栽培收获期不同的品种，可长期享受其美味。

冬华（泷井种苗）：耐寒性强，收获期从年末到第 2 年年初。侧枝的伸展好，能收获很多花茎。

早阳一号（坂田种苗）：极早熟品种，侧枝伸展旺盛。收获期有年内和第 2 年春季两次，产量很高。

CR 花冠簪（丸种专业合作社）：适合 12 月~第 2 年 2 月收获的中熟品种。花蕾很结实、有分量。

奇玛迪拉帕（Tokita 种苗）：是意大利油菜薹，花蕾伸展好。茎叶也能利用。

冬华

早阳一号

CR 花冠簪

奇玛迪拉帕

栽培方法

1 育苗

用 128 穴的穴盘，1 个穴中播 4~5 粒种子，覆 5mm 厚的土

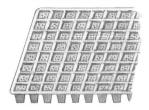

当长出 2 片真叶时间苗，留下 1 株好的苗培育

夏季容易干旱，要及时浇水，不能缺水。要特别注意周边部分不能太干了

若叶色变浅了，就施一定浓度的液肥来代替浇水

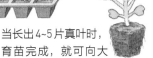

当长出 4~5 片真叶时，育苗完成，就可向大田移栽了

2 地块的准备

尽早在地块中撒施石灰并进行耕翻

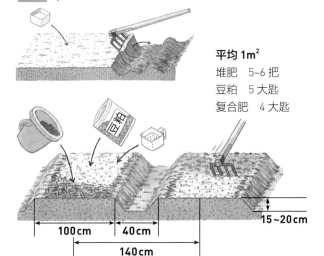

平均 1m²
堆肥　5~6 把
豆粕　5 大匙
复合肥　4 大匙

15~20cm

100cm　40cm

140cm

在定植前 2 周，在垄上全面撒上基肥，用锄头耕翻至 15cm 深

成功的要点　要想多收获好的花茎，施足优质堆肥和有机肥料是很重要的。

3 定植

给穴盘中的苗浇足水，拔出时不要把根坨弄碎了，定植

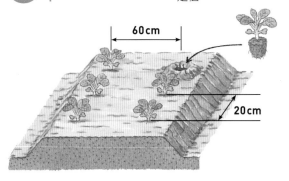

60cm

20cm

成功的要点　定植最终株数的 2 倍左右，趁嫩时收获花薹，也可拔除整株进行收获。

······ **直播** ······

地块的准备
在播种前 2 周，在地里撒上基肥，耕翻至 15~20cm 深

平均 1m²
堆肥　5~6 把
豆粕　5 大匙
复合肥　3 大匙

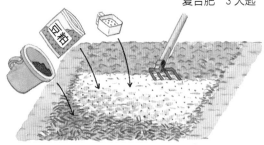

播种
挖出宽度和深度适当的播种沟，在沟底全面地撒上种子，覆土厚 1cm 左右

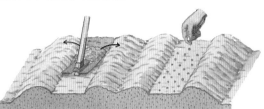

间苗

7~8cm

20cm

第 1 次
当长出 2 片真叶时间苗，使株距为 7~8cm

第 2 次
当长出 5~6 片真叶间苗，使株距为 20cm

363

4 追肥

育苗

第 1 次

植株长到高 10cm 时，在垄的中间条状撒施肥料，并和土掺混

每次都是
平均 1 株
豆粕　1 大匙
复合肥　1 小匙

第 2 次及以后

在垄的两侧条状施肥，每半个月 1 次，和土掺混后再培土

直播

第 1 次

在第 2 次间苗后
平均 1m 沟长
复合肥　2 小匙

第 2 次及以后

每半个月 1 次
平均 1m 沟长
复合肥　2 小匙

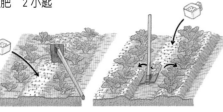

5 摘心

最初抽薹的茎在开花前掐去

长出很多长势好的腋芽

腋芽

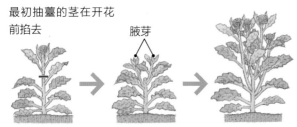

如果在太高的地方掐取，发出的侧花蕾虽多，但是很细；如果在太低的地方掐取，发出的侧花蕾就减少，产量也会降低

6 摘除下部叶片

在生长发育中期以后，植株基部附近的叶片混杂拥挤，就会出现病叶或枯叶。把这些叶片摘除，改善通风和透光

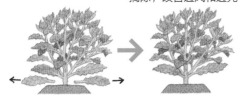

7 病虫害防治

在苗床或定植后的生长发育初期

用防虫网或其他遮挡材料，防止蚜虫、小菜蛾、菜粉蝶等成虫入侵

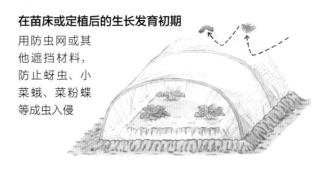

从定植后到收获盛期

要及时防治蚜虫、小菜蛾、菜青虫、白斑病、黑斑病等。顶端及叶背面都要喷到

8 收获

花蕾膨大，在将近开花时，连茎叶一块摘下收获

15~20 cm

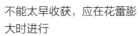

主枝的收获适宜长度为 15~20cm。要注意不能收获晚了

不能太早收获，应在花蕾膨大时进行

即使是在只有少量的花开花之后再收获也晚了

若为直播，要及时间苗，随着收获量的增加，还要及时进行追肥，不能缺肥。

收获时，主枝摘取长度为 15~20cm 的花茎，注意不能收获晚了。如果摘取的花茎太短，以后长出来的花蕾数虽然多了，但是花茎拥挤变细、品质差。相反地，如果摘取的花茎太长，剩下的节数少、腋芽减少、产量就降低了。根据生长发育情况来调节收获的方法是很重要的。

Q 如何能持续地收获又多又好的花蕾？

A 施足优质的堆肥，扩大株距。

因为收获的是生长旺盛期植物体的营养集聚的花蕾，所以事先使根扩大伸展，充分吸收养分，使地下部有一个好的生长环境是很重要的。

为了创造适合地下部生长好的环境，就要及早整理地块，施足优质的堆肥，进行耕翻。将株距留得宽敞一点，防止陆续伸展的腋芽混杂拥挤。

如果在低的位置掐取，腋芽变少，但是能形成粗的花茎。在高的位置掐取，长出的腋芽虽然多，但是很细、品质就会降低

 确实如此专栏

吃抽薹的花蕾的菜类

除油菜薹外，也还有一些摘取分枝的嫩芽顶端部分的花蕾和茎叶来吃的菜类。

有在日本关东广大地区从古就传下来的野苞菜、东北三陆地区的三陆蕾菜等。

群马县富冈市的宫崎菜，可认为属于芥菜类，爽口的辣叶和清脆的口感有其独特的风味。作为从中国传过来的蔬菜，有茎叶为紫色的红菜薹。

我们身边的小松菜，也可以吃抽薹的花茎。它有清淡的味道和好的口感，是和油菜薹不同的美味。白菜、青梗菜等十字花科的蔬菜到了春季就抽薹，所以把其一部分留在地中，到春季能再次享受一次。

利用紫色花茎的红菜薹

萝卜

Chinese radish

●十字花科 / 原产地：地中海沿岸地区、中亚、东南亚等

古时经中国传入日本，栽培历史悠久。不论哪个季节，在日本全国都有栽培，栽培品种以青首萝卜为主，不过也有很多独特的地方品种。

栽培月历 　　　　　　　　　　　　（月）

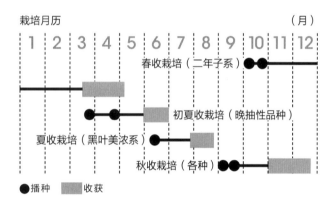

春收栽培（二年子系）
初夏收栽培（晚抽性品种）
夏收栽培（黑叶美浓系）
秋收栽培（各种）

●播种　　■收获

栽培要点

◎ 喜欢冷凉的气候，一般耐热性差，但有耐寒性、生长健壮。

◎ 对土壤的适应性广，虽然在瘠薄的地块也能很好地生长，但是若耕层浅，遇到未腐熟的有机物、石头等，根就会变形。要认真耕地，把土中的异物剔出去后进行栽培。

◎ 易患病毒病，因此要精心做好虫害防治工作。除了覆盖银色和带银色条纹的反光地膜、使用防虫网等覆盖材料外，在种植的伴生植物麦子中间播种也有很好的效果。

◎ 间苗时，把不好的苗间掉，留下叶形好的苗。左右的大小有差别，苗的形状畸形的，以后根也容易长成畸形。

推荐的品种

栽培历史悠久，在日本各地有很多地方品种。种植 F1 代品种等也是要选择适合地区和播种适期的品种。

耐病总粗（泷井种苗）：新鲜水灵好吃的万能萝卜。空心现象出现很晚，容易培育。

三太郎（泷井种苗）：抽薹和空心出现较晚。如果调节株距，能收获 0.5~3.0kg 的萝卜。适合做炖菜。

夏萌（坂田种苗）：抽薹晚，因为耐病性和耐热性强，所以适合夏季栽培。建议初学者选这个品种栽培。

御田太郎（Tokita 种苗）：肉质柔嫩，因为煮时不易碎，所以最适合做炖菜。冬季吃着特别香。

耐病总粗

三太郎

夏萌

御田太郎

栽培方法

1 | 地块的准备

平均 1m²
堆肥　5~6 把
豆粕　4 大匙
复合肥　2 大匙

在播种前半个月，撒施优质堆肥和肥料，深翻至 30~35cm 深

因为未腐熟的堆肥是形成叉根的原因，所以不能施。石头和木片等会阻碍根的伸展，所以要剔除

 成功的要点
尽早施上腐熟的堆肥，在发芽前最好让堆肥处于充分分解的状态。

2 | 播种

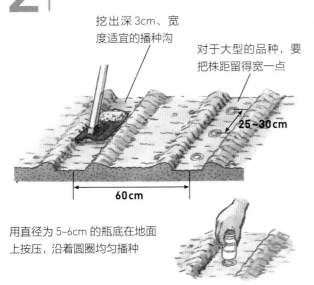

挖出深 3cm、宽度适宜的播种沟

对于大型的品种，要把株距留得宽一点

25~30 cm

60cm

用直径为 5~6cm 的瓶底在地面上按压，沿着圆圈均匀播种

1 个穴内播 4~5 粒种子，覆 1~1.5cm 厚的土

 成功的要点
在高温期播种时，由于蚜虫容易传播病毒病，所以使其与植物隔离开是很重要的。用防虫网等覆盖材料或反光地膜等驱避害虫。

3 | 间苗

第 1 次
当长出 1 片真叶时间苗，留下 3 株培育。用手向植株基部稍培一下土

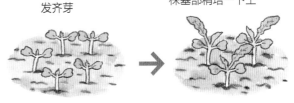

发齐芽

 ○ 　 ×

间苗时，把子叶呈心形的留下。在生长发育初期时，子叶形状好的根也会长得好。子叶形状不好的或过大的，以后根也会畸形

 成功的要点
不要错过了间苗时机，认真观察留下的形状好的苗，向植株基部轻轻培土，确保其不摇晃。

第 2 次
当长出 2~3 片真叶时间苗，留下 2 株培育

第 3 次（最后一次间苗）
当长出 6~7 片真叶时间苗，留下 1 株培育

4 | 追肥

第 1 次
平均 1 株
豆粕　1 小匙
复合肥　1 小匙

第 2 次间苗后，撒在植株周围，和土轻轻掺混。向植株基部培土，防止被风吹倒

第 2 次

平均 1 株

豆粕　2 大匙
复合肥　1 大匙

第 3 次间苗后，在垄的一侧撒施肥料，用锄头和土掺混后向垄肩上培土

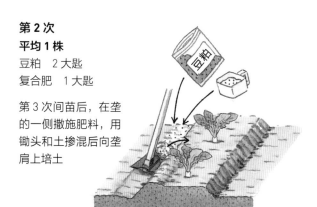

第 3 次

平均 1 株

复合肥　2 大匙

在第 2 次追肥半个月后，将肥料撒于和第 2 次相对的另一侧，掺混后再向垄上培土

5 | 病虫害防治

防治蚜虫的对策

在垄的两侧播上麦类等屏障植物的种子

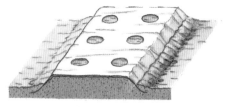

铺上反光的银色地膜，开孔播种。结合地膜的宽度播 2 行种子

插上棚条并覆盖防虫网，或者覆盖其他防虫材料

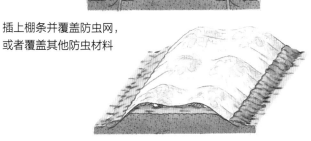

播种前施用杀虫剂

播种前在播种沟内撒上粒状的杀虫剂，稍覆土后再播种

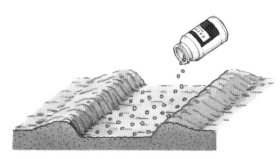

喷洒药剂

从生长发育初期就喷洒药剂

嫩的心叶处也要喷到。叶的反面也要着药

6 | 收获

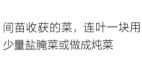

间苗收获的菜，连叶一块用少量盐腌菜或做成炖菜

向上方健壮伸展的叶即将展开，外叶开始向下垂时就是收获适期

 成功的要点
收获晚了，就会出现空心现象，口感变差，所以适时收获是很重要的。

空心的确认方法

从叶基部以上 2cm 的地方把叶横切开，如果横断面有空洞，根有空洞的可能性也很大

有空洞的叶

空心的根

7 | 利用

萝卜的上部水分多、更甜，下部更辣，所以掌握各部位的特点而利用

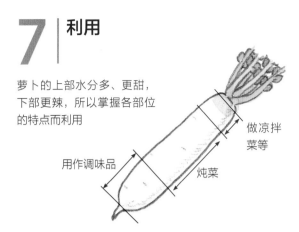

用作调味品
做凉拌菜等
炖菜

干萝卜

吊在向阳通风的地方

萝卜条
均匀摊开晾干，经常地翻动一下。湿度大时晚上要拿到室内

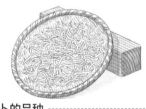

萝卜的品种

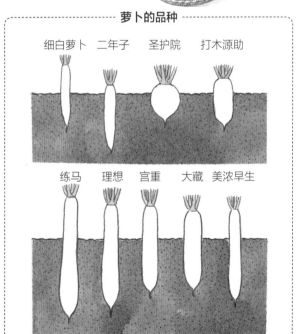

细白萝卜　二年子　圣护院　打木源助

练马　理想　宫重　大藏　美浓早生

369

以锄头的宽度挖播种沟。春播和秋播的株距为 25cm，但是叶生长繁茂的夏播和种植大型品种时株距就要扩大至 30cm 左右。

播种时，用牛奶瓶或塑料瓶等压出圆形的穴，沿着穴的圆圈内侧以 1.5cm 的间距，每个穴内播 4~5 粒种子。在种子上面覆 1~1.5cm 厚的土。火山灰土壤稍厚一点，黏土稍薄一些。覆土后，用手掌轻轻按压一下，使种子与土密切接触。

Q 如何播种？

A 播种穴、播种、覆土厚度等，一项一项细致地进行。

用直径为 5~6cm 的牛奶瓶或塑料瓶的瓶底按压地面

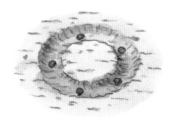

沿着压出的圆形的沟播种，种子不会散开

播种后，用手轻轻按压，使种子与土紧密接触

Q 如何施肥料

A 在植株与植株之间，分别少量地施入肥料。

因为萝卜是吸肥力强的蔬菜，虽然肥料少时也能较好地生长发育，但是如果肥料不足，根膨大就差，品质也不好。应在施优质堆肥的基础上再细心追肥。堆肥中如果含有石头、木块等，很容易形成叉根，所以尽量在前茬时多施

堆肥，在栽培萝卜时堆肥就处于已经分解了的状态。

如果前茬施堆肥量不足，再作为基肥施入，但是这种场合也容易由于发酵、分解而产生障碍。把土锄一下使根尖不要触碰到未分解的堆肥，把充分腐熟的堆肥少量地施于株间。复合肥和豆粕，也一块施于株间。

第 1 次追肥在第 2 次间苗后，在植株周围环状地施肥，和土掺混后培土。第 2 次追肥时，在垄的一侧施入，掺混后向垄上培土。第 3 次在和第 2 次相对的另一侧施肥，掺混并向垄上培土。

Q 如何防止出现叉根?

A 深耕，去除石头、木块等异物，及时间苗和培土。

萝卜的根在土壤中伸展时，它的尖端遇到硬的土块或石头，或者受未充分腐熟的堆肥影响，就会分叉。

另外，间苗晚了，苗长时间处于倒伏状态，被风吹得来回摇晃，或被土壤中的线虫（或其他害虫）为害时，也会形成叉根。

要想防止出现叉根，精心整地是很重要的。对种植萝卜的地块要深耕，未腐熟的有机肥不要施到种子的下面等，就是出于这个原因。堆肥要在前茬（种萝卜的前茬）时施入，在堆肥完全分解之后再种植萝卜。

如果是土壤耕层浅，不能深耕的地块，就种植小萝卜，或呈圆形的圣护院，或大部分在地面以上长的青首、宫重等。这种情况下，堆肥要施于株间。

幼苗时表现异常的植株，多数的萝卜也会异常，所以间苗时要拔除这些异常的植株。间苗后，在植株周围培土，防止倒伏也是非常重要的。

Q 用小拱棚栽培应注意什么?

A 根据寒冷的程度，要调整播种时期和保温材料。

用小拱棚栽培有几种情况，根据地域不同冬季的寒冷程度也不一样，所以播种时期和保温的方法也要改变。在10月播种春季收获的，是在日本关东以西冬季比较暖和的地区。到严寒时最低气温为 –4~–3℃，只用1层塑料薄膜的保温力是不足的，所以再加上长纤维无纺布等覆盖。到早春暖和了之后，先撤掉无纺布，再在收获中的3月末撤掉小拱棚。

对再冷一点的地区，在严寒期过了之后，在1月上旬~3月上旬进行早播，4~5月时收获。在小拱棚上盖上带孔的塑料薄膜和无孔塑料薄膜，加强保温。

如果都在3月播种，盖1层带孔的塑料薄膜就足够了。过了4月上、中旬，在充分暖和了之后就把小拱棚撤掉，露地栽培后收获。

中国萝卜

Chinese radish

●十字花科 / 原产地：中国

在中国的北部或中部的地方品种或改良品种中，选了一些日本人喜欢的品种引进的品种群。有很多绚丽多彩的品种。

栽培月历 　　　　　　　　　　　　（月）

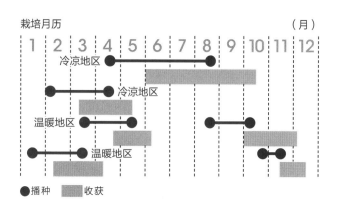

●播种　　■收获

栽培要点

◎栽培方法参照萝卜的栽培方法，待各品种的特性表现出来时进行收获。

◎喜欢冷凉的气候，生长健壮，容易培育。

◎中国北部的品种一般都耐旱，但是中部系的有适合低洼地的短萝卜。

◎因为有很多是中型或小型的品种，栽培期短，适合轮作。多数不易出现空心。

◎在 1 处点播 6~7 粒种子，进行 3 次间苗后留下 1 株培育。选择叶形好、扩展好的植株留下。

推荐的品种

萝卜的形状、颜色多样，特别是横切开后内部有很多颜色，还有口感和味道不同的品种。

天安红心 2 号（坂田种苗）：内部是鲜艳的红色，做凉拌菜或腌咸菜都很适合。

黄河红丸（坂田种苗）：表皮是红色，内部是纯白色，肉质细腻。做成暴腌咸菜很适合。生长健壮，容易培育。

春京红长水（坂田种苗）：长度为 10~15cm 的小萝卜，播种后 1 个月就可收获。

青长萝卜（泷井种苗）：到中心都是绿色，肉质很结实。有甜味，把萝卜研碎制成萝卜泥也很好吃。

天安红心 2 号

黄河红丸

春京红长水

青长萝卜

栽培方法

1 | 地块的准备

平均 1m²
石灰　3 大匙

撒施石灰

在播种前约半个月撒施石灰，深耕至 40~50cm 深。要把小石头和大的杂草根等异物细心地捡出去

2 | 播种

用直径为 5~6cm 的瓶底按压地面，沿着按压出的圆圈撒上种子

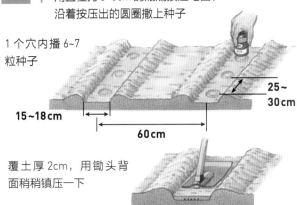

1 个穴内播 6~7 粒种子

15~18cm
60cm
25~30cm

覆土厚 2cm，用锄头背面稍稍镇压一下

3 | 间苗

第 1 次

当长出 1 片真叶时间苗，留下 3 株培育

第 2 次

当长出 3~4 片真叶时间苗，留下 2 株培育

第 3 次（最后 1 次）

当长出 6~7 片真叶时间苗，留下 1 株培育

> 成功的要点
> 适时间苗，促进根膨大。如果苗太多，便会影响根的膨大。

4 | 追肥

第 1 次
平均 1 株
豆粕　1 小匙
复合肥　1 小匙

在第 2 次间苗后，在植株周围撒上肥，轻轻和土掺混一下

第 2 次
平均 1 株
豆粕　1 大匙
复合肥　1 大匙

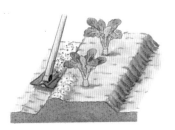

在第 3 次间苗后，在垄的一侧撒施肥料，用锄头掺混向垄肩上培土。以后根据植株的生长发育情况适时追肥

5 | 收获

拔出来看一看，底部膨大得很好了就可收获

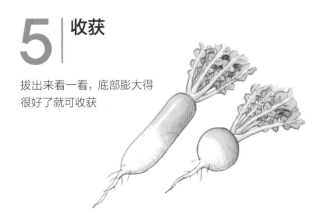

因为中国萝卜比日本的品种贮藏性好，所以在地里也能容易保存

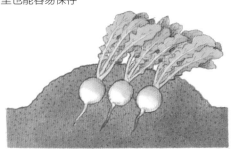

辣萝卜

Chinese radish

●十字花科 / 原产地：中亚、地中海沿岸地区

是辣味强的小型萝卜的总称，在日本各地有各种各样的品种。可做成调味用的萝卜泥、榨汁做成荞麦面、乌冬面的汤汁等，有和山葵菜不同的独特味道。

栽培月历 （月）

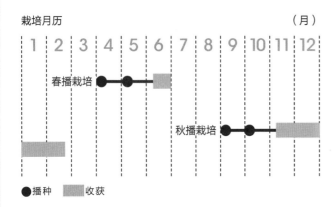

●播种　　收获

栽培要点

◎栽培历史悠久，据说在江户、元禄时代，日本京都府就开始种植辣味萝卜，长野县栽培了鼠萝卜和亲田辣萝卜等。还有在岩手县、山形县、滋贺县也一直作为传统蔬菜栽培着的品种。

◎因为固定品种不耐病毒病，蚜虫可传播病毒，所以要注意防治蚜虫。

◎根小，不需要像普通的萝卜那样进行深耕，但是因为长势弱，所以疏松土壤是很重要的。耕翻至20cm深左右，在播种沟内进行点播。

◎发齐芽后要及时间苗、追肥和培土，以防止倒伏。

◎是肉质细腻的品种，不仅可作为调味品，也适合用于腌咸菜。

推荐的品种

一次就可用完的小型品种很受欢迎。

辛吉（坂田种苗）：长度为 15~20cm，一次就能用完的大小。辣味很强，适合用作调味品。

红辣萝卜（渡边育种场）：因为水分少，即使是磨碎，也不会呈汁水样，辣味强，适合用作调味品。

辛辣助（泷井种苗）：小型的圆萝卜，适合用作调味品和磨成萝卜泥吃。裂根少，容易培育。

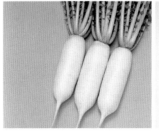

辛吉

红辣萝卜

辛辣助

栽培方法

1 | 地块的准备

平均 1m²
堆肥　5~6 把
豆粕　4 大匙
复合肥　2 大匙

在播种前约 2 周施基肥，耕翻 20cm 深

2 | 播种

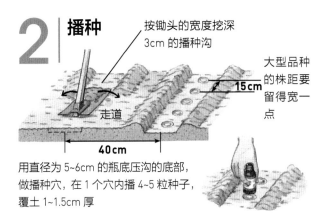

按锄头的宽度挖深 3cm 的播种沟

大型品种的株距要留得宽一点

15cm

走道

40cm

用直径为 5~6cm 的瓶底压沟的底部，做播种穴，在 1 个穴内播 4~5 粒种子，覆土 1~1.5cm 厚

3 | 间苗

第 1 次
当长出 1~2 片真叶时间苗，留下 3 株培育

发齐芽

第 2 次
当长出 3~4 片真叶时间苗，留下 1 株培育

4 | 虫害防治

一旦发现，就喷洒杀虫剂进行防治

要注意防治黄曲条跳甲、小菜蛾、菜青虫、蚜虫等害虫

叶片背面也要细致地喷到

成功的要点　固定品种很多，不耐病毒病，因为蚜虫能传播病毒病，所以要及时防治蚜虫。

5 | 追肥、培土

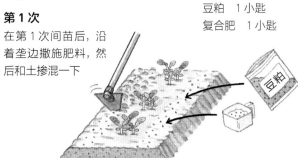

第 1 次
在第 1 次间苗后，沿着垄边撒施肥料，然后和土掺混一下

平均 1m 垄长
豆粕　1 小匙
复合肥　1 小匙

第 2 次
在第 2 次间苗后，在垄的一侧撒施肥料，用锄头和土掺混一下，向垄肩上培土

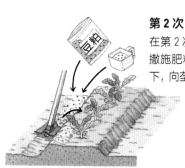

平均 1m 垄长
豆粕　2 大匙
复合肥　1 大匙

第 3 次
平均 1m 垄长
复合肥　2 大匙

在第 2 次追肥半个月后，在第 2 次施肥相对的另一侧施肥，和土掺混后向垄肩上培土

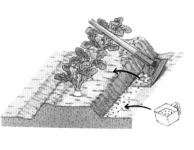

6 | 收获和利用

根据品种的特性，来决定收获的大小和利用方法，很有乐趣

刚擦碎的萝卜泥，用于调味

芜菁

Turnip

●十字花科 / 原产地：阿富汗、南欧（地中海沿岸地区）

是在绳文时代后期传入日本的古老蔬菜。因为有色泽、形状等不同的多彩多样的地方品种，所以种在家庭菜园中的乐趣也多种多样。

栽培月历　　　　　　　　　　　　　　（月）

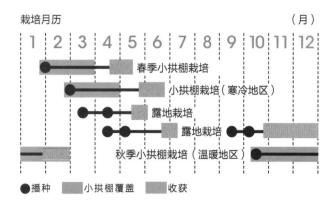

| 1 | 2 | 3 | 4 | 5 | 6 | 7 | 8 | 9 | 10 | 11 | 12 |

春季小拱棚栽培
小拱棚栽培（寒冷地区）
露地栽培
露地栽培
秋季小拱棚栽培（温暖地区）

●播种　　小拱棚覆盖　　收获

栽培要点

◎喜欢冷凉的气候，生长发育适温为15~20℃。耐热性弱，盛夏时根的膨大差、品质降低，所以最好避开。

◎因为在稍湿、肥沃的冲积地能产出优质品，所以要多施优质的堆肥，努力改良土壤。

◎虽然耐寒性强，但是品种间差异大，一般红色系品种比白色系品种耐寒性强。

◎根据生长发育情况，适时追肥，不能缺了肥料。

◎及时间苗，根据品种的特性留下合适的株距培育健壮的植株。

◎因为较耐低温，所以用小拱棚覆盖栽培，2月上旬就能播种。

◎因为生长发育期短，适合轮作。

推荐的品种

有形状、大小、色泽各具特点的很多品种。在日本各地也有很多地方品种。

福小镇（泷井种苗）：抽薹晚，在低温期的膨大好，所以适合冬季、春季栽培。柔嫩且好吃。

玉波（坂田种苗）：直径为 12~13cm 的中等芜菁，空心现象出现较晚，不易裂口。播种适期长。

色彩雪（坂田种苗）：特点是芜菁上部为红紫色。柔嫩、有甜味，适合生吃。

斯宛（泷井种苗）：从小型到中、大型，什么时候都能收获。底部充实，空心现象出现较晚。

福小镇

玉波

色彩雪

斯宛

栽培方法

1 地块的准备

在播种前 20d 在地块中撒施石灰，深翻至 20cm 深左右

在播种前几天，撒施肥料，再耕翻至 15cm 深左右

平均 1m²

堆肥　5~6 把
豆粕　5 大匙
复合肥　5 大匙

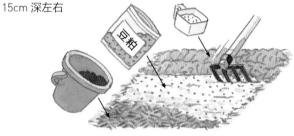

2 播种

因为种子小，所以要用锄头把沟底的土块敲碎，细致地整平是很重要的。在播种前洒水使土壤湿润

沟播

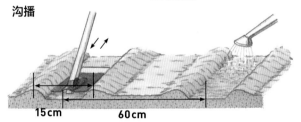

15cm　60cm

以 1.5~2.0cm 的间距播种，均匀播种后覆 1cm 厚的土。覆土后用锄头轻轻镇压一下，使土和种子充分接触

条播

起垄，细心地把垄面整平

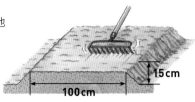

15cm　100cm

用木板的边压出宽 2cm，深 1cm 的播种沟

15cm

1cm　2cm

以 1~1.5cm 的间距播种。播种后，覆 1cm 厚的土，然后浇足水

3 保温覆盖
（春季小拱棚栽培）

2 月上、中旬播种。如果是用宽 180cm 的塑料薄膜，可播 3 行

把塑料薄膜的底部用土压结实。经常检查棚内情况，土干了要及时浇水

发芽后，在短期间内进行密闭，但是从长出 1~2 片真叶起，中午时就要把塑料薄膜底部隔一段掀起一段，在顶部开小孔换气

> **成功的要点**
> 播种后 20d 左右一直将塑料薄膜密闭。以后在顶部开小孔换气并调整温度。土壤干了就浇水。如果温度还高就把侧面的塑料薄膜的底部掀起来换气降温，再暖和了就可把塑料薄膜撤掉。

4 间苗

第 1 次
当长出 1~2 片真叶时

发齐芽的状态

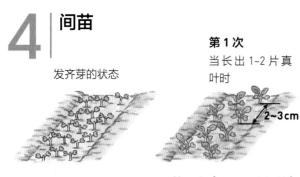

2~3cm

第 2 次
当长出 3 片真叶时

第 3 次（最后 1 次间苗）
当长出 5~6 片真叶时

5~6cm

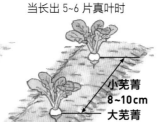

小芜菁
8~10cm

大芜菁
15~17cm

> **成功的要点**
> 间苗，保持使叶长大并且不重叠的间距是基本的原则。因为芜菁品种不同大小也不同，所以最终株距以品种的特性而定。

5 追肥

平均 1m 沟长
复合肥　2~3 大匙

沟播
第 1 次
在第 2 次间苗后

第 2 次
在最后 1 次间苗后，在与第 1 次施肥相对的另一侧施肥，量与上次相同

第 1、第 2 次都是在垄的一侧开浅沟施肥，填上土后再挖起向垄上培土

复合肥

复合肥

条播
平均 1m²
复合肥　5 大匙

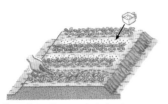

在第 2 次间苗后，在行间追肥，用工具和土掺混一下

6 虫害防治

全部覆盖

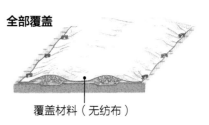

覆盖材料（无纺布）

小拱棚覆盖

把两边用土压结实，不要让害虫从缝隙侵入棚中

喷洒药剂

喷洒杀虫剂

叶片背面也要细致地喷到

药剂（播种时施用）

土壤用杀虫剂

撒到播种沟内，覆土之后再播种

7 收获

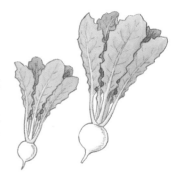

把长粗的芜菁中间苗进行收获。嫩叶用热水焯一下拌菜、炒着吃都很香。小芜菁直径为 5~6cm、中等芜菁直径为 7~10cm、大芜菁直径为 12~15cm 时收获为宜

忘了间苗。

但是，芜菁和胡萝卜、萝卜等不同，它会在地上形成膨大部，很多的芜菁争夺空间进行生长，虽然长得小也能收获。被推上去的芜菁能吸收到相邻芜菁间的水和肥料，是很让人惊讶的。

只是，若想培育优质品，适时间苗是很重要的。

Q | 忘记了间苗怎么办？

A | 尽管没间苗，但是也能生长。

随着生长发育，逐次进行间苗，最后留下8~10cm的株距培育成直径为5~6cm的芜菁是一般的培育方法，但是由于种种原因，经常会

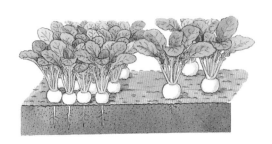

超密植　　　一般的株距

Q | 收获时，有的根上长瘤，有的长成奇怪的形状，是什么原因？

A | 得了根肿病，是连作障碍的一种，轮作很重要。

这是十字花科蔬菜的连作障碍之一——根肿病的典型症状。在酸性土壤、排水差的地块进行连作，就很容易发生。

发病初期，中午植株萎蔫，傍晚又恢复，这样反复多次，一旦发现被害植株，要迅速拔掉进行处理。

因为发病后没有好的对策，所以不进行连作

是基本的做法。排水差的地块要起高垄进行栽培，或是留下排水沟进行排水。另外，栽培前在土壤中施用颗粒状药剂，或是选用耐病性的品种等也是有效的。

肥大部分变形，形成大大小小的瘤

樱桃萝卜

Radish

●十字花科 / 原产地：欧洲

是欧洲系的萝卜，因为短时间栽培就能收获，所以有二十天萝卜的别名。形状、色泽多种多样，适合做成凉拌菜，增添餐桌色彩。

栽培月历 （月）

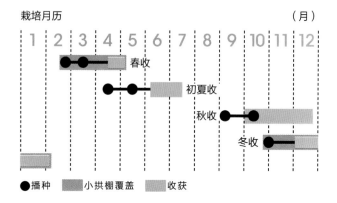

●播种　小拱棚覆盖　收获

栽培要点

◎和萝卜一样，都喜欢冷凉的气候。

◎为小型根，因为能在短期间内收获，所以容易栽培。

◎容易受小菜蛾、菜青虫、甘蓝夜蛾等害虫的为害，在发生初期就用防虫网或无纺布等覆盖，防止害虫入侵。

◎因为在高温期根的膨大就变差，所以要覆盖寒冷纱，使温度下降。

◎2~4月，采用小拱棚栽培就能收获优质的樱桃萝卜。

◎因为生长很快，如果收获晚了就容易出现空心现象。稍微错开播种时期，可长期品尝到美味可口的蔬菜。

◎用箱式花盆栽培也很合适。

推荐的品种

以前是以红圆形的为主，但是近年来育成了很多新品种，形状、颜色等各种各样，栽培品种越来越多了。

新可麦特（泷井种苗）：鲜艳的红色和内部纯白形成鲜明对比。裂口少、容易培育。

法国布莱克法斯特（泷井种苗）：长4cm、长圆形的樱桃萝卜，有红白颜色的表皮非常漂亮。

五彩樱桃萝卜（坂田种苗）：有紫、粉红、白色等5种颜色的混合色。叶也柔嫩可口。

雪小町（坂田种苗）：细长的根雪白，味道好。棒状，做凉拌菜用很合适。

新可麦特

法国布莱克法斯特

五彩樱桃萝卜

雪小町

栽培方法

1 地块的准备

平均 1m²
堆肥　4~5 把
豆粕　5 大匙
复合肥　3 大匙

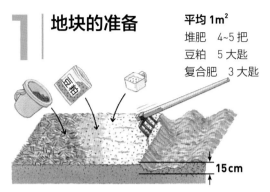

15cm

在播种前约 2 周施基肥，耕翻至 15cm 深

成功的要点　选择好地块后，把前茬尽快清理后撒施石灰并耕翻。

2 播种

条播

把垄面的中央弄得稍高一些，整均匀

10cm

用木板等做播种沟

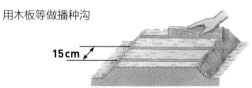

15cm

播种沟宽 2cm、深 1cm 左右

以 1cm 的间距进行播种

用手指拢沟两侧的土，在种上覆土厚 1cm 左右

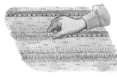

覆土后，用平的木板或手掌轻轻按压一下，干了就及时浇水

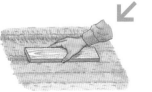

沟播

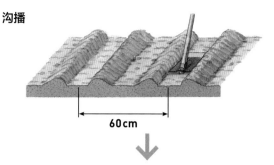

60cm

按锄头的宽度挖深 5cm 左右的播种沟，并用锄头把沟底整平

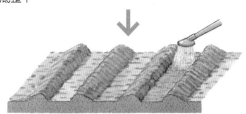

用带细孔喷头的喷壶，对沟面进行浇水。如果冲出沟，后面播种覆土就难了，所以要注意

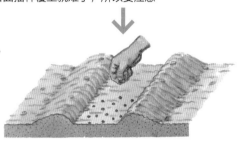

以 2cm 的间距均匀播种

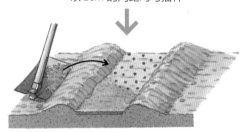

覆 1cm 厚的土，要均匀一致

覆土后，用锄头背面镇压一下

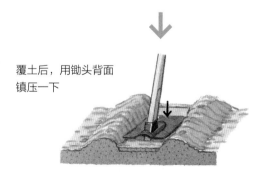

3 | 间苗

第 1 次

发齐芽后，特别是在混杂拥挤的地方间苗，留下子叶形状好的苗，按住留下的植株的基部把要拔除的苗拔除，注意不要损伤了留下的苗

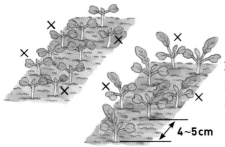

第 2 次

当长出 1 片真叶时

4~5cm

第 3 次

当高 13~15cm 时，根的直径膨大到 1cm 左右时间苗，使株距为 8~9cm

4 | 追肥

条播

第 3 次间苗后

平均 1m²

复合肥 3 大匙

撒于行间，用工具和土掺混一下

沟播

第 3 次间苗后

平均 1m 沟长

复合肥 3 大匙

撒在沟的两侧，用锄头和土掺混一下

5 | 收获

长到品种固有的大小时，就可依次收获

红色圆形

白色细长形

红白形

这种情况下怎么办？

在地块中遇到的难题

Q&A

Q 夏季栽培时，根膨大不成球形，色泽也差，应怎么办？

A | 要采取对策降低地温，认真间苗。

正如二十天萝卜这一名字一样，是 20d 左右就能收获的生长迅速的蔬菜，一年四季能容易地培育。但是在高温下地上部、地下部都容易徒长，难以培育出品质好的樱桃萝卜。

夏季，为了降温可盖上寒冷纱。用箱式花盆栽培，可挪到树荫下通风好的遮阴处培育。因为密植也是影响根正常膨大的原因，所以要及时间苗。地上部的颜色深，若有适宜的生长发育条件，根的膨大及形状也会好。

除此之外，影响根的品质的还有土壤水分。如果土壤过湿，也很难找到鲜艳的红色或色泽好的樱桃萝卜。即使是只在近地表处掺入河砂，也能培育出高品质的樱桃萝卜。

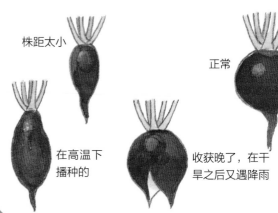

株距太小

正常

在高温下播种的

收获晚了，在干旱之后又遇降雨

樱桃萝卜拌火腿

材料（容易做的分量）

樱桃萝卜…10 个 ┊ 片）…2 片
盐…0.25 小匙 ┊ 芥末粒…1 小匙
里脊肉火腿（切薄 ┊ 橄榄油…1 小匙

做法

1 把樱桃萝卜切掉叶后横切成薄片。放入大碗中撒上盐，放置 5min 左右。樱桃萝卜软了之后加入大量的水把多余盐分冲洗掉，用纸巾包住吸掉水分。

2 把火腿切成丝后，再切碎。

3 在大碗中放入橄榄油和芥末粒混合搅拌，再依次加入樱桃萝卜、火腿拌匀。

啤酒腌菜

材料（容易做的分量）

樱桃萝卜…5~6 个 ┊ │ 砂糖…50g
黄瓜…5 根 ┊ **A** │ 盐…2 大匙
胡萝卜…1 根 ┊ │ 啤酒…0.3 杯
芜菁…1~2 个 ┊ **B** │ 红辣椒…2~3 个
蘘荷…1~2 个 ┊

做法

1 把樱桃萝卜去掉蒂部，把黄瓜表面用叉子戳伤。将胡萝卜和芜菁剥皮后切成适当大小。将蘘荷洗净泥，擦干水。

2 把 **1** 放入容器中，加入 **A** 后揉搓一下，软了之后再加入 **B**，放一晚上。

383

胡萝卜

Carrot

●伞形科 / 原产地：阿富汗

胡萝卜素含量丰富，维生素 A 含量高，含维生素 B_2、维生素 C 也很多的绿黄色蔬菜的代表种类。

栽培月历　　　　　　　　　　　　　（月）

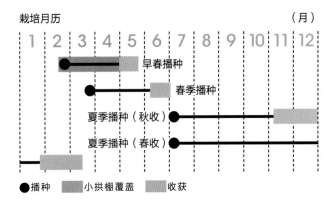

| 1 | 2 | 3 | 4 | 5 | 6 | 7 | 8 | 9 | 10 | 11 | 12 |

- 早春播种
- 春季播种
- 夏季播种（秋收）
- 夏季播种（春收）

●播种　　小拱棚覆盖　　收获

栽培要点

◎喜欢冷凉的气候，虽然温度适应范围很广，但是在生长中不耐夏季的炎热。

◎因为容易受根结线虫的为害，所以要避开前茬根结线虫发生重的地块进行栽培。

◎夏播要在雨后播种，为了保湿、防寒，可覆盖稻壳等，以保证发芽。

◎初期生长发育很慢，因为有时会被生长快的杂草遮挡住，所以要注意初期及时除草。拔草时，如果不注意，容易带出胡萝卜苗，所以用手按住胡萝卜苗后再拔草。

◎根部受气温的影响小，有耐寒性，在地块中也能容易越冬。

推荐的品种

有亚洲型和欧洲型，虽然分别有很多的品种，但是现在以欧洲型的五寸系为主流。

向阳二号（泷井种苗）：抽薹开花晚，耐热性好，可在春季和夏季播种。容易培育，下部也长得较粗。

贝塔丽奇（坂田种苗）：胡萝卜素含量高，根呈鲜艳的深橙色。有甜味。

明辉（Tokita 种苗）：抽薹开花晚，可在春季、夏季、冬季播种。圆筒形的下部膨大好，整齐度高。

岛黄金（双叶种苗批发部）：从冲绳的地方品种改良而成的。呈鲜黄色、风味好，即使加热也不变色。

向阳二号

贝塔丽奇

明辉

岛黄金

栽培方法

1 | 地块的准备

尽早耕翻至 15~20cm 深，把石灰、木块等拣出来

平均 1m²

堆肥　4~5 把
石灰　3 大匙

在播种前约 2 周施上基肥

平均 1m 垄长

豆粕　3 大匙
复合肥　2 大匙

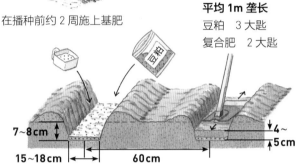

7~8cm
15~18cm　　60cm　　4~5cm

在基肥之上覆土，并将土块敲碎，把沟底整平

2 | 播种

土干了，就对整个沟底浇水，使土充分湿润后再播种

以 1.2~1.5cm 的间距，均匀播种

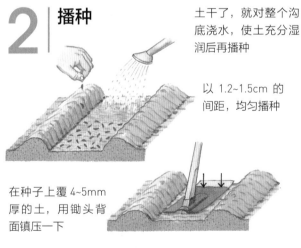

在种子上覆 4~5mm 厚的土，用锄头背面镇压一下

用稻壳或细碎的堆肥、切碎的秸秆覆盖沟底，防止干旱或下雨时被雨冲走

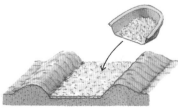

> 成功的要点
>
> 为了防止降雨冲走种子，防止高温、干旱，在覆土之后再撒上稻壳等。

3 | 间苗

第 1 次

当长出 1~2 片真叶时间苗，使间距为 3~4cm

第 2 次

当长出 3~4 片真叶间苗，使间距为 7~8cm

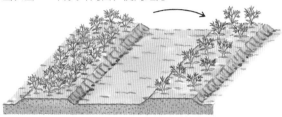

第 3 次（最后 1 次）

当长出 5~6 片真叶、根的直径膨大到 1cm 左右时间苗

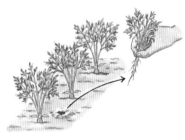

三寸系的间距为 8~10cm，五寸系的间距为 12~15cm

> 成功的要点
>
> 如果错过间苗适期，地上部的叶就混杂拥挤，地下部的根也拥挤，生长发育特别是根的膨大就变差，因此适时间苗是很重要的。

胡萝卜

杂草

> 成功的要点
>
> 因为叶很细，开始时生长发育很慢，如果不注意，很快就被杂草覆盖了。要及时拔草。如果面积大，为了省力，可使用合适的除草剂。

4 病虫害防治

金凤蝶、斜纹夜蛾、甜菜夜蛾、蚜虫、黑叶枯病、根腐病等病虫害较多。在地块中要经常检查，一旦发现，及时捕杀或用药剂进行防治

吃叶的金凤蝶老龄幼虫。低龄幼虫呈黑褐色

斜纹夜蛾的幼虫主要在夜间取食为害叶片

5 追肥

平均 1m 垄长
豆粕　5 大匙
复合肥　3 大匙

第 1 次
在第 2 次间苗结束后，有 3~4 片真叶时，在垄的两侧开浅沟施肥

第 2 次
在第 1 次施肥后 20~25d，以同样的方式追肥，向胡萝卜的肩部培土 1cm 左右

平均 1m 垄长
复合肥　5 大匙

胡萝卜的肩部过多露出地表，就会发绿，品质就会降低，为了防止这种情况发生就要培土。特别是越冬时，要多培一些土

6 收获

在根的长度上，五寸胡萝卜为 13~15cm，三寸胡萝卜为 8~10cm，尾部变粗了就是收获适期。也可不用拘泥于这个长度，依次收获，可长时间利用

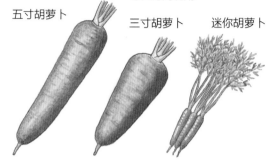

五寸胡萝卜　　三寸胡萝卜　　迷你胡萝卜

早春播种可用塑料小拱棚进行保温

透明的塑料薄膜

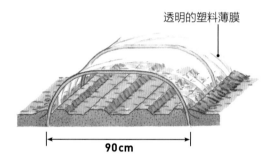

90cm

早春播种的小拱棚栽培时，行间可窄一点，播 3 行，用宽 1.8m 的塑料薄膜覆盖在小拱棚上。发芽之后也要密闭一段时间进行保温

换气要等到长出 4~5 片真叶之后

把侧面的下部掀起进行换气。把木棒等插在地上，防止塑料薄膜滑落

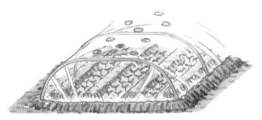

在小拱棚的顶部，每隔 15cm 左右开上直径为 5cm 左右的孔，可以均匀换气，使整个棚内的生长发育整齐一致（第 2 年还继续使用时，从内部用透明胶带把开孔的部分粘住即可）

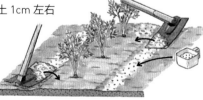

弱，也要多播一些种子，使其互相竞争生长。

只是，这样一来苗就很密，根部容易摇晃，所以当长出 1~2 片真叶和 3~4 片真叶时，要及时间苗。进行间苗时，把根部膨大好的留下。

当长出 5~6 片真叶、根的直径膨大到 1cm 左右时间苗，达到最终株距。第 3 次间苗如果晚了，叶就混杂拥挤，地下部的根也很拥挤。要适时进行间苗，不能过晚是很重要的。

Q | 间苗有什么技巧？

A | 防止过密，适时间苗。

胡萝卜的花是由多个伞形花序组成的复伞形花序。种子粒大小不整齐，发芽率也低，所以要多播一些种子。而且，因为幼苗期的生长发育很

把根部膨大好 细　　胡萝卜的花
的留下

Q | 根部产生障碍的原因和 对策？

A | 主要的障碍是叉根、裂 根、线虫为害等。

叉根在主根受伤时就会发生。多是由于线虫的为害、肥害、堆肥未充分腐熟等造成的。特别是堆肥，及早施入充分腐熟的优质堆肥，使其充分分解是很重要的。

裂根是由于在生长初期时太干，又在生长发育后期（收获期）太湿，收获太晚而造成的。干旱持续时及时浇水，降雨后及时排水，并且适时收获是很重要的。如果多少有点儿裂口，把裂口部分切除，还能利用。

根瘤是由于线虫类（根结线虫等）的为害而形成的。因为胡萝卜很容易被根结线虫为害，所以要注意预防。对前茬植物的根要认真检查，发生重时就要避开，或者提前种植万寿菊等拮抗植物或者进行土壤消毒处理。

受根结线虫为害的根

叉根（分叉）　**根瘤**　　**裂根**
由于未腐熟的堆　由于根结线虫的　太干后又太湿的
肥、肥害、线虫的　为害　　　　　环境、收获晚了
为害

牛蒡

Burdock

●菊科 / 原产地：地中海沿岸地区、西亚

牛蒡是原产于海外的植物当中在日本被作物化了的唯一蔬菜。富含纤维质，有促进胃肠蠕动、促进良性细菌增殖的效果。

栽培月历 （月）

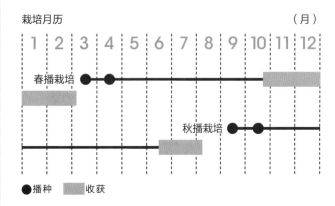

●播种　　收获

栽培要点

◎喜欢温暖的气候，生长发育适温为20~25℃。能在夏季的炎热时期生长发育，虽然地上部在3℃以下就枯死了，但是根即使是经过严寒期也不会枯死。

◎因为喜欢耕层深、排水好的土壤，所以要认真选择地块进行栽培。

◎为了防止出现连作障碍，要与其他作物轮作3~4年。

◎长根种要耕至70~90cm深，短根种要耕至30~50cm深，需深耕。因为种子有喜光性，所以播种后覆土不要太厚。

◎难以发芽，需要预先在水中浸泡处理。

◎要认真观察，发现蚜虫及时防治。

◎日本京都的堀川牛蒡等有特殊的栽培方法，就是把秋播的牛蒡挖出来再重新栽植，待再次生长之后再收获。

推荐的品种

分长根种和短根种，如果耕层浅，深耕困难时就建议栽培短根种。

达艾特（坂田种苗）：柔嫩，能生吃的色拉牛蒡。根的直径在1.5cm以内时就可收获。

特加鲁（柳川种苗研究会）：长度为35~45cm的小型牛蒡，容易培育。香味清新，适合做色拉。

柳川理想（柳川种苗研究会）：长度为75cm，肉质柔嫩，香味清新。春季和秋季是播种的适期。

渡边超理想（渡边农事）：播种后140~150d就能收获的中早熟品种。春季和秋季都能播种。

达艾特　　　　　　　　　　特加鲁

柳川理想　　　　　　　　　渡边超理想

栽培方法

1 地块的深耕

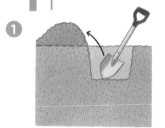

要想使根在地中竖直地向下伸展，就需要挖深沟，使土壤疏松。利用冬季的休闲期，认真挖沟

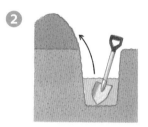 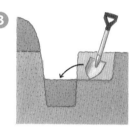

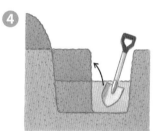

沟深 70cm 时分成 2 层，深 80~90cm 时分成 3 层向下挖更容易操作，如果采用 2 层下挖法，可按①~④的方法进行操作

成功的要点
要想培育出形状好的牛蒡，尽情享受收获时的乐趣，栽培之前就要挖深沟，使土壤疏松。

2 地块的准备

在播种前约 1 个月，待降雨后土壤相对紧实了再进行

平均 1m²
石灰　3~5 大匙
过磷酸钙 3 大匙

撒施肥料，浅耕后整平

挖 7~8cm 深的播种沟

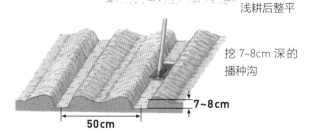

7~8cm

50cm

3 播种

种子的前处理

在播种前对播种沟全面地浇水

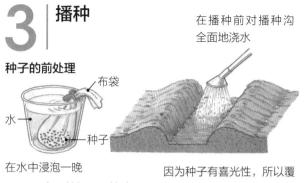

布袋
水
种子

在水中浸泡一晚

在 1 处播 6~7 粒种子

因为种子有喜光性，所以覆土要薄，刚盖过种子即可

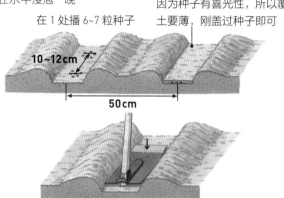

10~12cm

50cm

覆土后，用锄头背面用力按压一下，防止种子被雨水冲走

成功的要点
因为牛蒡的种子很难发芽，所以要提前对种子进行浸泡处理。另外，因为种子有喜光性，所以覆土不能厚。

专业牛蒡种植农户用的专用挖沟机

以前都是用人力进行全面深翻换土，大面积的栽培是不可能的。现在就可以用专用机械挖沟。

像下图那样，用专用挖沟机在播种地方挖约 90cm 深的沟，再把土填回去。在这上面做播种沟进行播种。早一点进行作业，一般是在下雨后等土壤稳定了再播种。

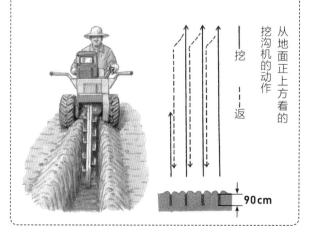

从地面正上方看的挖沟机的动作

挖
返

90cm

---

4 | 间苗、除草

第 1 次

当长出 1 片真叶时间苗，留下 2 株培育。及时除草

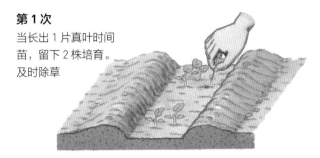

第 2 次

当长出 3 片真叶时间苗，留下 1 株培育。及时除草

好的植株的辨别方法

叶朝向上方，自然伸展的苗

叶扩展，有的叶生长慢，有的叶长势过旺的苗

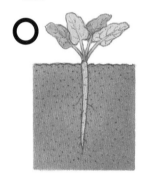 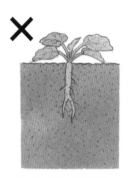

根竖直向下伸展

根成为叉根或变形根

5 | 追肥

平均 1m 垄长

堆肥 　5~6 把
豆粕 　3 大匙
复合肥 　2 大匙

第 1 次

在第 1 次间苗结束后，把垄肩刨开，施肥后把土填回去，起垄

第 2 次

在第 2 次间苗后

平均 1m 垄长

豆粕 　3 大匙
复合肥 　3 大匙

第 3 次

当长出 5 片真叶时，施肥量与第 2 次相同

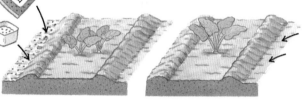

施到与第 1 次相对的另一侧

施到和第 2 次相对的另一侧

6 | 收获

春播的从 10 月下旬时就能开始挖掘收获。从叶开始干枯的 12 月开始才是真正的收获期，能收获至 3 月上旬

尽量挖到最底部。有专用的工具（顶端扁的铁棒和细长的铁铲）

嫩牛蒡

茎的直径长到 1cm 左右时就可作为嫩牛蒡进行收获

普通的牛蒡

在还有叶时割了叶后再进行收获

成功的要点

在家庭菜园中要认真观察根的膨大情况，在早期时可作为嫩牛蒡进行收获。长大后过了冬季再依次挖取，能长时间地享受到收获的乐趣。

Q 如何整理土壤才能使根生长好又容易挖取？

A 挖深 70~90cm 的栽植沟。

因为牛蒡的直根竖直向下伸展，所以播种前认真整理土壤是成功的关键。如果土壤整得不好，就会长成叉根或者是根尖下扎到心土（硬土层）中，挖取收获时就很费劲了。

在播种前，把栽植沟的部分，认真地挖至70~90cm深。深挖、填土，在降雨后土实落了之后，在栽植沟里播种。播种之前深挖，到收获时也容易挖取。

根的形状不好的原因

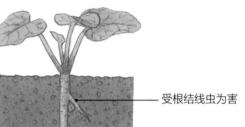

受根结线虫为害

挖的深度不足，根尖遇到了硬土层

地下水积聚，顶端腐烂

Q 如何确定收获时期？

A 从嫩时收获至冬季结束，收获时期很长。

根膨大长成成品一般要从播种后经过 4~5 个月，但是从 2~3 个月时就可认真观察，当膨大到直径为 1cm 左右时就可作为嫩牛蒡依次收获。可品尝到柔嫩、美味可口的牛蒡。

真正的收获，春播栽培是从 10 下旬，秋播栽培是在第 2 年 6 月中旬以后，在确认根膨大后，就可开始挖取收获。

秋冬季的收获，在晚秋时虽然地上部干枯了，但是根还生存着，所以在冬季能继续收获。到了春季，萌芽之后品质就会下降，所以在3月中旬（日本关东南部以西）全部收获完为宜。

叶牛蒡

Leaf burdock

●菊科 / 原产地：欧亚大陆北部

虽然是牛蒡类，但是主要是利用长到30~40cm的柔嫩的叶柄部分。用油炒着吃或做成炖菜等，可享受到独特的风味。

栽培月历 　　　　　　　　　　　　　（月）

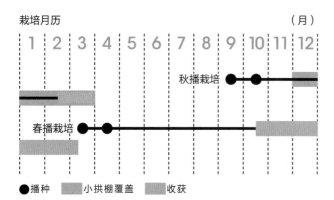

● 播种　　小拱棚覆盖　　收获

栽培要点

◎ 在日本关西地区春季时上市。在关东以北地区虽然还不是很受欢迎的蔬菜，但是近年来随着栽培品种的多样化，栽培地域不断扩大。

◎ 通常是秋季播种第 2 年收获，但是现在春季播种，从秋季到第 2 年的春季也能收获。

◎ 不耐酸性土壤，要早一点地撒上石灰并耕翻。

◎ 难以发芽，播种前把种子在水中浸泡一晚，使发芽整齐。

◎ 初期的生长发育慢，要及时除草。

◎ 像款冬一样略带苦味，做菜时需要把涩味去掉。

◎ 虽然根长得不很大，但是斜着削成薄片也能吃。

推荐的品种

因为品种少，所以也可用通常的牛蒡播种，趁嫩时收获即可。

新牛蒡（中原育种场）：可享用嫩根、叶柄的香味和口感。是极早熟品种，在低温时伸长性也很好，利用保温材料可进行周年栽培。

叶牛蒡（泷井种苗）：在低温下也能很好地生长发育，春季时，可品尝芳香的叶和柔嫩的根。因为叶要趁嫩时收获，所以在耕层比较薄的地方也能栽培。

新牛蒡

叶牛蒡

栽培方法

1 | 地块的准备

早一点撒施石灰和肥料后进行耕翻

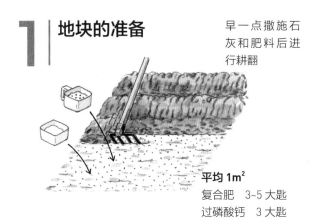

平均 1m²
复合肥　3~5 大匙
过磷酸钙　3 大匙

制作 4~5cm 深的播种沟

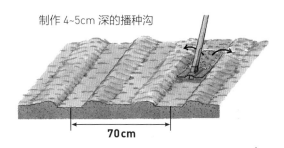

70cm

2 | 播种

水
种子

把在水中浸泡了一晚上的种子，每处播 6~7 粒

覆一层薄土

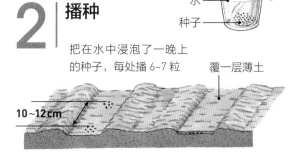

10~12cm

3 | 间苗

第 1 次
当长出 1 片真叶时间苗，留下 3 株培育

第 2 次
当长出 3~4 片真叶时间苗，留下 1 株培育

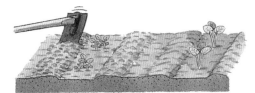

间苗后，用锄头疏松行两侧的土

4 | 追肥、培土

第 1 次
平均 1m 沟长
豆粕　5 大匙
复合肥　3 大匙

豆粕

在第 2 次间苗后，在行的一侧撒施肥料，用锄头和土掺混一下

第 2 次
在第 1 次施肥后 20d，在行的另一侧施等量的肥料，稍微向植株基部培土

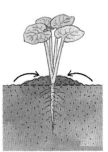

5 | 收获

当叶柄长到长 30~40cm 时可拔除进行收获

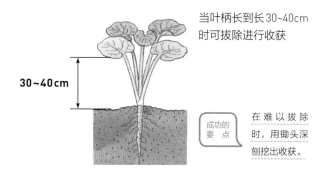

30~40cm

成功的要点

在难以拔除时，用锄头深刨挖出收获。

叶柄切成 2~3cm 长的段

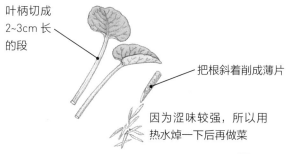

把根斜着削成薄片

因为涩味较强，所以用热水焯一下后再做菜

用油炒着吃或炒后再煮

甘薯

Sweet potato

●旋花科 / 原产地：中美洲

在炎热的夏季也能很好地生长，是栽培容易、产量高的蔬菜。膳食纤维和维生素类含量丰富，有红紫、红、黄、白等绚丽多彩的肉色的品种，用途也很广泛。

栽培月历 （月）

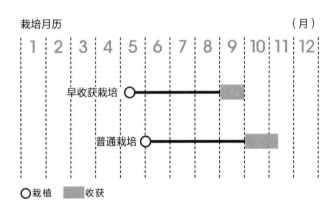

○栽植　■收获

栽培要点

◎ 在蔬菜当中最耐高温，薯块膨大的适温为 20~30℃。喜欢强光，也较耐旱。

◎ 土壤的适应范围广，虽然什么样的土壤也能栽培，但是薯块的膨大需要耕层深、土壤透气性要好。

◎ 排水性差的地块，需要起高 30cm 左右的垄。

◎ 如果想早收获，提高产量，采用地膜覆盖栽培即可。

◎ 因为氮肥使用过多，就会引起茎叶过于繁茂，发生蔓徒长现象，所以要注意肥沃的地块不要施肥过多。如果前茬是栽培蔬菜的地块，几乎不用施肥就可栽培。

◎ 叶色过浅时，可少量追肥。

推荐的品种

根据皮色、肉色、味道、用途等的不同有很多品种。有松脆的、黏黏糊糊的，能品尝到各种味道。

红东（Anet 种苗）：容易培育、生长发育良好。松脆、有甜味，在日本关东地区栽培较多。

红遥（Anet 种苗）：容易栽培，皮色、大小的整齐度好。耐线虫病和立枯病。

紫姑娘（Anet 种苗）：白皮、浅红紫的肉色是其特点，晒成薯干后甜味增加，很好吃。

铃脆（Anet 种苗）：产量高，薯块多得像铃铛一样，由此而得名。松脆、口感好。

红东　　　　　　　　红遥

紫姑娘　　　　　　　铃脆

栽培方法

1 地块的准备

选择排水性好和透气性好的地块栽培，能收获好的薯块。早耕翻是很重要的

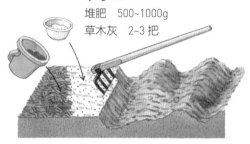

平均 1m²
堆肥　500~1000g
草木灰　2~3 把

在栽植前约 2 周施入

平均 1m 垄长
草木灰　1 把
米糠　1 把

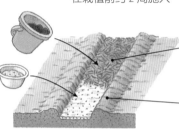

施用适量粗堆肥或者干了的杂草、落叶等

从两侧向里堆土，起垄

对排水性差的地块，尽量把垄起得高一些

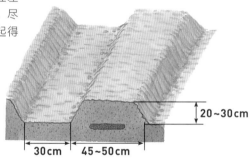

20~30cm

30cm　45~50cm

起垄，把表面整平后铺上地膜

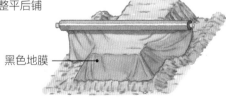

黑色地膜

株距为 30~35cm，在栽植的位置用力割开

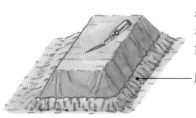

用土把两边压结实

2 苗的准备

选择茎粗壮、节间伸展不长、叶色好、叶厚的苗

好的

因为育苗很费事，通常是买苗栽培

细长伸展，长度为 25~30cm，有 7~8 片叶

茎细徒长、叶色浅且叶薄

不好　　**不好**

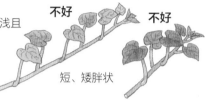

短、矮胖状

> 成功的要点　在栽培前，把苗插入水中，防止苗萎蔫。

3 栽植、浇水

这样的栽植是最好的。要注意栽时不要弄伤了叶，用指尖向下压节间

○

此处就成为长出薯块的重要节点。把这个节栽入土中，叶要在地上

×

竖着深插，结薯块就少

栽植的株距为 30~35cm

连续晴天、萎蔫严重时就每天 1 次向植株基部浇水

把栽植苗的孔用土封起来。孔大容易干，也容易受老鼠为害

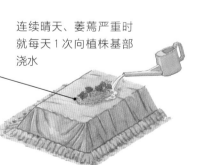

4 | 追肥

早收获栽培（温暖地区的砂壤土）

第 1 次 栽植后 40d 左右
（此时，吸收根和膨大根分化）

复合肥　少量

第 2 次 栽植后 90d 左右
（此时，薯块处于膨大盛期）

复合肥　少量

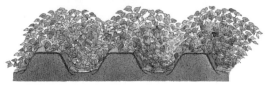

如果生长过于旺盛，就会成为蔓徒长状态，所以氮肥不能施得过多。盛夏时叶色不必过于深绿，能看出来垄与垄间的凹凸即可

普通栽培

只在蔓的伸展差、叶
色过浅时，在走道追
施少量的肥料

复合肥　少量

植株基部和行间生的草要及时除掉

成功的
要点

肥料，尤其是氮肥如果施得过多，就会发生蔓徒长现象，所以施肥要适量。叶色很浅时就追施少量的复合肥。以一般地块的肥沃程度，几乎不用施肥。

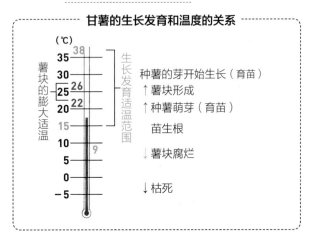

甘薯的生长发育和温度的关系

5 | 整蔓

如果放置不管，就会不断的伸长，把相邻行的蔬菜盖住，所以要进行返蔓或把顶端掐断，进行适当整理

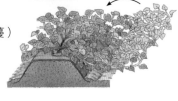

把顶端向回放（返蔓）

把蔓顶端掐断

从此外掐取

6 | 收获

找大薯块收获
（8~9 月）

只收获长大
的薯块

正式收获
（10~11 月）

用镰刀把蔓从植
株基部割断，带
出田外

撤掉地膜后，用锄
头深刨挖出收获

尽量在土壤干时收获

不要碰伤表皮，也不
要从藤蔓上取下来

396

效多的地块就可以不用施基肥，也不追肥，把垄做得小一些，株距留到 30cm 左右就可以。并且，蔓伸长时，把蔓尖端向垄上反转（返蔓），再伸长时把蔓尖端剪短，防止混杂拥挤。

另外，及时收获，不要待长得过大了再收获也是好的对策。

Q 薯块长得过大，收获不到形状好的薯块怎么办？

A 重新考虑施肥和株距，防止过于繁茂。

薯块长得过大、形状不好，是由于土壤中的氮过多，蔓生长过于繁茂。这是因为垄做得太大，株距留得太宽。

另外，在面积有限的土地，有时会只栽 1 行，所以蔓向两侧伸展，处于过于繁茂状态。氮肥残

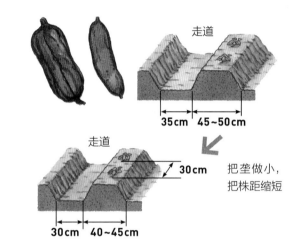

走道

35cm　45~50cm

走道

30cm

把垄做小，把株距缩短

30cm　40~45cm

Q 自己试着育苗，应如何做？

A 可用泡沫塑料箱和塑料薄膜进行保温，使其发芽。

首先，选贮存得当，无病斑、无伤的健康薯块。在市场上作为蔬菜卖的薯块也可以。

其次，准备好泡沫塑料箱，在底部开上排水孔，装满育苗用土。在里面埋入种薯，干了就适时浇水。

育苗最关键的是温度。生根要达到 15℃，芽开始萌发的温度为 30℃，所以要放在日照好的场所，把箱的下部埋进土中。上面用塑料薄膜覆盖，其上再撑上小拱棚，用塑料薄膜进行密闭，促使温度升高。等天气转暖，芽开始生长，就逐渐撤掉覆盖物，使其接受日照。

当苗长 30cm 左右时，用剪刀剪取苗。这时，可在下面留下 2~3 片叶，促使新芽发出，可增加采苗数。

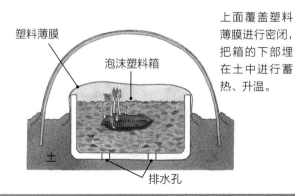

塑料薄膜

泡沫塑料箱

土

排水孔

上面覆盖塑料薄膜进行密闭，把箱的下部埋在土中进行蓄热、升温。

马铃薯

Potato

●茄科 / 原产地：南非

经过 3 个半个月，就能收获种薯 15 倍的产量，生产力确实超群。有皮色、肉色、多彩的品种出现，用途也很广泛。

栽培月历 （月）

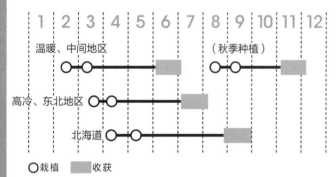

○栽植　▨收获

栽培要点

◎喜欢冷凉的气候，15~25℃的气温最适合其生长发育。不耐霜冻，早定植的萌芽后如果遇到晚霜，地上部就会枯死。

◎因为生长发育期只有短短的 3 个多月，就能收到很多的产量，所以作为淀粉植物生产效率最高，也很有利于轮作。

◎可购买无病毒的专用苗进行栽培。

◎因为有休眠性，所以要在栽植期，选择已过了休眠，适度发芽、充实健壮的种薯。

◎顶部有很多的芽聚集着，要纵向切开，使芽的数量均等。

◎因为薯块见日光就变绿，品质就下降，所以追肥后就要把植株基部培上充足的土。

推荐的品种

根据用途和各自的特点，很多色彩丰富的品种被育成、引进，品种选择的范围很广。

男爵（泷井种苗）：在日本吃得最多的品种，淀粉含量高、松软易碎的口感是其特点。

北秋里（泷井种苗）：肉色是鲜艳的黄色，松软易碎，很可口。维生素 C 含量特别高。

代吉马（泷井种苗）：生长发育旺盛，在温暖地区适合秋栽。淀粉含量高，用油炸着吃或蒸着吃都很香。

安第斯红（泷井种苗）：类胡萝卜素含量丰富，口感好。鲜艳的红皮是显著的特点。

男爵

北秋里

代吉马

安第斯红

栽培方法

1 种薯的准备

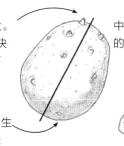

顶端的芽优势大。纵切，让每一块上也有优势的芽

中等大小（70~80g）的纵向切成两半

近底部的芽小，生长慢或者不生长

大的种薯可切成 3~4 块

> **成功的要点** 买种薯专用的无病、充实的薯块，切开，使每块上有均等的芽，然后向大田中栽植。

2 地块的准备

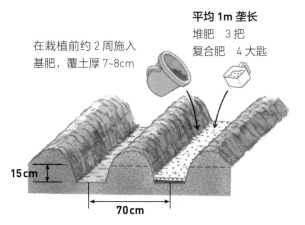

地块要及早深耕，经受寒冷

因为疮痂病在弱酸性、碱性土壤中易发生，所以通常不用施石灰

在栽植前约 2 周施入基肥，覆土厚 7~8cm

平均 1m 垄长
堆肥　3 把
复合肥　4 大匙

15cm

70cm

3 栽植

○ 把切面向下种植　　× 如果切口向上，断面接受水，容易腐烂

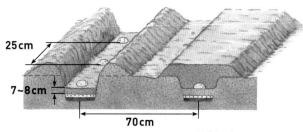

25cm

7~8cm

70cm

种薯上面覆土厚 5~8cm 后，用锄头背面轻轻镇压一下

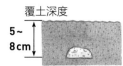

覆土深度

5~8cm

轻质土壤覆得厚一点，重质土壤覆得薄一点

4 覆盖地膜

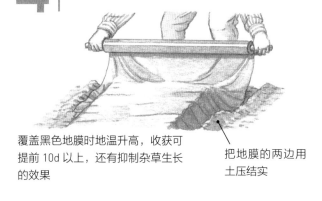

覆盖黑色地膜时地温升高，收获可提前 10d 以上，还有抑制杂草生长的效果

把地膜的两边用土压结实

芽尖把地膜顶起来时，就用手指抠破地膜，让苗露到外面

399

5 | 芽的整理

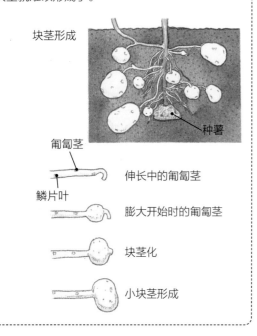

因为从 1 块种薯可发出多个芽，所以当冒出地上 8~10cm 时，留下 2 个芽（秋季定植时留下 1 个芽），把其余的摘除

> **成功的要点** 摘除芽时，要用一只手压住基部，不要把种薯一块带出来了，把芽按倒后横着摘除。

薯块的结法、膨大法

从种植在地中的种薯上伸展出的茎的第6~8节上发生的匍匐茎的尖端，逐渐膨大长成块茎。因为块茎在种薯和地表之间膨大，限制芽数（摘芽）和培土就成为很重要的作业。块茎的膨大白天适温为20℃，夜间适温为10~14℃，超过20℃时块茎就难以形成了。

块茎形成

匍匐茎

鳞片叶

伸长中的匍匐茎

膨大开始时的匍匐茎

种薯

块茎化

小块茎形成

---

6 | 追肥、培土

因为在伸展到上方的根茎上结块茎，所以培土是很关键的

第 1 次追肥、培土

当植株长到高 15cm 左右时，在垄的两侧施肥，用锄头掺混后向植株基部培土 7~8cm 厚

如果覆盖地膜，把地膜掀起来追肥、培土

平均 1m 垄长

复合肥　3 大匙
豆粕　5 大匙

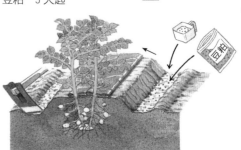

第 2 次培土（不追肥）

在第 1 次培土后半个月，把垄间的土疏松一下，然后培 5~6cm 厚的土

如果覆盖地膜，就可把地膜撤掉进行作业

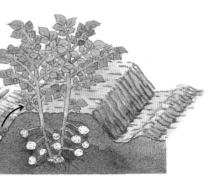

7 | 病虫害防治

主要病害有疫病，会在叶上出现湿润的黑褐色斑点。发病初期及时喷洒药剂。也侵染同属茄科的番茄

一旦发现有青枯病，就连株一块拔除

二十八星瓢虫主要为害叶片，并且很严重。要在低龄幼虫期及时进行防治

> **成功的要点**
> 疫病在生长发育的后半期时发生，扩展很快，严重影响块茎的膨大和以后的贮存。细心观察，一旦发现就及时防治。因为番茄上发生的和马铃薯上发生的是同一种病害，所以附近如果种植了番茄的也要一起喷洒药剂。

8 | 收获

挖取收获

块茎膨大到一定程度时，要注意不要伤着其他的块茎，把大的块茎挖取收获。可提前享受到新鲜块茎的美味

> **成功的要点**
> 在生长发育中挖取收获时，要注意谨慎作业，不要伤了其他的正在生长中的块茎，把大的挖取后再把土埋好。

全部挖出收获

叶片开始变黄时，块茎完全地膨大了，就可全部挖出收获

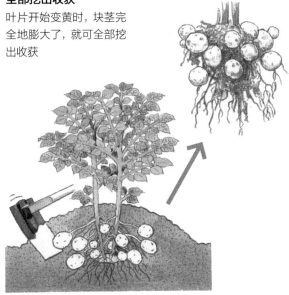

9 | 收获后的处理

选择在晴天一齐挖出，在日阴处把表面晾干之后摆放在塑料筐内，不能摆放得太厚，放在冷暗的地方贮存

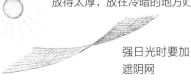

强日光时要加遮阴网

○

✕

如果堆着放，里面的晾不干，容易腐烂。特别是湿地块收获的更要注意

Q 地膜覆盖栽培的如何进行培土？

A | 根据不同的培土次数，采用不同的方法。

茎叶长大了时，就可撤掉地膜再培土

覆盖地膜，有助于地温升高，萌芽快，可提前收获，而且还可抑制杂草的发生，具有保湿的效果。但是，马铃薯培土是不可缺少的工作。很多人对覆盖地膜栽培的不知道该如何培土。

要想解决这个问题，对第1次和第2次的培土，要对地膜采取不同的处理方法。

第1次培土时，把地膜的边掀起来追肥，向植株基部培土后再把地膜覆盖好，再用土把边压住。

第2次培土时，因为茎叶已经长大，所以就可撤掉地膜再培土。此时，因为茎叶已经覆盖了地面，所以杂草也长不起来了，即使是不用升温、保温，也能很好地生长了。

如果认为不需要培土，而在开始时直接种得深一点，这样地温难以升高，也容易出现湿害，所以不能这样做。

Q 如何巧妙地在秋季培育马铃薯？

A | 选择适合秋季栽植的马铃薯品种，进行摘芽，留下1株培育。

选择长势好的1个芽留下，把其他的芽摘除

为了防治疫病，及时喷洒药剂

秋季栽植马铃薯，就要选择休眠期短、容易发芽的安第斯红、代吉马、暖地丰等品种。从稍微凉爽的8月中、下旬开始栽植。如果错过了定植时期，生长发育适温期就变短，所以要严格遵循种植的适期。因为此时还较热，所以不要在强光照射的地方栽植，或者在地区东侧栽上植株高的植物等。如果地里干旱就会造成发芽不良，所以连续晴天时就要及时浇水，防止干旱。

摘芽作业也是很关键的。因为芽的数量多，结的块茎就小，所以选择1个长势好的芽留下。将养分集中在1个芽上，数量虽然少，但是能结出大的块茎。

因为秋雨时容易发生疫病，可提前喷药进行预防。

Q 作为蔬菜买回的块茎能用作种薯吗?

A 因为可能带有病毒,所以不能用。

作为蔬菜买回的块茎,在栽培过程中有可能染上病毒病或其他的病害,就不要用作种薯。还有的在贮存时进行过萌芽抑制处理,所以发芽就不行,还有的在栽植后生长过旺,生长发育情况不好控制。

作为种薯出售的材料,都是用的无病原种,在栽植中控制发病,收获时都经过检查,所以用着放心。还有,芽的生长情况也合适,栽到地里之后能长出健壮的芽。如果芽生长过旺,消耗过多的养分,就会影响块茎的膨大。

如果选用健全的种薯种植,发病危险性小,能收获优质品,并且产量高。

Q 叶片上被为害成锯齿状,是什么原因?

A 这是二十八星瓢虫造成的。要仔细观察,及时喷药防治。

5月前后发生的二十八星瓢虫,在叶片背面进行为害,只留下表皮。为害严重时整个叶片上都会留下很多锯齿状的食痕。

这个害虫分黑纹纵长的二十八星瓢虫和黑纹横长的二十八星瓢虫两种。这两种都是以成虫在落叶下或物体的隐蔽处越冬,到春季时集中在茄科植物,特别是集中在马铃薯上为害。如果放任不管,它会在叶片背面产卵。孵化的幼虫也对茄子等危害较大。在温暖地区1年发生2~3代,在寒冷地区1年发生1~2代,有世代交替现象。

到了5月,在地块中及时检查,一旦发现了为害的痕迹,每10d喷2~3次药剂进行防治。对混杂拥挤的叶片背面也要细致地喷到,喷洒药剂就可控制受害程度。

除二十八星瓢虫外,为害茎叶的还有蚜虫。在早春发生少的时期就认真进行观察,发生后就及时喷药进行防治。

二十八星瓢虫的成虫(左)和幼虫(右)

芋头

Taro

●天南星科 / 原产地：马来半岛

比水稻传入日本还早（在绳文时代传入）的历史悠久的主要作物。相对于在山地里野生的薯蓣"山芋"，这是在农田里栽培的芋头，所以日语叫"里芋"。

栽培月历 （月）

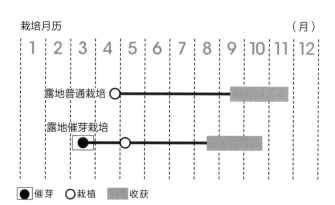

|1|2|3|4|5|6|7|8|9|10|11|12|

露地普通栽培

露地催芽栽培

●催芽　○栽植　收获

栽培要点

◎食用的部分是茎变形而形成的，是块茎部分。随着生长，叶柄的基部膨大而形成母芋，母芋上有很多的芽，结出子芋，再进一步又结出孙芋。

◎因为容易出现连作障碍，所以栽培后要与不同科的植物轮作 3~4 年。

◎属高温性植物，生长发育适温为 25~30℃。即使是在夏季的暑期也能很好地生长发育，但是不耐霜冻，遇到秋后的初霜也会枯死。贮存的芋头经过 2~3 次霜冻，茎叶干枯之后就可收获。

◎栽植时采用地膜覆盖，以提高地温。

◎很不耐旱，在生长发育旺盛的夏季如果降雨少，是减产最严重的蔬菜。如果连续干旱，就及时浇足水。

推荐的品种

根据食用部位，有魁芋、多子芋、茎用的品种，还有兼用的品种。有很多地方品种。

石川早生（泷井种苗）：柔嫩有黏性，煮着吃美味可口。耐贮存。

土垂（泷井种苗）：容易栽培，是适合家庭菜园的稳定品种。纹理很细，肉质黏糊糊的。

红芽大吉（泷井种苗）：芽为红色是其特点，可用作魁子兼用品种。黏滑感弱，松软易碎。

大野芋头（福井种苗）：日本福井县大野地区的地方品种。肉质结实、口感好、品质高。

石川早生

土垂

红芽大吉

大野芋头

栽培方法

1 种芋的准备

种芋要选择柔软、丰满鼓起、形状好、芽没有伤、40~50g（石川早生）的最为合适

良品　　次品

> **成功的要点** 选择精心贮存、具有品种特有的形状、健全的芋头作为种芋。

2 种芋的催芽

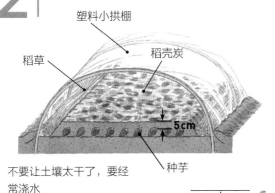

塑料小拱棚
稻壳炭
稻草
5cm
种芋

不要让土壤太干了，要经常浇水

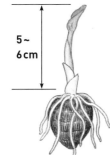

5~6cm

叶还没有展开的状态。把催芽催到这种程度的种芋种植到地里，生长发育很快，失败就很少了

覆土 3cm 厚
种芋　土

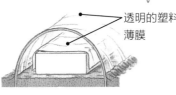

透明的塑料薄膜

种芋少时，可把种芋埋在泡沫塑料箱或者小型的箱式花盆中，用透明的塑料薄膜覆盖就容易催芽

3 地块的准备

在栽植前约 2 周施基肥、覆土

平均 1m 垄长
堆肥　4~5 把
豆粕　3 大匙
复合肥　3 大匙

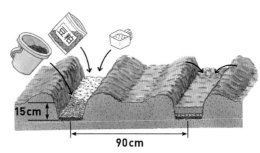

15cm
90cm

4 栽植

把出芽的部分斜着向上，按株距为 30~40cm 种下去

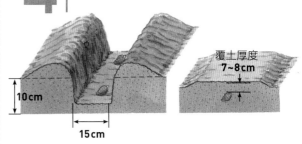

10cm
15cm
覆土厚度 7~8cm

5 覆盖地膜

没有催芽的种芋

栽植芋头后覆盖地膜

黑色地膜

当芽快要顶到地膜时，在地膜上开孔，使芽露出来

经过催芽的种芋

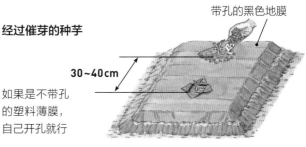

带孔的黑色地膜

30~40cm

如果是不带孔的塑料薄膜，自己开孔就行

405

6 追肥

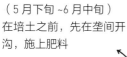

第 1 次
（5 月下旬 ~6 月中旬）
在培土之前，先在垄间开沟，施上肥料

平均 1 株
复合肥　2 大匙

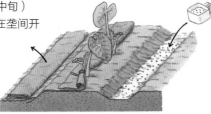

把地膜掀起来施肥，叶繁茂生长到遮住植株基部时，就可把地膜撤掉

第 2 次
（6 月下旬 ~7 月上旬）
在第 1 次施肥相对的另一侧施肥，与第 1 次的用量相同

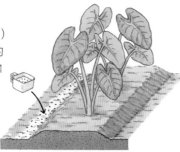

7 培土

第 1 次
在第 1 次追肥后立即把行间 5cm 厚的土疏松并埋住肥料，向植株基部培土

如果培土不足，细长的次品会增加

次品　　良品

第 2 次
在第 2 次追肥后，以和第 1 次相同的厚度向植株基部培土，把子芋的芽埋住

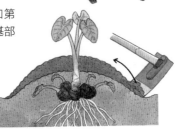

> **成功的要点**　因为新芋长在种芋的上面，如果培土不足，子芋的芽就冒出地面，膨大就变差了，造成孙芋的数量增加，长成小芋头。

为了使芋头很好地膨大，把植株周围出来的子芋的芽按倒并埋入土中

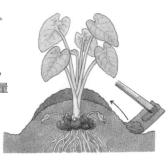

第 3 次
在第 2 次培土后 2~3 周，向植株基部培土，用量与第 2 次的相同

8 收获

挖取大的收获
露地普通栽培时，在 8 月中旬、芋头的直径为 2cm 左右时，找大的提前收获，可享受青芋的美味

全部刨出收获
11 月时，先把地上部割掉后再刨出收获

用一只手拿住刨出的植株，用另一只手横着用瓶子使劲敲打，子芋就会掉下来

9 简易贮存
（量少的情况）

在温暖地区（日本关东以西的平坦地），不刨出植株，只是向垄上培土就能安全越冬

稻草等

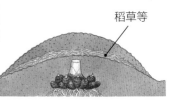

在地块中遇到的难题 Q&A

为了提高贮藏性，收获充分成熟的芋头是第1个关键点。到晚秋时，降了1~2次霜时就是收获适期。从植株周围开始刨，不要伤了芋头，刨出后不要把子芋、孙芋从母芋上掰下来，而是直接放入贮存窖内。

第2个关键点是贮存窖。选择在地下水位低、排水好的场所，挖深60cm左右的窖。在贮存窖中，不要碰伤了芋头，茎向下细心地放入。把茎向下，是为了防止水从茎渗入芋头中而引起腐烂。

装到稍高出地面时，在其上面覆盖不易腐烂的麦秸、干草等，在上面再覆厚5~6cm的土。在进入严寒期前，再一次覆土，防止被寒气冻伤。为了防止降水流入其内，要注意做好地面的排水。

Q 如何巧妙地贮存？

A 适期收获，不要把子芋、孙芋摘下来就放在贮存窖中。

不要把芋头从植株上摘下来，而是直着向下放进去

在进入严寒期之前，覆土厚10cm以上

贮存开始时先覆土厚5~6cm

麦秸、干草等

约60cm

50~60cm

不要把子芋、孙芋从母芋上掰下来，茎朝下摆放

 确实如此专栏

根据食用部位的不同，又有很多的品种

虾芋 京都传统蔬菜之一，魁子兼用的唐芋品种。根据独特的栽培法使其弯曲的芋头，黏性强。

土垂 在日本关东地区栽培很多。黏性强、柔嫩。

京芋 不怎么结子芋，主要吃膨大的母芋。由于在地上伸展的样子像竹笋，所以也叫笋芋。

八头芋 母芋和子芋结合的魁子芋兼用品种。味美可口。除煮着吃以外，有时还作为吉祥物用在节日菜肴中。

田芋（水芋） 主要在日本西南各岛上栽培。黏性强，也作为吉祥物在正月时使用。注意要去除青涩味后食用。

在母芋的周围，子芋呈放射状着生，在子芋的周围又着生着孙芋，可以说芋头是子孙繁荣的象征，作为日本节日菜肴中不可缺少的吉祥物。根据食用部位的不同，又有不同的品种。

子芋用的品种，有土垂、石川早生、女早生等。基本不结子芋的魁芋品种有京芋。母芋、子芋都可吃的兼用品种有虾芋、八头芋、西里伯斯（红芽芋）等。

子芋用品种的母芋，虽然市场上没有卖的，但是实际上是能吃的。虽然稍硬，在家庭菜园中栽培后不要扔掉，吃了就行。

食用的部分不只是地下的芋头。茎（叶柄）作为芋茎（芋头的茎干）吃的有八头芋、西里伯斯等。石川早生和土垂等的叶柄因为涩味强，所以不能食用。

薯蓣

yam

●薯蓣科 / 原产地：中国华南西部

在日本，山药、佛掌山药、日本芋、日本薯蓣等薯蓣类统称为"山芋"。虽然形状和味道各不相同，但是都有独特的黏性，作为强壮滋补食品很受人们的欢迎。

栽培月历 （月）

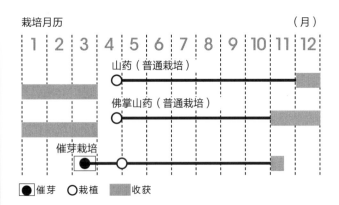

● 催芽　○ 栽植　　收获

栽培要点

◎ 蔓生的多年生草本植物。膨大的部分是根和茎中间有膨大性质的块茎。

◎ 购买好的种薯是很关键的。把块茎分割开，从哪边都能发出芽。

◎ 为了防止出现连作障碍，要与其他不同科的植物轮作 3~4 年，以防止线虫和其他害虫的为害。

◎ 喜欢耕层深、肥沃的土壤。特别是山药，要选择排水好的场所。

◎ 在种植时基本不用施肥，根据生长发育的情况决定施肥时期和施肥量。

◎ 因为吸收肥料的根在近地表处横向扩展，所以在施肥和除草时不要弄伤了根。

◎ 因为不耐旱，所以要及时浇水，并铺稻草。

◎ 待茎叶变黄，干枯了之后就可进行收获。

推荐的品种

栽培种有山药、佛掌山药、日本芋 3 类，可根据自己的喜好选择栽培。

德利山药（佐藤政行种苗）：是山药的代表品种，在日本说到的山药就是指这一种。长度可达 70~80cm。

粗短太郎（Kaneko 种苗）：因为比传统的山药短，所以栽培容易，适合家庭菜园栽培。黏性强。

拳骨次郎（Kaneko 种苗）：薯块多呈拳骨状，容易收获。有很强的黏性。

新丹丸（丸种专业合作社）：从地方品种选育出来的，黏性强、品质高、膨大好，比地方品种产量高。

德利山药　　　　　粗短太郎

拳骨次郎　　　　　新丹丸

栽培方法

1 种薯的准备

在日本，栽培种的薯蓣有以下3种。因为根据地区不同叫法也有变化，所以买时要认真确认形状和产地

山药 呈棍棒状，有长的、有稍短的。按下图的标准用工具割开切口，用手折断

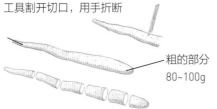

头的部分
50~60g

粗的部分
80~100g

佛掌山药
有扇状和掌状的。纵向切开，平均每段重50~70g

日本芋
块状。平均每块重50~70g

> **成功的要点** 准备好精心贮存的种薯，切成适当的大小。把切口处涂上石灰，待切口干了之后栽植到大田中。

催芽栽培
在温床内催出芽后再栽植到大田内生长发育更快

2 地块的准备

因为容易发生连作障碍，要选择3~4年没有种过薯蓣的地块进行栽培。冬季时在地里撒上石灰，进行深翻

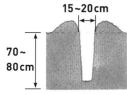

15~20cm

70~80cm

栽植山药的沟要挖得深一些。如果面积大就用挖沟机（参照P389）

3 栽植

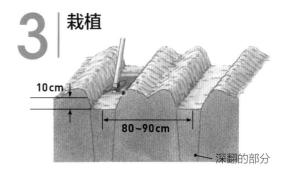

10cm

80~90cm

深翻的部分

当地温升到15℃以上时就可栽植了。对深翻的地方进行整地，栽植时挖栽植沟

把种薯头的部分和躯干部分分沟栽植，发芽一致，便于以后的管理

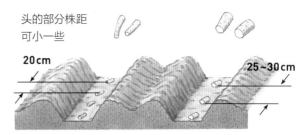

头的部分株距可小一些

20cm

25~30cm

栽植的株距：山药为25~30cm（头的部分为20cm）、日本芋、佛掌山药为18~20cm

覆土厚5~6cm，注意不要太厚了

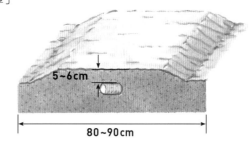

5~6cm

80~90cm

低洼地
把垄起得稍高一些进行栽植

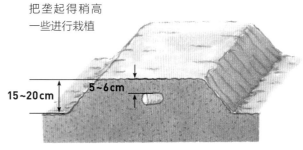

15~20cm

5~6cm

4 | 追肥、立支柱

出芽后，每株立上 1 根支柱，或做成网。蔓伸展时，在培土后两侧的沟里，进行第 1 次追肥，再把土填回沟内

山药

第 1 次
平均 1m 垄长
堆肥　4~5 把
豆粕　5 大匙
复合肥　2 大匙

支柱高 2m 左右

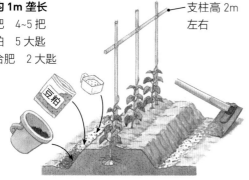

第 2 次
平均 1m 垄长
豆粕　2 大匙
复合肥　2 大匙

当蔓长到支柱的高度时，在垄的一侧开浅沟施肥

第 3 次
根据生长发育的状态，如果肥料不足，在第 2 次追肥后半个月，在另一侧开沟施肥，用量同上一次一样

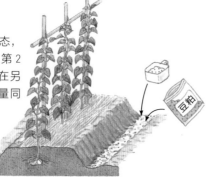

日本芋和佛掌山药
第 1、第 2 次
平均 1m 垄长
豆粕　5 大匙
复合肥　3 大匙

分别在蔓伸展到 1m 左右和秋初时施 2 次，各在沟的一侧挖沟施肥，然后填土埋住

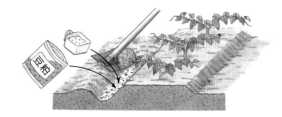

5 | 做网、铺稻草

山药

用 15cm 网孔的网从支柱上垂下

铺稻草

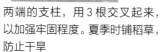

两端的支柱，用 3 根交叉起来，以加强牢固程度。夏季时铺稻草，防止干旱

将伸展的蔓引缚到支柱上、网上

> **成功的要点**　对山药，一定要立上支柱，使蔓向上方伸展。如果蔓向下垂，就会长出很多的株芽，生长停止，山药也不膨大了。

日本芋和佛掌山药

铺稻草

夏季铺稻草以防止干旱

6 | 收获

日本芋和佛掌山药

在寒冷的地区，在冬季茎叶还未枯萎之前收获。不要在地里放置太晚。温暖地区有的可在地里放着慢慢收获

山药

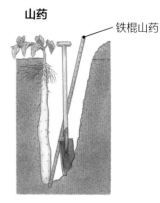
铁棍山药

从晚秋到春季进行收获。等地上部干枯了再收获也行。在离植株基部 20~30cm 的地方，用锄头、铁铲等工具，细心地挖掘收获

吸收养分的吸收根，因为从萌芽期开始是在种薯的侧方的浅土层中伸展，所以在它的尖端处施肥。这第 1 次追肥就可代替基肥。

以后在蔓旺盛伸展的时候，在垄的侧面用锄头开浅沟进行第 2、第 3 次追肥。只是，第 3 次追肥时要认真观察长势后再施肥。如果叶色深绿、侧枝的伸展过旺，就可减量或干脆不施肥，灵活调节。因为叶过于繁茂，病虫害发生也多，不利于山药的膨大。

Q 如何给山药施肥？

A 在肥料吸收根伸展的浅土层追肥。

在开始时，因为是靠种薯中的养分进行生长发育，吸收的肥料也少，不用像其他蔬菜那样在栽植之前施基肥。还有，若在种薯附近有肥料，有的会造成腐烂，有的还会损伤山药的表面。

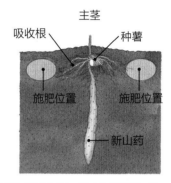

吸收根水平地广泛分布，集中在深度为 20cm 的浅土层中

如果生了珠芽，植株长势就衰弱。所以，为了使蔓向上方伸展就一定要立上支柱。特别是山药，立支柱成为栽培中的固定方法。

支柱虽然是越高越好，但是因为太高而不耐风吹，2m 左右就算合适。

利用栽培黄瓜等的拱形铁管，如果株数少也可把支柱或竹竿 3 根组合成三叉式，简易方法就可以了。

在植株的旁边以 1.8~2m 的间距立上支柱，之间拉上园艺用网，使蔓沿着向上伸展，也有的采取这样的方式。

因为日本芋和佛掌山药是小型的薯蓣类，通常不用立支柱栽培。但是，想精心栽培时，立上低的支柱，使蔓立体地生长，对于薯块的膨大也是很有利的。

Q 一定要立支柱吗？

A 对于山药，一定要立支柱，使蔓向上伸展。

为了使山药充分膨大，让众多的叶片更多地接受阳光是必须的条件，所以一定要立上支柱，使蔓向上攀爬。如果蔓下垂，叶腋处就会结珠芽，

注意，若支柱过低，容易导致蔓的尖端下垂，长出珠芽，不利于山药生长

利用栽培黄瓜时用的铁管支柱

简易的三叉式

411

生姜

Ginger

●姜科 / 原产地：亚洲热带地区

有杀菌和消臭等作用，还能药用，是具有悠久栽培历史的作物。根据栽培法和收获方式不同，是能周年栽培的重要蔬菜。

栽培月历 （月）

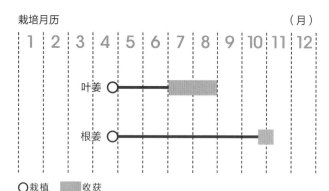

○ 栽植 ▨ 收获

栽培要点

◎可在栽植适期从市场上购买种姜，或者利用上一年收获并精心贮存且安全越冬的块茎作为种姜进行栽培。

◎靠种姜内贮存的营养能生长 2 个月左右。因为长到 5~6 片叶的时间很长，所以选用充实的无病种姜进行栽培是很关键的。

◎属高温性植物，生长发育适温为 25~28℃。因为不暖和就不发芽，所以可与其他植物进行间作。

◎为了防止出现连作障碍，与其他不同科的植物进行轮作 4~5 年。

◎在生长发育途中逐次摘芽收获，能长时间地享受到其美味。

推荐的品种

根据块茎的大小，可分为大姜、中姜、小姜，地方品种也有很多。

三州姜（泷井种苗）：是在日本爱知县、静冈县等地栽培的中姜的代表品种。生长健壮、产量高。

土佐大姜（泧井种苗）：在高知县的高地栽培的贵重的大姜。肉质细密，味道好。

中太姜：中等大小，可生吃，还非常适合腌咸菜，也适合用箱式花盆栽培。

三州姜

土佐大姜

中太姜

栽培方法

1 种姜的准备

种姜的好坏，决定着栽培结果的好坏

好的种姜的辨别方法
①水灵灵，色泽好
②无黑色的病斑
③能看到很多白色的开始伸展的芽

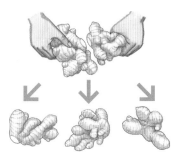

把大块姜掰成小块，每块重 50g 左右（中姜每块重 60~70g，大姜每块重 70~80g）

成功的要点 选择从无病田收获、精心贮存、安全越冬的种姜。及早筹备有好的芽、外表皮水灵、充实饱满的生姜，或者购买现成品。

2 地块的准备

因为连作容易发生病害，所以要选择 4~5 年没有栽培过姜科植物的地块

平均 1m²
石灰　2 大匙
堆肥　4~5 把

冬季时耕地，使土壤充分经受寒冷

施基肥要节制，重点在追肥。在栽植前约 2 周施入基肥后填土，再做栽植沟

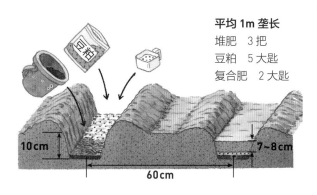

平均 1m 垄长
堆肥　3 把
豆粕　5 大匙
复合肥　2 大匙

10cm　7~8cm　60cm

3 栽植

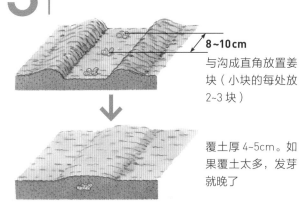

8~10cm
与沟成直角放置姜块（小块的每处放 2~3 块）

覆土厚 4~5cm。如果覆土太多，发芽就晚了

如何提前收获叶姜

因为萌芽需要 15℃以上的地温，露地栽培时如果栽植早了，有时 40~50d 还长不出来芽。要想早收获，就需要覆盖塑料薄膜。再在大棚内铺设农用电热线，在夜间时再用草苫覆盖就很有效果。这种情况下，把种姜密植，能提高产量。

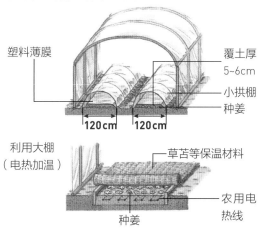

塑料薄膜
覆土厚 5~6cm
小拱棚
种姜
120cm　120cm

利用大棚（电热加温）
草苫等保温材料
种姜
农用电热线

4 | 浇水、除草、铺稻草

在开始发芽时浇水。以后地里干了随时浇水

除草，要在草小时进行

为了防止盛夏的干旱，铺上稻草。在生长发育的后期，如果浇水多了就会出现腐烂根，所以要注意

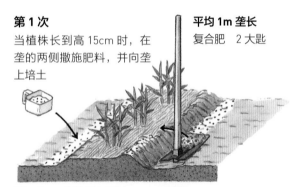

> **成功的要点**　因为不耐旱，所以在夏季到来之前铺上稻草，干旱严重时浇水。

5 | 追肥

第 1 次
当植株长到高 15cm 时，在垄的两侧撒施肥料，并向垄上培土

平均 1m 垄长
复合肥　2 大匙

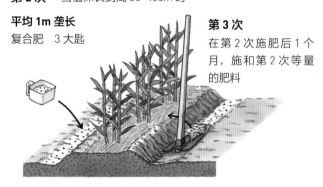

第 2 次　当植株长到高 30~40cm 时

平均 1m 垄长
复合肥　3 大匙

第 3 次
在第 2 次施肥后 1 个月，施和第 2 次等量的肥料

> **成功的要点**　覆盖的地膜，在第 2 次追肥时就可撤掉。不要在出梅后还铺着地膜，在地膜下发达的细根会因不耐热而衰败。

6 | 收获

叶姜（笔姜）
有 2~3 片叶展开时，把老根留在地中割取收获。以后芽又会长出，可陆续收获。蘸味噌吃或者用糖醋腌着吃

→

老根（种姜）
收获了新姜后的老姜，磨碎后也能吃

尽量不要伤了地中的老种姜，在收获叶姜后，留下的芽又伸展出来，能再次收获

> **成功的要点**　不是一次把整株全部挖出来，选长大的芽依次进行收获，能长时间地享受其美味。如果地块面积小，可栽得密一些。

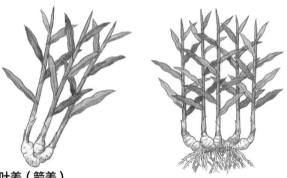

叶姜（箭姜）
也叫谷中姜。在新根稍膨大时就可拔取收获

根姜
到了晚秋，根充分膨大了之后，挖掘收获。霜冻后腐烂的姜块就会增加

近年来，在商店里摆着卖的时间比前些年提前了，购买回来如果立即栽种，有时因为温度太低而失败，所以不要让芽干了，放在暖和的地方进行保存，可放在泡沫塑料箱中，或用旧的毛巾等包起来。

5月中旬（日本关东南部以西的平坦地区），在地温充分上升了之后再栽植。因为到萌芽需1个月以上，把栽植的地方做上标记，要注意不能踩踏。

Q 如何选择种姜？

A 选饱满充实、芽开始萌动的种姜。

生姜栽培，选择好的种姜是成功的要点之一。4月末，在市场上卖的姜中，选饱满充实、水灵鲜嫩、芽开始稍微萌动的姜作为种姜购买回来（在中国由于实行小拱棚覆盖栽培，栽植期是在4月中旬前后）。

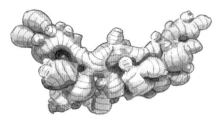

选择充实饱满、能稍微看到小芽的种姜

Q 何时为收获适期？

A 从初夏到晚秋长达半年的时间。

在降霜之前挖掘收获

生姜的收获期很长，从叶姜到晚秋成熟的根姜，可达半年时间。

叶姜的收获适期是从初夏到盛夏。有2~3片叶展开时收获的嫩块茎，辣味爽口，作为夏季配啤酒的菜肴，很可口。

在块茎充分膨大了的晚秋，收获的是根姜。将近降霜时，叶片变黄、生长停止时就可收获。确定好收获适期后，用专用工具在稍离开块茎的地方深一点地挖掘，不要弄伤了块茎。

注意，遇霜冻就会受低温伤害，温度再低，茎和根的连接处容易脱落、腐烂加快。

辣根

Horseradish

●十字花科 / 原产地：欧洲东南部地区

有辣味和特有的香味，因为在大田里栽培可代替山萮菜（山葵），所以也叫山葵萝卜、马萝卜、西洋山萮菜。

栽培月历　　　　　　　　　　（月）

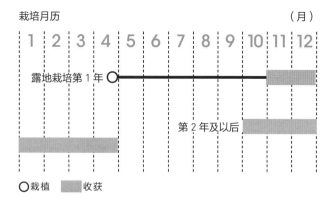

○栽植　▨收获

栽培要点

◎磨碎时为白色是很重要的。收获后经过一段时间后，根皮干了就变为褐色，价值减半。所以，能吃到刚收获的自家栽培的辣根是很宝贵的。

◎因为几乎采不到种子，所以在春季挖出根分割开进行栽植。

◎耐寒性强，植株在什么地方都能很好地越冬，夏季也耐热。

◎虽然喜欢稍湿的土壤，但是因为植株健壮，所以稍稍任其生长也能很好地生长发育。

◎因缺肥和干旱对其生长影响很大，所以要想培育优质品，及时追肥和防旱等管理是不可缺少的。

◎从根上发出根出叶，在植株周围大量扩展，所以每2年就要对植株重新整理1次，不然就收获不到粗壮的根。

推荐的品种

虽然根据叶形不同，分为几个系，但是没有作为品种的分化。

备受关注的营养

比日本的山萮菜的辣味温和，被用作烤牛肉的调味品。作为辣味成分的异硫氰酸烯丙酯，有爽口的香味和刺鼻的辣味。因为含有蛋白质分解酶素，最好磨碎或切细后和肉菜一起吃，方便吃也很有效果。以维生素C为首的维生素类含量也很高。

辣根的根

栽培方法

1 | 种根的准备

春季时挖出的根就可直接当作种根。在寒冷地区，秋季把挖出来的根深埋在土中，春季取出来作为种根

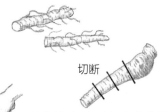

切断

开始栽培时，把市场上卖的辣根切成 3~4cm 长的段就行

2 | 地块的准备

在栽植前约 1 个月在地块中全面撒施石灰和基肥，进行深耕

平均 1m²
石灰　3 大匙
堆肥　5~6 把
复合肥　3 大匙

3 | 栽植

在种根上覆厚 5~6cm 的土，然后用锄头背面镇压一下

40cm

150cm

斜着放上种根，然后上面覆厚 5cm 左右的土

4 | 芽的整理

会长出很多的芽，留下 5~6 个，其余的摘除

叶形的变化
早期出来的叶片呈羽毛状，有缺刻

生长后期长出的叶片较宽，呈皱褶状

成功的要点
即使是收获了，留下的根上也还能发芽，并扩展到整个地块，所以每年对不定芽整理 1 次，或者进行重栽，留下适宜的间距，培育粗根。

5 | 追肥、培土

第 1、第 2 次的施肥量一样
平均 1 株
复合肥　3 大匙

第 1 次
夏季结束时

在易干的地块中铺上稻草

在垄的一侧撒施肥料，和土掺混后再向垄上培土

第 2 次　在第 2 年春季开始旺盛伸展时
在与第 1 次相反的另一侧撒施肥料，用量同上一次

6 | 虫害防治

一旦发现有明显的为害痕迹，就喷洒杀虫剂。因为植株长势强，所以多少被为害一点也不会造成大的减产

容易受甘蓝夜蛾、小菜蛾、菜青虫等为害

7 | 收获

从生长发育中期就可陆续挖取根的一部分，适时利用

嫩根

老根

冬季，地上部黄化时也就长成了粗根，这时挖取就能收获优质品，并且产量也高

慈姑

Arrow head

●泽泻科 / 原产地：中国

有着与块茎不相称的漂亮的芽，日语发音正好与"可贺的"同音，所以从很早以前就是日本正月里不可缺少的菜，可用来炸慈姑片和用黄油炒着吃。

栽培月历 （月）

1	2	3	4	5	6	7	8	9	10	11	12

露地栽培

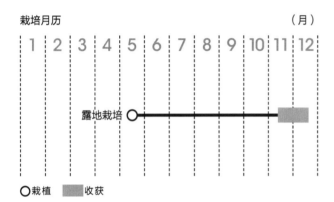

○栽植　　■收获

栽培要点

◎是水生蔬菜，在湿地、半湿地和池塘周围的水边都能很好地生长发育。选择土壤腐殖质丰富，能确保用水的地方栽培。

◎为了防止出现连作障碍，可与其他植物轮作 3~4 年。

◎根据生长发育时期，调整水深是很重要的。栽植时水深约为 3cm，8~9 月为 6~9cm，不能缺水。

◎如果放任不管，叶数就增加得太多，所以在生长发育的后半期需摘叶，通过整根控制茎数。

◎在收获前 1 个月，把地上部割掉，使涩味降低。

推荐的品种

主要栽培的品种是呈蓝青色且产量高的蓝慈姑。小型、苦味小、品质好的姬慈姑（吹田慈姑），主要在日本关西地区栽培着。在中国栽培的多是白慈姑。

慈姑（泷井种苗）：节日菜肴中不可缺少的吉祥物。有独特的苦味和松软易碎的口感，煮着吃和炒着吃都很香。

慈姑

备受关注的营养

主要成分是碳水化合物，在蔬菜中含能量比较高。各种维生素类的含量均衡，特别是对保持皮肤健康、消除疲劳有效的维生素 B 类含量丰富，如含有把碳水化合物转变为能量的维生素 B_1，适合与猪肉或坚果类一起吃。矿物质中钾含量多，具有把体内多余的水分排出的作用。

栽培方法

1 栽植的准备

复合肥 少量　　堆肥 少量

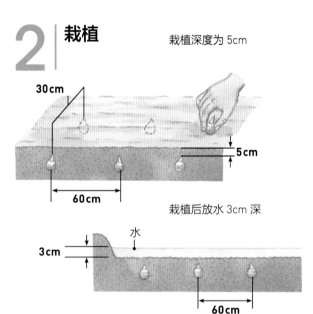

在选定好的地块中放上水，以平整水田的要领细致地搅拌土。分别在 11 月、第 2 年 2 月平整 2 次

2 栽植

栽植深度为 5cm

30cm

5cm

60cm

栽植后放水 3cm 深

3cm　水

60cm

3 管理

水的管理

随着茎叶的伸展，使水深保持 6~9cm。球茎进入膨大盛期时，使水深为 1cm，以促进膨大

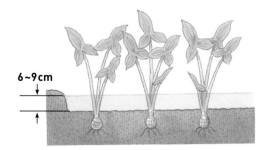

6~9cm

摘叶

如果放任不管就会混杂拥挤，留下 6~8 片叶，其余的摘除

追肥

8 月上旬、9 月上旬追肥 2 次，平均每株施复合肥 0.5 大匙

> 成功的要点
>
> 要想收获大的球茎，进行摘叶是很重要的。9 月上旬在离植株 30cm 的地方，用镰刀割叶，留下 15cm 左右，把早萌发的匍匐茎切断，以减少茎数。

全部割掉

11 月中旬时，把地上部全部割掉，能去掉涩味，色泽也会变好

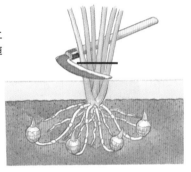

4 收获

球茎充分膨大后，就可把水田的水排干净，挖取收获

芽伸展的为优质品

○

甜菜

Table beet

●苋科 / 原产地：地中海沿岸地区

吃得是像芜菁一样粗圆的根，横切成片，就显现出漂亮的深红色的轮纹。可做成俄罗斯菜红菜汤、西式汤菜等，用途非常广泛。

栽培月历 （月）

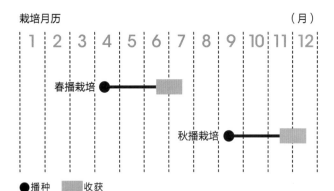

| 1 | 2 | 3 | 4 | 5 | 6 | 7 | 8 | 9 | 10 | 11 | 12 |

春播栽培

秋播栽培

●播种　收获

栽培要点

◎喜欢冷凉的气候，夏季的炎热使发育变差，冬季遇寒冷就会使品质降低，所以主要在春季和秋季进行栽培。

◎因为不适应酸性土壤，所以在地里提前撒施石灰后，进行深耕。

◎为了使发芽容易，在播种前1d把种子浸在水中，使其吸水。

◎种子可以从1个地方密生出几个芽，所以要及时间苗。

◎经过3次间苗，使株距为10~12cm。如果间苗不彻底，就会影响根的膨大。

◎如果收获晚了，纤维发达，口感就会降低，所以要注意及时收获。

推荐的品种

有根的颜色不同的品种出现，"到底选哪一种好呢？"这个选择就是一种乐趣。

代特瑞特·达克红（泷井种苗）：一直到中心部都是红色的根，柔嫩并且很甜。生长健壮，容易培育。

赛来（Tokita种苗）：根呈深紫红色，有独特的甜味。可做成色拉或西式泡菜。

高尔个（Tokita种苗）：有同心圆状的红白的漩涡状纹是其特点。长到高尔夫球至棒球那么大时就可收获。

鲁娜（Tokita种苗）：略有独特的香味，切薄片做成色拉。鲜艳的黄色是其特点。

代特瑞特·达克红

赛来

高尔个

鲁娜

栽培方法

1 地块的准备

在播种前1个月在地里撒施石灰，然后耕翻

平均1m垄长

堆肥　4~5把
豆粕　5大匙
复合肥　2大匙

在播种前约2周施入基肥，然后进行耕翻

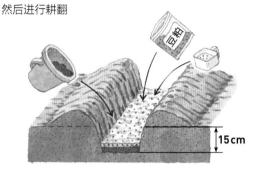

15cm

2 种子的准备

用纱布或布包住，浸入水中一昼夜，使其容易发芽。取出放在纸巾上，把水吸净就可播种

在水中浸泡一昼夜

水

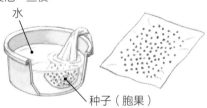

种子（胞果）

> **成功的要点**　种子长在胞果中，难以吸水，在水中浸泡之后再播种。

3 播种

以4~5cm的间距进行播种
覆2~3cm厚的土，用锄头背面再稍镇压一下

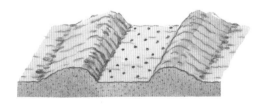

> **成功的要点**　把堆肥敲碎或把切成3~4cm长的稻草覆盖整沟，防止干旱。

4 间苗

第1次

因为从1粒种子可伸展出2~5个芽，所以要注意间苗，留下1株进行培育

第2次

6~7cm

当植株长到5~6cm高时

第3次（最后1次）

12~15cm

当植株长到14~15cm高时

5 追肥

平均1m沟长

豆粕　3大匙
复合肥　3大匙

第1次

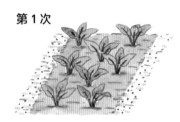

第1次和第2次间苗后在沟的两侧进行追肥，施肥量都一样，追肥后用锄头和土掺混一下

第2次

6 收获

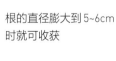 

根的直径膨大到5~6cm时就可收获

罗勒

Basil

●唇形科 / 原产地：印度、亚洲热带地区

有清爽的芳香和略带苦味的叶片、嫩花序，适合做炖肉、炖鱼，或做煨炖菜、西式汤菜、色拉等。新鲜的叶片香气格外特别。

栽培月历 　　　　　　　　　　　　　　（月）

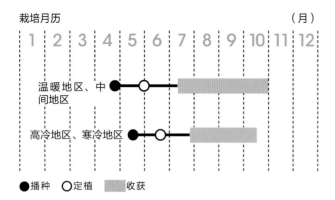

●播种　○定植　　收获

栽培要点

◎选择有充分的日光照射、土壤肥沃、排水性好的地块进行栽培。

◎因为发芽需要25℃左右的温度，所以在温暖的场所育苗。

◎生长发育需要10℃以上的温度，最适温为20℃以上。如果遇到10℃以下的低温，生长发育就变差，花芽开始分化。

◎如果过于干旱，叶片就会变硬，影响品质，所以要防止干旱，及时浇水。在植株基部周围铺上稻草可防止干旱。

◎如果出现花芽，叶片就不生长了，风味也下降，所以结合着收获及时摘心、摘蕾。

推荐的品种

一般栽培甜罗勒较多，但是根据叶子的颜色、大小、香味等的不同有丰富多彩的品种。

甜罗勒（日野春香草园）：叶片柔嫩、香味好，做意大利菜时是不可缺少的。

非洲蓝罗勒（日野春香草园）：温度降低、寒气增加，叶片的紫色更深。周年开花。

巴吉里克那嫩（Tokita 种苗）：繁茂的植株扩展范围的直径达 20cm 左右。因为叶小，所以不用撕碎就可使用。

柠檬罗勒（Tokita 种苗）：有像柠檬那样的清爽的香味。叶片柔嫩，利用范围广。

甜罗勒

非洲蓝罗勒

巴吉里克那嫩

柠檬罗勒

栽培方法

1 | 育苗

因为发芽需要 25℃ 左右的温度，所以在育苗箱中盖上一张报纸或盖上一层塑料薄膜

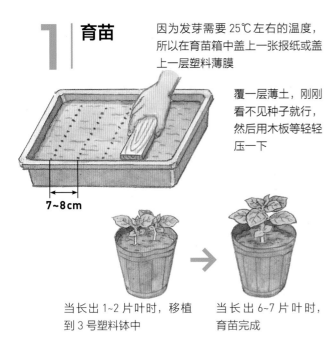

覆一层薄土，刚刚看不见种子就行，然后用木板等轻轻压一下

7~8cm

当长出 1~2 片叶时，移植到 3 号塑料钵中

当长出 6~7 片叶时，育苗完成

成功的要点

在幼苗期，如果放在 10℃ 以下的低温环境，生长发育就停滞，早期就开始花芽分化，产量、品质都会降低，所以育苗时要进行保温、加温。

2 | 地块的准备

平均 1m²
堆肥　5~6 把
豆粕　3 大匙
复合肥　2 大匙

在定植前约 2 周，全面撒施基肥后再翻耕

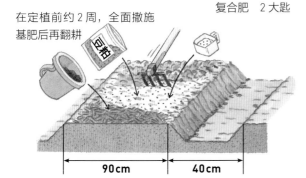

90cm　　40cm

3 | 定植

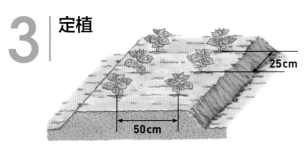

25cm

50cm

4 | 追肥

10~20d 追肥 1 次，把少量的豆粕撒到垄间，再用锄头培到垄上

平均 1m 垄长
豆粕　少量

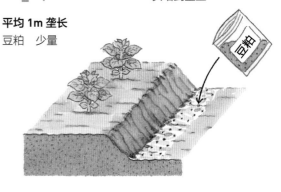

5 | 摘蕾

花蕾长开后，营养被花蕾大量吸收，就长不成好的叶片了。风味也下降，及早地把花蕾摘除

花蕾

6 | 收获

在花蕾将近开放之前收获，也可以只收获叶片

如果出现分枝，兼着摘心进行摘除

装入纸袋晾干，弄碎后放入密闭容器中，能长时间利用

百里香

Thyme

●唇形科 / 原产地：欧洲南部地区

细小的圆叶有很强的芳香味，又名麝香草。能消除鱼、肉的腥味，增添香味。小花也很可爱。

栽培月历 （月）

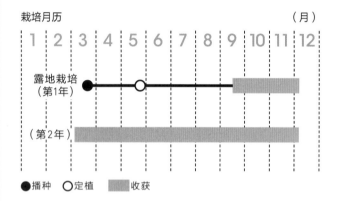

●播种　○定植　▨收获

栽培要点

◎常绿的宿根性多年生小型灌木。有直立性的和匍匐性的。

◎喜欢日照好、排水性好和通气性好的场所。

◎无论是用种子还是插芽进行繁殖，栽植 1 次就可在同一场所连续栽培数年。

◎耐病虫害强，栽培容易。

◎因为枝条全面地蔓延，所以在下部混杂拥挤时，在梅雨季节前或秋季的雨季前进行枝叶修剪，以改善通风环境。

◎夏季，为了防止干旱，铺上稻草。

◎ 4~5 年进行 1 次分株，移植到新的场所。

◎因为对害虫有忌避效果，所以在甘蓝类的行间混栽可减少农药的使用。

推荐的品种

大致可分为直立性种和匍匐性种。根据用途和喜好选择栽培的品种。

铺地百里香（日野春香草园）：虽然在原产地是匍匐性的，但是在温暖地区栽培的成为半直立性的。

柠檬百里香（日野春香草园）：粉红色的花非常可爱，有柠檬的香味。

金柠檬百里香（日野春香草园）：生长健壮。从春季到夏季叶片为新鲜的黄绿色。

银斑百里香（日野春香草园）：叶片的边缘有银白色的斑，非常漂亮。开浅紫色的花。

铺地百里香

柠檬百里香

金柠檬百里香

银斑百里香

栽培方法

1 | 育苗

用种子育苗

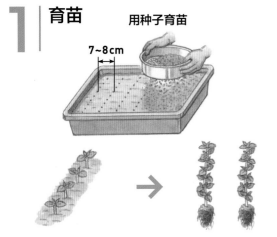

7~8cm

发芽之后间苗，使株
距为 5~6cm

当植株长到高 7~8cm
时，可向大田中移栽

用插穗培育

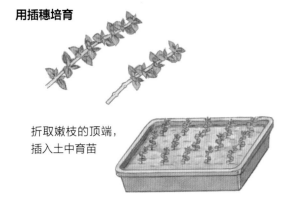

折取嫩枝的顶端，
插入土中育苗

2 | 地块的准备、定植

平均 1m²
石灰　4 大匙
堆肥　4~5 把
豆粕　3 大匙

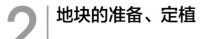

豆粕

在定植前约 2 周，全面地撒施基肥
后耕翻

以 20cm 的株距定植

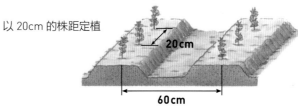

20cm

60cm

和甘蓝混栽

利用对害虫的忌避
作用，在甘蓝的行
间混栽，可减少打
农药的次数

3 | 管理

夏季为了防止干旱，
铺上稻草

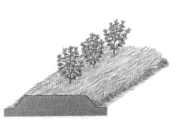

连续只收获叶的尖端，会使生长
的植株变得混杂拥挤，所以 1 年
进行 2~3 次修剪，使其从下部再
长出枝条

> 成功的
> 要点　　修剪在雨期之前进行，使植株基部通风变好。

4 | 收获、利用

掐取叶的顶端
进行收获

除用在肉、鱼菜，西式汤菜、煨炖菜等中外，还可用作茶、
香水、干花的配料

425

迷迭香

Rosemary

●唇形科 / 原产地：南欧

从古代就作为美容养颜的香草而被人们喜爱。除用于肉、鱼的除腥、增添香味外，还被大量地用于治疗头痛、感冒、痛风等。

栽培月历 （月）

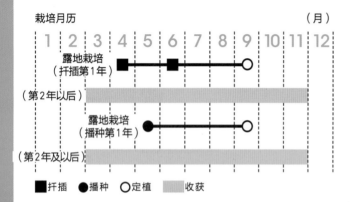

| | 1 | 2 | 3 | 4 | 5 | 6 | 7 | 8 | 9 | 10 | 11 | 12 |

露地栽培（扦插第1年）

（第2年以后）

露地栽培（播种第1年）

（第2年及以后）

■扦插　●播种　○定植　▨收获

栽培要点

◎虽然是多年生的小灌木，但是根据种类在适合的地方可长到高 1.5~2m。叶形细长，正面为绿色，背面为白银色。常绿，生长经过 1 年后茎扭曲、变粗、木质化。

◎虽然喜欢温暖的气候，但也有耐热性和耐寒性，栽培容易。

◎虽然喜欢日照好、排水性好和透气性好的土壤，不过在瘠薄的地块也能较好的生长发育。

◎虽然用扦插繁殖最好，但是分株、用种子育苗也可以。

◎因为不适应湿度大的环境，所以在梅雨季节前对混杂拥挤的枝条进行修剪，以改善通风条件。

◎到盛夏时开浅蓝色的花，可以摘下来作为凉拌菜的装饰等。

推荐的品种

有直立性种和匍匐性种，分别又有花色为蓝、白、粉红等的品种，匍匐性种适合盆栽。

匍匐性迷迭香（日野春香草园）：匍匐性，最适合栽在花坛的边缘。花为浅蓝色。

日野春蓝迷迭香（日野春香草园）：半匍匐性，着花好，开出很多大型的蓝花。

马约卡红迷迭香（日野春香草园）：叶小，分枝少，花为浅粉红色。

海蓝迷迭香（日野春香草园）：在日本很早就稳定栽培的品种。生长发育旺盛，很能分枝。

匍匐性迷迭香

日野春蓝迷迭香

马约卡红迷迭香

海蓝迷迭香

栽培方法

1 育苗

购买的苗或育成的苗

从栽培的植株上，摘取上一年伸展的枝条的尖端，进行扦插育苗

扦插

嫩的枝条的尖端7~8cm

把穗下部的叶片摘掉

赤玉土

让插穗吸收水后插到育苗箱中

发根后移植到3号塑料钵中

用种子育苗

播种专用土

当植株长到高6~7cm时，再移植到塑料钵中

---

2 定植

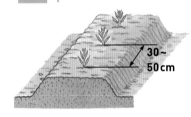

30~50cm

不用施基肥。把垄起得高一些更利于排水，定植

 株距根据品种不同差异也很大。直立性种为30cm，葡匐性种为50cm。

---

3 整枝

在进入梅雨季节前，把混杂拥挤的枝条除去，以改善通风环境

在将近开花时进行大量修剪，更新成新枝

管理技巧

①铺地膜，防止过湿
②为了防寒，撑上无纺布等。在寒冷地区，撑上小拱棚即可挡雪又可防寒

③设置防风网

---

4 收获、利用

植株长大时，适当摘取上面伸展的新叶收获

新鲜叶、干叶可用作肉菜的香辛料，或在做西式汤菜、煨炖菜时加入增添香味，把小枝条插入肉中，或放在烧肉的下面可消除腥味

用塑料钵或箱式花盆栽培，放在身边培育，管理、利用都很方便

细香葱

Chive

●石蒜科 / 原产地：欧亚大陆、北温带

细叶、分株多的小型葱，晚春时开出紫红色的花非常漂亮。在日本北海道、东北地区有野生的，从很早以前就被利用了。

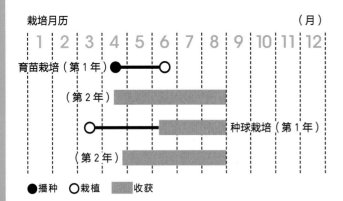

栽培月历 （月）

●播种 ○栽植 ▨收获

栽培要点

◎在葱类中叶最细，植株高 30cm 左右，为小型植株。

◎多年生植物，在地下形成鳞茎。冬季时地上部虽然枯死，但是春季时又萌发出来。

◎因为不像丝葱那样有休眠期，所以能长时间收获。

◎有播种育苗的增殖方法和把鳞茎分割开增殖的方法，后者栽培容易。

◎比较耐弱光，但不耐旱，所以要选择有保水力的肥沃的地块栽培。

◎晚春开的小花能吃。秋季种子成熟。

◎也很适合用箱式花盆栽培。

推荐的品种

在烹调中应用广泛，用作色拉或西式汤菜等调味品，在辣酱油中也作为香辣调料使用。品种分化少。

细香葱（泷井种苗）：比葱和丝葱更具清爽的风味，香味更浓。除夏季和冬季之外，其他什么时候都能收获。

白花细香葱（日野春香草园）：珍贵的白花品种，适合作为花坛的镶边装饰。除利用叶片外，花也可作为西式汤菜或色拉的装饰等，看上去华丽、香味四溢。

细香葱

白花细香葱

栽培方法

1 育苗

育苗

以 7~8cm 的间距播种，条播

随着生长发育间苗，当植株长到 10cm 高时，育苗完成

种球（鳞茎）栽培

早春，在芽伸展之前把根株挖出来

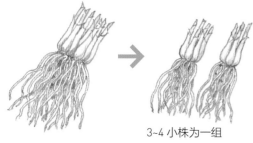

3~4 小株为一组

第 1 年育苗，从第 2 年开始就可用鳞茎繁殖

2 地块的准备

在栽植前约 2 周施入基肥，上面覆上土

平均 1m 沟长
堆肥　4~5 把
豆粕　3 大匙
复合肥　3 大匙

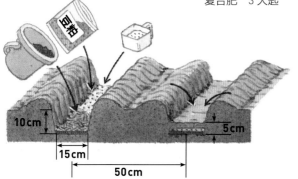

10cm
15cm
50cm
5cm

3 栽植

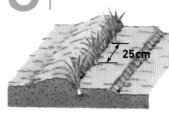

25cm

若用苗，1 个穴内栽 3~4 株

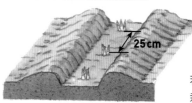

25cm

若用鳞茎，1 个穴内栽 6~7 小株

4 追肥

分别在栽植 1 个月后和收割后追肥，2 次的追肥量一样

平均 1m 垄长
豆粕　5 大匙
复合肥　3 大匙

5 摘薹

如果开花了，叶片的品质就会下降，所以通常要及早把花蕾摘除

> 成功的要点
> 如果抽了薹，在花蕾还嫩时就把其摘掉，使植株生长健壮。

6 收获

第 1 年少摘叶，使植株长大

从第 2 年开始，长势变好，就可以割取收获。过了 3 年就要更新植株

薄荷

Mint

●唇形科 / 原产地：欧洲南部地区、欧亚大陆、非洲

薄荷有清凉感，除可用于做菜、点心、饮料等食用外，还可在做干花时掺入干燥的花瓣内，增加香味。用途广泛，杀菌、驱虫的效果也很好。

栽培月历　　　　　　　　　　　　　　（月）

1	2	3	4	5	6	7	8	9	10	11	12

露地栽培（第 1 年）

（第 2 年）

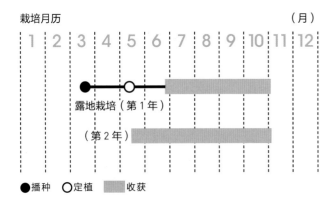

●播种　○定植　▨ 收获

栽培要点

◎多年生草本植物，虽然冬季地上部枯死，但是地下茎能越冬，到春季时芽又伸展出来。

◎虽然喜欢冷凉的气候，但是总的来讲生长发育旺盛，容易越夏，能够持续收获。

◎从春季至夏季枝繁叶茂，在整枝的同时可不断收获。

◎基本不用担心病虫害。

◎每 3 年左右把根株挖出来进行 1 次分株，重新栽到地里，能长时间地收获好的叶片。

◎栽到箱式花盆中，在身边栽培多种薄荷，管理、使用都很方便。

推荐的品种

薄荷类的野生种很多，还因为杂交很容易，所以有很多的品种在各地栽培着。

皱叶薄荷（日野春香草园）：在叶片的边缘稍带紫色，有香味又有清凉感。

英格丽士斯拍阿薄荷（日野春香草园）：有清爽的香味和强烈的风味是其特点。适合做菜用。

苹果薄荷（日野春香草园）：有像苹果那样的果茶香味，最适合做成香草茶。

柠檬薄荷（日野春香草园）：有柠檬味，非常清爽。比其他的品种生长慢，不易扩展。

皱叶薄荷

英格丽士斯拍阿薄荷

苹果薄荷

柠檬薄荷

栽培方法

1 育苗

在育苗箱中播种

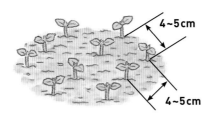

因为种子小，所以要细心地覆土，不能太厚了

4~5cm

4~5cm

在混杂拥挤的地方适时间苗，使株距为 4~5cm

10cm

当植株长到高 10cm 左右时，育苗完成

2 地块的准备

在定植前约 2 周全面地撒施基肥，进行耕翻

平均 1m²
堆肥　5~6 把
豆粕　5 大匙
复合肥　3 大匙

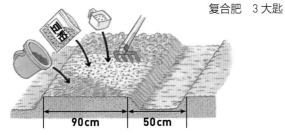

90cm　50cm

3 定植、管理

定植后，在植株周围浇水。若叶色变浅，就施少量的豆粕、液肥等

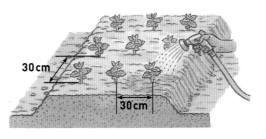

30cm

30cm

分株

3 月，挖出根茎切成长 15cm 左右的段，定植深度为 5cm。用这种方法更新植株，2~3 年 1 次

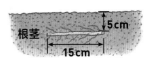

根茎　5cm

15cm

4 收获、利用

摘取叶尖

成功的
要点　从春季到夏季生长发育旺盛，可以结合整枝不断进行收获。

贮存方法

在刚开始见到花蕾时，从地上 5cm 处连茎割断，捆起来挂在阴凉处晾干。把干了的叶摘下来，放在密闭容器中保存，逐渐利用

把 1 小匙干薄荷放入壶中，倒入刚烧开水，等 5~10min，就可品尝薄荷茶了

薰衣草

Lavender

●唇形科 / 原产地：地中海沿岸地区

花非常美丽，是大家特别喜爱的香草。花散发出来的芳香有缓解身心紧张的效果，可以做成花束、干花、茶、点心等。

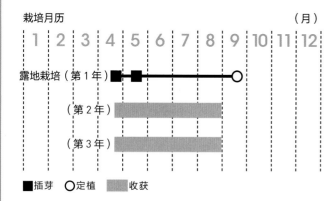

栽培月历　　　　　　　　　　　　（月）

■插芽　○定植　▨收获

栽培要点

◎多年生的常绿灌木，喜欢冷凉的气候，冬季也能轻松越冬，很耐低温。

◎喜欢排水性好、稍有点干的土壤。

◎因为不耐高温高湿，所以在进入梅雨季节时，把枝剪短，防止郁闭。

◎在平坦的低洼地栽培，特别要注意夏季高温多湿时的排水。

◎从种子培育到收获需2年时间，用枝条扦插或插芽进行繁殖效率高。

◎开花时，把花和几片叶一块剪下来。从留下的植株上就可长出芽，并继续生长。

◎很适合用箱式花盆栽培。

推荐的品种

除紫色外，还有白色、蓝色、粉红色的花色。植株有直立性的，还有横向扩展的。

喜得可特薰衣草（日野春香草园）：株型小而紧凑，花为深紫色、香味大。

英国玫瑰薰衣草（日野春香草园）：浅粉红色的花和灰色的叶形成鲜明对比，非常漂亮。

雅芳薰衣草（日野春香草园）：较耐热。有长的花茎。

特香薰衣草（日野春香草园）：蓝紫色的花，四季开放，香味大。生长发育旺盛。

喜得可特薰衣草

英国玫瑰薰衣草

雅芳薰衣草

特香薰衣草

栽培方法

1 育苗

从市场上购买植株或者茎叶，剪取尖端 7~8cm 的部分，进行插芽繁殖

购买的苗

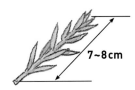

使用生长健壮的枝条的尖端

7~8cm

↓

培育插芽苗

赤玉土 + 蛭石

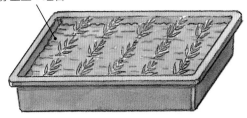

> 成功的要点
>
> 避开日光直射的场所，隔着玻璃照到光即可。

2 地块的准备

在定植前约2周施入基肥，进行耕翻

平均 1m 沟长
堆肥　5~6 把
豆粕　少量

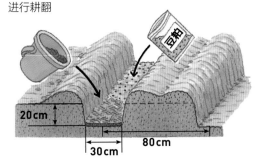

20cm

30cm

80cm

> 成功的要点
>
> 因为不耐高湿，在低洼地要起高垄，做好排水。

3 定植

当植株长到高 10cm 左右时，把育成的苗以 30cm 的株距定植

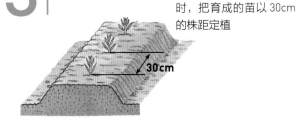

30cm

4 管理

过了开花期进入梅雨季节时，在茎的下部留下 4~5 片叶，上部剪除，防止蒸腾，提高再生能力

豆粕　少量

在早春和收获后施少量的肥料，撒施在株间

箱式花盆栽培

用长方形的箱式花盆栽培，在生长发育盛期 1 个月 1 次追施豆粕 2 大匙

5 收获、利用

在开花期，带着花序割取茎叶收获。也可提炼精油

在凉爽的场所晾干，可制成香草茶或干花等

茴香

Fennel

●伞形科 / 原产地：欧洲、地中海沿岸地区、西亚

和鱼很搭。自古以来就作为香草使用，是做鱼菜时不可缺少的配料。叶片、叶柄、果实都能利用。

栽培月历 （月）

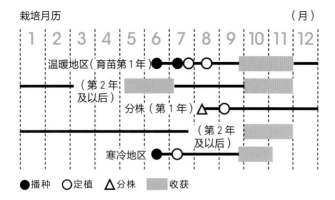

●播种　○定植　△分株　▨收获

栽培要点

◎植株能长成高 1m 以上的大型宿根草本植物。7 月前后开伞状的小黄花，外观也很漂亮。

◎喜欢排水性好、透气性好的土壤，在定植时和每年的早春，要多施优质的堆肥。

◎虽然可用播种的方法和分株的方法进行繁殖，但是佛罗伦萨茴香建议用种子繁殖，不适合分株繁殖。

◎因为移植时缓苗很慢，所以在塑料钵中播种育苗，育好苗后不要伤着根直接定植即可。

◎第 3 年及以后，植株周围散落下的种子萌芽，就长成很多的小苗。

◎为了防霜冻，10 月以后撑上小拱棚。

◎虽然冬季生长停止，但是在温暖平地，绿叶不落植株矮化越冬。在寒冷地区，地上部虽然枯死，到春季又长出新叶。

推荐的品种

茴香和佛罗伦萨茴香的培育方法和利用方法稍有不同，所以购买时要确认好。

那不勒斯茴香（Tokita 种苗）：叶柄的基部膨大的佛罗伦萨茴香，风味好，生吃、加热都很好吃。

甜茴香（日野春香草园）：茎叶、花可用于做凉拌菜、炖菜，种子可做点心等。

青铜色茴香（日野春香草园）：有铜色的叶片，除用于做菜外，还可用于欣赏。

斯台基奥茴香（Tokita 种苗）：日本培育的新品种。有清新的香味，呈棒状，食用方便。

那不勒斯茴香

甜茴香

青铜色茴香

斯台基奥茴香

栽培方法

1 育苗

茴香的根是直根，不方便移植，所以直接播种在塑料钵内育苗

在3号塑料钵中播4~5粒种子

随着生长发育间苗，留下1株培育，当植株长到高15cm时育苗完成

散落下的种子发芽长出的苗，也可以带土挖出来移植到塑料钵中育苗

2 地块的准备

平均1m沟长
堆肥　6~7把
豆粕　5大匙
复合肥　3大匙

在定植前约2周施入基肥

成功的要点　因为是深根性的，不耐土壤的高湿，所以要选择排水好的地块栽培。

3 定植

茴香（小株）等　　佛罗伦萨茴香（大株）等

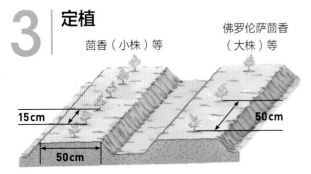

15cm　　50cm

50cm

4 追肥

平均1株
豆粕　1大匙
复合肥　0.5大匙

第1次
当植株长到高20cm时，在垄边撒施肥料，和土掺混一下，然后培到植株周围

第2次
在鳞茎开始膨大的时候，施和第1次一样量

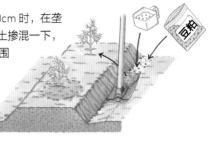

5 摘除下叶、培土

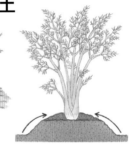

把变色的下部叶片摘除，进行培土

成功的要点　为防止被风吹倒，向植株基部培土，把下部黄化的叶片适当地摘除。

6 收获、利用

甜茴香等

柔嫩的绿叶尖端可用于制作西式汤菜或香料添加剂

花

叶片

种子　茎

各个部分都能利用

从叶柄处依次割取收获，做西式汤菜等

佛罗伦萨茴香等

把种子挂起来晾干

膨大基部的鳞茎直径到6~7cm时，可用作色拉、炒菜、汤菜、奶油煮菜等

用作调味品或健康饮料

茖葱

Victory onion

●石蒜科 / 原产地; 欧亚大陆北部、北美洲北部各地, 日本关西以南、奈良以北的深山中

叶片像铃兰的叶片，叶柄长，吃嫩叶、花茎、花。有很强的蒜味，作为保健食品很受欢迎。

栽培月历　　　　　　　　　　　（月）

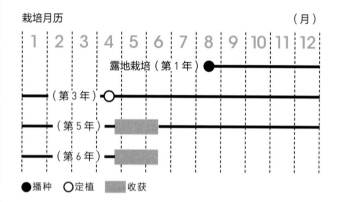

●播种　○定植　▨收获

栽培要点

◎多年生草本植物。因为喜欢排水性好的肥沃坡地，所以选择地块时，就尽量选接近上述条件的地块。

◎因为喜欢弱酸性的土壤，所以整地时不用撒施石灰。

◎播种后 1~2 年都是只有 1 片叶的状态。4~5 年后，初夏时抽薹，伞形花序。夏季时地上部枯死。

◎虽然在地下部形成被褐色的纤维包着的圆筒形鳞茎，但是因为 1 年中只有 2~3 球的分球，所以建议用人工采的种子进行栽培，或者购买市场上卖的苗进行栽培。

◎收获时，留下鳞茎和 1 片叶，第 2 年还能收获。

推荐的品种

在日本各个地区分布着特有的变种，但是还几乎没有作为品种的分化。买野生种进行栽培。

备受关注的营养

有很高的药用价值，自古以来就作为万能药被利用着。含有葱类共有的二烯丙基硫化物（大蒜素）和 β - 胡萝卜素，有很强的抗氧化作用，有预防癌症的效果。因为 β - 胡萝卜素可溶于油中，用油炒着吃或做成天妇罗，可无浪费地被吸收。还含有钾和叶酸等，钾可降血压、预防生活习惯病，据说叶酸对预防认知病有效。

栽培方法

1 购买原苗

初次栽培，可从市场上买鳞茎或塑料钵培育的现成的苗

如果想繁殖植株，就把买的苗定植，4~5年后自己采种。如果买了很多苗，第2年春季、第3年春季就可收获了

2 采种

遮雨培育采种用的植株。4~5年后初夏时就开花。种子完全成熟时，趁其还未散落时采收

因为若种子干了就不发芽，所以将其浸在水中，换水保存到播种前

在播种前几天，把水控干，用湿布包着不要让种子干了

3 地块的准备

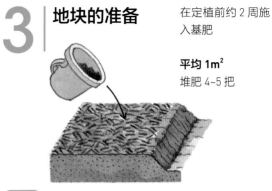

在定植前约2周施入基肥

平均1m²
堆肥 4~5把

成功的要点　因为喜欢弱酸性的土壤，所以整地时不用施石灰。

4 育苗、定植

播种育苗，到第3年的春季再移栽到大田里

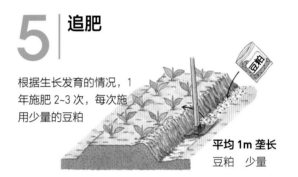

20cm
50cm　30cm

5 追肥

根据生长发育的情况，1年施肥2~3次，每次施用少量的豆粕

豆粕

平均1m垄长
豆粕 少量

6 收获

耐寒性强，因为在早春就发芽，所以从嫩芽或嫩叶就开始收获，能利用到初夏

留下1片叶和鳞茎，第2年还能继续收获

鳞茎

花
花茎

花和花茎也能食用

从定植第2年的春季开始就可以收获

山椒

Japan pepper

●芸香科 / 原产地：东亚、北美洲

也叫野花椒，是古老的香辣调味料类蔬菜。野生于北海道以南的日本各地。以使用嫩芽为主，还有叶、花蕾、未熟果、熟果被广泛用于各种菜肴。

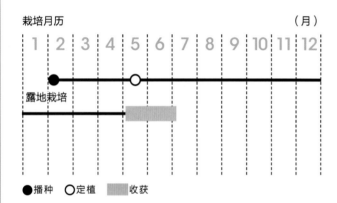

栽培月历 （月）

| 1 | 2 | 3 | 4 | 5 | 6 | 7 | 8 | 9 | 10 | 11 | 12 |

露地栽培

●播种　○定植　▨收获

栽培要点

◎原来是在山野地中野生的高度为 2~3m 的落叶灌木，日本从明治时代开始就人工栽培。现在也有用大棚等促成栽培的，周年都能收获。

◎喜欢日照好的场所。

◎因为是雌雄异株，所以要想利用果实和种子，就需要雌株和雄株二者都要栽植。

◎因为种子不耐旱，所以放在河砂中进行保存。

◎播种后，为了防止干旱，在垄上铺上稻草。定植后，在植株基部铺上稻草。

◎嫩芽长到 3cm 左右时就可摘取收获。

推荐的品种

有枝条上有刺的普通品种和少刺的朝仓花椒等品种。虽然在家庭菜园中容易操作的是无刺的品种，但是有刺的普通种产量高。

葡萄山椒（泷井种苗）：像葡萄一样的穗状，籽粒多、粒大的高级品种。主要作为干果、调味料和中药等被利用着。有丰产性、香味大。

朝仓山椒（泷井种苗）：香味浓郁，适合生果用。未熟的籽粒做成皱褶花椒、佃煮，嫩芽如果做凉拌菜等用，有清新的辣味，很香。突变种因为刺少，所以容易操作、管理。

用花山椒：4~5 月，摘取雄花做成高汤或醋拌凉菜、佃煮等。开黄色的花，小而美丽。

葡萄山椒　　　　　　　朝仓山椒

栽培方法

1 育苗

放入河砂中保存，防止种子干了

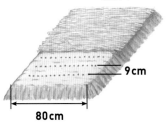

铺稻草

9cm

80cm

2 月中、下旬前后，全面地撒施基肥，耕翻后起垄，把种子条播。播种后在上面铺上稻草，防止干旱

当长出 2~3 片叶时，就可移栽到大田中

2 地块的准备

平均 1m 沟长
堆肥　7~8 把
豆粕　7 大匙

在定植前约 2 周施入基肥

20cm

3 定植

以株距为 20cm 进行定植

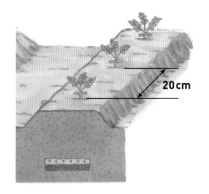

20cm

4 铺稻草、追肥

铺稻草

定植后铺上稻草，防止杂草丛生和防止干旱

> 成功的要点　因为不耐旱，所以在植株基部铺上稻草。

在生长发育过程中，1 年进行 2~3 次追肥

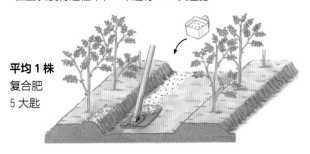

平均 1 株
复合肥
5 大匙

5 收获、利用

嫩芽

3cm 左右时摘取收获

嫩叶

幼芽

用手拍拍，香味出来了再用来做菜

未成熟果可以制作腌菜或佃煮

食用菊

Edible chrysanthemum

●菊科 / 原产地：中国

花瓣厚、香味大、苦味小的菊花。加热也不变色。在中国，从公元前就用于酿酒或制茶，作为长寿不老的饮料。在日本的东北地区、北陆地区栽培多，在西南地区栽培少。

栽培月历 （月）

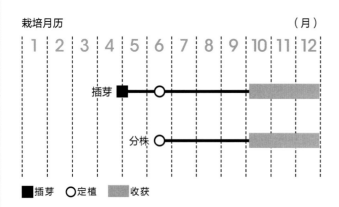

| 1 | 2 | 3 | 4 | 5 | 6 | 7 | 8 | 9 | 10 | 11 | 12 |

插芽

分株

■插芽　○定植　▨收获

栽培要点

◎ 宿根性的多年生草本植物。虽然喜欢冷凉的气候，但是耐热性和耐寒性都很强，比一般的蔬菜栽培容易。

◎ 在有机质丰富、排水性好、通气性好的土壤中能培育出优质品。

◎ 和观赏用菊花相同，4~5月进行插芽培育，6月时分株也可。

◎ 当植株长到高30cm左右时，为了防止倒伏，在植株旁边立上支柱，用细绳进行引缚。

◎ 注意及时防治锈病、黑斑病、蚜虫、甘蓝夜蛾等。

◎ 因为花期较长，所以作为观赏用也很美。

推荐的品种

根据地区和用途不同，所喜欢的品种也不同。寿命长的代表品种有阿房宫、高砂、藏王菊等。虽然饰菊（小菊）作为生鱼片等的装饰物而被利用，但是不适合食用。

长寿菊：花瓣是带紫的桃色。有爽口的口感，味道好，略带甜味和苦味，很香。在日本新潟叫作神菊，也有意外菊、柿本菊等别称。

阿房宫：在日本青森县、秋田县栽培较多，鲜艳的大黄花非常引人注目。香味好，苦味几乎没有。花瓣长，口感柔嫩。青森县特产的干菊，就是用阿房宫菊的花瓣蒸后又烘干的食品。

阿房宫

栽培方法

1 育苗

插芽

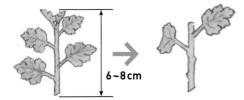

剪取 6~8cm 长的枝尖

留下 2~3 片叶，把其余的剪掉

在育苗箱中放入河砂、鹿沼土，再插入芽

育成的苗

分株

5~6cm

基部的芽长到 5~6cm 时，带着根用手取下来

12~15cm
育成的苗

当植株长到高 12~15cm 时，栽到大田中

2 地块的准备

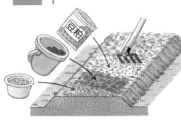

平均 1m²
堆肥　4~5 把
豆粕　5 大匙
腐殖土、泥炭土等 4~5 把

在定植前约 2 周，在垄上全面地撒施，深翻至深 20cm 左右

成功的要点　因为喜欢有机质丰富、排水性好、通气性好的土壤，所以加入腐殖土，泥炭土等改良土壤。

3 定植、追肥

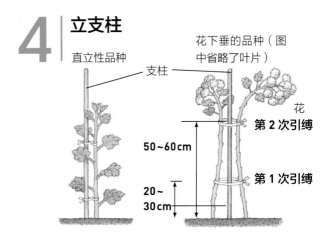

定植间距根据品种不同也不一样

20~40cm
70~90cm

用豆粕和复合肥的混合物，撒施到植株周围，和土掺混一下，从植株长到 30cm 时开始 1 个月 1 次

平均 1m 垄长
豆粕　3 大匙
复合肥　2 大匙

4 立支柱

直立性品种

支柱

花下垂的品种（图中省略了叶片）

花
第 2 次引缚
50~60cm
第 1 次引缚
20~30cm

5 收获、利用

把开花的依次摘取收获

用水洗干净

5 杯的热水中加入 1 大匙醋，加入菊花，煮后，用于拌色拉或凉拌菜

摘花瓣

龙蒿

Tarragon

●菊科 / 原产地：西伯利亚

虽然叶形像艾蒿，但是无缺刻。在法国改良的法国龙蒿，是做酱汁、西洋醋等不可缺少的材料。

栽培月历 　　　　　　　　　　　　　　（月）

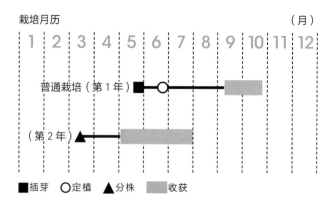

■插芽　○定植　▲分株　▨收获

栽培要点

◎喜欢冷凉的气候，在日本关东以南，如果不是在房屋北侧等凉爽地方就不能很好地生长发育。

◎夏季时为了遮挡强光，可撑上黑色的寒冷纱。

◎选择排水性好、通气性好的地块进行栽培。

◎虽然是多年生植物，时间长了植株就混杂拥挤，长势变衰弱，所以1~2年就要进行1次分株，进行重栽以恢复植株长势。

◎因为法国种采不到种子，所以用扦插或分株的方法进行繁殖。

推荐的品种

主要有法国种和俄罗斯种。

法国龙蒿（日野春香草园）：是在法国改良的品种，叶是鲜艳的绿色，有很香的香味。生叶风味很好。

俄罗斯龙蒿：长势强的茎能伸展到1.5m左右，叶上有很多的茸毛。植株长势强，香味弱，不适合做菜。

法国龙蒿

备受关注的营养

是艾蒿的近缘种，很香的香味和苦味共存。从古代就作为消毒或对治疗失眠症有一定的疗效的药物利用。叶中维生素A和维生素C含量丰富，据说有促进消化、强壮身体的作用。食用方面，多被用于制作西式泡菜或酱汁。

栽培方法

1 育苗

因为法国种采不到种子，所以春季时扦插萌蘖芽育苗

从植株基部长出来的子苗（萌蘖芽）

12~13cm

把伸展到高 12~13cm 的子苗取下来，插到育苗箱中

2 地块的准备

平均 1m²

堆肥　7~8 把
复合肥　3 大匙

在定植前约 2 周撒施基肥，然后进行耕翻

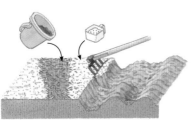

3 定植

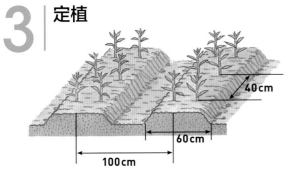

40cm
60cm
100cm

箱式花盆栽培

用塑料钵或箱式花盆栽培，放在身边培育就行

4 管理

豆粕　少量

根据生长发育的状态追肥，1 个月 1 次，把少量的豆粕撒于株间

第 2~3 年的春季，把地上部割掉，使其恢复长势。另外，因为植株易混杂拥挤，所以 1~2 年进行 1 次分株，重新栽植

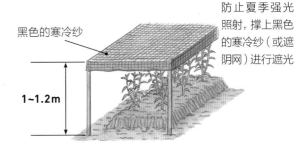

防止夏季强光照射，撑上黑色的寒冷纱（或遮阴网）进行遮光

黑色的寒冷纱

1~1.2m

> **成功的要点**
> 因为不适应高温高湿的环境，夏季修剪枝条，改善通风环境，用遮阴网等遮挡直射的日光。

5 收获、利用

新芽旺盛伸展时，就摘取尖端进行收获

用于法式菜肴。可以加入黄油、乳酪使用，还可用于制作香草西洋醋、香草油、色拉调味料，还用于烹制法式蜗牛等。用生叶可制成茶、沐浴剂等

443

甘露子

Chinese artichoke

●唇形科 / 原产地：中国

具有特殊形状的吉祥蔬菜，又名宝塔菜、土人参、地蚕、草石蚕等。块茎虽然是白黄色，但是用梅醋腌泡就变成红色。

栽培月历 （月）

1	2	3	4	5	6	7	8	9	10	11	12

○栽植　　■收获

栽培要点

◎植株高度为 40~60cm。叶片乍看上去虽然像紫苏的叶片，但是为长圆形并且较厚。

◎春季栽植，晚秋时收获。在地下茎的顶端，有缢缩成串的算盘珠状的很有意思的块茎。

◎喜欢比较冷凉的气候，因为干旱就会导致生长发育变差，所以以在稍湿的地方栽培为宜。

◎虽然是栽植在日照好的地方为好，但是也要避开很强的西晒。适合在肥力稍差的地块生长。

◎栽植时出芽的方向向上。

◎因为不耐旱，所以出梅前在植株基部铺上稻草。

◎晚秋，在地上部还未枯死时进行收获。如果收获晚了，地下茎就会脱落，就很难收获了。

◎生长健壮，容易培育，栽植 1 次能多年收获，从留下的块茎上又发出芽。

推荐的品种

没有新品种的分化。

备受关注的营养

淡淡的味道，在嘴里咬着有咯吱咯吱的口感。甘露子中含的碳水化合物不是淀粉，全是低聚糖。低聚糖在大肠中有促进乳酸菌等有益菌繁殖的作用。因此它有调理胃肠功能、保证身体健康的作用。

因为低聚糖是水溶性的，在水中浸泡时间不要长了，建议连做菜的汤一起喝掉。

栽培方法

1 地块的准备

冬季时全面地撒施石灰和少量堆肥，然后耕翻

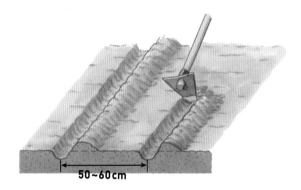

50~60cm

在栽植前，挖深 3~5cm 的沟

2 栽植

把芽稍伸展的块茎，竖着插入沟内进行栽植

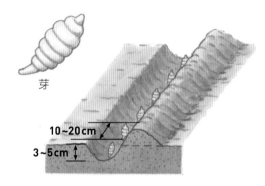

芽

10~20cm
3~5cm

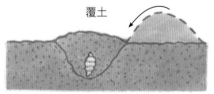

覆土

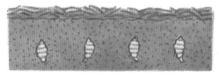

栽植后，为了防止强光照射和干旱，在地表面上覆上一层薄的堆肥

3 管理

当植株长到高 10cm 时，在植株的周围施少量的复合肥

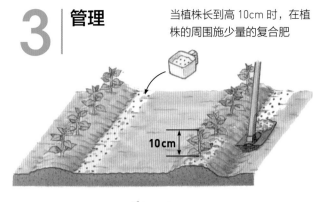

10cm

因为不耐旱，在进入夏季前，在植株基部铺上稻草

4 收获、利用

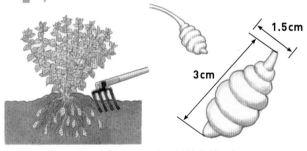

1.5cm
3cm

11 月 ~12 月初，在地上部还未干枯前收获。如果枯死了，地下茎会脱落，就很难收获了

| 成功的要点 | 尽量选择在阴天或傍晚收获，收获后立即放入盛水的塑料桶中清洗干净。细致地把缢缩部分的土洗干净。如果晚了，白色的块茎就会变成茶褐色。 |

收获之后就要立即利用。用红色的梅醋浸泡做成腌咸菜，在正月煮豆时是不可缺少的吉祥物

莳萝

Dill

●伞形科 / 原产地：地中海沿岸地区、俄罗斯南部地区

辣乎乎中稍有甜味，有独特的风味。和鱼或马铃薯很搭，用途广泛。有镇静、健胃作用和防止口臭的效果。

栽培月历 （月）

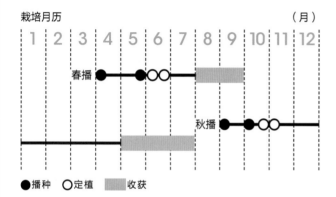

● 播种　○ 定植　▨ 收获

栽培要点

◎ 虽然植株像多年生草本植物茴香，但是莳萝为一年生草本植物。

◎ 选择在日照好、排水性好的地块栽培。

◎ 因为移植缓苗太慢，所以在塑料钵中播种，植株长到20cm左右时育苗就完成了，细心地栽到大田中。

◎ 因植株能长到1m以上，所以定植时把株距留得宽一点。

◎ 因为茎叶纤细，植株伸展时立上支柱并进行引缚。

◎ 在生长发育进行过程中，随时可以收获。花和种子也能利用。

推荐的品种

根据叶的着生方式和长势、花茎的生长时期等的不同可分为几个品种。

莫尼亚莳萝（日野春香草园）：比普通的莳萝植株小而紧凑，容易培育。叶片有辣味，做鱼或肉时可用来增添香味。花茎长出来晚，收获时间长。

莫尼亚莳萝

备受关注的营养

叶、茎、花、种子都能利用。特别是叶的香味好，做西式泡菜、汤菜、鱼菜等放上会增添香味。种子有稍刺激的香味，还作为口腔清凉剂而使用。

作为香味成分的香芹酮和苧烯，除有增进食欲、促进消化等效果外，还有很好的镇静作用。在睡觉前喝点香草茶，还有安眠的作用。

栽培方法

1 | 育苗

在 3 号塑料钵内播 5~6 粒种子，撒上一层薄土

当有 3 片叶时间苗，留下 1 株培育

当植株长到高 20cm 左右时，育苗完成

成功的要点 因为移植缓苗太慢，所以把种子播在塑料钵中，当植株长到高 20cm 左右时育苗完成，细致地定植到大田中。

2 | 地块的准备

平均 1m 沟长
堆肥　6~7 把
豆粕　5 大匙
复合肥　3 大匙

在定植前约 2 周施入基肥

3 | 定植

以株距为 40cm 进行定植

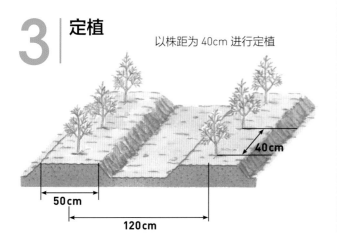

40cm

50cm

120cm

4 | 追肥、立支柱

植株高 40~50cm 时

平均 1 株
豆粕　1 大匙
复合肥　2 大匙

从定植开始，1 个月施 1 次肥，在垄的一侧撒施肥料，和土掺混后培到植株的基部周围

豆粕

5 | 收获、利用

使其伸展

随着生长发育，依次摘叶利用。不要摘顶部的叶，使其伸展

叶

叶可和黄瓜、番茄、熏鲑鱼等一起做色拉。花也可做色拉或西式泡菜。种子也可混入蛋黄酱或酸奶中利用

花

种子

花开完后收割，再晾干

夏季还可欣赏花

成功的要点 叶在生长发育过程中可随时可收获。花和种子也能利用。

蓼

Water pepper

●蓼科 / 原产地：北半球

叶有辣味和独特的香味。据说有消除鱼中的毒素的作用，作为生鱼片的配菜或做成蓼醋都是很有用的。

栽培要点

◎喜欢水边等潮湿的土地。可选择采光性好、通风好的场所栽培。

◎栽培芽蓼时，要选发育特别好的种子进行栽培。

◎采种后，因为有 2~3 个月的休眠期，所以要用解除休眠的种子。

推荐的品种

可食用的蓼有雨久花蓼，叶和茎为红色的红蓼（图左），用真叶的细叶蓼，绿色的蓝蓼（图右）、细竹蓼等很多品种。细竹蓼用在制作鲇鱼料理的蓼醋中。

栽培方法

1 | 播种

在育苗箱中装入河砂，用木板等将表面细心地整平

全面地厚一点儿地撒上种子

河砂

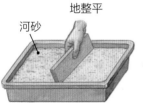

种子上面用筛子筛上一层薄土，厚度以刚看不到种子为宜。再在上面盖上报纸、塑料薄膜，促进发芽

夏季遮光
夏季撑上遮光材料使其处于凉爽的环境中

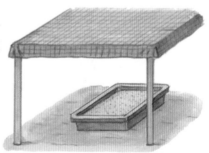

2 | 收获

收获后的河砂，用筛子筛一筛，捡出残根等，还可再利用

子叶完全展开，真叶开始长出的时候，用剪刀从地表处剪断收获。在夏季，播种后 7~10d、发芽后 3d 左右为收获适期；在冬季，播种后 25~30d、发芽后 10~15d 为收获适期

第 **2** 章

蔬菜栽培的
基础知识

栽培计划

在开始蔬菜栽培之前

通过博物学家和生物学家长时间的工作和努力，根据地球上的生物的特征，进行了生物系统的分类。右页的图，把在日本栽培的主要蔬菜用树的形式分门别类地系统展示了出来。

现在，在日本栽培的蔬菜的种类有150种以上。这其中，甘蓝、菠菜、生菜、葱、洋葱、白菜、黄瓜、茄子、番茄、甜椒、萝卜、胡萝卜、芋头、马铃薯这14种蔬菜，作为在全国流通、消费量最多的重要蔬菜被日本农林水产省列为"指定蔬菜"。另外，小松菜、南瓜、芜菁、西瓜等35种消费量多、对振兴地区农业生产重要的蔬菜，按照指定蔬菜的标准列为"特定蔬菜"。

最近，随着健康水平的提高，趣味爱好的多样化，以进口的活跃性为背景，超市中出现了新的珍贵蔬菜，还有在各个地方自古栽培的传统蔬菜等。

在开始栽培蔬菜时，理所当然要做的事情，就是在众多的蔬菜中选择你要栽培什么。

当然，毋庸置疑选择培育你和你的家人想吃的蔬菜是很重要的。但是由于蔬菜有其各自的特点，栽培的难易度也是不同的。还有，地块的宽敞程度、栽培环境，从自己家到地块的远近、多长时间能往返一次等诸多问题也是要考虑周全的。

结合栽培的地区和栽培时期，选择某种植物的什么品种也是很重要的。例如，春播栽培菠菜时，如果不选用春播用的品种，在高温、长日照条件下，菠菜就会抽薹开花。特别要注意是春播用的品种还是秋播用的品种，这些信息都在种袋上有标记，要认真地进行阅读并仔细确认。

能一起栽培的有哪些蔬菜，还要做到不出现连作障碍，下茬要栽培什么样的植物等，诸如此类的栽培计划必须提前订好，这也是很关键的。

在此，在开始栽培之前把必须要掌握的有关蔬菜栽培的基本知识进行了整理归纳。

在日本栽培的主要蔬菜种类

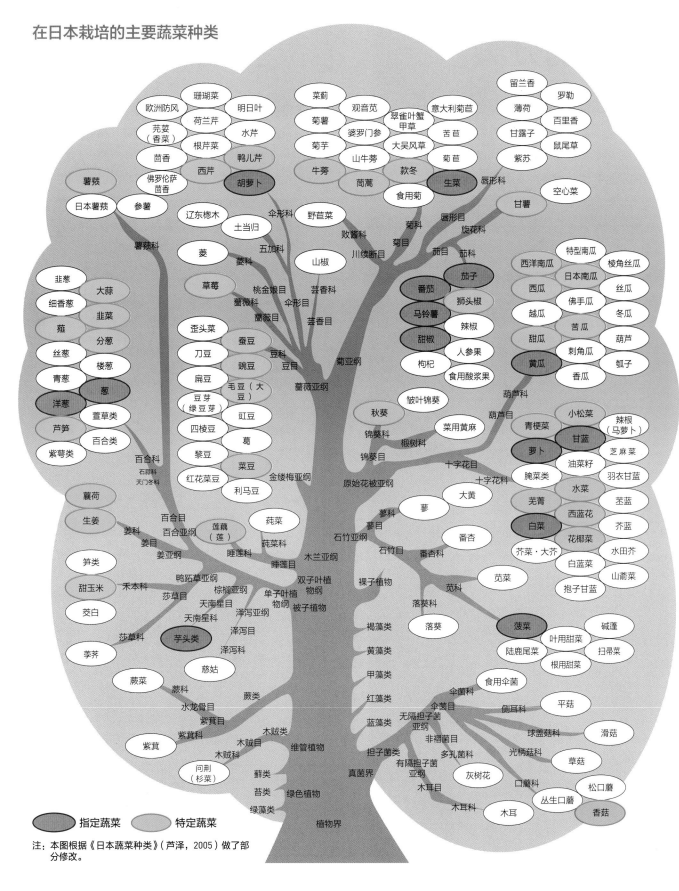

注：本图根据《日本蔬菜种类》（芦泽，2005）做了部分修改。

蔬菜的分类

根据蔬菜可食用的部位大致可分为果菜类、叶菜类、根菜类。从植物学方面看，有的食用部位看上去像根其实却是茎的变形（芋头、马铃薯等），还有的食用的不是叶而是成簇的花蕾（西蓝花等），但是为了方便起见，还是将蔬菜分为3类。

根据植物学分类方法，分为茄科、葫芦科、十字花科等很多科，可了解从外观上看不出来的亲缘关系。因为同科蔬菜发生的病虫害也多相同，所以提前掌握这些情况，对于制订种植计划是很方便的。目前，科的分类发生了很大变化，根据基于DNA解析的APG（Angiosperm Phylogeny Group，被子植物系统发育组）分类系统，有菠菜从藜科到苋科、葱从百合科到石蒜科、芦笋从百合科到天门冬科变更的情况。

根据类缘关系对蔬菜的分类

类别	科名	种类名	类别	科名	种类名	类别	科名	种类名
果菜类	茄科	茄子 番茄 甜椒 辣椒	叶菜类	十字花科	甘蓝 花椰菜 西蓝花 抱子甘蓝 苤蓝 水田芥 青梗菜 小松菜 红菜薹	叶菜类	唇形科	紫苏 百里香 罗勒
	葫芦科	黄瓜 葫芦 越瓜 冬瓜 南瓜 甜瓜 西瓜 丝瓜 苦瓜					天门冬科	芦笋
				苋科	菠菜 叶用甜菜 陆鹿尾菜		姜科	蘘荷
							蓼科	蓼 大黄
	禾本科	玉米		伞形科	西芹 荷兰芹 鸭儿芹 茴香 水芹 明日叶		五加科	土当归
	锦葵科	秋葵				根菜类	十字花科	芜菁 萝卜 樱桃萝卜 山葵菜
	豆科	菜豆 长豇豆 扁豆 毛豆 四棱豆 蚕豆 豌豆 花生		石蒜科	葱 韭葱 分葱 韭菜 大蒜 薤 青葱 洋葱		茄科	马铃薯
							旋花科	甘薯
							薯蓣科	薯蓣
							天南星科	芋头
							菊科	牛蒡
	蔷薇科	草莓					伞形科	胡萝卜
叶菜类	十字花科	白菜 乌塌菜 水菜 芥菜 大芥		菊科	茼蒿 生菜 苦苣 菜蓟 观音苋		姜科	生姜
							泽泻科	慈姑
							苋科	甜菜

根据使用目的选择蔬菜

在这里把适合在家庭菜园中栽培的蔬菜种类的选择方法，大致分为 4 点。是想培育平常在餐桌上大量消费的重要蔬菜呢，还是想培育稀奇的蔬菜呢，还是在特定季节想品尝一下刚收获蔬菜的味道呢……请参考这些分类。

选择种类的要点

①大量消费的重要蔬菜

种植平时大量消费的蔬菜，对家庭食用来说很省事并且经济。如果有较大面积的地块，它就是主角。

甘蓝　黄瓜　胡萝卜　萝卜　马铃薯　洋葱　番茄　葱

②享受、品尝刚收获蔬菜新鲜的颜色和味道

能吃到刚采收的新鲜蔬菜是家庭菜园的乐趣。这是属于能品尝到刚收获蔬菜的特别味道的一类。

玉米　迷你胡萝卜　菜豆　樱桃萝卜　芜菁　菠菜　茼蒿　茄子

③在超市不容易买到的稀奇蔬菜

从国外或外地引进的稀奇蔬菜和自古流传下来的传统蔬菜，在家庭菜园中都能自由种植。

菜蓟　佛手瓜　苦苣　大黄　茴香　苤蓝

④用很小的面积几乎全年能自给自足的蔬菜

用 1~2 个箱式花盆就能够自给自足的蔬菜也有很多。就种在厨房旁边，非常方便。

百里香　荷兰芹　紫苏　嫩葱　水田芥　罗勒

根据地块的条件选择蔬菜

虽然是自己能够决定培育什么蔬菜，但是根据地块条件也有不适合种植的蔬菜。

从家到地块有多远、能抽出多少精力和时间、地块的面积有多大、土壤的水分和日照情况、温度如何……根据这些条件，有适合栽培的蔬菜，也有不适合栽培的蔬菜。宽敞、栽培环境好的地块，蔬菜种类的选择范围广。不过，即使是条件差，若采取合理对策，也能栽培。首先，在正确把握自己的栽培环境之后，再决定种什么蔬菜吧。

到地块的距离和来回通勤的频率

从住所到地块有多远这个问题，在选择栽培蔬菜种类时就是很重要的条件。在自己住宅附近有地块是最好的，选择种什么菜都很好。但是随着距离的变远，种什么菜也会受到制约。尤其是需要每天收获的菜是不能栽培的，像草莓等熟了后颜色鲜艳，易被人摘走，所以最好也要避开。

不管离住所有多远，从家到地块通勤的频率对选择种什么种类也有直接的关系。如果每天都有时间去地块，种什么菜都行，但是每周只去1次或2~3次，特殊情况下1个月只去1~2次的人也有。这样不能培育的种类也就随之增加。特别受春作、夏作的限制更大。如果是秋冬茬，隔1~2周去1次也问题不大。

1周1~2次

1周3次左右

几乎每天都可以

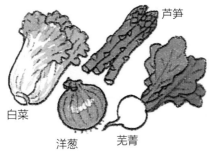

白菜　芦笋　洋葱　芜菁

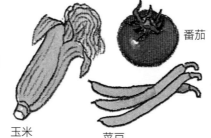

番茄　玉米　菜豆

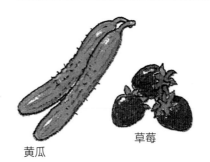

黄瓜　草莓

454

地块的面积大小

必须要根据是 5~10m² 的小地块、还是 30~50m²，或者 100m² 以上的地块考虑栽培的种类。如果面积小，就种植那些消费量少的或新奇、稀有的种类；如果地块面积大，就种植那些消费量大、贮藏性强的蔬菜。

另外，在庭院或阳台上用箱式花盆栽培时，还有"与厨房 0 距离"这种地块与厨房直接相连的便利。因为面积小，最适合栽培用量少、香味大的香辛类和香草类蔬菜。在身边栽培管理方便，也能防范风雨，结合地块栽培是很有魅力的。

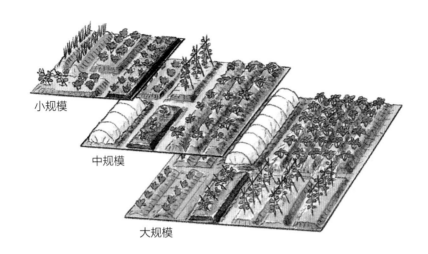

小规模

中规模

大规模

地块的水分状态

因为根据土壤的干湿程度不同适合种植蔬菜的种类有很大的差异，所以从水分状态方面熟悉了解地块的特征，对于选择蔬菜的种类是很重要的。

即使是土壤湿度大也长得较好、不耐干旱的有鸭儿芹、款冬、西芹、芋头等。土壤湿度大才能很好地生长的有水芹、水田芥；没有水就不能培育的莲藕、慈姑等是最喜欢水分的蔬菜。

不耐湿的蔬菜有番茄、甘薯，根深葱、萝卜、牛蒡、南瓜等，如果不是种在排水好的地块里就没有好的收成。

一般地来讲，对排水差的地块，起高一点的垄，也是对策之一。

但是，事先掌握土壤的特性，进行适地适作是最理想的方法。

不耐旱的蔬菜

款冬

芋头

不耐湿的蔬菜

番茄　　　　　　甘薯

地块的日照

在比较耐阴的蔬菜中，果菜类的有菜豆、草莓，根菜类的有生姜、芋头等。但是叶菜类以襄荷、款冬、鸭儿芹为首，还有荷兰芹、西芹、生菜、叶葱等很多的种类。如果是半日阴的地块可从中选择栽培。

喜强光，在日阴处就生长发育不好的代表性种类有西瓜、甜瓜、番茄等的果菜类。如果是种在半日阴处、日阴处，会坐果不良或糖度不足，绝不会有好的收成。玉米、甘薯等也喜强光，在日照好的地块栽培收获更好。

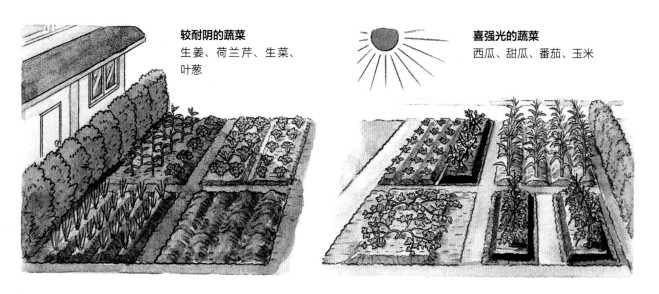

较耐阴的蔬菜
生姜、荷兰芹、生菜、叶葱

喜强光的蔬菜
西瓜、甜瓜、番茄、玉米

温度

适合各种蔬菜栽培的温度见下表。在种袋上都记载着发芽适温和生长发育适温。以此作为参考，根据自己所在地区的气候来决定培育的蔬菜吧。

主要蔬菜的生长发育适温

种类	最高温度 /℃	最低温度 /℃	最适温度 /℃
番茄	35~38	2~5	17~28
黄瓜	35~38	5~10	20~28
茄子	38~40	5~10	20~30
甜椒	38~40	10~15	25~30
南瓜	38~40	5~10	20~30
西瓜	38~40	10~15	25~30
白菜	25~30	0~5	15~20
甘蓝	25~30	0~5	15~20
葱	30~35	−7~0	10~18
胡萝卜	28~33	−2~0	15~25

根据栽培的难易程度选择蔬菜

栽培蔬菜时对种类的选择，也和从事体育运动和手工艺等一样，要根据自己的能力结合地块的条件，开始时先选择初级，再到中级、高级水平，逐渐有了实力后再向栽培难度高的蔬菜挑战，这才是正确的攻略。

最容易培育的是在嫩叶状态就能收获的蔬菜。其次是需要培育很多叶片结球的蔬菜，再到培育花蕾的蔬菜、培育果实的蔬菜，再进一步是必须培育高糖度果实的蔬菜，逐渐由易到难。

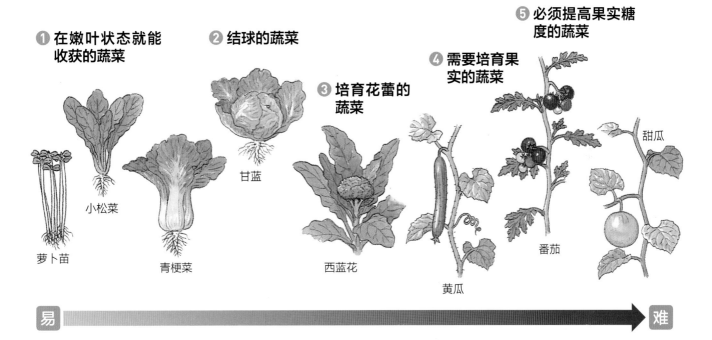

❶ 在嫩叶状态就能收获的蔬菜　萝卜苗　小松菜　青梗菜
❷ 结球的蔬菜　甘蓝
❸ 培育花蕾的蔬菜　西蓝花
❹ 需要培育果实的蔬菜　黄瓜
❺ 必须提高果实糖度的蔬菜　番茄　甜瓜

易 →　难

蔬菜的种类和栽培的难易程度

定植时期 播种时期	种类	易 → 难		
		简单	稍用心就能培育成功	需要费心才能培育成功
春季	果菜类	菜豆、秋葵	茄子、黄瓜、甜椒	甜瓜、番茄
	叶菜类	菠菜、紫苏、水田芥	散叶生菜、甘蓝、葱、茴香、百里香	结球生菜 意大利菊苣
	根菜类	樱桃萝卜	短根牛蒡、生姜	慈姑、薯蓣
夏季	果菜类	菜豆	黄瓜	甜瓜
	叶菜类	小松菜	甘蓝、苤蓝	西芹、鸭儿芹
	根菜类	—	胡萝卜	—
秋季	果菜类	豌豆	草莓	—
	叶菜类	小松菜、菠菜 青梗菜、茼蒿	洋葱、甘蓝、散叶生菜	结球生菜、白菜、葱
	根菜类	樱桃萝卜、小芜菁	萝卜	—

制订种植计划

在实际着手栽培之前，需要先订好选种什么样的蔬菜、在什么地块、如何配置、前后茬如何衔接等问题。在农户的营利栽培中，制订计划是很重要的。在家庭菜园中，由于上述各种情况，能栽培的种类往往更多，因此更需要留意种植计划和地块的栽培设计。

根据各个季节决定栽培种类，为了不发生连作障碍，需巧妙地进行轮作，隔几年以后再次栽培，想办法做到持续地种植。

主要蔬菜的栽培时期

种类			茬口	1月	2月	3月	4月	5月	6月	7月	8月	9月	10月	11月	12月
春播	叶菜类	荷兰芹	春播												
		菠菜	春播												
		鸭儿芹	春播												
		茼蒿	春播												
	根菜类	胡萝卜	春播〔三寸〕												
		芜菁	春播												
	果菜类	黄瓜	早熟												
		西瓜	早熟												
		茄子	早熟												
		甜椒	早熟												
		番茄	早熟												
		秋葵	春播												
夏播	叶菜类	甘蓝	夏播												
		西蓝花	夏播												
		白菜	露地												
		生菜	露地												
	根菜类	胡萝卜	露地												
	果菜类	菜豆	夏播（无蔓）												
		黄瓜	夏播（贴地）												
秋播	叶菜类	菠菜	秋播												
		洋葱	露地												
	根菜类	萝卜	秋播												
	果菜类	豌豆	露地												

◆播种　—育苗　●定植　■收获

5~10m² 地块的种植案例

对于 1.5~3 坪（1 坪≈3.3m²）的小地块，要考虑通风和日照情况选择蔬菜的种类。水萝卜或菠菜等生长发育期短的蔬菜，分葱或荷兰芹等一次吃的量不那么多，即使是小面积地块的收获也能满足一家人享用，建议选用以上这些蔬菜。

茄子、番茄等的果菜类或易发生连作障碍的种类，在自家庭院或阳台上，用箱式花盆栽培不是也很好吗？

栽培月历

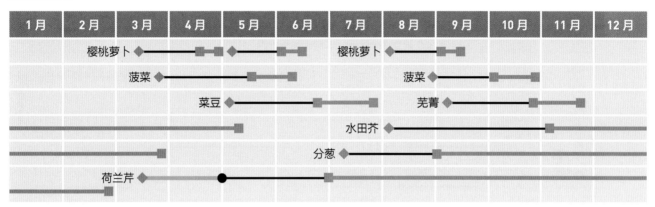

◆播种 ——育苗 ●定植 ■收获

种植案例

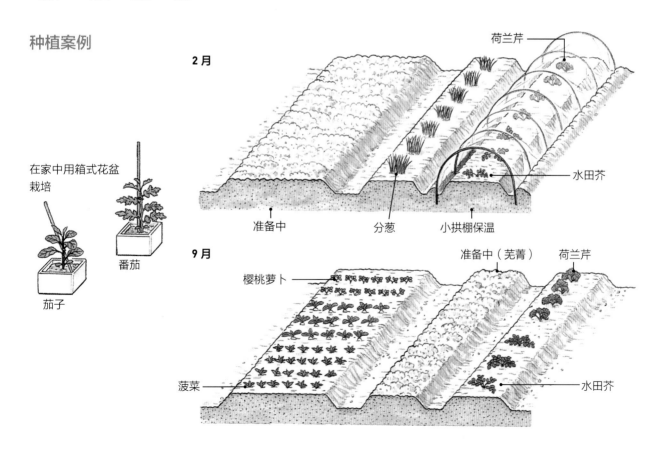

在家中用箱式花盆栽培

番茄

茄子

2 月

荷兰芹

水田芥

准备中　分葱　小拱棚保温

9 月

准备中（芜菁）　荷兰芹

樱桃萝卜

菠菜　　水田芥

30~35m² 分 3 个区域地块的种植案例

30~35m² 是家庭菜园常见的栽培规模。种类选择和茬口安排是难题。可分成 3 个区域，例如像下面这样，A 区在第 2 年时种 B，第 3 年改种 C，采用这种依次轮换的轮作体系。

种黄瓜、茄子等果菜类时，把株数压到最少，尽量使用嫁接苗，防止病害发生。

栽培月历

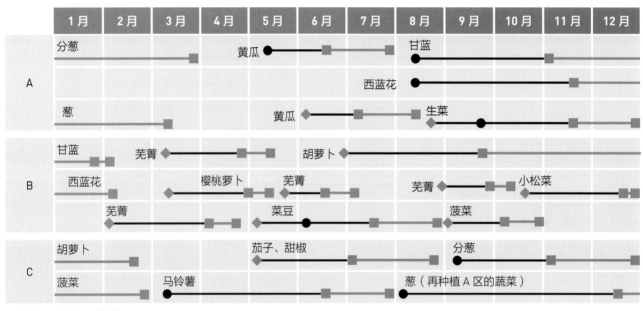

	1月	2月	3月	4月	5月	6月	7月	8月	9月	10月	11月	12月

A
- 分葱
- 黄瓜
- 甘蓝
- 西蓝花
- 葱
- 黄瓜
- 生菜

B
- 甘蓝
- 芜菁
- 胡萝卜
- 西蓝花
- 樱桃萝卜
- 芜菁
- 芜菁
- 小松菜
- 芜菁
- 菜豆
- 菠菜

C
- 胡萝卜
- 茄子、甜椒
- 分葱
- 菠菜
- 马铃薯
- 葱（再种植 A 区的蔬菜）

◆播种　●定植　■收获

种植案例

2月
- 分葱
- 葱
- 西蓝花
- 甘蓝
- 芜菁
- 胡萝卜
- 菠菜

A　B　C

9月
- 甘蓝
- 西蓝花
- 生菜
- 胡萝卜
- 菠菜
- 分葱
- 葱

A　B 芜菁　C

100m² 以上地块的种植案例（笔者自己的地块情况）

　　100m²，作为家庭菜园就是相当大规模了。虽然，从住宅到地块的距离是实际问题，不过可栽培更多自己喜欢的蔬菜种类，另外也可变换品种、栽培方法来扩大栽培蔬菜的乐趣。在遵循轮作的基本原则下，充分考虑栽培蔬菜的收获量和消费、处理方法之后再决定栽培什么和栽培面积。

　　笔者在结束了第 2 次工作后的那一年春季（1992年），得益于朋友的厚意，借到了离自己家只有 500m 的 600m² 的地块，开始建设大规模的家庭菜园。这个地块由于多年没有耕作，长有 1 人多高的杂草和杂乱的树木，笔者费了 1 年多的时间进行整理和深耕，在经营了 7 年后，这里成为什么蔬菜都能栽培的好菜园。

栽培月历

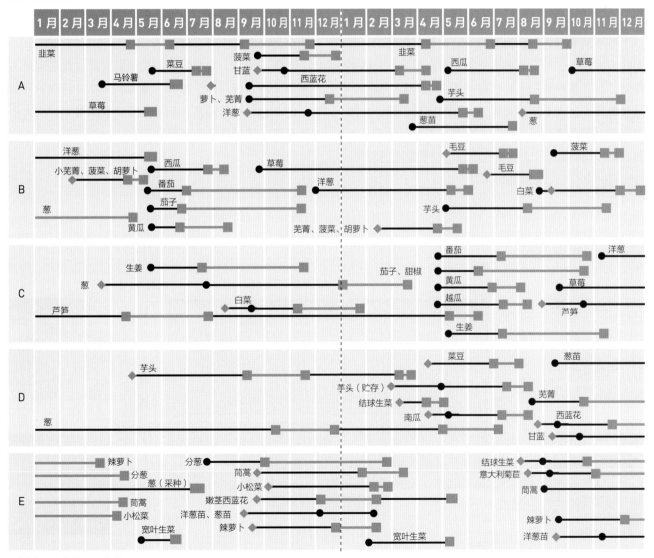

◆播种　●定植　■收获

100m² 以上地块的种植案例和要点（笔者自己地块的情况）

地块里有以前种植的果树等，因为有人行道、杂用地，能种植的面积为 500m² 左右，考虑地形和日照等情况，如下图分成 5 小块（A~E），A~C 种主要蔬菜；D、E 面积小，种植其他种类或作为试验地、苗床等。树林下或栅栏处也利用起来种植合适的蔬菜。

种植的蔬菜种类尽量丰富，另外即使是相同的种类，也分早熟品种、中熟品种、晚熟品种，需要错开播种时间。也会种一些新奇的蔬菜、稀缺蔬菜、新品种、地方品种等。想办法使其成为有话题性的地块。

各个蔬菜种类种植面积的决定也是很重要的。要同时考虑到提供给自家的消费量，送亲戚朋友、邻居的量。并且多种植一些能贮存的蔬菜（洋葱、南瓜、马铃薯等）、大量使用的蔬菜（番茄、茄子等）、味道新鲜且特别受欢迎的蔬菜（草莓、玉米、菜豆、生姜及零星用的蔬菜）。也要考虑到小孩子爱吃的蔬菜。

作业时需要注意的事项有以下 5 点。

① 不要错过适合的时期进行播种、定植。

② 及时除草和间苗。

③ 稍微稀植进行培育。

④ 及时喷洒药剂防治病虫害，喷洒次数尽量少。

⑤ 采用地膜覆盖，或使用其他覆盖材料、小拱棚等，尽量延长收获期。

因为面积较宽裕，所以设置了休耕场所，以恢复地力。相反地，要想更加有效利用地块，可在长着的蔬菜之间进行播种或育苗。

除地块外，在自家庭院里用箱式花盆栽培也是不可缺少的。荷兰芹、葱类、紫苏、一部分香草、秋葵等的花也可用作观赏。如果是需要严格遵守收获大小的蔬菜，就可在这儿栽培。

笔者地块的设置图

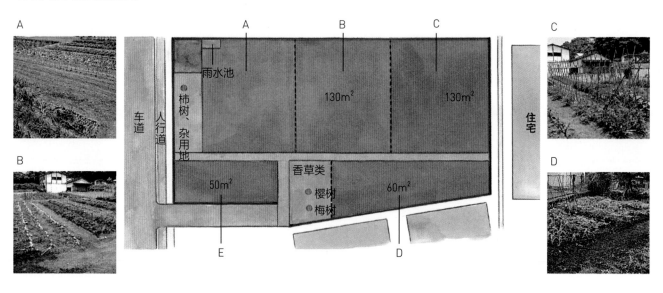

462

笔者地块的全景

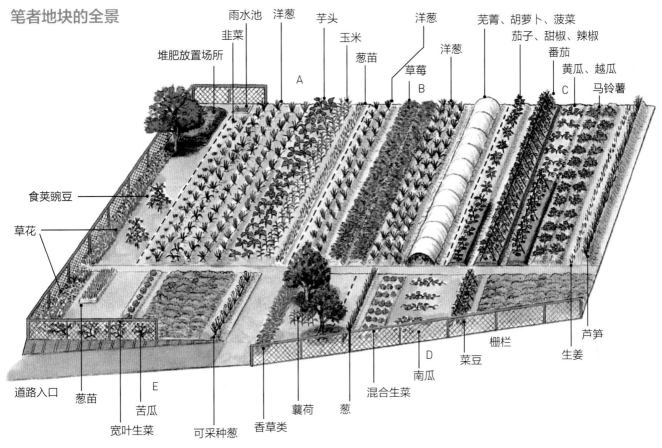

堆肥放置场所
韭菜
雨水池
洋葱
A
芋头
玉米
葱苗
洋葱
草莓
B
洋葱
芜菁、胡萝卜、菠菜
茄子、甜椒、辣椒
番茄
黄瓜、越瓜
C
马铃薯
食荚豌豆
草花
道路入口
葱苗
苦瓜
E
宽叶生菜
可采种葱
香草类
襄荷
南瓜
葱
混合生菜
D
菜豆
栅栏
生姜
芦笋

有效利用地块的案例

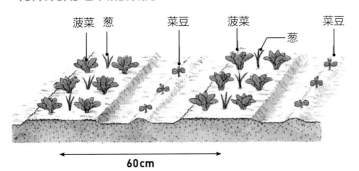

菠菜　葱　　菜豆　菠菜　　葱　　菜豆

60cm

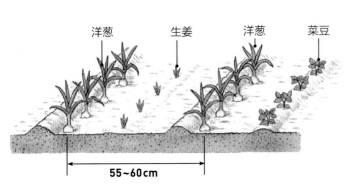

洋葱　　生姜　　洋葱　菜豆

55~60cm

轮作组合的案例

合适的组合
玉米——萝卜——茄子
黄瓜——葱——菜豆
洋葱——西蓝花——番茄
茄子——芜菁——菠菜

不合适的组合
黄瓜——南瓜——甜瓜
甘蓝——萝卜——芜菁
马铃薯——茄子——番茄

连作障碍和轮作

连作障碍

在同一地块连续栽培同一种植物或近缘种的植物，收获量就会减少，生长发育不良，病虫害加重，这就是连作障碍。即使是连作，也有不易出现障碍的和易出现障碍的蔬菜，所以在做种植计划时，必须要考虑到这些蔬菜的科属。

为了防止出现连作障碍，同一种及不同科的蔬菜轮番种植进行轮作，认真地订立计划是很重要的。另外，若种植西瓜、番茄、茄子，采用耐病害能力强、能健壮生长的植物作为砧木的嫁接苗，本来不能连作的蔬菜也就可进行连作了。

不易出现连作障碍的蔬菜

出现连作障碍的原因是土壤中的病虫害，除此之外还有从根上分泌出的生长发育阻碍物质等。抵抗力强的植物，每年在同一场所进行栽培也能很好地生长发育，所以能进行连作，在设计能有效地利用地块的方案时是很方便的。

利用这种特性，用南瓜作砧木嫁接黄瓜，使本来不能连作的地块也能进行连作了。另外，耐与葱类连作的蔬菜有很多，与其他的蔬菜混作能减轻引起连作障碍的病害发生。

即使是连作也不易出现连作障碍的蔬菜	甘薯、南瓜、小松菜、薤、洋葱、款冬等

易出现连作障碍的蔬菜

有很多种蔬菜有连作障碍，特别明显的有豌豆、西瓜等。这些植物从根分泌出的分泌物含有能引起自毒的物质。

对于番茄、茄子、甜椒等茄科的蔬菜，西瓜、甜瓜、黄瓜等葫芦科蔬菜，白菜等十字花科的同科蔬菜，因为有共同的病害，所以连续种植同一科的蔬菜就易出现连作障碍。越是易出现连作障碍的蔬菜，轮作时需要间隔的时间就越长，不易出现连作障碍的蔬菜轮作间隔时间就短。

连作易出现连作障碍的蔬菜	豌豆、西瓜、甜瓜、茄子、番茄、黄瓜、蚕豆、生姜、蘘荷、牛蒡、芋头、花椰菜、白菜等

了解蔬菜的科

蔬菜可以像 P451、P452 这样能分成不同的科。了解不同科及同一科中的蔬菜种类，对于避免出现连作障碍是很重要的。

因为同一科的蔬菜拥有相似的特性，所以病虫害和需要肥料的成分也是共同的。为此，如果同一科的蔬菜进行连作，病虫害会增加，所需要的肥料成分也会不足。

连作易发生的主要病害或虫害

科名	蔬菜名	易发生的病或害虫
十字花科	甘蓝、小松菜、白菜等	黄萎病、根肿病等
葫芦科	黄瓜、西瓜等	枯萎病、根结线虫等
茄科	番茄	青枯病、枯萎病、根结线虫等
	茄子	青枯病、枯萎病、根结线虫等
	甜椒	青枯病、根结线虫等
豆科	豌豆等	立枯病、根结线虫等

采用轮作预防病害

为了避免连作障碍的发生，把同一种（科）的蔬菜和不同科的蔬菜轮番种植，叫作轮作。易出现连作障碍的蔬菜在同一垄上培育的，需要如下表这样隔几年的时间。

采用轮作时重要的是要订好全年或几年的种植计划，把土地分成几块，把不同科的蔬菜分开，如右图这样轮番栽植。

蔬菜的轮作年限

轮作年限	蔬菜的种类
间隔 1 年	菠菜、芜菁、菜豆、水菜、大芥、乌塌菜等
间隔 2 年	韭菜、荷兰芹、结球生菜、色拉生菜、鸭儿芹、甜菜、西芹、黄瓜、草莓等
间隔 3~4 年	茄子、番茄、甜椒、甜瓜、越瓜、蚕豆、白菜、芋头、牛蒡、花椰菜、慈姑等
间隔 4~5 年	豌豆、西瓜、生姜、襄荷等

轮作计划的案例（分成 4 个区的情况）

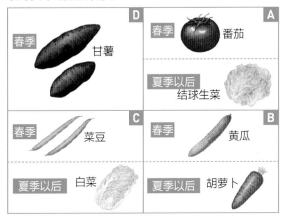

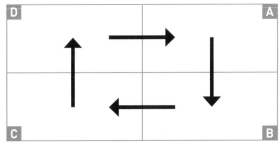

1 区（案例中的 D）种植不易产生连作障碍的蔬菜，每年轮换场所，4 年 1 个轮回

465

栽培技术

养地

在蔬菜栽培中，土壤起着关键的作用。蔬菜在土壤中生根并支撑整个植株，从土中吸收水分和养分，然后送到茎叶及花、果实中。

蔬菜为了生长，根在土壤中使劲地扩展，确保根在土壤中能充分地吸收水分、养分。

为了使根充分地吸收水分，要达到以下几个条件。

① 地块的排水性好，透气性好。

② 持水力（保水力）要好。

③ 土壤的酸碱度要适宜。

④ 肥料养分充足。

⑤ 土壤中的病原菌和害虫少。

首先①、②的条件即以排水性、透气性、保水性的改良作为基本，但是在此基础上还必须要了解土粒的结构。

土壤颗粒有大有小，根据小粒的黏粒和大粒的砂粒的比例不同而有差异。

这两者比例协调的土壤最有利于蔬菜的生长发育。

土粒的性质虽然不容易改变，但是即使是相同的黏粒和砂粒的比例，也是每个粒子互相结合构成团粒结构的土，因为团粒和团粒间的孔隙中含有空气，所以比分散的单粒结构的土排水性好，土壤中的氧气更充足，同时保水力也更强。

单粒结构

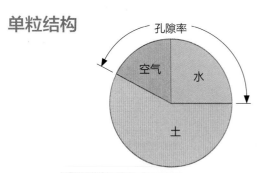

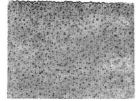

呈单粒结构的土壤，含有空气和水的孔隙（间隙）少，植物的根伸展不好

团粒结构

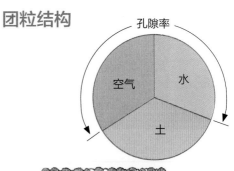

含有有机质，土壤呈团粒结构，含有适宜的空气和水分，植物就能很好地生长发育

保持土壤的团粒结构

很多的蔬菜是草本植物，植株柔软，比其他植物的根弱，对氧的需求量大。还有，因为植株含的大部分是水分，不耐旱，所以在含有较多空气和水分的团粒结构的土壤中，能更好地进行生长发育。

为了改良出团粒结构的土壤，就需要施入充足的优质堆肥或者代替堆肥的有机质材料（稻壳、牛粪、腐殖土等）。

如果不方便施肥，特别是用箱式花盆栽培，为了进行物理性改良，可以在土中混入泥炭土、棕榈壳纤维或珍珠岩、蛭石等。冬季深耕，使其暴露在寒风中风化，作为提高排水性、补充氧气（还有防治病虫害）

的有效手段。

在地块上进行机械作业时，土壤会被压实，降雨也会使土壤变结实，透气性就会变差。

解决这个问题的对策是，要经常地结合中耕、除草，用锄头等疏松土壤表面，提高通气性。

因为排水不良也会引起土中的氧浓度降低，所以会引起蔬菜的根腐烂，细根的尖端枯死，病菌侵入，导致整株枯死。

降雨后不要使地块积水，考虑整个地块的高低，注意做好地表排水，周围设置排水沟，使水能流出去，但也不能让相邻地块的水流进来。

团粒结构的土壤改良方法

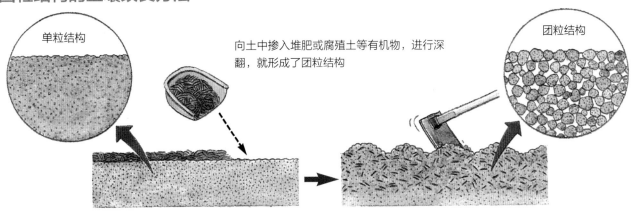

单粒结构

向土中掺入堆肥或腐殖土等有机物，进行深翻，就形成了团粒结构

团粒结构

休闲期的管理

不要把土壤表面整平，而是要形成凹凸的小山状，使土风化

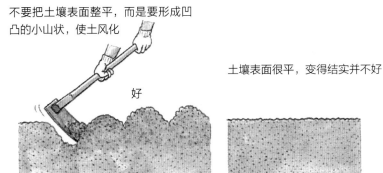

好

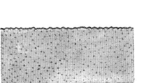

土壤表面很平，变得结实并不好

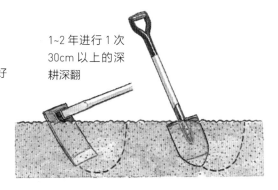

1~2年进行1次30cm以上的深耕深翻

检测土壤的状态

要想使蔬菜的根向土壤深处扩展，必须要进行深翻，制造疏松、透气性好的土壤。另外，每种蔬菜喜欢的土壤酸碱度（pH）是不同的。要成功培育蔬菜，重要的是要把地块的环境调整好。自家地块的土壤处于什么状态，在种植前必须要进行检测。检测土壤的性质、硬度、酸碱度等，状态不好时要进行土壤改良，用比较简单的检测方法就行。

检测土壤的性质

土壤主要由砂粒和黏粒组成。因为砂粒的颗粒大所以通气性和排水性就好，颗粒小的黏粒在提高土壤保水性和保肥力方面起重要作用。这两种适度混合的土壤才适合栽培蔬菜。砂壤土中砂粒的比例高，黏土中黏粒的比例高，介于二者之间的是火山灰土。

要想检测土壤的性质，像下面的图这样捏起一撮土，加入少量水使劲揉搓，用力一攥，看一下这时的状态，根据右表所表述的就可大体了解土壤的性质了。

土壤的种类和特征

种类	检测的结果	特征
砂壤土	无论怎么捏，也没有黏性	缺乏保水力，易旱。保肥力也差，易造成肥料流失。浇足水，注意在生长发育的后半期不能缺肥，能栽培各种蔬菜
黏土	无论怎么捏也不散开	因为保水力强，不易缺水，保肥力也好。相反，通气性差、易板结。根易缺氧，不适合栽培根菜类
火山灰土	用手指揉搓后一攥，土粒能散开	因为土壤疏松，适合栽培根粗长、生长期长的根菜类为主，也适合全部的蔬菜。只是，它对磷的固定力强，植物对磷难吸收

检测土壤的硬度

用棍子插入土壤中，就能检测土壤的硬度。从地面向下插，能轻松插入的深度就是耕作层，再用大力气才能插到的是有效土层（心土）。植物的根在耕作层能轻松地伸展，但在有效土层就是伸展的极限。棍子插不动的硬土，根也扩展不动。一般来说，耕作层厚度为20cm以上，有效土层厚度为60cm以上，植物就能很好地生长发育。

耕作层厚度为10cm以下，有效土层厚度为40cm以下的土壤，就要细致地进行深耕。

用直径为6~9mm的棍子向土壤中插，以判断土壤的硬度

耕作层厚度为20cm以上

有效土层厚度为60cm以上

检测土壤的酸碱度

适宜的酸碱度有利于蔬菜的生长发育。pH 就是氢离子的浓度，中性时 pH 为 7.0，比 7.0 小的为酸性，比 7.0 大的为碱性。利用市场上销售的土壤酸碱度测定液就能轻松测定酸碱度。

大多数的蔬菜，喜欢 pH 为 5.5~6.5 的弱酸至微酸性的土壤。日本雨水多，土壤 pH 一般在 5.0~6.0，所以为了调节就要施入石灰。

适宜主要蔬菜栽培的土壤 pH

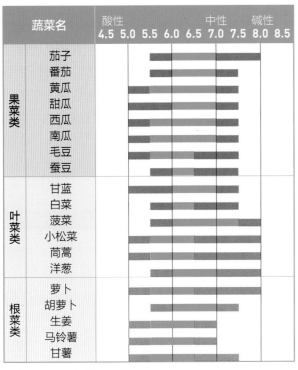

适宜 pH ▅▅▅　极限 pH ▅▅▅

使用土壤酸碱度测定液测定土壤 pH 的方法

①从地块的四角取土。从地表向下取深 5~15cm 根生长发达处的土。

②将土与水以 1 : 2 的容积比放入容器中，先加水，后加土进行搅拌。

③等土沉淀后取上面的澄清液，用试剂进行反应，再对比彩色图，就可测出 pH。

检测腐殖质的含量

腐殖质，是土壤微生物把动植物尸物分解而成的物质的总称。具有把土壤团粒化、提高土壤保肥力的效果，腐殖质越多，地力就越好。

根据右图中土的颜色和手感，就能大体知道其中腐殖质的含量。腐殖质含量少的土，就施用堆肥等有机物进行改良吧（参照 P470）。

腐殖质含量丰富的土壤呈黑色，且蓬松

腐殖质含量少的土呈黄褐色（红土）、易板结，又干又硬

改良土壤

检测土壤的状态，需要对板结的土壤、酸性大的土壤等不适合种蔬菜的土壤进行改良。对砂壤土或易板结的土壤，需要施入堆肥；施入石灰可以调整土壤酸度。因为堆肥和石灰的种类很多，在充分了解它们各自有什么样的效果之后再使用是很重要的。另外，在种植前，用3~5齿的锄头进行深翻，疏松土壤。

施入堆肥

保水力差、易干旱的砂壤土，排水性、透气性差的黏土，施入堆肥就可改良。因为堆肥是有机物，能被土壤中的微生物分解。分解成的物质有助于土壤形成团粒结构。另外，堆肥中含有纤维成分，在土壤中形成适度的间隙，使排水性、保水性变好，这样就变成了通气性好的团粒结构的土壤。为了改良土壤，把堆肥施入地块中，在土壤干燥的时候，在定植前1个月进行。

掺入石灰

土壤pH低时，在土中掺入石灰。在种植前检测土壤酸度，调整至适合栽培蔬菜的酸度。在地块中全面地撒施石灰，用锄头深翻至20~30cm深。在定植前1个月进行。石灰如P471下表有各种各样的种类，结合用途选用。为了把土壤pH提高1.0需要石灰的量的标准见下表。

不同石灰种类施用量的标准（每平方米）

石灰种类	把pH提高1.0所需要的量
苦土石灰	100g
熟石灰	90g
蛎壳石灰	130g
贝化石	120~150g

注：针对有机质含量丰富、形成团粒结构的土壤[《最清楚明白的土壤与肥料入门超图解》加藤哲郎监修（家之光协会）]。

深翻换土

深翻，把上层的土和下层的土更换的作业，叫作深翻换土。通过这个作业，可消灭土壤中的病虫害，能改善土壤的排水性和透气性。另外，前茬留下的肥料、根等减少，若进行深翻土壤，对面积小的地块特别有效。

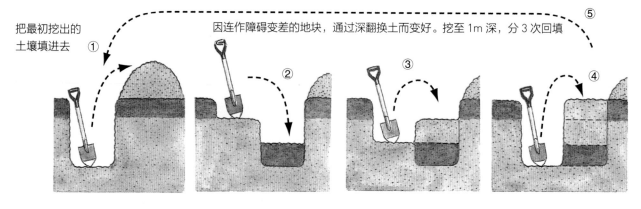

把最初挖出的土壤填进去 ① 因连作障碍变差的地块，通过深翻换土而变好。挖至1m深，分3次回填 ⑤

② ③ ④

堆肥和石灰的种类与特点

改良土壤，主要靠施用堆肥和石灰。堆肥大致分为动物性堆肥和植物性堆肥。对于疏松土壤的效果，含腐殖质多的植物性堆肥更好些，肥效高的是动物性堆肥。

石灰分为无机石灰和有机石灰。想早显示出效果时用无机石灰，想缓慢发挥效果兼补充微量元素，建议用有机石灰。

堆肥的种类和特点

	种类		特点	土壤改良效果	肥料效果
动物性堆肥	牛粪堆肥		用牛粪发酵后的堆肥，肥料平衡性好。以牛粪为主体，有适宜的肥效，什么植物也可使用。掺有少量的稻草或植物垃圾的牛粪堆肥，土壤改良效果更好	○	○
	猪粪堆肥		用猪粪发酵的堆肥，比牛粪含氮、磷多。作为消除臭味的对策可掺入植物性垃圾，但疏松土壤的效果差	△	◎
	鸡粪堆肥		用鸡粪发酵的堆肥，含氮、磷、钾等多，比其他的堆肥肥效大。因为施得过多容易伤根，所以要注意	△	◎
植物性堆肥	落叶堆肥		在枹栎或榉树等大叶落叶树的树叶中，加入少量米糠或豆饼发酵的堆肥。疏松土壤的效果很好。不加米糠等，只是把落叶经过一定时间发酵而成的叫腐殖土	◎	△
	树皮堆肥		用树皮发酵的堆肥，有的掺入鸡粪等。能把土壤改良成疏松的土壤，改善土壤的通气性和排水性能。另外，因为树皮分解是缓慢进行的，肥效持久	◎	△

石灰的种类和特点

	种类		特点	碱含量	酸度调节效果
无机石灰	苦土石灰		原料是石灰岩变成的白云石矿石。不仅含有钙，也还含有镁。效果稳定，容易使用，适合家庭菜园用。有粒状和粉状的，若选容易撒施的可选粒状的，若选见效快的可选粉状的（图为粒状的）	53%以上	○
	熟石灰		把石灰岩煅烧弄碎形成生石灰，再加入水，就成为熟石灰。碱性很强。因为有速效性，所以想快速调节土壤酸度并且大幅度调节时，使用很方便，但是要注意不能使用过量	60%以上	◎
有机石灰	蛎壳石灰		把牡蛎壳的盐分去除后，煅烧，把其晒干后再粉碎而成。不仅含有石灰，还含有石灰岩中几乎没有的氮、磷、铁、硼等。逐渐地溶解，缓慢地发挥效果	40%以上	△
	贝化石		采取在海底堆积成化石的贝壳、珊瑚、硅藻类粉碎而成的。除含石灰外，还含有铁、硅等微量元素。可长期、稳定地发挥效果，不易使土壤变硬	40%~45%	△

注：◎最合适，○合适，△稍有不同。后表同。

制作堆肥

土壤的肥力叫作地力。地力大，就能轻松地获得产量高、品质好的蔬菜。地力随着连续地种植蔬菜而逐渐消耗，所以不断地培肥地力是很重要的。

与地力有很大关系的就是堆肥。堆肥是动植物在微生物的作用下发酵分解而成。堆肥可使土壤形成团粒结构，保水性和排水性变好，缓慢发挥肥效，提供多种营养成分，使肥力平衡，促进蔬菜的生长发育。

堆肥可用市场上卖的，这样很省事而且方便，不过也可以自己制作。

堆肥的制作方法

先开始收集作为材料的稻草或枯叶、家畜粪等有机质材料。这些材料中含有微生物需要的糖类和蛋白质，微生物利用这些东西，将其分解就成了堆肥。为此，制作堆肥的基础，是要积极创造有利于微生物分解有机材料的条件。

重要的条件是水和空气的平衡，还有作为微生物能量来源的碳、构成机体蛋白质来源的氮。

堆肥的制作方法为，在材料中加入水和氮源（豆粕、硫酸铵、鸡粪等），踏结实、翻动，使其有适当的氧气含量，过一段再更新补充水和氧气。彻底发酵后就可制成完熟的堆肥。

落叶

稻草　干草　枯草

使材料中有适量的水分，至用手攥一下水往下滴的程度即可

堆的高度为30cm左右
在上面洒上水、豆粕

在上面同样地累积几层

屋外有雨时，就盖上塑料薄膜

雨水可使养分流失，所以下雨时要进行遮雨

腐熟到一定程度后进行倒堆，外侧的弄到里面去

覆膜

发酵结束，变得松散完熟了，就制作完成了

轻松制作堆肥的方法

因为小地块用的堆肥少，所以不需要用那么严格的方法制作堆肥。只要是满足制作堆肥的条件，就有很多方法轻松制作充足的堆肥。

材料可以选择家庭厨房中的厨余垃圾、插花后留下的垃圾、庭院树木落叶、剪下的枝叶、庭院杂草、用旧了的榻榻米、旧席子、宠物的粪便等，通常作为生活垃圾扔掉的东西都可灵活运用。如果是拥有面积大的地块，杂草和蔬菜的残渣都能利用。只是，地块中产出的残果、残枝、落叶中可能含有病虫害，所以要注意小心使用这些东西。

最简单的制作方法是，在院子中挖一个坑，把垃圾和少量的土做成三明治状。在材料上，比起只用植物来说，还是加入少量的动物质材料更容易分解。如果没有院子，也可用塑料桶或大的垃圾袋等容器制作。

为了把少量的垃圾等进行多次处理，用塑料制的筒形容器是最合适的。在垃圾中加入米糠或加入促进发酵的微生物材料，再使用电动搅拌装置来搅拌混合促进分解就更好了。

根据制作地点是屋外或屋内，以及主要用的材料的性质，方法有合适的，也有不适合的，所以必须事前进行充分研究。

另外，含有大量盐分和油脂的材料不要使用。

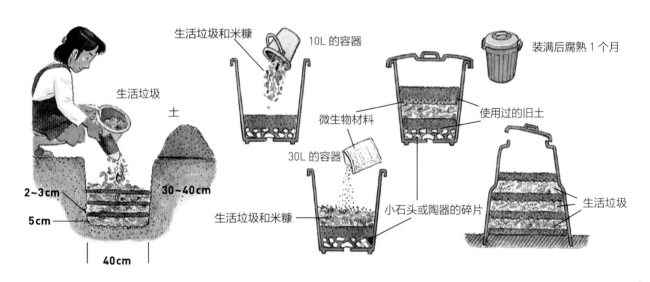

各种堆肥方法和有机质材料的搭配

	堆肥化法	稻草	枯草	青草	剪下的枝叶	落叶	家庭垃圾	厨余垃圾	家畜粪
屋外	1. 用塑料薄膜围住	◎	◎	◎	◎	◎	△	△	△
	2. 编织袋法	◎	◎	◎	◎	◎	△	△	△
	3. 堆积法	○	○	○	△	○	◎	◎	○
	4. 地中埋设法	○	○	○	△	○	◎	◎	◎
	5. 连续堆肥化	△	△	△	△	△	△	△	◎
屋内阳台	6. 利用塑料桶	◎	◎	○	○	◎	○	○	△
	7. 细网袋	○	○	◎	△	◎	△	△	△
	8. 塑料袋法	○	○	◎	△	◎	△	△	△
	9. 贝拉搅拌器法	○	○	◎	△	◎	◎	◎	○

注：本表参考了《在阳台、庭院少量制作堆肥图解》[藤原俊六郎、加藤哲郎著（农山渔村文化协会）]。

起垄

为了播种、育苗，堆成隆起的细长土面叫作垄。因为把土堆高可使日照和通风变好，土壤的排水和通气也变好，所以植物能健壮地生长发育。另外，因为能把种植植物的垄和走道清楚地区分开，所以有利于进行管理作业。

如果把土壤改良成了适合种植蔬菜的状态，就可以起垄了。

起垄的方法

① 量出垄的长度和宽度，插上木桩，拉上线，确定垄的范围。

② 沿细绳外侧挖土，培向细绳的内侧。

③ 把垄周围的土移到垄上，用钉齿耙搂平。

④ 做好的整齐的垄。最后把木桩和细绳撤掉。

垄的大小

垄的宽度、高度及走道的宽度，要考虑栽培蔬菜的种类和容易作业的情况设定

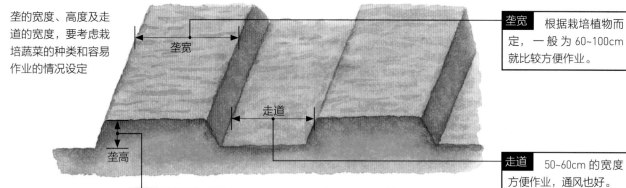

垄宽　根据栽培植物而定，一般为 60~100cm 就比较方便作业。

走道　50~60cm 的宽度方便作业，通风也好。

垄高　根据培育的蔬菜和排水的状态而改变。
●平垄（5~10cm）：排水好的地块的一般高度。以合适的湿度适应想培育的蔬菜。
●高垄（20~30cm）：排水差的地块要起高垄，提高排水性。种植不喜湿、需深扎根的蔬菜也可起高垄。

474

覆盖地膜

覆盖在垄上的塑料薄膜，是栽培蔬菜不可缺少的材料之一。具有调节地温、抑制杂草生长的作用，也有防蚜虫的作用。还有抑制土壤水分蒸发，防止雨后使土壤板结，防止雨水飞溅传播病害等效果。盖时紧贴土面，拽紧，盖上后用土把边埋住。

市场上销售的薄膜材料，有不同颜色、材质，还有有无种植孔等各种各样的类型，了解其特征，结合自己使用的目的而选择吧。

地膜的覆盖方法

① 做好垄之后，把地膜的一头用土埋住。

② 把地膜顺着垄拉到另一头，切断，拽紧，把这一头也埋住。

③ 用脚踩着地膜的边拉紧，把地膜的边压上土。

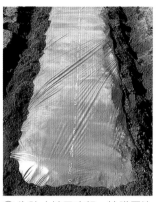

④ 为防止被风吹起，地膜周边用土压实。

主要的地膜颜色和效果

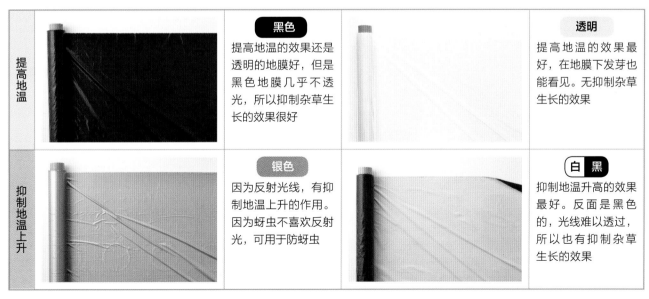

| 提高地温 | **黑色** 提高地温的效果还是透明的地膜好，但是黑色地膜几乎不透光，所以抑制杂草生长的效果很好 | **透明** 提高地温的效果最好，在地膜下发芽也能看见。无抑制杂草生长的效果 |
| 抑制地温上升 | **银色** 因为反射光线，有抑制地温上升的作用。因为蚜虫不喜欢反射光，可用于防蚜虫 | **白 黑** 抑制地温升高的效果最好。反面是黑色的，光线难以透过，所以也有抑制杂草生长的效果 |

475

播种

好种子的条件，首先是品种的遗传特性优良。其次，饱满充实，发芽率高。在种袋上都写着品种的特性、发芽率、栽培方法等信息，种植之前需认真阅读。

播种的方法有条播、点播、撒播 3 种，根据蔬菜的种类分别使用不同的方法。另外，在家庭菜园中，购入 1 袋种子多数情况下就会有剩余。把余下的种子放在罐中，在干燥的状态下就能容易地保存。从容器中取出后，发芽力就下降。要注意在播种时现用现取。

选种子的要点

买种子时确认种袋上的信息是很重要的。首先，确认品种名、特性、栽培类型、栽培要点等，判断是否适合在当地种植。在农资店也能得到是否需要遮光或采用小拱棚、大棚栽培等建议。还有要确认发芽率和有效期限等，尽量选用新的种子。注意核对对病害的抵抗性及是否进行了药剂处理等信息。

种袋背面记载的信息

①品种名
前后写着"CF"（抗叶霉病）、"YR"（抗黄萎病）、"○○杂交"（○○ = 种苗公司名称等）、"一代杂交"等信息。

②特性
品种的情况、优点、口感、味道等。

③栽培类型
各个地区的播种期、收获期、适于发芽的温度、适于生长发育的温度等。

④栽培要点
简要写着播种、管理、收获的要点。

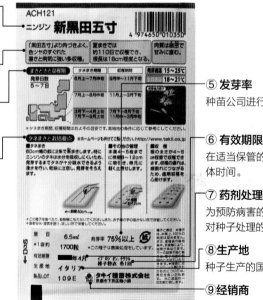

⑤发芽率
种苗公司进行发芽试验时的发芽比例。

⑥有效期限
在适当保管的条件下，能维持发芽率的大体时间。

⑦药剂处理的状况
为预防病害的杀菌剂处理、包衣等情况，对种子处理的内容和次数。

⑧生产地
种子生产的国家或地区。

⑨经销商
经销种子的公司名称。

种子的保存法

把剩余的种子放在纸上晒一晒，将其晒干。黑色的种子要避开直射光

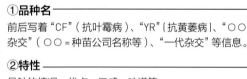

种子

放入干燥剂（硅胶）或生石灰块

把种子装入纸袋，放在干燥剂的上面

装入罐中，用胶带密封

夏季放在凉爽的场所保存

播种的方法

　　播种的方法，有条播、点播、撒播 3 种。选择适合栽培蔬菜的播种方法，确定好顺序。

　　根据蔬菜的种类或种子的大小，播种的方法和盖土的厚度也不同，一般覆土的厚度大致是种子直径的 3 倍。另外，把播种沟的底部整平，播种后浇入充足的水，就能发芽整齐。

条播

在垄上开等间距的细长播种沟进行播种的方法。苗排列成一条直线，所以间苗、培土等作业容易操作。如小松菜、菠菜等柔弱的蔬菜一般都适合条播。

①把垄的表面整平，用木板压出宽 1cm、深 1cm 左右的播种沟。

②在沟内以 1~2cm 的间距进行播种。

③把沟两侧的土用手捏起进行覆土，然后用木板或手掌压一下土面整平。

点播

开播种穴，在 1 个穴内播几粒种子。确保株距一致，使生长发育整齐，间苗也容易操作。适合长得大、需要大株距的豆类、玉米或萝卜等。

①把垄的表面整平，用瓶底或木棍等压出一定的深度，开直径为 3~5cm 的穴。

②种子不要上下重叠，1 个穴内播几粒种子。1 个穴内播种的数量依据蔬菜种类而定。

③抓起播种穴周围的土，撒上后，用手掌抚平土的表面并使土和种子充分接触。

撒播

在整个垄面上撒种子的方法。间苗等管理虽然费事，但是发芽率高。洋葱或小油菜等叶扩展不大的蔬菜或生育期短的蔬菜，适合用此方法。

①把垄表面整平，在垄面上均匀地撒上种子。在垄上靠外侧的地方稍微多撒上一点。

②用筛子均匀地筛上一层薄土，以刚刚看不见种子为宜。

③覆土后用锄头背面轻轻镇压一下，使种子和土密切接触。

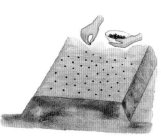

选苗和育苗

栽培期间长的果菜类、大型的叶菜类，比起播种来说，还是定植幼苗效率更高。购买好苗，或自己用

塑料钵或育苗箱进行播种，培育到适期时进行定植。

使用购买的苗

在家庭菜园中，对育苗难的果菜类等多数情况下是购买幼苗进行栽培。苗期时将来会成为果实的重要花芽大多数已形成，由于苗的好坏决定着蔬菜品质的好坏，所以掌握鉴别好苗的方法是很重要的。

另外，在栽培适期前半个月，市场上就开始销售小苗了，但是小苗因为株距小、植株多很柔弱。如果

把这些小苗过早定植，也不会得到好的果实。因此，建议把小苗移植到大一号的塑料钵中，细心培育后再定植到大田中。这样做，即使是只有 10d 左右，苗就很健壮，比原先大了很多。另外，栽到大田中的苗生长发育也很顺利，能收获很多更好的果实。

好苗的鉴别方法

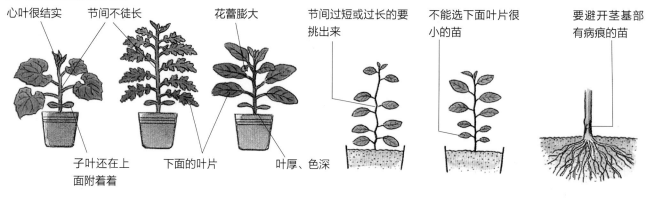

心叶很结实　　节间不徒长　　　　花蕾膨大　　节间过短或过长的要挑出来　　不能选下面叶片很小的苗　　要避开茎基部有病痕的苗

子叶还在上面附着着　　下面的叶片　　叶厚、色深

培育小苗

番茄、茄子、甜椒等小苗，多早于定植适期培育，市场上多以塑料育苗钵的形式出售。如果遇到这样的苗，从小塑料钵中取出移植到大一号的塑料钵中，再填充上土放置到暖和的地方，夜间用塑料小拱棚进行保温

细心浇水，如果叶色变浅就施液肥，再培育 10d 左右

天气暖和之后，幼苗长大后就可定植到大田中

自己育苗

不在大田中直接播种，而在别的场所或容器内先播种培育成苗的过程叫作育苗。这样做比直播作业效率高，能挑选好苗，因为生长发育整齐一致，收获量也稳定。在早春育苗需要保温或加温。在盛夏育苗，要用遮阴网或苇帘遮挡直射光。如果是对生长发育较快的叶菜类，不要错过了间苗时间，防止徒长。

育苗箱育苗（以黄瓜为例）

播种、选好的苗移植到塑料钵中，进一步地培育成大苗。

①装入播种用的培养土，用木板等做宽1cm、深1cm左右的播种沟。

②以1~2cm的间距播种，以种子大小2~3倍的厚度覆土，轻轻用手按一下。

③浇适量的水，为防止干旱，到发芽前一直盖着报纸。

④子叶完全展开与相邻叶重合时，就移植到装入培养土的塑料钵中。

⑤不要伤着根，用竹片取出苗。尽量多带着一些土。

⑥在塑料钵中央扒穴，放入苗，周围培上土。以后及时浇水。一直培育到适宜定植的大小。

塑料钵育苗（以生菜为例）

播数粒种子，逐渐间苗，最后留下1株培育。

①在塑料钵中装入播种用的培养土，播数粒种子,覆土、浇水。

②当长出1~2片真叶时间苗，留下2~3株。以后，随着生长发育逐渐间苗，最终留下1株培育。

③育苗完成。当长出4~6片真叶时，就可在大田定植。

穴盘育苗

如果育苗场所小，可用很小的面积就育成很多的苗。

①在穴盘中装入育苗用的培养土，在1个穴中播1至数粒种子。

②播种后覆土，浇水,防止干燥。

③叶菜类当长出3~4片真叶时，就可用手拿着苗的茎基部拔出，定植到大田中。

定植

定植时尽量选择无风的晴天。把苗床或穴盘浇足水，取苗时更易取出。尽量不要伤着根，小心地取出，或者剥下塑料钵，不要碰散了根坨。

要注意定植穴的深度、覆土的高度。嫁接苗的嫁接部分要在地面之上。若这个部位离土太近，之后易从接穗生根，就失去了嫁接的效果，所以要注意。

果菜类

定植要领

在根坨的上面覆上一点点土，以植株基部稍微高出土面的程度进行定植。严禁覆土过多或定植过深。定植后用手把植株基部按压一下，使土和根坨密切接触

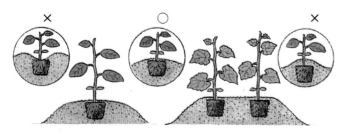

定植时需注意

如果土壤干燥就在定植前浇足水

堆肥

准备覆盖的土

在适当调整好定植穴的深度后，放上苗。定植后也要浇水

叶菜类

结球类

定植后，用手掌按压一下茎的基部，使植株基部和土密切接触

开始浇水时，要在植株周围挖浅沟，再浇水

分株

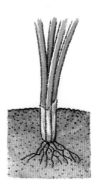

对于韭菜，可进行分株，每处栽3~4株

葱类

对于洋葱，不要埋住其绿叶部分，栽得稍浅一些

对于根深葱，挖深20~30cm的沟，并栽到里面

在沟中加入堆肥或干草

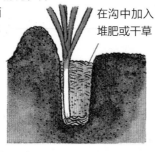

6~7cm

对于薤，把种球埋到地里

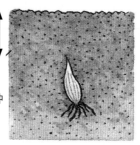

从育苗到定植的流程（以洋葱为例）

①放入肥料，把土整平，播种、浇水。

②撒上用筛子筛好的完熟堆肥和土，以刚看不见种子的厚度为宜。

③发芽前一直用无纺布覆盖，防止干旱。

④当植株长到高 5~6cm 时，对密的地方进行间苗。

⑤撒上少量的复合肥，当植株高 20~25cm 时育苗完成。

⑥地块的准备。开定植沟，施入堆肥和复合肥、过磷酸钙等后覆土。

⑦等间距地定植幼苗。

⑧摆好苗后，再进行覆土。

⑨用锄头覆土。

⑩用脚踩一下，使根与土密切接触。

肥料的基础知识

对于蔬菜的生长发育，特别是使其储存营养的器官变得更大，能有更多的收获，若只靠土壤中的养分，难以满足蔬菜的营养需求，有很多的营养成分需要通过肥料补充给蔬菜。

氮、磷、钾是肥料的三大要素，是几乎所有的蔬菜都必需的基本成分。另外，钙、镁、硫需要量也很多，铁、锰、铜、锌、硼、钼等需求量虽少，但是也不能缺少。因为每种肥料成分在植株体内所起的作用不同，所以蔬菜的种类不同，补充营养成分的量也不一样。如果缺乏肥料养分，就会发生异常症状和障碍，收获量和蔬菜品质都会受到很大的影响。下面介绍了大多数植物缺素症的鉴别和应对方法，正确地施用基肥和追肥是很关键的。

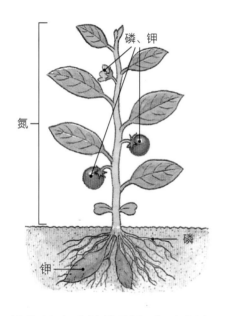

各种肥料成分的作用

大量元素

N（氮）	促进叶、茎、根的生长，促进养分的吸收和光合作用
P（磷）	促进根的扩展和分蘖，提高坐花、坐果能力
K（钾）	促进根的膨大、花和果实的生长，提高抗病、抗寒能力

中量元素

Ca（钙）	强化细胞组织，提高抗病能力
Mg（镁）	叶绿素的构成元素，帮助磷的吸收
S（硫）	与蛋白质的合成有关

微量元素

Fe（铁）	与叶绿素的合成有关
Cu（铜）	与酶和叶绿素的合成有关
Mn（锰）	与叶绿素和维生素类的合成有关
B（硼）	细胞壁的构成元素，与新芽和根的生长有关
Mo（钼）	与蛋白质的合成和根瘤菌的生长发育有关
Zn（锌）	与各种酶和蛋白质、植物生长素的合成有关

植物缺素症的鉴别和应对方法

成分	缺乏时的症状	应急处理	应对措施
氮	从下部的叶片开始，叶色变浅，植株全部变黄	追施速效性的氮肥。叶面喷施 0.5% 尿素溶液，或含有氮的液肥	施适量氮肥（基肥、追肥）
磷	从下部的叶片开始，叶片无光泽，呈暗绿色或红紫色	叶面喷施亚磷酸钙或含磷的液肥	改良土壤酸性，施磷肥
钾	从下部的叶片开始，叶片周边变黄	叶面喷施速效性钾肥	施适量的钾肥（基肥、追肥）
钙	叶片的顶端枯死，果实的尾部腐烂	土壤干燥时浇水。叶面喷施 0.5% 氯化钙溶液或含钙液肥	土壤呈酸性时，施苦土石灰，改良土壤
镁	下部叶片和果实附近的叶中脉之间变黄	叶面喷施 1%~2% 硫酸镁溶液或含镁液肥	施适量的镁肥（基肥）
铁	新芽、新叶全部变黄	叶面喷施 0.1%~0.2% 硫酸亚铁溶液或含铁液肥	土壤呈碱性时，不要施含石灰的肥料。施硫酸铵等酸性肥料
硼	茎叶变硬变脆，茎上出现龟裂。膨大根出现褐变	叶面喷施 0.3% 硼砂溶液	施用硼砂或 FTE（无机复合微量元素肥料）等含硼肥料

肥料的种类

肥料，大致分为豆粕、鱼粉、米糠等有机肥料和硫酸铵、过磷酸钙、硫酸钾等无机肥料（化学肥料）。肥料溶于水变成离子状态，被根吸收。有机肥料被土壤中的微生物分解，无机化后也变成离子态，效果缓慢释放是其特点。

化学合成的无机肥料，不用经过微生物的分解就能形成离子状态，能很快发挥作用。无机肥料中，包括含有植物必需的氮、磷、钾三要素中一种的单肥和含两种及两种以上的复合肥两大类。单肥，只能补充所需要的一种成分。复合肥含有多种成分，要结合植物种类和生长状态使用。除此之外，还有

把几种肥料掺混的配合肥料和结合浇水施用的含有各种成分的液肥。

适合家庭菜园用的肥料，多用有机肥料和含有各种成分的复合肥。一般是用氮、磷、钾成分含量相同的10-10-10左右的复合肥。还要再了解其他肥料的特点，灵活运用。

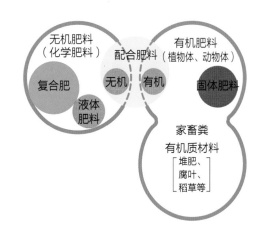

肥料的种类和成分

分类		肥料名	酸碱性	迟速性	成分（%）			用途
					氮	磷	钾	
无机肥料	氮肥	硫酸铵	酸性	速效	21	—	—	基肥、追肥
		尿素	中性	速效	46	—	—	追肥
		石灰氮	碱性	中等	21	—	—	基肥
		硝酸铵	酸性	速效	33	—	—	追肥
	磷肥	过磷酸钙	酸性	速效	—	17	—	基肥、追肥
		钙镁磷肥	碱性	迟效		20		基肥
	钾肥	硫酸钾	酸性	速效	—	—	50	基肥、追肥
		氯化钾	酸性	速效	—	—	50	基肥、追肥
		草木灰	碱性	速效	—	3	6	基肥、追肥
	石灰质肥	苦土石灰	碱性	迟效				基肥
		碳酸钙	碱性	迟效				基肥
有机无机	复混肥料	复合肥	中性至酸性	速效	各种			基肥、追肥
		固体肥料	中性至酸性	较速效	6	4	3	基肥、追肥
		配合肥料	中性至酸性	速效	6	6	4	基肥、追肥
	有机肥料	豆粕	中性	迟效	5	2	1	基肥、追肥
		鸡粪	中性	较速效	4	2	1	基肥、追肥
		米糠	中性	迟效	2	4	1	基肥
		骨粉	中性	迟效	4	20	1	基肥
		鱼粉	中性	迟效	8	3	1	基肥、追肥
		牛粪	中性	迟效	0.3	0.2	0.1	基肥
		堆肥	中性	迟效	1	0.5	1	基肥

主要肥料的种类和特点

有机肥料含有蔬菜生长发育所需要的综合养分，缓慢地发挥效果，具有持续长效的特点。还有助于土壤中的微生物种类增加，促进团粒结构的形成，改善土壤的物理性状。另外，肥料成分的含量不像无机肥料那么明确，土壤中的微生物分解过程会产生二氧化碳和热量，所以从施后到定植需要有2周左右的时间，这是其短处。

无机肥料的成分明确，施肥量容易调节，味道小，即使是初学者也容易使用是其特点。还有，有的施肥后立即表现出效果，也有缓慢表现出效果的很多缓释肥。无机肥料少量施用就能见效，如果施得过多就容易发生肥害，土壤中的有机物或以有机物为食的土壤微生物减少是其缺点。

下面介绍几种常见的有机肥料和无机肥料。知道了各种肥料的特点，可灵活运用。

有机肥料

肥料名	特点
豆粕	大豆或油菜籽榨油后剩下的渣滓，在肥料的三大要素中，含氮较多。另外，微量元素的含量也很丰富。被土壤中的微生物分解后能缓慢地发挥效果，主要作为基肥使用，不过也可用作追肥。使土壤中的微生物增加，也有促成土壤形成团粒结构的作用，所以适合用于土壤改良
发酵鸡粪	鸡粪发酵而成的肥料，在肥料的三大要素中含磷多。肥效不逊色于化学肥料，除用作基肥外，也可作为追肥使用。虽然什么蔬菜都适用，但是因为肥效强，所以要注意不能因使用过量而引起肥害。作为基肥，以平均每平方米施500g为上限，在定植前2~3周施用。如果作为追肥使用时，要开沟施入后覆土
鱼粉	加工鱼剩下的下脚料，把水分和脂肪等去除后进行烘干，粉碎而成的肥料。除含有大量的氮和磷外，也富含微量元素。因为在有机肥料中最具速效性，不仅用作基肥，而且对栽培期间长的蔬菜，也可作为追肥施用。因为会被动物或虫子吃掉，所以施用后要覆土，或者和土混合后再施用
骨粉	用猪或鸡等的骨头作为原料而制成的肥料。除含有较多难溶于水的磷外，还含有钾，根据原料不同还含有少量的氮。磷在土壤中缓慢地溶解释放出来，效果表现出来虽然需要时间，但是肥效长是其特点。如果和豆粕混合使用，养分更加全面
米糠	对碾出精米后剩下的种皮或粉碎成粉状的胚芽，为提高贮藏性，榨油后留下的物质。除含有较多的磷外，也富含糖分和蛋白质，可激发土壤中微生物的活动。除作为基肥使用外，促进堆肥发酵也是不可缺少的。在蔬菜收获后施用再锄到地里，因为也能分解前茬植物的根，具有抑制土壤病害的作用

无机肥料

肥料名	特点
复合肥	含氮、磷、钾3种元素中的2种以上，肥料成分平衡。既有速效性肥料，也有适合用作基肥，缓慢表现效果的缓效肥。在家庭菜园中一般是用氮、磷、钾等量的肥料，但是也有成分比例不一样的，或只含有2种成分的。3种元素含量合计15%~30%的叫作普通复合肥，在30%以上的叫作高浓度复合肥。适合初学者使用的是即使施用过量也很少失败的普通复合肥
硫酸铵	只含有氮的单肥，也叫硫铵。因为含氮稍少，即使是施得多了也不易出现障碍。有速效性，因为容易被土吸附，所以不只用作追肥，还可用作基肥。只是由于作为副成分的硫酸容易使土壤偏酸性，所以在种植下茬之前需要检测土壤酸碱度并进行调节
尿素	和硫酸铵一样是只含氮的单肥。比硫酸铵含氮多。因为有速效性，所以适合用作追肥。另外，利用其快速溶于水的特性，可用作冲施肥或向叶面喷施。液肥用100~200倍液，叶面喷施用200~300倍液，随用随配，配成就要用完。因为含氮多，易成为生长障碍发生的原因，所以要注意不能使过量了
硫酸钾	含钾的单肥，易溶于水。因为有速效性，所以适合用作追肥，也可作为液肥使用。在土壤中有一定的含量，所以也可作为基肥使用。因为含钾多，所以比需要的量施得稍多就会出现肥害，有时会阻碍植株对钙、镁的吸收。也要注意不要引起土壤酸化
过磷酸钙	是易溶于水、有速效性的含磷单肥。和土混合后磷酸根易吸附土壤中的铝离子，根的吸收变难，所以施用时要把这部分的量计算出来加上。磷酸的吸附力强，如果是火山灰土，要增施10%~20%。挖沟和堆肥混合使用，养分更易被蔬菜吸收
钙镁磷肥	含磷的单肥。难溶于水，但是在水中磷能缓慢地释放出来，所以不像过磷酸钙那样易被吸附、固定。正因为如此，也可作为基肥用作土壤改良。特别是对火山灰土很有效，施到深处再和土掺混是关键。因为含碱量为50%，所以对土壤酸碱度调节也有效
草木灰	草或树木的枝条燃烧后而成的物质。用什么原料都可以制成，除含很多的钾外，也含有少量磷和钙等。虽然多用作基肥，但是因为有速效性，所以也能作为追肥使用。虽然也能调节土壤pH，但是因为有的钾过剩，所以最好和其他的石灰质材料一起用

肥料袋上记载的数字的意思

在肥料袋醒目的位置处，如图中这样写着888等的数字。这表示的是氮（N）、磷（P_2O_5）、钾（K_2O）的含量比例。8-8-8表示氮、磷、钾比例相同，3-10-10表示氮的比例少，含磷和钾多。选无机肥料（化学肥料）时，要注意有效成分的含量，选择适合栽培蔬菜的肥料。

肥培管理

为让对于蔬菜的生长发育非常重要的光合作用顺利进行，需要从根部供给植株充分的肥料营养，让根充分吸收营养是很重要的。为使肥料营养供给充足，对地下部的各种管理叫作肥培管理。它和保证植物体处于健康状态的植物管理，对于蔬菜的栽培来说都是极为重要的事情。

作为肥料的施用方法，基肥在定植前尽早施上，使蔬菜在定植（或者播种发芽）后就能立即吸收到肥料，埋到追肥时施不到的根的下部也是很重要的。还有，要充分施入优质的堆肥，改善土壤的排水、保水、通气性，创造使根容易扩展的土壤条件是很关键的。

肥料的吸收随着蔬菜的生长发育逐渐增多。为了及时供给蔬菜的营养吸收，就需要及时追肥，不能缺肥。因为除蔬菜吸收外，还会因雨水或浇水造成肥料向土壤下层下渗及向田外流失，及时补充损失的养分也需要追肥。

追肥的技巧，就要把适量的肥料施到根能立即且容易地吸收的部位。

肥料，特别是追肥多用速效性肥料，如果只是撒在土壤表面，由于下雨造成养分流失，或者由于干旱造成溶解不充分，蔬菜的根难以吸收，肥效不能充分地发挥。在垄的一侧用锄头轻轻开沟，在沟里撒上肥料并覆土或者培土是最好的。

如果离根太远，肥料不能被立即吸收。相反，离根太近容易出现肥害，所以事先确认根扩展的位置，施到离根的尖端3~5cm处，这是能被立即吸收利用的地方。

基肥

基肥要施到追肥补充不到的位置。萝卜、山药如果在根的正下方施肥，会形成叉根，所以要注意。

基肥

在株间施基肥　　　基肥

追肥

追肥可施到根伸展的尖端。沟状施肥时，在可看到有少量根的位置挖沟施肥。另外，追施液肥，结合浇水施到根部附近。

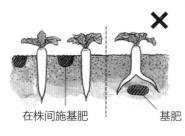

追肥

追施液肥

深根性蔬菜
在土壤深处施肥

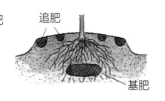

追肥

基肥

浅根性蔬菜
在土壤浅层施肥

光合作用的机理

从太阳光接受光能，通过叶绿素的作用，吸收水和二氧化碳，在叶内合成糖。

将叶内制造的糖，再运向根、果实、茎。

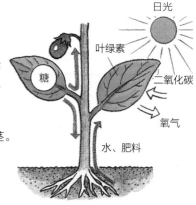

日光

叶绿素

糖

二氧化碳

氧气

水、肥料

486

追肥、中耕、培土

番茄、茄子等果菜类，在坐住果且果实膨大时进行追肥。

覆盖地膜时，如果把垄边的地膜揭开，就能看到根伸展到什么位置，所以在根尖端附近开浅沟撒上肥料，再盖好地膜，培土并压好。到生长发育盛期时，因为根能伸展到垄的外面，所以可把肥料撒到靠近垄的走道上，用锄头把踩硬的土疏松并和肥料掺混。

对成行的点播栽培的玉米、菜豆等，在行的一侧或两侧撒上肥料，在中耕的同时向垄上培土。对宽叶生菜等，在行的一侧开浅沟，施入肥料后用土覆盖。

在垄上撒播种子培育的洋葱等，因为叶呈筒状直立形，所以即使从叶的上面撒施粒状的复合肥，也不会留在叶面上而是全部落到株间的土面上。所以，在苗的上方对整垄撒施肥料进行追肥。如果撒上就不管了，干了不容易发挥肥效；如果下雨，还易被雨水冲走，所以要用筛子把行间的土筛一下后覆土。覆土的量以看不见肥料即可。

对根深葱这样培土进行软化培育的蔬菜，追肥和培土同时进行会更容易操作，从生长发育方面看也是合理的。这种情况下，施肥的重点在前半期，培土的重点在后半期。

追肥、中耕（宽叶生菜）

①在垄的一侧开浅沟。

②在沟内施复合肥。

③向沟内覆土。

培土（葱）

①撒上复合肥。

②把肥料和土掺混后培土。

③结合生长情况追肥。

④沿着垄和土掺混一下，培土。

⑤最后细心地用手压一下土。

浇水

在刚播种或定植后，根坨周围的土壤条件发生了很大变化。因为会出现一时的吸水不足，所以为了补充水，或使根与土密切接触，使土再实一些就要浇水。以后若根生长活动旺盛，水的需要量也会增加，所以也必须相应地增加浇水量。浇水量根据天气、下雨的情况而变，认真研究天气、植物长势，以及水的供给方式的变化，再进行浇水是很重要的。

如果是箱式花盆或泡沫塑料箱，因为它们和大田不同，无法从地下吸水，所以浇水更为重要。另外，用塑料薄膜进行地膜覆盖可抑制水从地面蒸发，能够大幅度减少浇水的次数。

播种前的浇水，在沟内全面地浇水。

定植后的浇水，在植株周围成圆形浇水。

进行地膜覆盖，可防止垄内干旱。

浇水量

根据天气变化而变化

晴天时植物的吸水量是阴天时的 6~8 倍

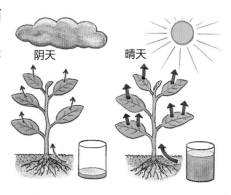

阴天　晴天

种植方式不同，浇水量也不同

和大田不同，因为箱式花盆不能从地下水处补给水，所以需要多浇水

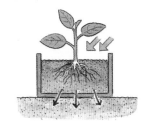

各种蔬菜的需水量（每株每天）

种类	需水量 /mL	
	生长发育初期	生长发育旺盛期
黄瓜	100~200	2000~3000
番茄	50~150	1500~2500
甜椒	50~100	1500~2000
生菜	20~40	100~200
西芹	50~100	300~500

立支柱、引缚

一般的蔬菜是收获物大，则茎、蔓的生长就弱；植株高，则易被风吹折或叶变形。为此，就要立上支柱，为了不被风吹乱、防止蔓垂下来，就需要对枝叶进行引缚。支柱可用竹竿或外面带塑料的钢管等。立支柱的方式有直立式、合掌式、交叉式等。直立式不耐风吹，为了加固就需要用很多的材料，另外因为作业很麻烦，所以仅局限于单行种植的蔬菜，通常是栽植2行的用合掌式是合理的，方法是斜着交叉插上，把合掌部捆结实。交叉式用于植株低矮的蔬菜。

仅仅立上支柱无法让很多的茎蔓缠绕上去，还需要把枝、蔓向支柱上引缚。引缚虽然可用胶带或细的塑料绳，但是因为在市场上有捆绑机这样的引缚专用工具销售，用这个更方便。

像番茄或茄子这样随着生长发育，茎也在增粗的蔬菜，引缚时不是直接把茎捆在支柱上，而是在茎和支柱之间用细绳稍宽松地成8字形系住。

另外，像黄瓜、菜豆等侧枝很能伸展的蔬菜，要横着捆上2~3层细的塑料绳，把蔓引缚住，防止下垂。

立支柱

①把支柱斜着插到沟内。

②对侧与这一侧的支柱交叉着插上。

③把支柱与支柱交叉的部分放上横支柱并捆住。

④在垄两头的支柱处再斜着立上交叉支柱。

⑤把合掌部捆结实。

⑥把横的支柱用塑料绳等捆结实。

⑦特别是合掌部要用细绳捆结实。

⑧横着看，支柱排列整齐是最理想的。

引缚

①对于番茄，在最大的果开始膨大时进行引缚。

②不能捆得太紧，以后茎还会长粗，要留有余地。

对于黄瓜，在蔓伸展前就要进行引缚。

489

间苗、摘心、摘叶、摘果、整枝

在播种或定植之后，如果任由植株的枝蔓自由生长，就会由于营养太分散和日照不足而使生长发育变差，有时还因为过于繁茂而导致通气不足而发生病害。隔一定间距，留下需要的植株，把其余的拔除，即间苗。把不需要的枝或蔓摘掉，即整枝。这些都能促进植株更好地生长发育。

间苗

发芽后，把生长慢的、生长过快的、形状不好的植株拔除，把间距扩大的作业叫间苗。

在地块中直接进行播种的蔬菜，或育苗时在育苗箱中条播，因为播种量较多，所以，若都发芽就处于生长相当密集的状态。在小苗时密生，共同生长（共存）、互相保护，能够很好地生长发育。1株单独的苗很容易受环境条件的影响，因为受环境胁迫多而不能很好地生长发育。

但是，如果一直密生下去，不久就相互影响，造成徒长，植株柔弱，所以需要及时间苗。这个间苗不只进行1次，而是随着生长发育进行2~3次。间苗的目标，是使株距达到相邻的植株的叶片不互相重叠。间苗达到适合各蔬菜的株距会使生长发育变好，收获量也会增加。

间苗的顺序

间苗分几次进行，基本上是第1次是在子叶完全伸展开、叶片密集时。第2次是在长出2~3片真叶时，以后随时进行。把形状不好的苗和被病虫害为害的苗拔除。

以芜菁为例

①在生长密集的地方间苗。

②间苗时，为了不伤及留下的苗，要轻轻地拔除。

③留下的间距，以与相邻的植株的叶片不互相重叠为宜。

④追肥，轻轻地向植株基部培土。

以菠菜为例

①在第1次间苗后，又继续生长到需要间苗的植株的状态。

②考虑植株与植株的间距间苗。

③间苗后，日照和通风都变好，也不互相争夺养分。

④追肥。

摘心、摘叶、摘果、整枝

为了培育健康的植株，需要进行适当的管理。通过整枝，可以改善通风、透光环境，使光合作用顺利进行。另外，通过摘芽，可以促进侧枝的生长。把多余的果实摘掉，可以使养分向留下的果实集中。

果菜类要想长时间持续地收获品质好的产品，适当整枝是不可缺少的。各种蔬菜的管理方法在第1章中已经介绍了。

摘心

为了调节枝数和植株高度，把主枝和侧枝的顶端摘掉的作业叫摘心。目的主要是使主枝的生长停止，促进果实的充实，使子蔓伸展着生雌花，并使侧枝伸展、增加产量等。结合蔬菜的种类和特性进行管理，使其能得到更好的收获。

摘叶（疏叶）

叶片和枝混杂拥挤，通风和透光变差，就容易发生病虫害。在此之前，根据生长发育的状态，适当摘除叶片的作业叫作摘叶（疏叶）。摘除植株基部附近的老叶、长势差的芽、干枯的下叶和老化叶、被病虫害为害的叶片等，使植株健康地生长发育。

摘果（疏果）

果菜类若结果实太多，植株长势就衰弱。要想避免这个问题，就需要把变形的、被病虫害为害的小的果实摘除，这个作业叫摘果（疏果）。通过摘果，减轻植株的生长负担，恢复长势，培育出更充实的果实。

整枝

如字面意思，就是对枝条进行整理的作业。如果放任果菜类枝蔓生长，不仅生长发育出现障碍，管理作业也难以操作。对主枝、侧枝，还有相当于孙蔓的侧枝进行整理，进行摘心、摘叶、摘果，就能培育出充实的果实。因为蔬菜的种类和品种不同，花和果实的附着方法也不同，所以要根据各自的特性进行作业。

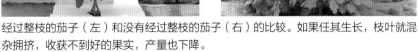

经过整枝的茄子（左）和没有经过整枝的茄子（右）的比较。如果任其生长，枝叶就混杂拥挤，收获不到好的果实，产量也下降。

防寒、防暑、防风

防寒对策

最简单的方法就是覆盖寒冷纱、长纤维无纺布、中纤维无防布等。低温性的小松菜、茼蒿等，覆盖的远比不覆盖的生长得好，即使是在冬季也能收获优质的蔬菜。把塑料薄膜覆盖在小拱棚上，白天的温度上升很明显，保温能力也很好。

对早春播种的芜菁、胡萝卜，春季种植的果菜类等，大大地促进了植株的生长发育，能提前收获。只是中午的温度不能升得太高，需要在塑料薄膜上开孔，或者把塑料薄膜的侧边掀起来换气。

盖苇帘是自古就有的保温栽培方法。比用寒冷纱的保温力更好。

塑料小拱棚

小拱棚用的塑料薄膜，用得较多的是比聚乙烯塑料薄膜保温力更高的聚氯乙烯塑料薄膜。在温暖地区或对于低温性的蔬菜用聚乙烯塑料薄膜也可以。

网状小拱棚

用寒冷纱覆盖，虽然生长发育稍慢，但是可从拱棚上面浇水。另外，即使是温度上升，也不会太闷。

直接覆盖

用长纤维无纺布或中纤维无纺布等直接覆盖在植株上。

苇帘遮挡

在北侧撑成单面屋顶式进行防霜，根据太阳的高度可变换角度。

塑料小拱棚的建法

①把竹条或塑料棚条等材料等间隔地插入沟内。

②跨过垄把支撑材料弯曲，支撑材料的另一端也插入沟内。

③在垄上设置好支撑材料的样子。

④把塑料薄膜的两头埋入土中固定。

⑤把塑料薄膜盖到支撑的竹条上。

⑥把塑料薄膜的两侧也用土压住固定。

⑦塑料小拱棚完成。

防暑对策

夏季，地块的气温在炎热的日子里经常达到35℃以上，地温达到40℃以上。像这样的温度对很多的蔬菜来说太高了，特别是柔弱的小型叶菜类更不耐热。另外，甘蓝或西蓝花等在苗移植后会发生萎蔫等现象，所以要通过遮光进行防暑。

为了遮光，可以把聚乙烯制的编织材料或苇帘等，撑得高一点，把侧面开放进行通风。短期使用时，直接盖上覆盖材料也是有效的。

另外，为了抑制地温上升，在地面上铺稻草或干草，铺白黑双层地膜也有效果。

中纤维无纺布等有防虫作用，可直接盖在叶上

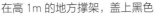

在高1m的地方撑架，盖上黑色寒冷纱或苇帘

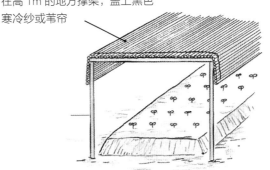

防风对策

蔬菜喜欢微风，但是让叶片来回摆动的强风对茎叶柔软的蔬菜类的生长来说，是起负面作用的。在风太强的地方，设置防风墙进行保护。在上风处，设置防风网或苇帘等防风屏障。

秋季的台风对于蔬菜来说是最麻烦的事，每年都会在这里或那里出现大的灾害。特别是对秋冬蔬菜的苗损害很大。如果提前知道台风会来，应在苗床上覆盖防风网，将其绑扎牢固，防止被风刮倒。台风过去后，就立即撤掉。

在地块中强风吹来的方向设置苇帘或防风网

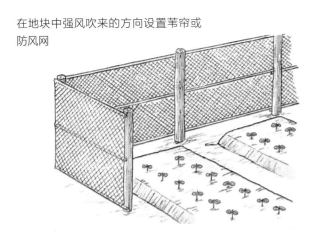

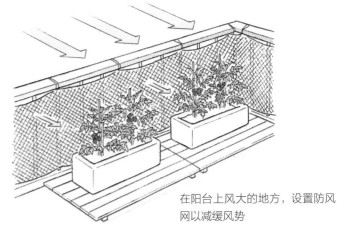

在阳台上风大的地方，设置防风网以减缓风势

收获

精心培育的蔬菜终于可以收获了。各种蔬菜有各自的收获适期。迎来收获适期的蔬菜，富含自然和太阳的味道、美味满满，适时收获决定着蔬菜的美味度。

果菜类的收获

最难判断适期的是成熟后果肉糖度不够时就不能收获的西瓜、甜瓜。根据授粉日期计算是最好的指标，为了防止弄错挂上标签是最好的方法。

番茄、草莓等从外观上就能判断，很简单。在地里，要等充分熟了之后再收获。另外，能利用未熟果的，趁嫩时收获，可以减轻植株负担，恢复植株长势。

豆类要根据豆荚鼓起的程度进行判断，做到适时收获。

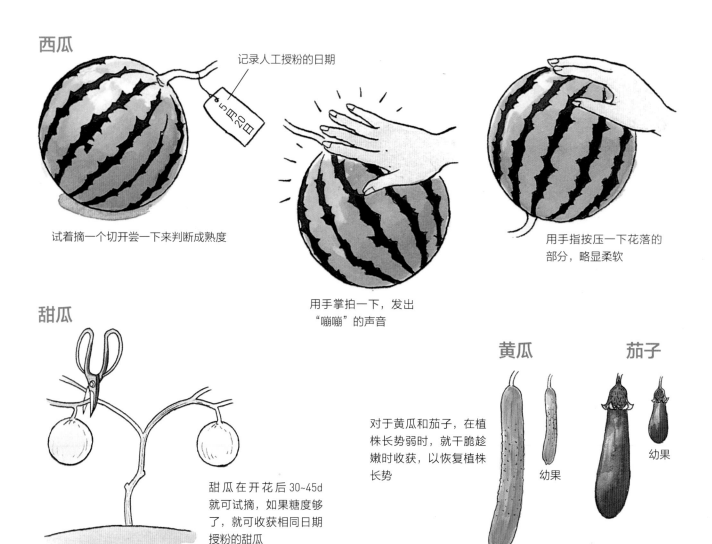

西瓜

记录人工授粉的日期

试着摘一个切开尝一下来判断成熟度

用手掌拍一下，发出"嘭嘭"的声音

用手指按压一下花落的部分，略显柔软

甜瓜

甜瓜在开花后30~45d就可试摘，如果糖度够了，就可收获相同日期授粉的甜瓜

黄瓜　**茄子**

对于黄瓜和茄子，在植株长势弱时，就干脆趁嫩时收获，以恢复植株长势

幼果

幼果

叶菜类的收获

对于能品尝茎叶的柔嫩和香味的蔬菜，收获虽然有各种各样的方法，但是如果收获晚了叶菜就会变硬，这一点需要注意。

菠菜、小松菜、葱类等即使未充分长大的也能食用，所以在间苗时拔除的菜也能利用。长到比市场上出售的稍大后再收获，能品尝到不同的味道，这也是很好的体验。

西蓝花

①花蕾的直径到 12~15cm 时，就可带着 2~3 片叶割取收获。

②因为收获后小的侧花蕾又长出来了，所以可长时间地品尝到美味。

芦笋

植株长到 25cm 时，从茎柔嫩的地方开始收获。

葱

从垄的一侧挖土收获。

紫苏

依次摘取展开的叶片。

分葱

割取后芽又会长出。能收获 4~5 次。

根菜类的收获

以马铃薯、甘薯、芋头为主，即使是没有完全成熟，幼嫩时也能食用，因为早挖出来的会更受欢迎，所以等块根、块茎膨大后，就先寻找较大的挖出来，提前品尝新鲜的味道吧。

挖取收获时，把垄一侧的土挖开，把膨大了的块茎、块根等，在不伤及其他正在生长着的块根、块茎的情况下，小心地取出收获。生姜也可在嫩时收获利用。

甘薯

不要伤及薯块，把垄一侧的土挖开。

马铃薯

早点挖出收获，可提前品尝到嫩薯的鲜味。

生长发育不良、病虫害的防治对策

生长发育状态的鉴别方法

正确认识植株健康生长发育的状态，早发现异常情况早采取对策，是成功培育蔬菜的关键。对生长发育状态的观察，实际上就是蔬菜的健康诊断，从发芽初期就要频繁地进行。

健康状态最敏感的指标就是叶和茎。蔬菜表现出其固有的叶色深绿，叶形正常展开，没有病虫害是很关键的。茎长的蔬菜，粗度、节间的长度合适，不弯曲、没有条状斑等是正常的。花和蕾的状态也是很重要的。特别是果菜类的蔬菜，花蕾是否饱满，且开花是否正常，附着位置、花形、数量是否合适等也要进行确认。生长发育迟缓、植株萎蔫时，可挖土检查根系是否正常。

番茄

因为番茄的果实也会出现各种各样的生长障碍果，熟悉它们各自形成的原因，有助于采取必要的对策。脐腐病的原因是开花时钙不足；裂果是由于水分吸收的急变，或从果面吸收雨水；空洞果是由于促进坐果用的植物生长调节剂浓度过大，或肥料过多而造成过度生长。

茎、叶有一定的粗度、节间长度，如果从某个高度（第3、第4花序附近较多）开始出现节间缩短，茎变粗，中央部有纵条纹或纵裂。这是由于吸收了过多的氮，坐果不良及以后的快速生长等原因引起的生理障碍。

茄子

花小、色浅，从外观上一看就是植株长势衰弱的状态。健康的花是雌蕊（花柱）比雄蕊（花药）长。不健康的花雌蕊短，几乎都会落果。开始出现时就及早摘掉，及时追肥，恢复植株长势。

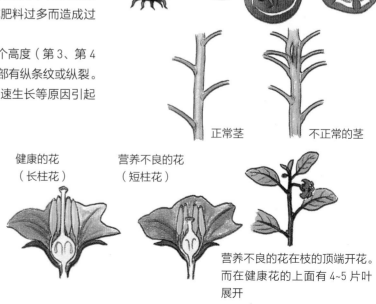

脐腐病　裂果　空洞果

正常茎　不正常的茎

健康的花
（长柱花）

营养不良的花
（短柱花）

营养不良的花在枝的顶端开花。而在健康花的上面有 4~5 片叶展开

黄瓜

黄瓜在苗期的叶片，或者栽到大田里伸展开的叶片（1~10片），有2~3片叶有裂口、缺口。这是由于嫁接造成的，对生长发育没有大的影响，因为上面的叶片会正常地生长发育，所以没有必要担心。

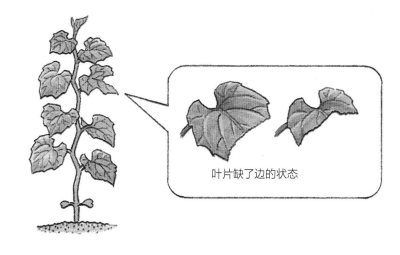

叶片缺了边的状态

黄瓜、西瓜

播种的瓜类（特别是黄瓜、西瓜、甜瓜），发芽时还带着种皮，好像戴着帽的状态。这是由于播种后种子上面覆土太薄，对土的镇压程度稍差，或在水分不足时容易引起。可用手缓慢、小心地去掉种皮。

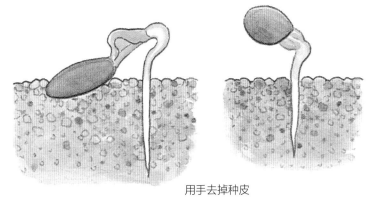

用手去掉种皮

草莓

因为草莓的花在早春时开，所以雌蕊和雄蕊易受寒害，或因没有授粉昆虫飞来造成授粉不足，易变成畸形果。此外，植株长势过旺，最早的果就会扁平带状化，成为大型的变形果。市场上销售的都是果形好的果实，是因为在大棚内栽培，有保温、加温措施，有蜜蜂充分授粉的缘故。

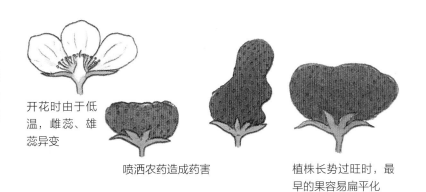

开花时由于低温，雌蕊、雄蕊异变

喷洒农药造成药害

植株长势过旺时，最早的果容易扁平化

秋葵

虽然果实的生长很好，但是中腹部附近出现小型的突起。虽然食用时没有什么异味，但是外观稍差商品价值也大大降低。这是由于日照不足和植株早衰引起的，把混杂拥挤的叶片摘除，及时追肥，不使植株发生早衰。

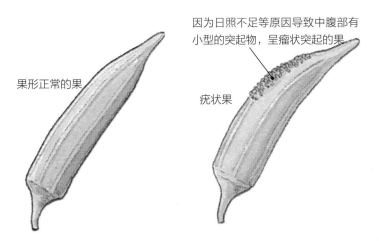

因为日照不足等原因导致中腹部有小型的突起物，呈瘤状突起的果

果形正常的果

疣状果

菠菜、洋葱、甘蓝

通常，茎的基部短缩，只是叶片长大密生。但是在低温时，花芽形成，花芽发达时，花茎就生长，不久就开花。这就是在春季时见到的抽薹现象。由于秋季时播种过早，或者由于施肥过多，在入冬以前长得过大等原因而导致。要及早发现，在薹还较嫩时收获也能食用。

葱

叶片失去生机，生长发育处于停止的状态，不久就会枯萎。这多数是由于强降雨使定植沟中积水，水没有及时排出而引起的。为了把定植沟内的积水排出，可在地块的周围挖上排水沟，大雨之后及时查看，发现问题及时采取对策。

萝卜

萝卜发芽时仔细观察，会发现子叶的形状、大小各种各样。尽量选择左右对称的苗留下，把其他的苗拔除。拔除的苗多数发育异常，有些在早期时就形成叉根，所以间苗时就要除去。

胡萝卜

叉根是主根的顶端受到障碍，侧根发达而引起的。整地时要认真耕翻，除去障碍物，巧妙地施肥，不能发生肥害。也要做好线虫的防治工作。裂根多是发生纵裂。在生长发育初期，由于低温和干旱导致生长发育变差的根，待地温上升，浇水后生长发育快速地变好，如果收获晚了就容易发生裂根。

芜菁

主要在肩部附近出现很多小的龟裂，这是由于在生长发育中遇到低温所致。在秋季播种晚了的情况下，在春季就变得常见。下半部裂开，是由于土壤干湿差太大，收获晚了，外皮的生长发育停止，但是内部还在膨大而引起的。

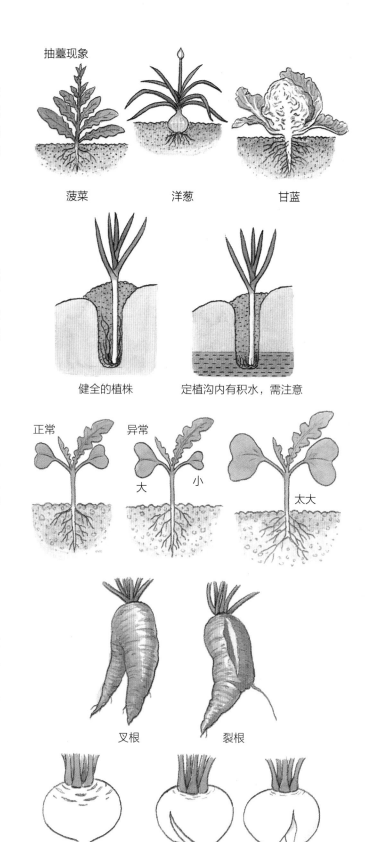

抽薹现象

菠菜　　　洋葱　　　甘蓝

健全的植株　　　定植沟内有积水，需注意

正常　　　异常
　　　　　大　小　太大

叉根　　　裂根

肩部的龟裂　　　下半部的裂纹

病虫害防治的基础知识

对于蔬菜等植物，不是在一种植物上发生所有的病害。某种蔬菜只被几种病原侵染，另外，还有病原有只侵染 2~3 种蔬菜的遗传性质。病原附着在蔬菜上后，如果气温、湿度、蔬菜的生理状况等环境条件适宜，病原就会侵入感染，叶片上形成斑点、干枯，甚至全株萎缩。

人有血液和淋巴液，有抵抗外部病原的免疫机能，可使人体预防病害或恢复正常。若平时身体健康，这个免疫功能就是活跃的。同样，可以通过适当地管理，培育健康的植株，使植物生长发育正常。采取以下对策创造不利于病原和害虫活动的环境是很关键的。

病害防治的基本原则

①使用健壮的苗

不能在密植、过于繁茂的状态下进行育苗，根据蔬菜的种类选用根系发达、有抗病性的砧木进行嫁接。

②土壤管理

对地块实行深耕，施入腐熟的堆肥和石灰。如果施用较多的未腐熟的有机肥，就容易发生种蝇、金龟子等，所以需要注意。

③土壤消毒

如果用育苗或箱式花盆栽培，用土量少时，就用铁板或蒸锅，在里面埋上马铃薯，蒸到马铃薯能吃时就说明土壤消毒完成了。另外，盛夏时，把土装入塑料袋，在其上面再撑上塑料小拱棚密闭，晴天连续密闭 2~3 周就可对土壤消毒。对大田土，如 P512 所示，可撒上一种土壤改良剂进行太阳热消毒。

④日常管理中的防治和农药防治

发生植株萎蔫病的地块，要和别的蔬菜进行轮作。把地块整理得排水性好，就要起高垄，还要覆盖地膜防止降雨、浇水时水滴飞溅传播病原。连土挖出枯死的植株，把病株带出田外进行深埋。因为病原喜湿，不要让叶面上有积水。

另外，要及早发现病害，适时喷洒农药进行防治。

虫害防治的基本原则

①把被寄生的叶片摘除并捕杀害虫

把寄生着多数蚜虫等的叶片摘除。对于菜青虫、甘蓝夜蛾、甜菜夜蛾、蛞蝓等害虫，一旦发现就立即捕杀。对于潜蝇可用手指上下捏住叶片将其捏死。

②覆盖银色地膜、寒冷纱

虽然闪闪发光的银色地膜可防蚜虫，但是茎叶生长繁茂之后再遮盖银色地膜，防蚜虫的效果就没有了。

在垄上覆盖寒冷纱防蚜虫等害虫，也防止蚜虫作为媒介传播病毒。

③利用天敌

捕食或寄生害虫的昆虫和其他动物、微生物叫作天敌，天敌作为生物防治方法的一种，市场上有销售的。在家庭菜园或大田中，把天敌能温和生存的植物、伴生植物等这些能供给天敌饵料的植物预先在附近栽植上，以繁殖天敌来捕食害虫。

④利用拮抗植物

靠自身的力量对防治害虫有效果的植物叫拮抗植物。像在 P511 中介绍的那样，栽培一定时间后，将其割倒并晒干，锄到地里。

⑤喷洒农药防治

及早发现害虫，适时喷洒农药进行防治。

蔬菜不同病害的为害症状（米山伸吾）

番茄

条斑病
茎、叶、果实上有黑褐色的坏死条斑

疫病（叶）
叶片上有边缘模糊不清的暗绿色不规则病斑，病斑的周围有白色霜状的霉菌

青枯病
叶保持绿色，突然萎蔫后 2~3d 就枯死，茎维管束变为褐色，流出污白色的汁液，根腐烂

开始发病时新叶从黄绿变为浅黄色，叶呈卷曲状。病害进一步发展，整个植株萎缩

黄化卷叶病 *

病毒病
果实表面变得凹凸不平，内部维管束变成褐色，叶片上出现绿色深浅相间的花叶症状

疫病（果实）
果实上形成不规则的褐色或热水烫伤状的病斑

灰霉病
果实上形成水浸状暗绿色的不规则病斑，密生茶褐色的霉菌，腐烂

枯萎病
从植株下部的叶片开始变黄萎蔫，不久就干枯。茎的维管束变成褐色，根也变成褐色并腐烂

番茄斑萎病毒病
在叶片、茎上产生褐色的坏死斑，果实上也产生褐色斑

番茄早疫病
叶片上形成圆形或不规则的暗褐色、有同心轮纹状的病斑

番茄溃疡病
茎的中心部变成褐色并腐烂，严重时茎的外侧出现褐色条纹。果实表面形成鸟眼状的斑点

黄萎病
开始时叶片的半侧黄化，不久植株半侧的叶片黄化萎蔫，逐渐枯死。根变成褐色并腐烂

茄子

白粉病
叶片上生有白色粉状的霉菌，稍呈圆形，不久后叶片全部被白色的霉菌覆盖

灰霉病
开完的花瓣腐烂，不久果实也变软腐烂，湿度大时产生灰色的霉菌

茄子黑枯病
果实表面生有稍隆起的水浸状的斑点，叶片上有紫褐色的不规则病斑

黄萎病
叶片的一半变为黄色，不久植株的半侧萎蔫，不久整个植株的叶片萎蔫干枯，根变成褐色并腐烂

甜椒

病毒病

叶片上出现绿色深浅相间的花叶症状，有的叶片变细，果实凹凸不平，整个植株畸形

白粉病

叶片上出现不清晰的斑纹，不久形成黑色的小斑，叶片背面密生白色的霉菌

疫病

叶片萎蔫、干枯。根腐烂，地表部的茎变成褐色，缢缩干枯

白绢病

地表部的茎上生有白色绢丝状的霉菌，茎变成褐色并枯死

黄瓜

花叶病毒病

叶片上出现绿色深浅相间的花叶症状，严重时叶片畸形、变小

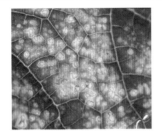

细菌性角斑病

受叶脉限制，形成稍呈多边形的水浸状的病斑

白粉病

叶片上出现白色粉状的近圆形病斑，不久整片叶被白色的霉菌覆盖

霜霉病

受叶脉的限制，形成黄色、多边形的病斑，初期呈水浸状后变成褐色，叶片背面生有暗色的霉菌

炭疽病

叶片上出现圆形褐色的病斑，中心部易形成孔洞

灰霉病

开完的花瓣就腐烂，果实也变软腐烂，湿度大时产生灰色的霉菌

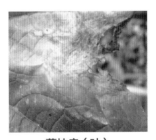

蔓枯病（叶）

从叶缘向内部形成楔形（V字形）的褐色斑

茎变成褐色，有黏液，干后变为灰色，不久在此处形成许多小的黑粒

蔓枯病（茎）

发病初期中午叶片萎蔫，早上、晚上又恢复，反复数日后萎蔫变严重，植株枯死。根变成褐色并腐烂

瓜类枯萎病

发芽途中或发芽不久，苗从地表部倒伏，有的缢缩倒伏、干枯

苗立枯病

疫病

地表部的茎和根变成褐色并腐烂，叶片萎蔫干枯

褐斑病

在叶片的中央形成灰褐色、直径为5~10mm的不规则病斑

501

草莓

白粉病

叶片、果实、葡匐茎被白色粉状的霉菌覆盖

轮纹病

在叶片上形成大型、有同心圆状的轮纹形的病斑

主要为害叶柄、葡匐茎、叶片、花瓣、花萼和果实。葡匐茎、叶柄、叶片染病，产生环形、稍凹陷的褐色病斑，枯死病株短缩茎内部变成褐色，根也腐烂

炭疽病

黄萎病

3片叶中就有1~2片叶黄化、变小，切开短缩茎发现维管束变为褐色，根也腐烂

西瓜

炭疽病

在叶片上形成暗褐色的同心轮纹状的病斑，不久形成裂孔，在茎上形成凹陷的褐色病斑

茎上出现水浸状的暗褐色病斑，不久变为褐色形成裂孔。在叶片背面也形成同样的病斑

蔓枯病

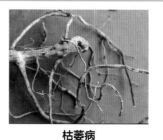

枯萎病

发病初期中午萎蔫，早上、晚上又恢复，反复几天后萎蔫变严重，植株枯死。切开茎可见维管束变成褐色，根也变成褐色并腐烂

褐色腐败病

在果实上形成暗绿色水浸状的不规则病斑，不久就软化腐烂。叶片、茎上也产生水浸状的病斑

甜瓜

叶片上出现绿色深浅相间的花叶症状，有的畸形、有的变小

花叶病毒病

白粉病

叶片被白色粉状的霉菌覆盖

细菌性角斑病

在叶片上形成不规则的稍呈多边形的褐色病斑，中心部容易形成孔洞

蔓枯病

在叶片上形成大的楔形、黄褐色病斑，茎上也形成暗褐色水浸状的病斑并干枯

南瓜

花叶病毒病

叶片上出现绿色深浅相间的花叶症状，有的畸形、有的变小

细菌性褐斑病

从近叶缘处沿着叶脉有的出现树枝状的褐变，有的出现褐色的圆形小斑点

疫病

叶片或蔓的一部分变成暗褐色、水浸状、软化腐烂，果实也软化腐烂，产生污白色的霉菌

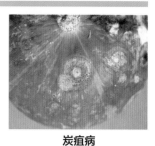

炭疽病

在果实上形成黑褐色的凹形病斑，由鲑肉色的霉菌形成很多个小粒点

菜豆

花叶病毒病
叶片上出现绿色深浅相间的花叶症状，变畸形

灰霉病
荚呈浅褐色水浸状腐烂，湿度大时产生灰色的霉菌。在叶片和茎上也发生

茼蒿

霜霉病
在叶片上形成边缘不清晰的浅黄色病斑，在叶片背面形成白色的霉菌

炭疽病
在叶柄上形成凹陷的椭圆形病斑，易折断。叶片上出现模糊的浅褐色小斑点

蔬菜栽培的基础知识

甘蓝

霜霉病
在叶片上形成边缘不清晰的黄色病斑，在叶片背面产生霜状的白色霉菌

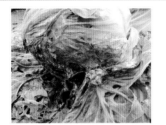

菌核病
发病初期接近地面的叶片变成水浸状，逐渐扩展，外部叶片、结球也变为黑褐色，呈水浸状腐烂

黑腐病
发病初期叶片上出现灰白色的病斑，然后变为"V"字形或不规则的褐色病斑，后扩展至整个叶片

根肿病
在根上形成大大小小的瘤，不久根就变成褐色并腐烂，导致植株萎蔫、生长发育变差

菠菜

霜霉病
发病初期在叶片上形成灰绿色的病斑，病斑进一步扩展，叶的大部分变成浅黄色，叶片背面生有霉菌

炭疽病
在叶片上形成浅黄色的边缘不清晰的圆形病斑，然后成为同心轮纹状的大形病斑

萎凋病
从苗期时叶片就黄化萎蔫并枯死。根变成褐色并腐烂，影响植株生长

轮枝菌黄萎病
根变成褐色并腐烂，维管束也变成褐色。致使大田中的植株生长发育不整齐

小松菜

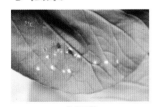

白锈病
在叶片上形成白色的小斑点，在叶片背面形成乳白色的稍隆起的小粒点

白斑病
在叶片上形成浅灰色的圆形病斑，互相连接形成不规则的病斑

芜菁

霜霉病
受叶脉限制，在叶片上形成多边形的病斑，在叶片背面产生灰白色粉状的霉菌

在根上形成大大小小的瘤，叶片萎蔫，植株生长发育不良

根肿病

韭菜

韭菜病毒病

叶片的生长差，叶片变窄，出现绿色深浅相间的花叶症状

白斑叶枯病

叶片上生有长圆形的白色斑点，互相连接形成大的枯斑，有的从叶尖干枯

锈病

叶片上生有许多黄褐色的稍隆起的小斑点

韭菜根腐病

细菌性病害，外侧的叶片垂下腐烂，逐渐干枯，植株逐渐变小，以至枯死

胡萝卜

花叶病毒病

叶片上出现绿色深浅相间的花叶症状，有的出现红紫色的花叶症状

黑叶枯病

叶片上生有褐色或黑褐色的斑点，最终叶片干枯

根腐病

根上有水浸状的污垢一样的小斑点，进一步扩展会变褐色凹陷

根上产生水浸状的小斑点，不久变成褐色水浸状的圆形或椭圆形斑点

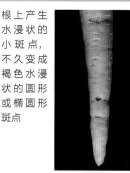

污腐病 ∗

葱

病毒病

叶片上出现黄绿色的纵长条纹，有的一侧萎缩，有的整个叶片萎缩

锈病

叶片上生有很多个橙黄色的稍隆起的椭圆形斑点

在叶片上形成浅褐色或稍呈紫色的椭圆形、有同心轮纹的病斑

黑斑病

霜霉病

在叶片上形成黄白色椭圆形或不规则的稍凹陷的病斑，表面生有白色的霉菌

洋葱

锈病

叶片上生有很多橙黄色的稍隆起的纺锤形斑点

霜霉病

在叶片上形成黄白色的不规则病斑，生有暗色的霉菌，腐烂干枯

根或茎基部、球或叶鞘软化腐烂，有恶臭味

软腐病

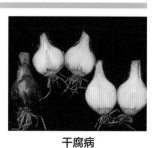

干腐病

有的从球根上部表层开始软化腐烂，有的从发根部腐烂，到球根的内部软化腐烂，有恶臭味

萝卜

花叶病毒病
叶片上出现绿色深浅相间的花叶症状，有的凹凸不平，有的畸形，整个植株萎缩

黄萎病
从外侧的叶片开始黄化枯死。切开可见维管束变成褐色

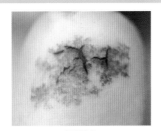

霜霉病
叶片上出现浅黄色的病斑，在萝卜的表面形成浅黑色的墨状斑纹

细菌性黑斑病
发病初期在叶片上形成水浸状的斑点，不久就变成灰褐色的病斑。病斑的周边部发黑

白菜

病毒病
叶片上出现绿色深浅相间的花叶症状，皱缩畸形，整个植株萎缩

白斑病
在叶片上形成灰白色的圆形病斑

软腐病
从结球开始与地面接触的叶片变为黄白色，软化腐烂，植株枯死，有恶臭味

根肿病
根上形成大大小小的瘤，有的瘤腐烂造成生长发育变差，叶片有的萎蔫

甘薯

带状粗皮病
块根表面出现细长的裂纹，块根的膨大变差

立枯病（植株）
叶片变为黄色或紫红色、萎蔫，茎上出现圆形凹陷的黑色病斑

立枯病（块根）
块根上出现圆形边界清晰的黑色病斑，病斑凹陷

蔓割病
叶片萎蔫干枯。茎的地表部纵裂，茎呈裂开状

马铃薯

卷叶病
叶片的绿色变浅，从下部的叶片开始稍变厚，向上卷成匙状

疫病
在叶缘或叶尖处形成边缘不清晰的灰褐色不规则的大形病斑，生有霜状的白色霉菌

疮痂病
在薯块的表面形成中心部凹陷，周边部稍隆起的浅褐色的疮痂状病斑

黑痣病
最上边叶片的叶缘稍呈紫红色，并且向上卷，地表部的茎生有白色粉状的霉菌，最终整个植株枯死

505

玉米

粗缩病
整个植株萎缩，在叶片上沿着叶脉形成隆起的条状纹

细菌性倒伏病
叶鞘内部呈浅褐色水浸状，形成不规则的病斑，呈茶褐色并腐烂、倒伏、枯死

苗立枯病
叶片黄化姜蔫。根变为褐色并腐烂，地表部附近的茎变为褐色并腐烂，切断可见茎内部也变为褐色

黑穗病
发病初期在雌穗上形成被白色膜覆盖的菌瘤，以后破裂，散发出黑粉

蚕豆

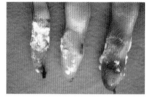

菌核病
在茎或荚上发生，生有棉毛状的白色霉菌，变软腐烂，之后就形成老鼠粪状的黑色菌核

茎腐病
地表部附近的茎呈黑褐色、水浸状，稍有凹陷、腐烂，叶片姜蔫，严重时枯死

毛豆

细菌性斑点病
在叶片上形成浅黄褐色、水浸状的小斑点，之后扩大成周边为黄色、稍呈多边形的病斑

立枯病
叶片姜蔫干枯。根变为褐色并腐烂，在地表部的茎上形成纵长的褐色病斑

紫苏

褐斑病
在叶片上形成大小不等的边缘不清晰的黑色斑点，以后扩大成稍不规则的多边形病斑

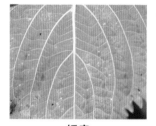

锈病
叶片上生有很多橙黄色、稍隆起的粒状小斑点

生姜

叶枯病
从叶缘开始形成暗褐色的大枯斑，或圆形、近圆形的褐色病斑，叶片干枯

根茎腐烂病
叶鞘、根茎、幼芽、根变为褐色、变软腐烂、倒伏、干枯。根茎变为浅褐色，变软腐烂

生菜

黄姜病
叶片变为黄色，生长发育不良，心叶停止生长，或者成为黄色小型的叶片，有的成为扫帚状

细菌性斑点病
叶片上生有褐色形成近圆形的小斑点，小斑点互相连接形成不规则的大病斑

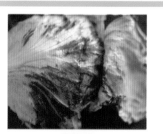

腐烂病
从结球后到收获期外侧的叶片变成浅褐色或褐色，变软腐烂，无臭味

立枯丝核菌叶枯病
与地面接触的叶柄上有褐色不规则的凹陷病斑，严重时姜蔫枯死

害虫为害症状案例（根本久）

甘蓝夜蛾（甘蓝）

低龄幼虫呈尺蠖状行走。以卵块的形式产卵，孵化的幼虫在2龄以前聚集为害

甘蓝夜蛾（白菜）

取食为害叶片，将叶片咬出大大小小的孔洞。3龄以后分散开取食为害

斜纹夜蛾（茄子）

以卵块的形式产卵，孵化的幼虫在2龄以前聚集为害，取食为害叶片形成大大小小的孔洞

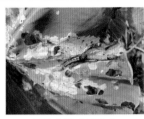

斜纹夜蛾（芋头）

身体的前方有1对黑纹。3龄以后分散为害，随着龄期增大，取食量也增加

红棕灰夜蛾（落葵）

沿着气门处有白线。严重时，几乎所有的叶片被吃光，只剩下叶脉

菜青虫（甘蓝）

是菜粉蝶的幼虫，在叶片上单粒产卵，取食为害叶片形成大大小小的孔洞

小菜蛾（甘蓝）

除高温期和低温期以外，其他时候都有发生，在叶片背面只取食叶肉，所以取食痕迹为半透明状

葱菜蛾（韭菜）

在叶片上可见到不规则的线状的黄色部分，有小的孔洞。孵化的幼虫钻入叶肉内取食为害

烟青虫（甜椒的果实）

幼虫为害果实内部和叶片。一般在喷洒过数次杀虫剂的地块中多发。每年发生3~4代

烟青虫（甜椒上的蛀孔）

在果实上咬出直径为5mm左右的孔洞，把果实咬得乱七八糟后，再转移到新的果实内为害

棉铃虫（番茄）

从初夏时开始发生，把果实咬得乱七八糟后，又转移到新的果实内为害

棉铃虫成虫

成虫交配后就在番茄等上产卵，孵化出的幼虫为害果实

玉米螟（玉米）

产卵于雄穗、叶片背面，幼虫钻入茎或叶鞘内部取食为害。会从小孔排出粪便，所以容易被发现

二十八星瓢虫（马铃薯）

从叶片背面取食叶肉，留下叶片的上表皮。图为二十八星瓢虫，虫体上有28个黑斑

二十八星瓢虫（茄子）

沿着叶脉为害，留下细的叶脉。图为二十八星瓢虫

二十八星瓢虫（茄子）

被二十八星瓢虫为害的茄子

507

黄守瓜（黄瓜）

因为成虫为害叶片，只剩下轮状地表皮，所以形成1元硬币大的孔洞

黄守瓜（黄瓜的根）

幼虫呈黄色的蛆状，在土壤中取食为害根，导致叶片快速地萎蔫

黄守瓜（黄瓜的果实）

也寄生、为害果实。成虫也为害南瓜、白菜、茄子等

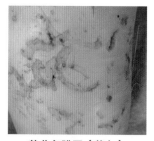

黄曲条跳甲（萝卜）

幼虫在土壤中生活，会为害萝卜的表皮，留下褐色的取食痕迹

棉蚜（黄瓜）

从春季到秋季，不交配就直接产幼虫，吸食叶片汁液，造成叶片萎缩

棉蚜（草莓）

蚜虫寄生在叶片上，在排出的排泄物上又生黑色霉菌

桃蚜（茄子）

因为蚜虫吸食叶片汁液，使植株生长发育变差，其排泄物上又诱生黑色霉菌

草莓钉毛蚜（草莓）

从春季到秋季成虫、幼虫连续地发生，吸食叶片汁液，聚集为害

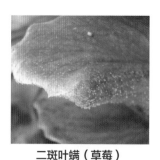

二斑叶螨（草莓）

1mm左右的虫子群生，吸食叶片汁液，导致叶片变成黄白色的擦伤状，严重时结成像蜘蛛网一样的网

根螨（韭菜）

在球根的基部或韭菜的根部群生、为害，导致内部腐烂，生长发育变差而枯死

茶黄螨（茄子）

很小，用肉眼看不见，在发生初期很难发现。在生长点附近为害导致心叶生长停止

茶黄螨（茄子）

为害花蕾和果实，形成畸形花，使果实的表面变成灰白色的鲨鱼皮肤状

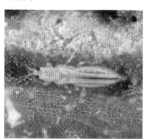

棕榈蓟马（黄瓜）

幼虫为浅黄色，因为吸食叶片和果实的汁液，变成擦伤状，使叶片和果实扭曲，有的畸形

豌豆彩潜蝇（食荚豌豆）

幼虫在表皮下取食叶肉，形成隧道状的白色线条。在叶肉内部化蛹

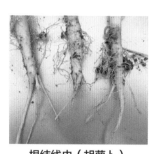

根结线虫（胡萝卜）

在根上形成很多大大小小的根结，使植株生长发育变差，胡萝卜的膨大也变差

蛞蝓（白菜）

寄生在叶片和果实上为害，咬出孔洞。在孔洞的周围有少量的黏液，所以能辨识

尽量不使用农药的对策

蔬菜几乎全部是草本植物，通过改良成为人类容易利用、味道好、产量高的植物，所以也易被病虫害易侵染。为此，栽培蔬菜时防治病虫害，保护蔬菜是很重要的。

仔细观察蔬菜被病虫害为害的部位，和动物的情况不同，绝大多数是从体外传染或被害虫为害的，并传播蔓延。而且一旦受害，就不能恢复到以前的状态。

所以对策为：①尽量减少、消除病虫害的发生源或感染源。②培育健壮的蔬菜，使病虫害不易侵染。③用物理方法防止害虫飞来与蔬菜接触。④种植线虫拮抗植物，利用拮抗微生物共生作用的间作（混作）等。

首先，为了尽可能地减少病虫害的发生源、感染源，就要把地块周围的杂草清除干净。这是因为杂草中生存着很多有害昆虫。另外，对收获结束后的蔬菜、残枝落叶等，带出田外进行堆肥化处理或烧掉深埋。在休闲期对土壤进行深耕，特别是冬季在地块中撒施石灰并进行深耕，使土壤表面形成凹凸状，经寒气侵袭使土壤风化。这样做可冻死害虫，土壤病原菌和杂草种子也大大减少。

要想培育健壮的蔬菜，就要严格遵守当地的播种适期，适时定植，株距留得大一些，使每片叶都充分地接受阳光，也有很好的通风环境。为了不使植株缺肥，要施足基肥，及时追肥，还可结合着冲施液肥培育健壮的植株。

休闲期的对策

撒施石灰、耕翻土壤

使土壤表面形成凹凸状，经寒气侵袭使土壤风化

避免密植

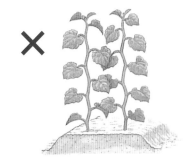

要注意土壤中的病原菌

下急雨时雨水飞溅，会使土壤中的病原菌传播到下部的叶片上

防止害虫与植物接触

P509中的③：用物理方法防止害虫与植物接触，作为预防病毒病的对策是很关键的。

病毒病在绝大多数的蔬菜上都会发生，叶片有的皱缩、有的黄化，造成很大的损失，而病毒大多是由蚜虫传播的。

蚜虫类（桃蚜、棉蚜、豆蚜、葱蚜等）从春季到秋季成虫和幼虫连续地发生，在树芽或树皮间、蔬菜或杂草的芽间越冬，到春季时变为有翅成虫寄生在蔬菜上为害，传播病毒。

防蚜虫最有效的手段是在蔬菜上盖上或撑上网状的材料，用物理的方法进行阻断。把防虫网等覆盖材料撑成小拱棚状或是直接盖在蔬菜上。把边用土压好，防止蚜虫从侧面的间隙侵入。

这种方法，不仅对蚜虫，而且对于难防治的为害十字花科蔬菜的小菜蛾也是很有效的。

栽培麦类等植株高的植物，在其垄间间作，种上蔬菜，在地块的周围拉网并设置成墙壁状等，对减轻随风而来的害虫类也是很有效的。

因为蚜虫讨厌反射光，所以在蔬菜上面沿着垄拉上反光的胶带，在垄上面铺上有反光性的银色地膜、白色地膜，或者银色和黑色的条纹地膜，作为减少蚜虫的方法被广泛地应用着。

另外，病毒病还可通过汁液传播，所以在摘芽、摘心、摘叶等作业时要注意防止其传到相邻的健康植株上。

虫害的物理防治方法

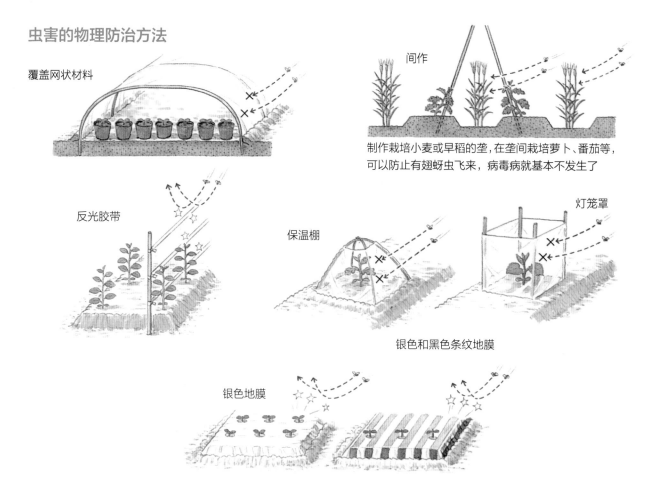

覆盖网状材料

间作

制作栽培小麦或早稻的垄，在垄间栽培萝卜、番茄等，可以防止有翅蚜虫飞来，病毒病就基本不发生了

反光胶带

保温棚

灯笼罩

银色和黑色条纹地膜

银色地膜

引入线虫的拮抗植物

通过植物自身的力量，对病虫害有防治效果的植物叫作拮抗植物。经常利用的是万寿菊和燕麦。线虫有各种各样的种类，在土壤中生存并寄生在植物上，就像右边的图一样在根上形成根瘤，有的造成根腐烂等，影响植株的生长发育。尤其是根菜类受到的为害最大，建议大家采用轮作的方法来防治虫害。

万寿菊可预防穿刺短体线虫、腐烂茎线虫，燕麦可预防穿刺短体线虫等。根据有什么样的线虫来选择拮抗植物。另外，若前茬栽培了花生或草莓，腐烂茎线虫的密度也会降低。采用这种轮作体系对预防线虫也是有效的。

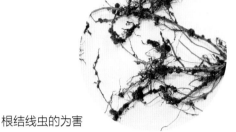

根结线虫的为害

主要线虫的拮抗植物

选用植株高近 1m 的万寿菊属植物臭芙蓉即可，栽植 3 个月以上就有很好的效果。

因为万寿菊初期生长发育迟缓，所以可用穴盘育苗后再进行定植。

对穿刺短体线虫有防治效果的燕麦，也可作为绿肥使用。

经过一定时间的栽培后，割倒在地里晒干，然后锄到地里。

拮抗植物对主要的线虫的效果

植物名	对象线虫		
	腐烂茎线虫	北方根结线虫	穿刺短体线虫
万寿菊	○		◎
燕麦			◎
几内亚草	◎	◎	○
高粱	◎	○	
望江南	○		○
菽麻	◎		×
大托叶猪屎豆	◎	○	○

对降低线虫密度起作用的前茬植物

对象线虫	植物
腐烂茎线虫	花生、草莓
北方根结线虫	禾本科作物、西瓜、芜菁
爪哇根结线虫	甜椒、花生
南方根结线虫	草莓
穿刺短体线虫	芋头

※ ◎对线虫的抑制效果好，○对线虫有抑制效果，× 线虫数量增加。

太阳热消毒

作为 P464 中讲解的防止出现连作障碍的方法，在防止连作障碍发生的地块消毒法中，还有太阳热消毒法。在地块中撒上米糠和微生物材料，只是覆盖地膜，不用施化学药剂。在 7~8 月直射光最强的时候进行。因为需要一定程度的水分，所以要在下雨后进行，如果干旱就浇一些水。

微生物材料，用含有微生物的材料或具有使微生物增殖功能的材料，撒上这些材料，微生物就会快速繁殖，病原菌就会减少。在此基础上再盖上地膜，地温能升高到 40~50℃，甚至更高，大多数病虫害被杀死。这样持续 1 个月，作业就可完成。提前施上米糠或鸡粪等基肥，起好垄，用太阳热消毒后，不用耕翻就进行栽植，效果也能持续。

微生物材料，选择有促进腐熟效果的分解力高的材料，按指定的用量使用

①在起垄的地方撒上米糠或鸡粪，平均每平方米撒 200g。

②再撒上一种微生物材料的土壤改良剂。

③用锄头耕翻，将①和②掺混在一起。

④起好垄后覆盖透明的地膜。

⑤埋地膜的两端时，一边用脚踩着一边拽紧，然后用土压结实。

⑥用土压紧两侧，这样放置 20~30d。

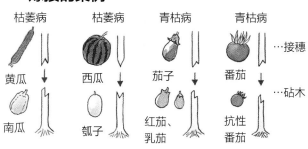

采用病害抗性品种、嫁接苗

近年来，蔬菜的品种改良有较大进展，育成了很多对土壤传染性的地下部病害（害虫）、地上部的茎叶病害有抗性的优良品种。利用抗性品种而不是使用农药来防治病虫害可以说是最有效的手段，特别是番茄、甜瓜、甘蓝、萝卜、菠菜、白菜、芜菁等有很多实用的抗性品种可供选择。

对于果菜类的土壤病害，通过采用有抵抗性的砧木进行嫁接就可避免其侵染。特别是在生产现场使用的土壤处理剂甲基溴因为破坏环境被全面禁用（2005年）后，土壤消毒成为大问题，嫁接苗得到广泛应用，在经济作物栽培中，西瓜、茄子、甜瓜、黄瓜、番茄等的嫁接苗应用较多。

这种苗的价格虽然较高，但是通过采用嫁接苗，连作成为可能，植物也更健壮了，所以即使是在家庭菜园中也被广泛利用，今后需求会越来越大。

不同番茄品种的病害抵抗性

种类	品种名	经销商	病害抵抗性							
			番茄花叶病毒病	黄化卷叶病	枯萎病		根腐枯萎病	黄萎病	叶霉病	斑点病
					种1	种2				
大型果	CF 桃太郎耀克	泷井种苗			○	○	○	○	○	○
	桃太郎匹斯	泷井种苗	○	○	○	○	○	○	○	○
	好木桃太郎 EX	泷井种苗	○		○			○		
	桃太郎 8	泷井种苗	○		○	○		○		
	丽月	坂田种苗	○		○		○	○		
	林华 409	坂田种苗	○		○			○	○	○
	美空 64	Mikado 合作社			○	○		○		○
中型果	福禄提卡	泷井种苗	○							○
	红希望	Kaneko 种苗	○		○	○				
小型果	樱桃匹亚	Tokita 种苗	○		○					
	TY 千果	泷井种苗	○	○	○		○			
	爱子	坂田种苗			○	○				

甜瓜对枯萎病、白粉病的抗性品种

品种名	育成者	抵抗性	
		枯萎病	白粉病
安第斯	坂田种苗	○	○
阿木斯	园研	△	○
高峰	园研	○	○
昆西	Uyeki 种苗	○	○
伯爵盛夏系	Mikado 合作社	○	

甘蓝、萝卜对黄萎病的抗性品种

甘蓝		萝卜	
品种名	经销商	品种名	经销商
YR 春系 305	增田育种场	福誉	Midado 合作社
YR 银次郎	增田育种场	里誉	Midado 合作社
YR 多惠	日本农林社	夏司快	Tohokuseed
彩音	泷井种苗	夏司旬	Tohokuseed
彩光	泷井种苗	YR 库拉马	泷井种苗
多彩	Kaneko 种苗	顶级优选	泷井种苗
蓝天	坂田种苗	夏守	坂田种苗
新蓝	坂田种苗	春之骄	坂田种苗
YR 征将	Mikado 合作社		

白菜、芜菁对根肿病的抗性品种

白菜		芜菁	
品种名	经销商	品种名	经销商
CR 黄尼义里	泷井种苗	CR 雪峰	武藏野种苗园
荣誉至极	泷井种苗	碧寿	武藏野种苗园
CR 千舞 65	Tohokuseed	CR 耐病芜菁白露	Tohokuseed
夏之庆典	渡边育种场	CR 年糕花	泷井种苗
千代布克 70	坂田种苗	CR 白童	泷井种苗
千代布克 85	坂田种苗	来福嫩	坂田种苗

嫁接的案例

枯萎病　黄瓜　南瓜

枯萎病　西瓜　瓠子

青枯病　茄子　红茄、乳茄

青枯病　番茄　抗性番茄

…接穗
…砧木

农药的使用技巧

绝大多数的蔬菜肯定有一定数量的病虫害发生，如果放任不管，就有很多蔬菜受害。在种植之前，提前掌握应注意的病虫害种类、发生时期、为害的症状等是很重要的。

病虫害也不是一齐发生，开始时是在特定株、部分叶片上发生，经过几天后全面地扩展开来。如果不用农药能控制住是最好的，但是若一点农药也不使用就很难取得稳定的收成。如果病虫害被及时发现，在还没有造成大的危害之前使用农药进行防治，防治效果最好，且使用少量的药剂就能控制。

因为每种药剂适用的病虫害和植物种类、使用浓度、使用次数，以及在收获前几天停用等都不一样，所以要认真阅读使用说明书后再使用。

可湿性粉剂、乳剂

把药剂加入喷洒需要的水量中，充分搅拌均匀后立即喷洒到蔬菜上。喷雾量根据蔬菜的种类和生长发育阶段会有很大的不同，但是生长发育盛期的黄瓜、番茄平均 1 株需要 100~150mL，甘蓝、白菜需要约30~50mL。

喷雾时要把喷雾器的压力打得足够大。防治病害时对病菌最容易侵染的部分、病斑开始出现的部位要重点喷洒。这些部位包括易受雨水飞溅到的下部叶片的反面、易发病的茎基部等。喷头向上喷，对准下部叶片的反面，逐渐由下到上，最后对整个植株的正面喷一下。这时应注意的是，最好是细小的雾滴布满叶片，若喷到水滴要向下滴时附着性反而较差。

害虫一旦发生时，以发生部位为重点（主要是叶片背面）喷洒药剂。螨类和蚜虫类，只喷洒 1 次药还不能控制其危害。这些害虫世代交替快，因为接着又会出现成虫带来危害，所以每隔 4~5d 要进行 2~3 次喷雾。另外，葱类、甘蓝、西蓝花类的蔬菜，叶片表面有蜡质物，杀菌剂和杀虫剂都难以附着，所以不要忘了加上展着剂。

稀释的方法

乳剂的原液用瓶盖（带刻度的）、可湿性粉剂用匙子量药量。稀释时要戴手套

在定量的水中加入农药

用棒等细心搅拌

杀虫剂的喷洒方法

有害虫的地方要集中喷洒药剂

○ ×

喷洒药剂使药液在叶片上呈均匀的雾状附着

杀菌剂的喷洒方法

首先喷叶片的背面，最后对叶片正面喷一下

叶菜类、根菜类蔬菜喷药的流程

① ②

果菜类蔬菜喷雾的流程

① ②

土壤施用药剂等

为了预防土壤中、根表面、茎中的害虫和蚜虫等使用的渗透性的杀虫剂，因为有粒状、液状的药剂，所以在定植前施到定植穴中，或在生长发育初期施到植株附近，和土混合。将液剂在定植前灌到穴盘中。

将蛄蝓等的引诱杀虫剂放在蛄蝓等夜间易出现的被害部位附近的地面上，将鼹鼠的忌避剂放在走道处效果更好。

杀虫剂的使用方法

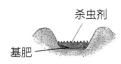

施基肥后撒于定植穴中

杀虫剂

基肥

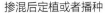

掺混后定植或者播种

在植株周围零星地撒上

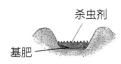

农药的保存和喷雾器的保管

大多数的药剂都易腐蚀金属，使橡胶垫劣化，喷雾器若未得到正确保管就很容易受到损坏。用完喷雾器后立即用水冲洗。取下喷头，一边保持着压力冲刷一边向外喷洒，直到完全喷出干净的水为止。喷头的分水盘也要取下进行清理。另外，喷头磨损后喷雾的粒子就会变粗，需要及时取下进行更换。

家庭菜园中每次使用的农药量很少。为此，要把开封后的农药放在专门保存的地方进行保管。用剩下的农药盖好盖子，放在晒不到、凉爽的场所，效果可以保持 1~2 年。因此，认真地保管，药效就没有问题。

保存的农药要放在儿童够不着的地方。另外，用完的容器也要按规定的方法进行严格处理。

喷雾器的清洗

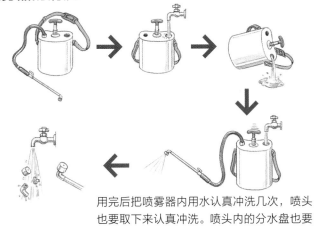

用完后把喷雾器内用水认真冲洗几次，喷头也要取下来认真冲洗。喷头内的分水盘也要认真冲洗

农药的保存

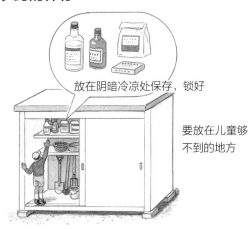

放在阴暗冷凉处保存，锁好

要放在儿童够不到的地方

园艺工具和材料

耕作工具、管理工具

　　锄头、除草小锄、镰刀、铁铲、移植用小铁铲等，是在开始做家庭菜园时所必需的工具。专门种菜的农户有很完备的工具，但是最初栽培的就要现准备。作为园艺用的必备管理工具有浇水用的喷壶、水管、喷头等。喷壶的材料有塑料、铁、不锈钢、铜，随着材料变化，后面几种的莲花口出水均匀性高，但是近年来塑料制的较为常见。浇水用的软管有胶皮管、塑料管，虽然胶皮管耐用，但是太重，不易搬运。

　　出水部的喷头有很多创新产品，如用手拿着就可改变洒水的范围、调节水量和及时关停等。如果地块面积大，用出水均匀的浇水软管是很方便的。

　　如果有喷药的喷雾器会更方便。一般的喷雾器是背负式的，有塑料制的，也有不锈钢制的，塑料制的虽然使用方便，但是论持久性、喷雾均匀性还是不锈钢制的好。

　　对番茄、茄子等喷洒植物生长调节剂时用小型的喷雾器。除此之外，摘心、修剪、收获用的剪刀也最好事先准备好。

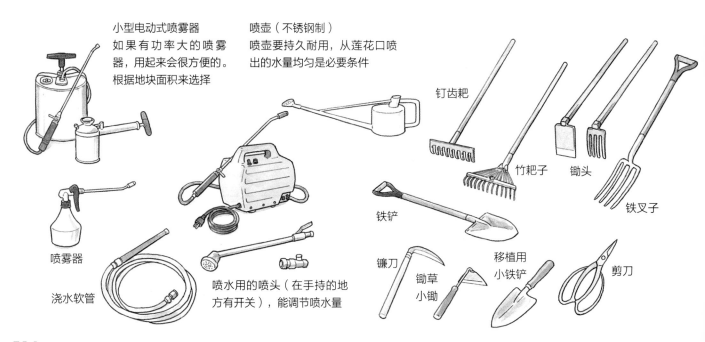

小型电动式喷雾器
如果有功率大的喷雾器，用起来会很方便的。根据地块面积来选择

喷壶（不锈钢制）
喷壶要持久耐用，从莲花口喷出的水量均匀是必要条件

钉齿耙

竹耙子　　锄头

铁叉子

铁铲

喷雾器

浇水软管

喷水用的喷头（在手持的地方有开关），能调节喷水量

镰刀

锄草
小锄

移植用
小铁铲

剪刀

育苗材料

为了在低温期育苗，需要加热用的加温设备，用于电热加温的农用电热线或面板状的加温垫在市场上有售。一般的农用电热线，单相100V、500W，长50m的使用起来方便，可用于6~7m²的苗床加温。面板状的加温垫可供很小规模（1m²左右）利用，温度自动调节器可任意设置温度，也可节约电费，一般用得多的是单相500W的。结合电器容量，选择合适的规格。如果是用于发芽，用普通的灯泡发热也有效。

育苗箱用深8~10cm、长×宽为（45~50）cm×

（35~40）cm的使用方便，各种各样的硬质塑料制的育苗箱在市场上有售。以底部是网状的，排水性更好，而且用土又不漏掉的为好。盛鱼的泡沫塑料箱等也有各种形状和尺寸，在底部开孔也可代用。

育苗钵一般是软质塑料制的，有各种各样的形状，近年来各种各样的穴盘等在市场上都有售，78穴、128穴的用着较方便。

这些育苗钵需要用专用的育苗基质。

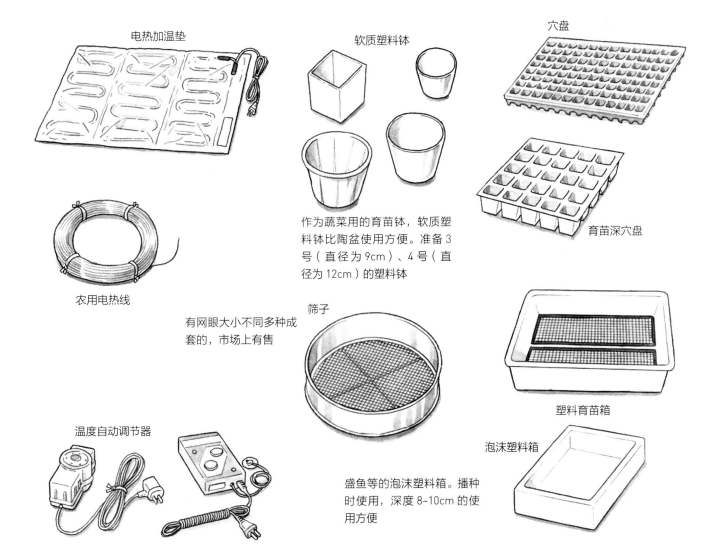

电热加温垫

软质塑料钵

穴盘

作为蔬菜用的育苗钵，软质塑料钵比陶盆使用方便。准备3号（直径为9cm）、4号（直径为12cm）的塑料钵

育苗深穴盘

农用电热线

筛子

有网眼大小不同多种成套的，市场上有售

塑料育苗箱

泡沫塑料箱

盛鱼等的泡沫塑料箱。播种时使用，深度8~10cm的使用方便

温度自动调节器

517

覆盖材料

小拱棚栽培用的覆盖材料，通常为宽 180cm、厚 0.05~0.1mm 的透明材料。聚氯乙烯塑料薄膜在保温能力上好得多，但是聚乙烯塑料薄膜的价格便宜且更轻便。

在地面上覆盖地膜的栽培方法，除提高地温外，还可以抑制水分从地面蒸发从而保持土壤湿度，黑色的地膜还有抑制杂草生长的功能。因此它在家庭菜园中作为最简单的手段而被广泛利用。用厚 0.02mm 的超薄聚乙烯塑料薄膜作为地膜，价格很便宜，也很实用。在地膜上开孔用于播种的地膜和防蚜虫的反光地膜等在市场上都有销售。

遮挡光照的遮光网、直接覆盖在植物的叶片上的覆盖材料（中纤维无纺布）等保温和防虫材料被广泛利用，寒冷地区的沟底播种等栽培方法也应运而生。

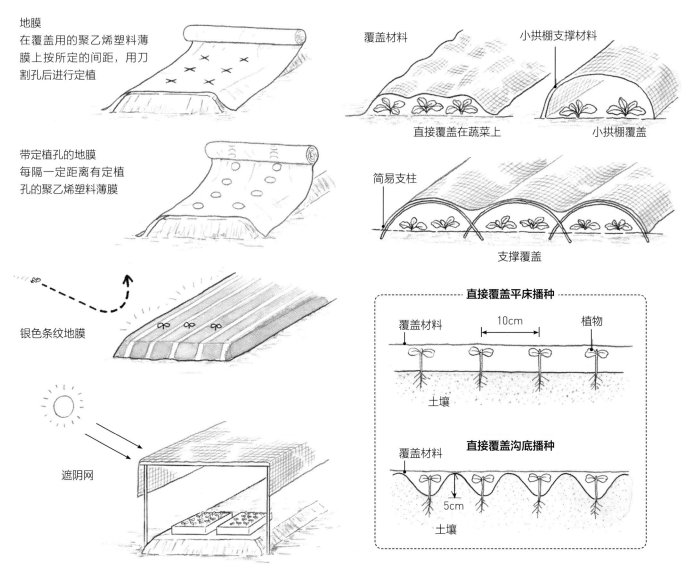

地膜
在覆盖用的聚乙烯塑料薄膜上按所定的间距，用刀割孔后进行定植

带定植孔的地膜
每隔一定距离有定植孔的聚乙烯塑料薄膜

银色条纹地膜

遮阴网

覆盖材料

直接覆盖在蔬菜上

小拱棚支撑材料

小拱棚覆盖

简易支柱

支撑覆盖

直接覆盖平床播种

覆盖材料　　10cm　　植物

土壤

直接覆盖沟底播种

覆盖材料

5cm

土壤

支柱、支撑及覆盖材料

能买到竹竿的地方，就可利用竹竿、竹条作为支柱。在不方便买到的地方，可用钢管外包塑料的支柱材料（彩色钢管等）作为代用品。虽然价格比竹竿贵，但是因为耐用年数相当长，所以平均1年的经费还是比较便宜的。作为果菜用的支柱，用直径为10~12mm、长1.8m的使用更方便。捆扎时用胶带或塑料绳。

作为小拱棚用的支撑材料，可用玻璃纤维杆或钢条、细铁管等。玻璃纤维杆虽然价格高，但是耐用年数很长。另外，用几根就能捆牢固，不用时收纳也很方便。

小拱棚或塑料大棚用的保温材料，是聚氯乙烯或聚乙烯等塑料薄膜，有材质、宽度、厚度、透明度、色调、流滴性等不同的各种品牌，家庭用方便购买到的就行。

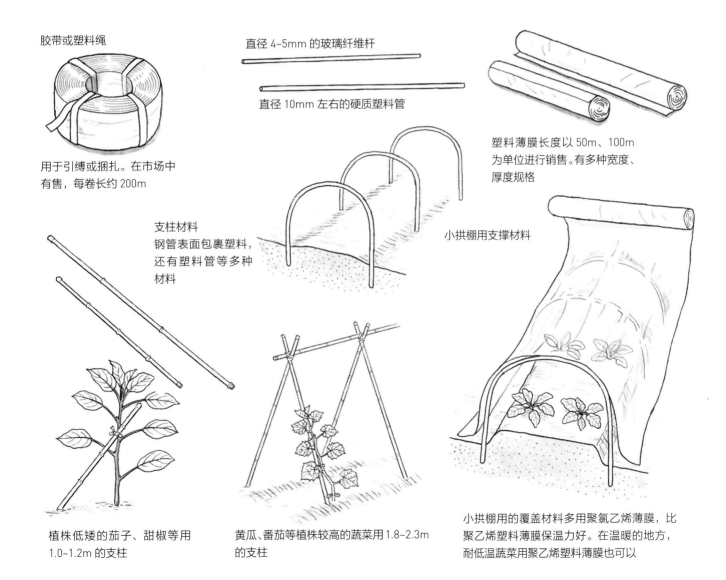

胶带或塑料绳

用于引缚或捆扎。在市场中有售，每卷长约200m

直径4~5mm的玻璃纤维杆

直径10mm左右的硬质塑料管

塑料薄膜长度以50m、100m为单位进行销售。有多种宽度、厚度规格

支柱材料
钢管表面包裹塑料，还有塑料管等多种材料

小拱棚用支撑材料

植株低矮的茄子、甜椒等用1.0~1.2m的支柱

黄瓜、番茄等植株较高的蔬菜用1.8~2.3m的支柱

小拱棚用的覆盖材料多用聚氯乙烯薄膜，比聚乙烯塑料薄膜保温力好。在温暖的地方，耐低温蔬菜用聚乙烯塑料薄膜也可以

容器栽培

容器栽培的优点

在庭院的角落或露台、阳台等处，可用观赏用的箱式花盆或泡沫塑料箱等栽培蔬菜，没有地的人自不必说，即使是有地的人，也可享受到和地块栽培不一样的乐趣。

它的特点，除在身边能收获格外新鲜的蔬菜外，还有：

①因为是放在身边的，可利用零碎的时间，每天都能进行栽培管理。

②对每一种蔬菜的外观、颜色、生长情况等都能了如指掌，非常有成就感。

③因为用土量少，所以只要是其他材料具备，土什么时候都能有。

④不用为连作障碍而烦恼，在同一场所每年都可栽培。

⑤可选择有利于生长发育的适宜场所，或者根据生长的情况可任意变换位置或放置的场所。

还有许多其他的优点。

容器的种类

箱式花盆是容器栽培中最常用的塑料成型容器。外观上看很漂亮，内部可分成几层，底层放上网方便排水。虽然大多数是长方形的，也有很多圆形的在市场上销售。

另外，鲜鱼店等常用的以泡沫塑料作为材料做成的鱼箱也能用。作为鱼箱用完后可收回来有效利用。底部没有孔的需要开上 3~5 个直径为 3cm 左右的孔。除此之外也可用肥料袋等，只要想办法，有多种材料可以使用。陶盆太容易透水，浇水很麻烦，所以除非栽培很小株的蔬菜，最好还是不要用。

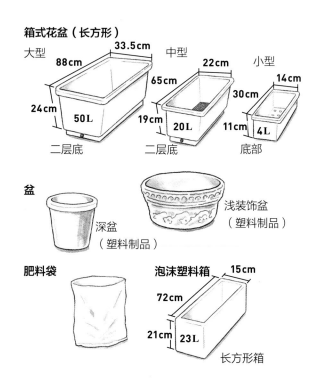

箱式花盆（长方形）

大型 33.5cm 88cm 24cm 50L 二层底

中型 22cm 65cm 19cm 20L 二层底

小型 14cm 30cm 11cm 4L 底部

盆

深盆（塑料制品）

浅装饰盆（塑料制品）

肥料袋

泡沫塑料箱 15cm 72cm 21cm 23L 长方形箱

适合容器栽培的蔬菜

选择箱式花盆或泡沫塑料箱等的合适尺寸，如果能有好的放置场所，几乎所有的蔬菜都能栽培，但是，人人能够容易培育，并且成功率高的蔬菜，也并不是那么简单。另外，以在生活空间附近培育为原则的容器栽培，和大田栽培不同，因为多是想栽培外观漂亮、有观赏价值的蔬菜，所以自然种类就受到了限制。

适合容器栽培的蔬菜种类，按培育方法的难易度分别整理一下，如下表。

生长发育期短、株型小的种类管理也容易，用较小的容器就能容纳，成功率也比较高。与此相反，生长发育期长，特别是要开花结果实且必须培育成熟的管理起来就较难，成功率也低。而且，植株很大、蔓很长的蔬菜，还需要进行适合容器的整枝。例如，对茄子、甜椒以侧枝伸展为主的整枝，豌豆、菜豆等摘心促使侧枝伸展，西瓜或甜瓜的灯笼罩式整枝等。

各种管理巧妙安排，精心培育，会体验到和大田栽培蔬菜不同的乐趣。还细致地观察植物生长状态，能发现意想不到的美丽或花香，特别有乐趣。

因为是放在身边栽培，所以可以收获新鲜超群的蔬菜。特别是重视新鲜度的香草或香味蔬菜，以及拌凉菜或配菜用的叶菜类等，建议一定要试着用容器栽培。

各种蔬菜用箱式花盆栽培的难易度

种类		容易栽培	需稍加管理就能栽培	需精心管理
春播 （定植）	叶菜类	萝卜苗、荷兰芹、紫苏、水田芥、菜用黄麻、香草类	生菜、苦苣、葱、鸭儿芹、菠菜、韭菜、色拉生菜、茴香	
	根菜类	樱桃萝卜、小芜菁	马铃薯、甜菜、生姜	芋头
	果菜类	菜豆、甜椒、毛豆	茄子、黄瓜、樱桃番茄、苦瓜、玉米、秋葵、西葫芦	西瓜、甜瓜、番茄
夏播 （定植）	叶菜类	萝卜苗	西蓝花、苤蓝、结球生菜、苦苣、抱子甘蓝	西芹
	根菜类	樱桃萝卜	芜菁	胡萝卜
	果菜类	菜豆	樱桃番茄	黄瓜
秋播 （定植）	叶菜类	萝卜苗、腌菜类、水田芥、菠菜、芝麻菜	荷兰芹、洋葱、色拉生菜、青梗菜、茼蒿、分葱、丝葱	小型白菜
	根菜类	樱桃萝卜、小芜菁	甜菜	萝卜
	果菜类		草莓、豌豆、蚕豆	

容器栽培用土的配制方法

在地块中根圈周围有很多的土壤，但是箱式花盆或泡沫塑料箱栽培用土量是有限的。这样就需要配制即使是很少的用土根也能伸展很好，即使是频繁浇水土表面和内部也不板结、肥料的流失也少的优质用土。

基本的材料如下：

①大田土。3~4年以上没有种过同种类蔬菜的大田中，深度为50cm以下的下层土或山边的下层土，把田土等加入石灰堆积起来经过风化的也可以。箱式花盆用过的土消毒后也可再利用。

②腐殖土。把落叶等堆起来发酵分解的土。用腐熟的堆肥（无病菌）、泥炭土、棕榈纤维代用也可以。

③鹿沼土。日本栃木县附近产的粒状红土，若没有也可用珍珠岩、蛭石等代替。

这几种材料配制的比例，根据蔬菜种类不同有所变化。

对短时间就能收获的菠菜、茼蒿、小松菜等小株蔬菜，大田土、腐殖土等（有机质材料）、鹿沼土等的比例为7:2:1。生长发育时间长，根也能长得长的番茄、茄子、甜椒等比例为5:4:1，根的需氧量大的黄瓜、甜瓜等以4:5:1的比例配制。

把这几种材料混合时，同时加入豆粕和复合肥，大田土中未加入石灰的可加入石灰。加入的量为，配好的用土1升中加豆粕2g、复合肥1g、石灰0.5g，喜欢多肥的蔬菜再稍增加用量。因为掺混的量很少，所以要细心。市售的蔬菜用土买来就可以使用。

用土的配制方法

①在土（大田土）中掺入堆肥或树木碎屑等有机物。

②再加入蛭石等。

③把加入的东西细心掺混。

④放到厚一点儿的塑料薄膜上，2人交互上下使土翻动，就能很容易地掺混均匀。

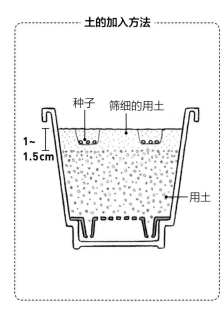

土的加入方法

种子　筛细的用土

1~1.5cm

用土

播种和定植

播种技巧

　　小松菜、菠菜、茼蒿、小芜菁、樱桃萝卜等菜类，用长方形的箱式花盆或泡沫塑料箱，沿着长边的方向，播2行。中间留空，以利于通风、间苗、追肥、中耕等管理。要想使种子发芽整齐，可在土壤表面用筛子筛上1~1.5cm厚的细土，用木板压出1.5~2cm宽、深1cm的沟，然后播种。覆土5mm厚，用木板或手掌轻轻压一下之后再浇水，盖上报纸（低温期要在上面盖上塑料薄膜），促进发芽。

　　豆类和玉米等种子大、植株较高的需要大的株距，所以像下图这样挖2~3个播种穴，每处点播3~4粒种子。

播种沟的制法

用木板压出沟，在沟内播种

播种穴的制法

做深1cm左右的播种穴

每个穴播3~4粒种子

覆土厚5mm左右

定植技巧

　　〈**苗的定植**〉定植番茄、茄子、甜椒等的苗时，对会长成大植株的菜，就应用大的箱式花盆或泡沫塑料箱，如果是深且表面积小的容器，就在中央栽植1株，即使是用长方形的也就最多栽2株。对小型的樱桃番茄，叶小、横向不怎么扩展的秋葵等，用长方形的中型箱栽2株，用大的长方形箱栽3株。在根坨上面覆盖极少量的土，避免栽得过深。另外，使植株基部稍隆起，高于地面，使植株基部不要太湿。尤其是嫁接苗更不要栽得过深（防止接穗的根能长出来）。

　　〈**块根、块茎等**〉对马铃薯，用长方形箱栽2株，用深箱最多栽1株。生姜可间隔5cm栽植。注意填土至容器的上缘向下5cm处，以后再逐渐添土至满。

番茄、茄子等用长方形的箱也最多栽2株

在深且表面积小的容器中，在中央栽植1株

秋葵、菜豆等用大的长方形花盆可栽3株

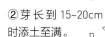
①对马铃薯，把用土填到一半左右，栽植上种薯。

②芽长到15~20cm时添土至满。

③在种薯的上方伸展的茎的顶端变粗并膨大成为薯块。

在阳台上的管理

容器栽培和大田栽培不同，可根据需要能移动到需要的场所，是容器栽培的最大优点。平时认真观察放置场所的日照、通风、温度、湿度等条件，把各个季节的变化掌握清楚，根据蔬菜的种类、生长发育阶段等可变换场所。

特别是生长发育期长的蔬菜，例如一年中都能栽植的荷兰芹等，春季放在日照好的地方，夏季放在半日阴的地方，冬季挪到屋檐下，在各个季节能收获比大田中还好的蔬菜。考虑日照和人的视线，还可时常变换植株高的和植株低的蔬菜搭配。

另外，刮台风和下大雨时，因为叶片柔软的蔬菜受害最大，所以要优先搬到安全场所。这是在大田中完全做不到的。

有耐受少量的日光、可短时间挪到室内的蔬菜，把它们用小容器栽培并放到餐桌上，在观赏的同时可以品尝美味。

经常听说"浇水3年功"，掌握浇水方法是很难的。特别是对和大地隔绝的容器栽培，浇水的好坏决定着成功的概率。这是因为根据株型的大小，不同天气条件下的吸水量、蒸发量也有很大的差别，所以以与之相适应的浇水量也很难掌握，浇水作业有很大技巧。

关键点是，因为土壤过干是容易发现的，但过湿的判定就很难，所以使用排水性好的用土，而且还要浇足水。茎叶大、钵土量少或生长快，尤其容易出现水不足，所以要经常浇水，浇到水从盆底流出来的程度。另外，因为多次重复浇水，土壤表面容易变硬，所以要经常用竹片或用过的筷子等轻轻松土。如果生长期长，要时常用细棒插几个直到盆底的孔，提高土壤的透气性和排水性也是很重要的。

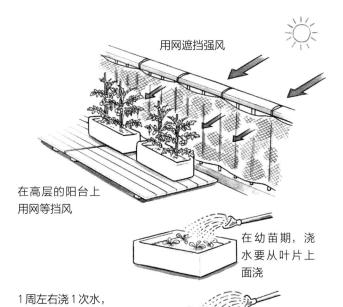

用网遮挡强风

在高层的阳台上用网等挡风

在幼苗期，浇水要从叶片上面浇

1周左右浇1次水，一直浇到水从盆底流出来为止，使用土全部湿润

吸水量和日照量几乎成正比。即使是同样的蔬菜，在晴天和阴天就差6~8倍。浇水量也要根据这个比例来确定

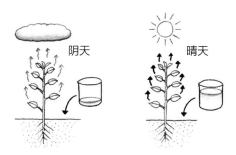

阴天　　晴天

适合在阳台上栽培的蔬菜

分类	蔬菜名
叶菜类	小松菜、茼蒿、鸭儿芹、色拉生菜、嫩葱、分葱、荷兰芹、紫苏、水田芥、各种香草
果菜类	茄子、甜椒、辣椒、樱桃番茄、秋葵、菜豆
根菜类	胡萝卜、小芜菁、生姜、樱桃萝卜

注：带下划线的蔬菜即使光线稍微弱点也能生长发育。

追肥

由于用土有限，需要频繁浇水，容器栽培比大田栽培的肥料易流失，有易缺肥的特点。

为此，用土要用肥力保持好的有机质材料和豆粕等长效的有机肥料。根据场合，虽然可使用缓效性复合肥，但是即使是使用了也容易肥力不足，所以需要及时追肥。

追肥时必须要注意的是，因为容器栽培用土有限，所以保肥力也小，且易干，如果肥料施多了还易引起烧根。因此，1次追肥的用量要少，需要多次追肥。

另外，追肥后立即浇足水，并轻轻地和土混合，使肥料尽快起效。

作为追肥的标准，温度高、生长快的时期，植株大、吸肥力强的蔬菜，每10d追肥1次。在冬季，生长慢的越冬蔬菜，1个月追肥1次即可。

1次施肥的量，平均1L的用土，用复合肥0.5g、豆粕1g左右。因为一般阳台栽培的用土量为10~18L，所以复合肥用1大匙即可。比起全土面均匀地撒施，还是对条播撒到每行的中间，单株栽植的用手指捏着撒在4~5处为好。

想很快看到效果时，用含有多种成分、有速效性的市售液肥，按照规定的浓度稀释后，用浇水的要领浇上即可。

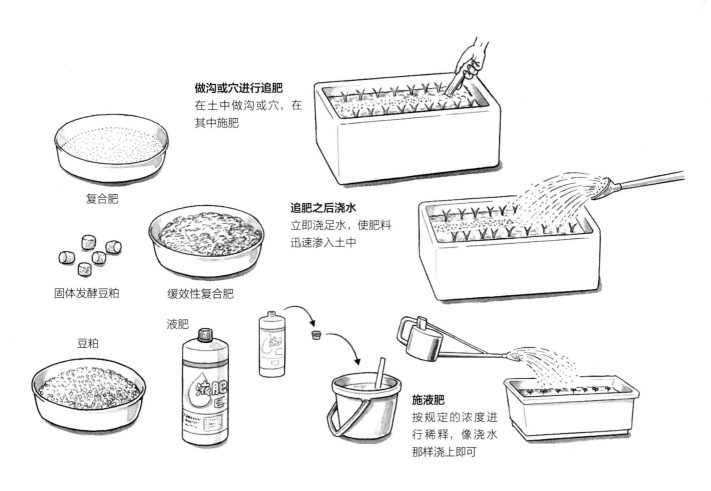

复合肥

固体发酵豆粕　　缓效性复合肥

豆粕　　　液肥

做沟或穴进行追肥
在土中做沟或穴，在其中施肥

追肥之后浇水
立即浇足水，使肥料迅速渗入土中

施液肥
按规定的浓度进行稀释，像浇水那样浇上即可

立支柱、覆盖

像番茄、黄瓜、蔓生菜豆等茎长得高的果菜类需要立上支柱，但是容器栽培不像在大田中那样容易立支柱，管理起来不方便。

用土量少的容器是没法直接立支柱的，如果要立支柱，选择用土量多、较深的容器进行栽培是前提条件。

如果附近有支撑的墙壁等，可以靠在上面，但是只靠箱式花盆独自支撑时，可在两个箱式花盆中分别立上支柱，将其交叉起来。

即使是只有 1 个花盆，若用大型箱式花盆，可靠着花盆后侧的内侧面立上支柱，把支柱和侧面用胶带（把胶带撕成两半）固定住，斜着或横着立上加固的支柱，用捆绑固定的方法，能够做出相当结实牢固的支柱。即使是 7~8 层收获的番茄等，也是可以支撑的。

另外，进入早春、冬季的寒冷期之后，要用塑料薄膜或保温材料进行保温，用网类或无纺布防有翅昆虫。

这样的情况下，在箱式花盆或泡沫塑料箱上面，设置覆盖塑料薄膜的小拱棚，在夜间再盖上保温材料（有空气层的塑料垫或被子等）。支撑材料用钢材或切断的钢丝就很好。固定覆盖材料时用塑料绳、胶带等。

西瓜、甜瓜、小型西瓜等的引缚，在方形容器的四角立上支柱，拉上 2~3 层的胶带做成灯笼罩状即可。最近，市场上还出现了巧妙利用木材的牢固的支撑支柱专用用具，可尽情使用。

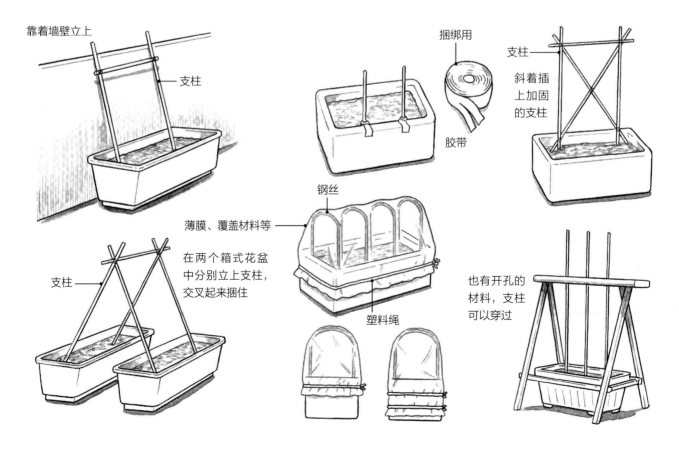

526

土的再利用、水培

要进行蔬菜的箱式花盆栽培，因为需要很多的用土，所以用过 1 次的土一定要进行再利用。

土再利用的问题是，前茬的残根和病虫害是否有所增加。为了解决这个问题，栽培结束后排净水，把土晾干后，用筛子筛一下，尽量把根除去。再加入足量的水，尽可能地使土壤中盐类流出来之后，放在透明度高的塑料袋中，把很湿的土装入，扎起来放在晴天下暴晒。在盛夏的高温下晒是最有效的，虽然根据天气不同也会有所变化，但是大体上晒 10~15d 就能起到很好的消毒效果。

因为希望温度升高到 70℃ 以上，所以建议用温度计测量一下。

有不想用土来栽培蔬菜的，在家庭中试着用水培法栽培蔬菜的人逐渐多起来了。水培，就要用培养液，为培养液中伸展的根提供适当的氧气，还需要在植株基部立上支柱。

为了满足以上的条件，不妨试着利用泡沫塑料箱进行水培。培养液用市场上销售的水培用肥料。装置用带盖的泡沫塑料容器，不用换气泵也能简单地栽培。可栽培散叶生菜，或色拉生菜、鸭儿芹、水田芥、葱等在蔬菜店买菜利用之后剩下的根株。

根伸展开之后水位会下降，所以要在上方留下 5cm 的空间。

准备带盖的深泡沫塑料箱，在箱盖上以 15cm 的间距钻上直径为 3cm 的孔

换气泵（养鱼用）

在塑料袋中装入土，留下一定空间，使其形成空气层后把口扎紧。尽量平放使表面积最大化

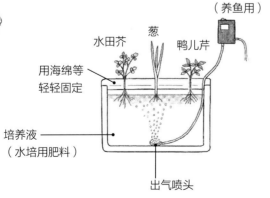
水田芥　葱　鸭儿芹
用海绵等轻轻固定
培养液（水培用肥料）
出气喷头

培养液减少就再加上
加入的量

叶用甜菜的水培

伸展出的整洁的根

蔬菜的营养

蔬菜中含有维生素、钙、铁、钾、膳食纤维等多种营养物质，对保持每天的健康是必不可少的。

日本厚生劳动省根据为维持和增进健康所要摄取的能量和营养量，制定了《日本人的膳食摄取标准》。

我们把与蔬菜有关的主要营养每天所需要的量（推荐量、目标量），各种蔬菜中含有什么样的营养成分等进行了归纳。对各种营养成分含量最高的前10名的蔬菜，以及主要蔬菜的营养成分进行介绍。

食用自己栽培的新鲜、安心的蔬菜，无论怎么说也是栽培蔬菜最大的魅力。可以此为参考选择蔬菜，栽培、品尝并变得越来越健康吧。

各种营养成分含量最高的蔬菜前 10 名[1]

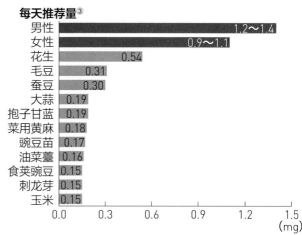

维生素A[2]

每天推荐量[3]

男性	800~900
女性	650~700
紫苏	880
菜用黄麻	840
胡萝卜	720
辣椒	640
荷兰芹	620
明日叶	440
茼蒿	380
菠菜	350
西洋南瓜	330
莴笋	320

（μgRAE）

维生素B₁

每天推荐量[3]

男性	1.2~1.4
女性	0.9~1.1
花生	0.54
毛豆	0.31
蚕豆	0.30
大蒜	0.19
抱子甘蓝	0.19
菜用黄麻	0.18
豌豆苗	0.17
油菜薹	0.16
食荚豌豆	0.15
刺龙芽	0.15
玉米	0.15

（mg）

注：根据《食品成分表 2017（第 7 版）》（女子营养大学出版部）、日本厚生劳动省《日本人的膳食摄取标准》（2015 版）整理。
①根据本书列举的和《食品成分表 2017（第 7 版）》列举的蔬菜。
②维生素 A 的推荐量，是视黄醛的活性当量（RAE）。
③含有量是平均 100g 的生蔬菜的可食部分。每天的推荐量是 18 岁以上的推荐量。只有钾和膳食纤维是 18 岁以上的目标量。
④铁的推荐量，男性是 18~70 岁的数值，女性是 18~69 岁有月经人群的数值（50~69 岁无月经的是 6.5mg，70 岁以上是 6.0mg）。
⑤膳食纤维的目标量，男性是 18~69 岁的数值（70 岁以上是 19g 以上），女性是 18~69 岁的数值（70 岁以上是 17g 以上）。

维生素B₂

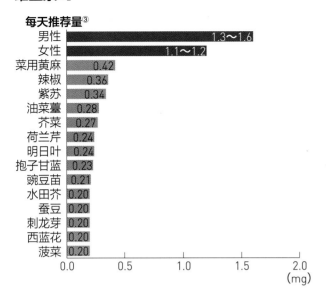

每天推荐量③

男性	1.3～1.6
女性	1.1～1.2
菜用黄麻	0.42
辣椒	0.36
紫苏	0.34
油菜薹	0.28
芥菜	0.27
荷兰芹	0.24
明日叶	0.24
抱子甘蓝	0.23
豌豆苗	0.21
水田芥	0.20
蚕豆	0.20
刺龙芽	0.20
西蓝花	0.20
菠菜	0.20

(mg)

维生素 C

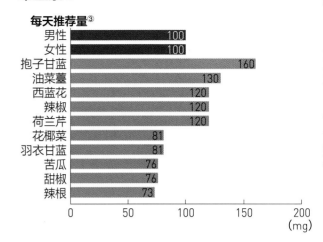

每天推荐量③

男性	100
女性	100
抱子甘蓝	160
油菜薹	130
西蓝花	120
辣椒	120
荷兰芹	120
花椰菜	81
羽衣甘蓝	81
苦瓜	76
甜椒	76
辣根	73

(mg)

钙

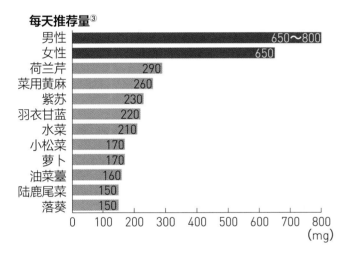

每天推荐量③

男性	650～800
女性	650
荷兰芹	290
菜用黄麻	260
紫苏	230
羽衣甘蓝	220
水菜	210
小松菜	170
萝卜	170
油菜薹	160
陆鹿尾菜	150
落葵	150

(mg)

铁

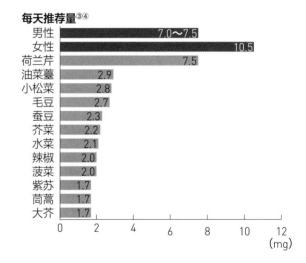

每天推荐量③④

男性	7.0～7.5
女性	10.5
荷兰芹	7.5
油菜薹	2.9
小松菜	2.8
毛豆	2.7
蚕豆	2.3
芥菜	2.2
水菜	2.1
辣椒	2.0
菠菜	2.0
紫苏	1.7
茼蒿	1.7
大芥	1.7

(mg)

钾

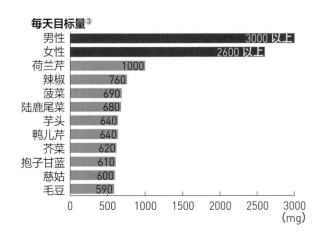

每天目标量③

男性	3000 以上
女性	2600 以上
荷兰芹	1000
辣椒	760
菠菜	690
陆鹿尾菜	680
芋头	640
鸭儿芹	640
芥菜	620
抱子甘蓝	610
慈姑	600
毛豆	590

(mg)

膳食纤维

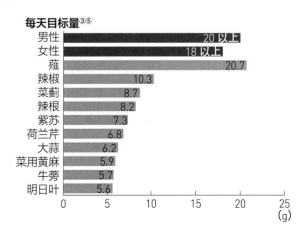

每天目标量③⑤

男性	20 以上
女性	18 以上
蕹	20.7
辣椒	10.3
菜蓟	8.7
辣根	8.2
紫苏	7.3
荷兰芹	6.8
大蒜	6.2
菜用黄麻	5.9
牛蒡	5.7
明日叶	5.6

(g)

各种蔬菜营养成分表

主要蔬菜中含有的营养成分 [100g 的可食部分（生鲜状态）]

每天需要量	维生素 A/（μgRAE）	维生素 B₁/（mg）	维生素 B₂/（mg）	维生素 C/（mg）	钙/（mg）	铁/（mg）	钾/（mg）	膳食纤维/（g）
男性（18 岁以上）	800~900	1.2~1.4	1.3~1.6	100	650~800	7.0~7.5	3000 以上	20 以上
女性（18 岁以上）	650~700	0.9~1.1	1.1~1.2	100	650	10.5	2600 以上	18 以上

蔬菜名	维生素 A/（μgRAE）	维生素 B₁/（mg）	维生素 B₂/（mg）	维生素 C/（mg）	钙/（mg）	铁/（mg）	钾/（mg）	膳食纤维/（g）
菜蓟	1	0.08	0.10	15	52	0.8	430	8.7
明日叶	440	0.10	0.24	41	65	1.0	540	5.6
芦笋	31	0.14	0.15	15	19	0.7	270	1.8
菜豆	49	0.06	0.11	8	48	0.7	260	2.4
毛豆	22	0.31	0.15	27	58	2.7	590	5.0
苦苣	140	0.06	0.08	7	51	0.6	270	2.2
陆鹿尾菜	280	0.06	0.13	21	150	1.3	680	2.5
秋葵	56	0.09	0.09	11	92	0.5	260	5.0
萝卜苗	160	0.08	0.13	47	54	0.5	99	1.9
芜菁（根带皮）	0	0.03	0.03	19	24	0.3	280	1.5
南瓜（西洋南瓜）	330	0.07	0.09	43	15	0.5	450	3.5
芥菜	230	0.12	0.27	64	140	2.2	620	3.7
花椰菜	2	0.06	0.11	81	24	0.6	410	2.9
甘蓝	4	0.04	0.03	41	43	0.3	200	1.8
黄瓜	28	0.03	0.03	14	26	0.3	200	1.1
苕葱	170	0.10	0.16	59	29	1.4	340	3.3
芹菜	150	0.05	0.11	15	140	0.5	360	2.5
水田芥	230	0.10	0.20	26	110	1.1	330	2.5
慈姑	0	0.12	0.07	2	5	0.8	600	2.4
羽衣甘蓝	240	0.06	0.15	81	220	0.8	420	3.7
苦瓜	17	0.05	0.07	76	14	0.4	260	2.6
苤蓝	1	0.04	0.05	45	29	0.2	240	1.9
牛蒡	微量	0.05	0.04	3	46	0.7	320	5.7
小松菜	260	0.09	0.13	39	170	2.8	500	1.9
甘薯	3	0.10	0.02	25	40	0.5	380	2.8
芋头	微量	0.07	0.02	6	10	0.5	640	2.3
食荚豌豆	47	0.15	0.11	60	35	0.9	200	3.0
莴笋	320	0.06	0.10	13	62	0.5	470	2.0
四棱豆	36	0.09	0.09	16	80	0.7	270	3.2
狮头椒	44	0.07	0.07	57	11	0.5	340	3.6
紫苏	880	0.13	0.34	26	230	1.7	500	7.3
马铃薯	0	0.09	0.03	35	3	0.4	410	1.3
长豇豆	96	0.08	0.07	25	28	0.5	250	4.2
茼蒿	380	0.10	0.16	19	120	1.7	460	3.2
生姜（根茎）	微量	0.03	0.02	2	12	0.5	270	2.1
食用菊	6	0.10	0.11	11	22	0.7	280	3.4
越瓜	6	0.03	0.03	8	35	0.2	220	1.2
西瓜（红瓤）	69	0.03	0.02	10	4	0.2	120	0.3
西葫芦	27	0.05	0.05	20	24	0.5	320	1.3
甜豌豆	34	0.13	0.09	43	32	0.6	160	2.5
水芹	160	0.04	0.13	20	34	1.6	410	2.5
西芹	4	0.03	0.03	7	39	0.2	410	1.5

蔬菜名	维生素 A/（μgRAE）	维生素 B₁/（mg）	维生素 B₂/（mg）	维生素 C/（mg）	钙/（mg）	铁/（mg）	钾/（mg）	食物纤维/（g）
蚕豆	20	0.30	0.20	23	22	2.3	440	2.6
乌塌菜	180	0.05	0.09	31	120	0.7	430	1.9
萝卜	0	0.02	0.01	12	24	0.2	230	1.4
大芥	190	0.06	0.10	69	87	1.7	300	2.5
洋葱	微量	0.03	0.01	8	21	0.2	150	1.6
刺龙芽	48	0.15	0.20	7	16	0.9	460	4.2
菊苣	1	0.06	0.02	2	24	0.2	170	1.1
青梗菜	170	0.03	0.07	24	100	1.1	260	1.2
落葵	250	0.03	0.07	41	150	0.5	210	2.2
辣椒（果实）	640	0.14	0.36	120	20	2.0	760	10.3
冬瓜	0	0.01	0.01	39	19	0.2	200	1.3
豌豆苗（嫩芽）	250	0.17	0.21	43	7	0.8	130	2.2
玉米	4	0.15	0.10	8	3	0.8	290	3.0
番茄	45	0.05	0.02	15	7	0.2	210	1.0
意大利菊苣	1	0.04	0.04	6	21	0.3	290	2.0
茄子	8	0.05	0.05	4	18	0.3	220	2.2
油菜薹（日本种）	180	0.16	0.28	130	160	2.9	390	4.2
韭菜	290	0.06	0.13	19	48	0.7	510	2.7
胡萝卜	720	0.07	0.06	6	28	0.2	300	2.8
大蒜	微量	0.19	0.07	12	14	0.8	510	6.2
葱（根深葱）	7	0.05	0.04	14	36	0.3	200	2.5
白菜	8	0.03	0.03	19	43	0.3	220	1.3
荷兰芹	620	0.12	0.24	120	290	7.5	1000	6.8
叶用萝卜	190	0.07	0.15	49	170	1.4	340	2.6
花韭	91	0.07	0.08	23	22	0.5	250	2.8
佛手瓜（日本）	0	0.02	0.03	11	12	0.3	170	1.2
甜菜	0	0.05	0.05	5	12	0.4	460	2.7
甜椒（青）	33	0.03	0.03	76	11	0.4	190	2.3
款冬	4	微量	0.02	2	40	0.1	330	1.3
西蓝花	67	0.14	0.20	120	38	1.0	360	4.4
丝瓜	4	0.03	0.04	5	12	0.3	150	1.0
菠菜（全年平均）	350	0.11	0.20	35	49	2.0	690	2.8
辣根	1	0.10	0.10	73	110	1.0	510	8.2
水菜	110	0.08	0.15	55	210	2.1	480	3.0
鸭儿芹	61	0.03	0.09	8	25	0.3	640	2.5
蘘荷	3	0.05	0.05	2	25	0.5	210	2.1
抱子甘蓝	59	0.19	0.23	160	37	1.0	610	5.5
甜瓜（绿瓤）	12	0.05	0.02	25	6	0.2	350	0.5
豆芽（大豆芽）	0	0.09	0.07	5	23	0.5	160	2.3
菜用黄麻	840	0.18	0.42	65	260	1.0	530	5.9
薯蓣（山药）	0	0.10	0.02	6	17	0.4	430	1.0
花生	微量	0.54	0.09	20	15	0.9	450	4.0
薤	0	0.07	0.05	23	14	0.5	230	20.7
水萝卜（二十天萝卜）	0	0.02	0.02	19	21	0.3	220	1.2
韭葱	4	0.06	0.08	11	31	0.7	230	2.5
散叶生菜	200	0.10	0.10	21	58	1.0	490	1.9
大黄	3	0.04	0.05	5	74	0.2	400	2.5
结球生菜	20	0.05	0.03	5	19	0.3	200	1.1
分葱	220	0.06	0.10	37	59	0.4	230	2.8

蔬菜的保存技巧

蔬菜收获后，随着时间的推移，萎蔫是不可避免的。为了保持香味和新鲜度，要适当地保持温度和湿度，在防止养分的消耗和萎蔫的同时，接近蔬菜生长的状态是很重要的。例如，像芦笋这样向上伸展的蔬菜，因为横着放时蔬菜有直立的倾向，就会多消耗养分，所以要立着放，下面介绍保存方法的技巧。

果菜类

番茄、黄瓜等大多数的果菜类，在夏季日晒环境下生长发育。因为怕低温，在收获之后如果 2~3d 就利用，可用报纸包起来放入塑料袋中放在常温下。如果要保存 4~5d 以上，就放入冰箱中冷藏，因为容易受损所以要尽快利用。切开的蔬菜，切口会干燥，或者附着细菌等，所以用保鲜膜包起来放入冰箱中冷藏保存。

玉米、豆类的新鲜度容易下降，收藏后要立即进行处理。建议煮熟后再冷冻保存。另一方面，南瓜、冬瓜等易保存的蔬菜，放在通风阴凉处保存，能保存到冬季。

叶菜类

菠菜、小松菜等叶菜类，不耐旱。为了保持它们的新鲜度，用湿润的报纸包起来后放入塑料袋中，再放入冰箱中冷藏保存，也可以稍用热水焯一下再冷冻保存。芦笋、葱等向上伸展的蔬菜，如果横着放，蔬菜有向上伸展直立的倾向，就要额外消耗养分，因此在冰箱内冷藏也要竖着保存。

甘蓝、白菜、结球生菜等结球蔬菜，从外侧一片一片地剥叶利用，如果用刀切，切口处就容易干燥，很快就萎蔫了。西蓝花、花椰菜、油菜薹等吃花蕾的蔬菜新鲜度容易下降，所以要立即处理，或者用热水焯一下后再冷冻保存。

根菜类

马铃薯等根菜类，因为带着土不易干燥，所以收获后最好不洗。用报纸包起来放在冷暗处保存。萝卜、胡萝卜、芜菁等直根性根菜类，收获后立即把叶和根切下来分开。如果带着叶，养分回到叶中，根就变瘦，或者因从叶失去水分而萎蔫。

热带性蔬菜芋头、甘薯、生姜，不耐低温和干旱是其共同点。从春季到秋季放在阴凉处，但是到了再冷一些的冬季，放入有隔热效果的泡沫塑料箱中，保持一定的温度和湿度进行保存。在原产地中美洲，喜欢凉爽环境的马铃薯就是放在通风好的阴凉处保存的。

术语解说

pH：指氢离子浓度指标，表示溶液酸性或碱性的强度。纯水的 pH 为 7.0，呈中性；7.0 以上为碱性；7.0 以下为酸性。

矮生种：进行品种改良后植株较矮的种。

鞍形垄：播种或定植前整理土壤，将每株都做成山形的垄。

半日阴：一天当中日照时长的一半有日光照射，或指透过树木的日光照射。

苞片：也叫苞叶。覆盖花芽、叶芽的变态叶。

保温棚栽培：栽植后，用聚乙烯材料覆盖植物，在保温、防虫、防风的条件下进行的栽培。

补充肥：在收获后或开花后，为了使衰弱的植株恢复生长或为了以后的根、芽生长而施的肥料。

不育粒：因未受精等原因导致萎蔫败育的种子。这种种子不发芽。

草木灰：草和树木等燃烧后的灰。

叉根：根受到障碍，形成分叉。

插接：在砧木的子叶基部插上孔，把切了根的接穗的胚轴插进去的嫁接方法。用于西瓜等的嫁接。

长日照处理：对植物补充人工光照射，制造长日照条件进行栽培的方法。

长日照性：在春季长日照条件下开花的特性。

长柱花：雌蕊的花柱比雄蕊长的花。

场圃：植物从种植到收获时栽培的场所。

成活：经过移栽或嫁接、插枝等的植物，生根、愈合并顺利地生长发育。

赤玉土：把红色的火山灰土晾干，用筛子分成大、中、小的颗粒。保水性好、通气性好。

抽薹： 呈莲座叶丛状生长的植物在花芽分化后，伸出莲座叶丛的花茎开始快速伸长的现象。

春播栽培： 在春季播种，夏季到秋季收获的栽培方法。

雌蕊： 植物雌性生殖器官。通常由柱头、花柱、子房构成。

雌雄同花： 在一朵花中同时有雌蕊和雄蕊。

雌雄异花： 在一朵花中只有雌蕊或雄蕊，即使是有另一种，也已退化。如葫芦科的植物、玉米等。

促成栽培： 一种使植物比在自然状态下生长发育提早的栽培方法，能使开花和收获都提前。

催芽： 为了促使种子发芽，在播种前使种子的水分和温度处于最适宜的状态，或进行处理以使种皮裂开口等。

单粒结构： 土壤颗粒呈单粒排列，互不黏结的构造状态。

单性结实： 不经过受精也不形成种子，而结出果实。如香蕉、黄瓜等。

氮： 肥料的三大要素之一。能促进茎叶、根伸展，使叶色变绿，也叫叶肥。

稻壳碳： 把稻壳等烘烤进行碳化而制成，通气性和排水性好，中和土壤时使用。

灯笼罩状培育： 在花盆中立上灯笼罩状的支柱，使有蔓的植物缠绕生长的培育方法。这样培育出的小型西瓜糖度更高。

低温催芽： 因为生菜等的种子在高温下难以发芽，所以要放在冰箱中冷藏，在低温下使其发芽。

地膜覆盖栽培： 在地面覆盖塑料薄膜等后栽培植物。具有提高地温、防止水分蒸发、抑制杂草生长的作用。

第 1 朵花： 在 1 株植株中，最早开的花。

点播： 把种子播到特定位置的播种方法。如豆类、萝卜等。

定植： 把幼苗或种球正式地栽种到大田或盆中。

短日照性： 在秋季短日照条件下开花的特性。

短缩茎： 草莓等在地表处膨大的短茎和它下部的根茎接合的部分。

短柱花： 雌蕊的花柱比雄蕊短的花。

多年生草本植物： 生长发育并开花结果后不枯死，能多年持续生长的植物。

多年生作物： 栽植 1 次，就可长时间收获的作物。

返祖遗传： 在亲本未出现的先祖的遗传性状，突然在子代上表现出来。

分蘖： 禾本科植物、葱等，从接近根的茎节上产生分枝的过程。另外，也指产生的分蘖枝。

分球： 对产生种球的植物，指用种球自然分离增殖的过程。也指人为分离种球的方法。

分枝： 侧芽生长而成的枝条。

分株： 为使过密的植株恢复生机和繁殖植株而进行的无性繁殖方法。

腐殖土： 用阔叶树的落叶等堆制而成的栽培基质。保水、保肥能力强，通气性、排水性好。

复合肥： 由化学合成的，含有氮、磷、钾2 种或 2 种以上的肥料。有速效性和缓效性两种。

复叶： 在 1 个叶柄上着生 2 片以上小叶的集合叶。

覆盖栽培： 为了防寒、防风，用无纺布等直接覆盖在植物上或覆盖时稍留下一点空隙的栽培方法。

根菜类： 食用根或块茎等的蔬菜。

根出叶： 像从地里的根上长出来的叶片。实际上是从地上茎的基部长出的叶片。

根坨： 栽植幼苗时，在幼苗上附着的根和土块。

光合作用： 植物利用光能把水和二氧化碳合成糖或淀粉的过程。

光敏感种子： 发芽时必须有光刺激的种子。如生菜等。

果柄： 果实基部的柄状部分。

果菜类： 食用果实或种子的蔬菜。

寒冷纱： 为遮光、防寒、防虫、防风和防止水分蒸发而使用的材料。几乎都是塑料制的平纹织物，颜色有黑色、白色、灰色、银色等，根据不同用途而选择使用。

花茎： 不长叶，在其顶部只有花的茎。如洋葱、萝卜等。

花蕾： 尚未开放或含苞待放的花。

花序： 成簇的花的集合。

花芽： 发育成为花或花序的芽。

花药： 雄蕊花丝顶端产生花粉的囊状部分。

花柱： 雌蕊的柱头和子房之间的圆柱状部分。

缓效性肥料： 施入后稳定、缓慢地显现效果，肥效能长时间持续的肥料。

回剪： 修剪方法的一种，把茎或根剪短。

混作： 在同一地块上同时栽培 2 种以上的植物。禾本科植物和豆科植物就经常进行混作。

基肥： 播种或栽植前施用的肥料。

激素处理： 为使未受精的果实也能膨大，向花上喷洒植物激素等。

忌地现象： 栽植 1 次的地块，如果连续种植同种或同科作物，会出现不发芽或烂根、枯死、植物收获很差的现象，又叫重茬现象。虽然根据蔬菜的种类不同而有所区别，但最好是间隔 3~4 年种植同种蔬菜。

钾： 肥料的三大要素之一。可促进根的发育，也叫根肥。

假雄蕊： 指花药和花丝都退化的雄蕊。雌雄异花植物的雌花，有的雄蕊退化成假雄蕊。

嫁接苗： 用抗病虫害或抗低温能力强的植物作为砧木，接上接穗的苗。西瓜、黄瓜、番茄、茄子等很多果菜类利用嫁接苗繁殖。一般来说，西瓜选用瓠子、黄瓜选用南瓜作为砧木。

间苗： 发芽后把混杂拥挤的苗、生长发育慢的苗、长得过快和形状不好的苗除去的作业。

间作： 在垄间或株与株之间，再栽培其他的植物。

交配： 两个生物个体间进行授粉或受精。

接穗： 嫁接时接在砧木上的枝条或芽。

茎尖培养： 茎的尖端部称为茎尖。把茎尖切下来在无菌状态下培养成新的植物体。因为茎尖没有病原菌或病毒，可培育成未受感染的植物体。

茎叶： 在地上茎上着生的叶片和茎。与根出叶相对。

抗性品种： 对病虫害有抵抗性的品种。

靠接： 嫁接方法的一种，在子叶下把砧木和接穗的胚轴都斜切（角度相对），使两者对齐后用专用的夹子固定住。两者都成活后，把接穗的根剪断。因为砧木和接穗的根在嫁接成功前都保留，所以成功率很高。

空心： 萝卜等的根内部出现孔隙的现象。

孔隙率： 土壤等所含的孔隙体积占土壤总体积的比率。

苦土石灰： 用于中和酸性强的土壤的肥料，也可给土壤补充镁，也叫镁石灰。

块根： 贮藏根的一种。根膨大成块状，贮藏淀粉等。如甘薯等。

块茎： 地下茎的一种。地下茎的顶端蓄积淀粉等养分，膨大成块状。如马铃薯、芋头、菊芋等。

连作障碍： 在同一地块连续种同一种作物而引起的生理机能失调。主要原因就是土壤中的病虫害积累。

莲座叶丛： 茎节的间隔短，叶重叠生长呈放射状。如胡萝卜、萝卜、生菜等。

磷肥： 肥料的三大要素之一。可促进开花、结果。也叫果实肥。

鳞茎： 叶蓄积养分，变成多肉的鳞叶并重叠形成球形或卵形。有的外边有皮，也有无皮的。如洋葱、百合等。

留 1 株培育： 间苗后只留下 1 株进行培育的方法。

鹿沼土： 在日本栃木县鹿沼市周围出产的，火山浮岩经过风化形成的酸性土。排水性、通气性、保水性好。

露地早熟栽培： 把用温床育成的苗在露地定植，提前栽培时期的方法。

氯化钙： 因为比石灰更易溶于水，向叶、花上喷洒水溶液补钙时使用。

轮作： 为了抑制土传染性的有害生物特别是病虫害，以及防止耕地地力下降，每年变换同一地块上的栽培植物的方法。

蔓徒长： 在氮肥施得过多或日照不好、排水不畅时，蔓过度伸展的现象。

萌蘖枝： 从直立的茎的基部发生，在地面上横向伸展，从各处生根、其尖端的芽生长。

耐病性： 植物不容易发病的特性。

耐低温性： 植物耐低温的特性。

耐寒性： 植物适应低温的能力。

耐热性： 植物比较耐高温的特性。

能育性： 种子生长发育成下一代植物的特性。

泥炭土： 寒冷湿润地区的水生和湿生植物长年堆积、分解形成的富含有机物的土壤。保水性强。

胚轴： 种子中的胚的组成部分之一，是植物的子叶和根之间的部分。

培土： 把土培向植株基部的作业，在中耕时进行。

劈接： 嫁接方法之一。在砧木上留下 2~3 片真叶并把茎切开，接着把纵向切成楔形的接穗插进去。茄子等可用此法嫁接。

品种改良： 对以前的种类、品种，通过杂交或突然变异等方法，培育出更加优良的特性或形态。

匍匐茎： 从母株上伸展出来的茎，其顶端能形成子株，接触到地面就生根繁殖。也叫匍匐枝。如草莓、吊兰等。

匍匐性： 植物呈藤蔓状，在地面上伸展的特性。

前处理： 在播种或栽植之前，为了预防病虫害或促进发芽而对种子或种球等进行的预先处理。

秋播栽培： 在秋季播种，到冬季或第 2 年春季收获的栽培。

人工授粉： 用人工方法把雄花的雄蕊向雌花的雌蕊柱头上轻轻涂抹，进行授粉的方法。

软化栽培： 栽培食用茎和叶的蔬菜时，人为地遮光和避风，使其褪色、纤维组织变柔软。也叫软白栽培。芦笋、土当归、根深葱等常用此法。

撒播： 把种子均匀撒在地面上的方法。如洋葱的苗和小松菜、菠菜、芜菁等。

三倍体： 体细胞的染色体一般有 2 组，但是三倍体有 3 组染色体。三倍体的花、叶片大都较大，虽然多是优良品种，但是几乎没有正常的种子。无籽西瓜就是用三倍体种子培育的。

深翻： 把上层和下层的土更换位置，在冬季时进行。

生殖生长： 是营养生长的持续，指花、果实等与生殖有关的器官的生长。

双干整枝法： 把番茄等的主枝及早地摘心，

使其伸出 2 根侧枝，对其像主枝那样进行整枝栽培的方法。采用这种方法，茎叶不太密且坐果好。

水培： 不使用土，用植物生长所必需的营养元素配成的培养液进行栽培的方法。

速效性肥料： 易溶于水且易被根吸收，能快速地表现出效果的肥料。主要作为追肥使用。

宿根性： 在不适宜生长发育的时期，植物的地上部分枯萎或是停止生长，在条件适宜时又开始生长，并在几年内反复生长、开花的性质。

糖度： 蔬菜、水果中所含的糖的量。测定方法为对溶解在水中的糖的量，用折光计测定出白利糖度数值。

特定蔬菜： 为振兴地区农业，按照指定蔬菜的标准，由日本农林水产省特别确定的蔬菜。有小松菜、鸭儿芹、青梗菜、款冬、茼蒿、西芹、芦笋、韭菜、花椰菜、大蒜、西蓝花、分葱、薤、水菜、襄荷、南瓜、菜豆、甜玉米、蚕豆、毛豆、豌豆、青豌豆、苦瓜、狮头椒、秋葵、芜菁、牛蒡、莲藕、薯蓣、甘薯、草莓、甜瓜、西瓜、生姜、香菇 35 种（截至 2019 年）。

天敌： 能杀死特定物种的生物个体，或阻止其增殖的生物。

条播： 在地面上做浅沟，在沟内播种。如牛蒡、菠菜、生菜等采用条播。

徒长： 由于播种过密或光线弱、湿度大等造成的植物比一般的植株柔弱、细长生长的状态。

团粒结构： 多个土壤颗粒凝聚成小的块状物，这些块状物表面粗糙，土壤中大小孔隙比例适当。

晚熟： 比正常的成熟时期晚的植物。

无病毒株： 植株未携带病毒。

无效花： 雄花或即使是开了也不结果实的雌花。

小拱棚栽培： 在自然气温低时，把塑料薄膜覆盖在支撑材料上形成隧道形，在里面培育植物的栽培方法。

小叶： 构成复叶的一片一片的叶片。

斜接： 把砧木和接穗分别成 30 度角斜切，并用支持的软管固定嫁接的方法。

性诱剂： 为了吸引雄虫或指明雌虫所在场所而用的物质。人工合成的性诱剂可以诱杀害虫或扰乱异性间的交流信号等,用于防治虫害。

雄蕊: 植物的雄性殖器官,由花药和支撑花药的花丝组成。

休眠: 种球、种子、芽、苗等在生长发育过程中,为了渡过不适宜生长的时期,使生长、活动暂时停止。

穴盘苗: 使根坨具有一定的形状,用小型的容器育成的苗。这种苗能简单地进行定植。也叫成型苗、穴盘成型苗、塞子苗。

叶柄: 在叶片基部像柄一样的部分。

叶菜类: 食用叶和茎的蔬菜。

叶片: 叶展开的部分。

叶鞘: 在叶身和节之间,绕茎一周卷起来成为鞘状的部分。常见于禾本科植物或百合科的植物。

液肥: 液体肥料。因为有速效性,所以作为追肥使用。根据植物不同,按指定的倍量进行稀释使用。

腋芽: 在枝条中间长出的芽。也叫侧芽。与此相对应,在枝条的顶端形成的芽叫顶芽。

引缚: 把枝条或茎绑在支柱上,调整植物的生长方向或形状。

营养繁殖: 用植物的部分营养器官或组织,人为地进行分株、插条、压条等方式进行繁殖,也叫无性繁殖。

营养生长: 从种子发芽到花芽形成前,主要是根、茎叶等营养器官的生长。

有机肥料: 豆粕、鱼粉、骨粉、鸡粪等以动植物为原料制作的肥料。

杂交: 为了进行品种改良,把遗传基因不同的品系、不同品种、不同种属的植物进行交配。

栽植适温: 适合栽植某种植物的温度。

早熟: 比其他的植物提前成熟的作物。

摘心: 为了调整分枝或株高,把枝条顶端的芽摘掉。

摘芽: 为了促使主枝生长,把侧芽摘除。

展着剂: 在喷洒农药等时,促使药剂溶于水并附着到植物、病虫害表面,使其持续发挥效力而加入的助剂。

珍珠岩: 把珍珠岩或黑曜石粉碎,并在1000℃下进行煅烧而成的产物,通气性、排水性很好。

砧木：嫁接时位于下部，能生根并与接穗相接的植物。

整枝：摘心、摘芽、摘果（疏果）、立支柱等一系列的修理植株的工作。

支撑覆盖：使用简单的支柱，在上面覆盖材料以保护且不妨碍幼苗生长的覆盖方法。

指定蔬菜：日本农林水产省把消费量多、对国民生活重要的蔬菜，按照《蔬菜生产销售稳定法》确定下来。有甘蓝、菠菜、生菜、葱、洋葱、白菜、黄瓜、茄子、番茄、甜椒、萝卜、胡萝卜、芋头、马铃薯14种（截至2019年）。

蛭石：把黑云母、金云母在1000℃下进行短时间煅烧而成的产物。保水性、保肥性很好。

中耕：在植物生长发育期间，对植物周围的土进行耕翻。

周年栽培：通过组合栽培茬口，使某种植物在一年四季均可栽培。

珠芽：茎的腋芽贮存养分膨大，形成直径为1~2cm的小球茎。因为它从植株上脱落就发芽，所以可利用其进行繁殖。如薯蓣等。

柱头：在雌蕊的顶端，接受花粉的部分。

追肥：在植物的生长发育过程中施的肥料，是基肥的重要补充。

着生：附着在树木、植株上进行生长发育。

子房：雌蕊基部膨大的部分，受精后长成果实，里面结种子。

蔬菜名索引

本书内容共分为2章。第1章选取127种常见蔬菜，以浅显易懂的图解形式按照栽培顺序对其中的技巧进行了归纳总结，层次清晰，一目了然。例如，对某些作业时期的判断、肥料、农药的使用量和使用时机等都可以从中找到答案。另外，对这些蔬菜栽培过程中常出现的问题，也进行了详细解答，希望对读者有所帮助。第2章对蔬菜栽培的基础知识，如栽培计划、栽培技术、生长发育不良和病虫害的防治对策、园艺工具等进行了详细介绍，对初次进行家庭菜园生产的人来说，把这些先弄明白后再进行生产，获得成功就不是很难，很适合广大蔬菜种植户及家庭园艺爱好者使用。

图书在版编目（CIP）数据

蔬菜栽培百科全书/（日）板木利隆著；赵长民译. — 北京：机械工业出版社，2022.6

ISBN 978-7-111-70656-4

Ⅰ.①蔬… Ⅱ.①板… ②赵… Ⅲ.①蔬菜园艺 Ⅳ.①S63

中国版本图书馆CIP数据核字（2022）第071180号

机械工业出版社（北京市百万庄大街22号　邮政编码100037）

策划编辑：高　伟　周晓伟　　责任编辑：高　伟　周晓伟　刘　源
责任校对：张亚楠　刘雅娜　　责任印制：张　博
保定市中画美凯印刷有限公司印刷

2022年7月第1版第1次印刷
210mm×257mm·34印张·2插页·624千字
标准书号：ISBN 978-7-111-70656-4
定价：298.00元

电话服务　　　　　　　　网络服务
客服电话：010-88361066　　机　工　官　网：www.cmpbook.com
　　　　　010-88379833　　机　工　官　博：weibo.com/cmp1952
　　　　　010-68326294　　金　书　网：www.golden-book.com
封底无防伪标均为盗版　　机工教育服务网：www.cmpedu.com

参考文献

『カラー版 家庭菜園大百科』『イラストでよくわかる 改訂増補 はじめての野菜づくり12か月』（ともに板木利隆著、家の光協会）

●照片协助

爱知县农业水产局
农政部园艺农产科
新井真一
大鹤刚志
大森裕之
小幡英典
片冈正一郎
川城英夫
Kittinminoru
阪口克
佐久间香苗
关户勇
高木atuko
高桥稔
泷冈健太郎
丰泉多惠子
中川mariko
根本久
若林勇人
蔬菜田编辑部
家之光摄影部
图片库
PIXTA

●菜谱协助

大越乡子
大庭英子
河野雅子
Kizimariyuuta
境野米子
堤人美
藤野贤治·嘉子
Hurutanimasae
本田明子
牧田敬子
宫本和秀
本谷惠津子
Watanabemaki
Chef's V横浜
randomaku tawa店

监　　修　川城英夫（JA全农首席技术主管）
设　　计　山本阳（emtei kurieiteibu）
编辑协助　丰泉多惠子　佐久间香苗
封面插图　田渕正敏
插　　图　落合恒夫　角Sinsaku　川副美纪　堀坂文雄
DTP制作　明昌堂
校　　对　Kangari舍　Keizuoffice